现代加工技术

肖继明　主　编

電子工業出版社·
Publishing House of Electronics Industry
北京·**BEIJING**

内 容 简 介

本书系统地介绍了现代加工技术，内容包括切削加工技术、磨粒加工技术、特种加工技术、复合加工技术、微细加工技术、纳米加工技术、绿色加工技术、难加工材料和难加工结构加工技术。本书重点阐述了基于材料去除的各种新加工技术的原理、特点及应用，简要介绍了基于增材和变形的各种新加工技术的原理、特点及应用。内容系统、先进、实用，满足机械工程类本科专业宽口径、创新型人才培养的要求。

本书既可作为高等工程院校机械设计制造及其自动化等相关专业本科生和硕士研究生的教材，也可作为相关专业工程技术人员的参考书。

图书在版编目（CIP）数据

现代加工技术/肖继明主编. 一北京：电子工业出版社，2018.9

普通高等教育机电类"十三五"规划教材

ISBN 978-7-121-34353-7

Ⅰ．①现… Ⅱ．①肖… Ⅲ．①特种加工－高等学校－教材 Ⅳ．①TG66

中国版本图书馆 CIP 数据核字（2018）第 115539 号

策划编辑：赵玉山

责任编辑：刘真平

印　　刷：北京虎彩文化传播有限公司

装　　订：北京虎彩文化传播有限公司

出版发行：电子工业出版社

　　　　　北京市海淀区万寿路 173 信箱　　邮编：100036

开　　本：787×1 092　1/16　印张：20.5　字数：524.8 千字

版　　次：2018 年 9 月第 1 版

印　　次：2023 年 6 月第 5 次印刷

定　　价：49.00 元

前　言

加工技术已有很久的历史，它伴随着人类社会的诞生而出现，伴随着人类社会的进步而发展。一方面，人类社会在发展中不断发明新的产品、新的材料，对加工技术不断提出新的需求，促成了新的加工原理和方法不断诞生和成长，使得加工技术生机勃勃、持续发展。尤其是人类社会进入 20 世纪以后，现代数学、系统论、控制论和信息论等理论及学科的创建和发展，新材料技术、数控技术、自动化技术和微电子技术的诞生和发展，从根本上改变了加工技术的手工、低效的传统面貌，使之迈向自动、高效的现代化技术体系。另一方面，加工技术的发展，新的加工方法不断涌现，在效率、精度、成本等诸多方面都在难以想象的程度上拓展了人类开发和制造新产品的能力。今天，人们依托先进的加工技术，以前所未有的速度更新现有的产品，不断创造新的产品，从而极大地丰富了人类社会的物质生活，有力地推动了科学技术的整体发展，加快了人类认识自我和外部世界的进程。

近年来随着新技术的应用，机械制造业的面貌发生了极大的变化。高等院校的机械设计制造及其自动化专业也面临着改进，要求更新教学内容，增设新课程和改进老课程以跟上机械制造技术的发展，满足机械工程类本科专业宽口径、创新型人才培养的要求。为此作者根据多年从事科研和教学工作的经验，特编写本书。

本书在内容和结构安排上充分考虑了一般机械类专业本科生的培养要求，本着全面、系统、先进、实用的指导思想进行编写。期望使学生在掌握传统切削（磨削）基础理论的基础上，紧跟加工技术的发展，了解现代切削加工技术、磨粒加工技术、特种加工技术、复合加工技术、微细加工技术、纳米加工技术、绿色加工技术、难加工材料和难加工结构加工技术的原理、特点及应用等基本知识，培养学生具有综合运用课程知识的能力和对加工方案分析设计的基本能力。

本书由肖继明教授任主编。第 1、2、5、9 章由肖继明教授编写，第 3 章由杨明顺副教授编写，第 4 章由袁启龙副教授编写，第 6 章由郑建明教授编写，第 7 章由王权岱副教授编写，第 8 章由李鹏阳教授编写，杨振朝讲师、肖旭东讲师分别参加了第 2 章、第 9 章部分内容的编写，全书由肖继明教授负责统稿。本书由李言教授和李淑娟教授主审，他们提出了许多宝贵意见，谨向他们表示衷心的感谢！

本书在编写过程中参考引用了大量同人著作或论文中的内容及插图，有些在参考文献中可能并未列出，对此深感不敬，在此深表感谢！

由于编者水平有限，缺点错误在所难免，恳请广大师生、读者批评指正。

编　者

2018 年 1 月

目　　录

第1章　绪　　论

1.1　加工与加工技术

1. 传统加工

传统加工指主要依靠人工操作，利用机械力完成的零部件加工方法，包括成形加工和切削加工。成形加工在此不做比较，主要比较切削加工。

切削加工是指利用机械力，采用切削刀具切除工件余量的方法。它的主要加工方法有车削、刨削、磨削、钻削、镗削及齿形加工等。车削主要用于加工各种回转表面，如外圆（含外旋转槽）、内圆（含内旋转槽）、端面（含台肩端面和切断）、锥面、螺纹表面和滚花面等；铣削主要用于加工各种平面、沟槽齿轮、凸轮等成形面及轮廓表面等；刨削主要用于加工平面、沟槽和直线形成曲面等；磨削主要是通过砂轮磨平面、外圆、内圆使其达到高的加工精度和低的表面粗糙度；钻削是用钻头在实体材料上加工出孔的方法；镗削是扩大已有孔孔径的方法；齿形加工是加工齿轮齿面的方法，包括铣齿、滚齿、插齿等。

2. 现代加工

现代加工也称"非传统加工"或"特种加工"，泛指利用电能、热能、光能、电化学能、化学能、声能及特殊机械能等能量达到去除或增加材料的加工方法，从而实现材料被去除、变形、改变性能或被镀覆等。因此，现代加工是指那些不属于传统加工工艺范畴的加工方法，它不同于使用刀具、磨具等直接利用机械能切除多余材料的传统加工方法。

现代加工是近几十年发展起来的新工艺，是对传统加工工艺方法的重要补充与发展，目前仍在继续研究开发和改进。它是直接利用光能、热能、声能、化学能和电化学能，有时也结合机械能对工件进行加工的方法。

3. 加工技术与现代加工技术

制造工业的基础和核心是制造技术，它由设计技术、加工工艺技术、基础设施及其支撑技术组成。其中，加工工艺技术又是制造技术的核心，它由各种加工方法及其制造过程所决定。所谓加工技术，是指采用某种工具（包括刀具）或能量流通过变形、去除、连接、改性或增加材料等方式将工件材料制成满足一定设计要求的半成品或成品过程技术的总称。加工的目的是获得一定的表面几何形状，并具有一定的几何精度，有时还必须保证加工后的表面（或表面层）满足一定的力学、光学、组织、成分等物理方面的要求，尤其在航空航天、国防等特殊领域更是如此。现代加工技术则是指满足"高速、高效、精密、微细、自动化、绿色化"特征中一种以上特征的加工技术。

1.2　现代加工技术的产生及发展

传统的机械加工已有很久的历史，它对人类的生产和物质文明起到了极大的推动作用。例如，18 世纪 70 年代发明了蒸汽机，但由于难以制造出高精度的汽缸而无法推广应用。直到制造出汽缸镗床，解决了汽缸的加工工艺，才使蒸汽机获得了广泛应用，引起了世界性的第一次产业革命。

现代加工技术是 20 世纪 40 年代发展起来的，由于材料科学、高新技术的发展和激烈的市场竞争、发展尖端国防及科学研究的需要，不仅新产品更新换代日益加快，而且产品要求具有很高的强度重量比和性能价格比，并正朝着高速度、高精度、高可靠性、高耐腐蚀、高温高压、大功率、尺寸大小两极分化的方向发展，各种新材料、新结构、形状复杂的精密机械零件大量涌现。如果加工工艺技术没有相应的改进，对这些零件的加工靠单纯提高强度的方法，不仅使总的加工成本增加，而且有时根本无法加工。在美国工件材料强度对国家标准机加工费用的影响如图 1-1 所示。鉴于这一问题的严重性，1960 年著名切削家莫詹特（Merchant）强调机械加工方法需要更新概念。于是人们开始探索采用除机械能以外的电能、化学能、声能、光能、磁能等进行加工的方法。这些加工方法，在某种定义上来说，即不使用普通刀具来切削工件材料，而是直接利用能量进行加工。为区别现有的金属切削加工技术，称之为"现代加工技术"或"特种加工技术"。它们与一般机械加工的不同点是：

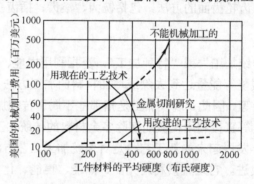

图 1-1　在美国工件材料强度对国家标准机加工费用的影响

（1）切除材料的能量不单纯是靠机械能，还可以用其他形式的能量。

（2）可以有工具，但工具材料的硬度可低于工件材料的硬度；也可以无工具。

（3）在加工过程中，工具和工件之间不存在显著的机械切削力。

1.3　现代加工技术的特点

现代加工方法由于不使用普通刀具来切削工件材料，而是直接利用能量进行加工，与传统的机械加工方法相比具有以下特点：

（1）不用机械能，与加工对象的机械性能无关，有些加工方法，如激光加工、电火花加工、等离子加工、电化学加工等，是利用热能、化学能、电化学能等进行加工。这些加工方法与工件的硬度、强度等机械性能无关，故可以加工各种硬、软、脆、热敏、耐腐蚀、高熔点、高强度、特殊性能的金属和非金属材料。

（2）非接触加工，不一定需要工具，有的虽使用工具，但与工件不接触，所以工件不承受大的作用力，因而对工具和工件的强度、硬度和刚度均没有严格的要求，故使刚性极低的元件及弹性元件得以加工，并且工具硬度可低于工件硬度。

（3）微细加工，工件表面质量高，有些特种加工（如超声波、电化学、水喷射、磨料流等）的加工过程都是微细进行的，故不仅可加工尺寸微小的孔或狭缝，还能获得高精度、极低粗糙度的加工表面。

（4）不存在加工过程中的机械应变或大面积的热应变，可获得较低的表面粗糙度，其热应力、残余应力、冷作硬化等均比较小，尺寸稳定性好。

（5）两种或两种以上的不同类型的能量可相互结合形成新的复合加工技术，其综合加工效果明显，且便于推广应用。

（6）对简化加工工艺、变革新产品的设计及零件结构工艺性等具有积极的影响。

（7）但非传统加工方法的材料去除速度一般低于传统的机械加工方法，这也是目前常规方法仍占主导地位的主要原因。

1.4 现代加工技术的地位及分类

1.4.1 现代加工技术的地位

一方面，人类社会在发展中不断发明新的产品、新的材料，对加工技术不断提出新的需求，促成了新的加工原理和方法不断诞生及成长，使得加工技术生机勃勃、持续发展。尤其是人类社会进入 20 世纪以后，现代数学、系统论、控制论、信息论等理论和学科的创建与发展，新材料技术、数控技术、自动化技术、微电子技术的诞生和发展，从根本上改变了加工技术的手工、低效的传统面貌，使之迈向自动、高效的现代化技术体系。另一方面，加工技术的发展，新的加工方法不断涌现，在效率、精度、成本等诸多方面都在难以想象的程度上拓展了人类开发和制造新产品的能力。今天，人们依托先进的加工技术，以前所未有的速度更新现有的产品，不断创造新的产品，从而极大地丰富了人类社会的物质生活，有力地推动了科学技术的整体发展，加快了人类认识自我和外部世界的进程。

在 20 世纪中叶的美国，曾经有很多学者鼓吹他们已进入"后工业化社会"，认为制造工业是"夕阳工业"，主张经济的重心应由制造工业转向信息、生物等高科技产业和第三产业，结果导致美国在经济上竞争力明显下降，许多产品的质量和性能落后于日本、德国等其他发达国家。到 20 世纪 80 年代，美国政府开始意识到了问题的严重性，于是在 1988 年投资开展了大规模"21 世纪制造企业战略"研究，提出了"先进制造技术"（Advanced Manufacturing Technology，AMT）的发展目标，制订并实施了"先进制造技术计划"和"制造技术中心计划"。1991 年，在美国白宫科学技术政策办公室发表的"美国国家关键技术"报告中，重新确立了制造工业在国民经济中的地位。

在我国，人们已经逐渐认识到，其他学科和工业的快速发展往往是以制造技术的不断发展为前提的这样一个事实。如在半导体制造领域，随着加工技术的进步，在单位面积上可以制造出的电子元件数量成百上千倍地增长，集成电路芯片的集成度越来越高，使得计算机以及其他电子产品的体积不断减小，而性能却不断提高。我国航空航天、国防等某些特殊领域，加工制造技术常常成为瓶颈，产品在性能设计上虽然和工业先进国家相比相差不大，但是"做不好"的现象时有发生。我国民用产品的加工制造水平和工业发达国家相比，仍有很大的差距。如今，制造科学在世界上已广泛被认为是与信息科学、材料科学、生物科学并列的当今时代的四大支柱学科之一。

1.4.2　现代加工技术的分类

现代加工技术按加工机理和采用的能源不同可分为：

（1）机械过程。利用机械力使材料产生剪切、断裂，以便去除材料，如超声波加工、水射流加工、磨料射流加工等。

（2）热学过程。通过电、光、化学能等产生瞬时高温，熔化并去除材料，如电火花加工、高能束加工、热力去毛刺等。

（3）电化学过程。利用电能转换为化学能对材料进行加工，如电解加工、电铸加工（金属离子沉积）等。

（4）化学过程。利用化学溶剂对材料的腐蚀、溶解去除材料，如化学蚀刻、化学铣削等。

（5）复合过程。利用机械、热、化学、电化学等的复合作用去除材料。常见方法有机械-化学复合（如机械化学抛光、电解磨削、电解珩磨等）、机械-热能复合（如加热切削、低温切削等）、热能-化学能复合（如电解电火花加工等），以及其他复合过程（如超声振动切削、超声电解磨削、磁力抛光等）。

1.5　现代加工技术的发展趋势

1. 追求更高的加工精度

获得更高的加工精度一直是加工技术孜孜不倦追求的目标。200 多年前，在工业革命时代，去除加工技术的大家族中仅有普通切削加工，其加工精度最高约为 1mm；而进入 21 世纪，在工业发达国家，即使对于大批量生产的普通零件，其加工精度也可达到 1μm。200 年间，普通加工精度提高了约三个数量级，而精密加工精度已达到 10nm 的水准，更是提高了约五个数量级。现代加工技术之所以致力于提高加工精度，其主要目的在于：

（1）提高产品的性能和质量，提高其稳定性和可靠性。

例如，飞机发动机转子叶片的加工误差从 60μm 降至 12μm，加工表面粗糙度由 Ra 0.5μm 减小到 Ra 0.2μm，发动机的压缩效率即可从 89% 提高到 94%。又如，美国民兵Ⅲ型洲际导弹系统的陀螺仪精度为 0.03°～0.05°/h，命中精度的圆概率误差为 500m；而 MX 战略导弹的陀螺仪精度提高了一个数量级，命中精度的圆概率误差即减小到 50～150m。

（2）促进产品的小型化。

例如，将传动齿轮的齿形及齿距误差从 3～6μm 降至 1μm，齿轮箱单位重量所能传递的扭矩即可提高近一倍，从而使齿轮箱的尺寸大大缩小。又如，IBM 公司开发的磁盘，其记忆密度由 1957 年的 300b/cm^2，提高到 1982 年的 2540000b/cm^2，提高了近一万倍，这在很大程度上应归功于磁盘基片加工精度的提高和表面粗糙度的减小。

（3）增强零件的互换性，提高装配生产率，促进自动化装配的应用，推动自动化生产等。

自动化装配是提高装配生产率和装配质量的重要手段。自动化装配的前提是零件必须完全互换，这就要求严格控制零件的加工公差，从而导致对零件的加工精度要求极高，精密加工使之成为可能。

（4）为高新技术的发展提供基础和手段。

导弹命中率精度由惯性仪的精度决定。而惯性仪是超精密加工的产品，1kg 重的陀螺转子，其质量中心偏离其对称轴 0.5nm，将会引起 100m 的射程误差和 50m 的轨道误差。

2. 以高速实现高品质、高效率加工

航空和航天工业、轿车工业的迅猛发展，集成电路制造等电子工业的日新月异，都迫切要求实现高效率生产，而实现高效率生产首先应实现高效率加工。目前，由于高速主轴技术、直线电机技术、高速控制技术及刀具技术的发展和进步，以加工的高速化实现加工的高品质、高效率已成为切削加工技术发展的重要特征。

在飞机制造业中，为了降低飞机机身重量，提高飞机的速度、机敏性，以及载重能力等性能，目前广泛采用整体结构代替传统的组装结构。飞机机身、机翼中的框、梁等大型零件采用一块整体毛坯件直接去除多余的部分，"掏空"而成。因此，加工余量非常大，最多时需要去除毛坯 95%以上的部分。同时，加工结构也非常复杂，加工变形问题突出。所以，不仅对加工效率要求非常高，而且对切削力、切削温度的要求也很苛刻。目前，为保证在获得高品质的同时获得足够高的加工效率，已广泛采用高速切削加工技术，且加工速度越来越高。例如，美国 Cincinnta 公司以往用于飞机制造的铣床主轴转速为 15000r/min，现在已经提高到了 40000r/min，功率从 22kW 提高到了 40kW。该公司现在已将铣床主轴转速提高到了 60000r/min，功率提高到了 80kW。铣床采用直线电机，工作行程进给速度最大可达 60m/min，空行程进给速度则达到 100m/min，加速度达 $2m/s^2$。由于采用高速电主轴和高速直线电机进给，使得加工时间减少了 50%。高速铣削加工还成功用于典型薄壁零件——雷达天线的生产制造中，较好地解决了薄壁加工容易变形的难题。

汽车工业也是高速加工技术应用的一个重要领域，目前很多汽车制造商已采用高速加工中心代替多轴组合机床，不仅可以保证加工质量，提高加工效率，而且还可以提高产品生产的柔性，有利于产品的更新换代。

高速切削加工技术另一个应用得比较成功的领域是模具制造业，尤其是塑料模具制造业，其所有的先进企业均已采用高速铣削加工技术。同时，直线电机技术在电加工机床上也开始应用，从而大大提高了电加工效率，有力地推动了模具加工技术的发展。

加工速度正在向更快的方向发展。目前正在研制的高速切削加工中心，其主轴转速已达 300000r/min，直线进给速度可达 200m/min。随着高速切削机床技术、高速刀具技术的发展，以及人们对高速切削机理认识的不断加深，高速切削加工技术的应用一定会越来越广泛。

3. 微细与纳米加工快速发展

从集成电路的诞生算起，微细加工技术的历史还不到半个世纪，可是微细加工技术的发展却表现出了惊人的速度。它的发展不仅使集成电路的集成度越来越高，使得微电脑的功能越来越强大，而且满足了人们对许多工业产品功能集成化和外形小型化的不断需求。目前生

产的便携式录音机的机械和电路所占空间容积仅为 20 世纪 60 年代产品的 1%；光通信机器中激光二极管所需非球面透镜的尺寸仅为 0.1～1mm，其模具制造必须采用微细加工技术。此外，进入人体的医疗机械和微管道自动检测装置等都需要微型的齿轮、电机、传感器和控制电路，它们的加工制造已逐渐成为现实。

微细加工技术的发展促进了微型机械的系统化，从而催生了微机电系统（Micro Electro Mechanical System，MEMS）技术。在传感器制造中采用 MEMS 技术，将传感器和电路蚀刻在一起，不仅大大减小了其体积，而且可以大幅度降低加工成本。如汽车安全气囊中的传感器制造，采用 MEMS 技术后可将其成本降低到原来的 40%。

微细加工技术由于其加工对象尺度小到微米级，所加工的尺寸公差及形位公差小至数十纳米，表面粗糙度则低达纳米级，所以它往往兼具微小和超精密加工的特征，与纳米加工正在逐渐融合。

今天，人们已在实验室实现了单个原子的搬迁和排列，批量生产的集成电路其线宽也已突破 100nm。另外，纳米材料制备技术不断成熟，纳米进给工作台已形成批量生产能力，纳米切削机床已经诞生。这些技术的发展不仅极大地丰富了纳米加工技术的内涵，而且为纳米加工技术的发展提供了良好的基础。随着现代加工技术的进步，微细加工和纳米加工技术有着广阔的发展前景。

4．追求加工智能化

随着自动化技术、现代控制技术、计算机技术及人工智能技术的发展，智能化技术在制造中的应用越来越受到学术界和企业界的重视，智能制造技术与系统的研究已在世界范围内展开。智能加工技术的概念就是在这样的大背景下诞生的。

智能加工技术（Intelligent Machining Technology，IMT）借助先进的检测、加工设备及仿真手段，实现对加工过程的建模、仿真、预测，以及对加工系统的监测与控制，同时集成现有的加工知识，使得加工系统能根据实时工况自动优选加工参数，调整自身状态，获得最优的加工性能与最佳的加工质效。智能加工技术的基本特征可以概括如下：

（1）基于人工知识系统，部分代替人决策，自动产生零部件的加工方案和初步的加工参数。

（2）具有根据外部传感信号的变化，实时监测加工过程的能力。

（3）具有根据工件形状变化实时优化和调整加工参数，使加工系统始终处于最优工作状态的能力。

（4）根据对加工状态的监测，能对机床故障进行自我诊断、自我排除、自我修复等。

（5）能为操作人员提供人机一体化的智能交互界面。

（6）具有加工经验的自我积累能力，通过加工过程的延续，不断获取加工知识，丰富原有的知识系统。

目前，真正的智能加工系统还没有建立起来，但是由于机床熟练操作人员在世界范围内的缺乏及工业对加工技术提出越来越高的要求，因此，提高加工的智能化水平势在必行，加工的智能化是现代加工技术发展的必然趋势。

5. 更加注重加工的绿色化

加工技术与很多其他科学技术一样，具有"双面刃"特性：一方面极大地提高了人类大量生产物质产品的能力，从而丰富了人类的物质生活；另一方面，却由于大量生产，加快了人类向大自然索取资源的速度，又由于产品更新换代的快节奏，从而加快了人类向自然界排放"工业垃圾"的步伐。另外，在加工过程中，也会产生对人体有害的气体和噪声。例如，在切削加工中冷却液的雾化、汽化，电加工中电解液、电镀液的分解、蒸发，激光加工中有害气体的产生，还有各种加工噪声等都对操作者和环境造成危害。在加工结束后，还有废液、废渣的排放等环境问题。

绿色加工技术的概念已经随着绿色制造理念的提出而出现，在产品加工过程中，它追求采用先进的少、无污染的加工工艺方法，并尽可能地节省资源。其主要特征表现为节能、低耗和无废排放。

节能是指在加工过程中尽量降低能量损耗。如在切削加工中，可以通过降低切削力来降低切削功率消耗；在一般的去除加工中，应尽量降低去除单位体积材料所需的能量，即材料去除比能。低耗是指在生产过程中通过简化工艺系统组成，节省原材料的消耗。可以通过优化毛坯加工技术、优化下料技术，以及采用少、无屑加工技术，干式加工技术，新型特种加工技术，再制造技术等方法降低材料消耗。另外，应努力实现"无废"加工，即采用先进的加工方法或采取某些特殊措施，使生产过程中产生的废液、废气、废渣、噪声等对环境和操作者有影响或危害的物质尽可能减少或完全消除。

现代加工技术必须注重绿色环保，这样才能实现可持续发展，才能最终实现人与自然的真正和谐。随着科学技术的发展和人类社会的进步，加工技术的绿色化已经成为必然的要求和趋势。

复习思考题

1. 什么是加工技术？什么是现代加工技术？
2. 为什么要发展现代加工技术？
3. 简述现代加工技术的特点。
4. 简述现代加工技术的地位及分类。
5. 简述现代加工技术的发展趋势。

第 2 章　切削加工技术

切削加工技术在加工技术大家族中是最为古老的一个分支，在去除类加工技术中占据主导地位。在机械制造领域，切削加工技术的应用最为广泛。随着现代加工技术的进步，切削加工技术正朝着高速、高效、精密、微细、智能、绿色的方向发展。本章在讲述切削加工机理的基础上，对先进的高速切削、精密与超精密切削的关键技术和应用现状进行介绍；同时，比较系统地介绍深孔钻削技术。

2.1　切削加工概述

2.1.1　切削加工的基本概念

切削加工是指采用具有规则形状的刀具从工件表面切除多余材料，从而保证在几何形状、尺寸精度、表面粗糙度及表面层质量等方面均符合设计要求的机械加工方法。工件可能是毛坯，也可能是半成品；其材料可能是金属的，也可能是非金属的；所用刀具可能是单刃的，也可能是多刃的。

切削加工是制造业中基本的加工方法，被广泛应用于生产中。为了实现切削加工，刀具相对于工件要有一定的切削深度，并沿工件待加工表面做相对运动。这种相对运动有时是直线的，有时是旋转的，通常由机床来实现。刀具及工件的运动速度，以及刀具切入工件内部的深度被统称为切削用量。

"切削加工"这一概念在有些场合被广义解释，这时不仅包括上述内容，还包括磨削加工。按照刀具与工件的运动方式以及刀具的形状，可将切削加工划分为车削、铣削、刨削、钻削、镗削、拉削、铰削、攻丝、插齿、滚齿等。各种切削加工中刀具与工件的运动方式及其细分类如表 2-1 所示。

表 2-1　切削加工

加工种类	刀具运动	工件运动	细　分　类
车削	直线	旋转	外圆车削、内圆车削、螺纹车削、端面车削、立车
铣削	旋转	直线	立铣、卧铣、端铣、成形铣
刨削	往复	不动	牛头刨
钻削	旋转+直线	不动	台钻、摇臂钻
镗削	旋转+直线	不动	立镗、卧镗
拉削	直线	不动	内拉、外拉
铰削	旋转+直线	不动	手铰、机铰
攻丝	旋转+直线	不动	手攻、机攻

续表

加工种类	刀具运动	工件运动	细　分　类
插齿	往复	旋转	
滚齿	旋转	旋转	

各种加工方法都有自己的刀具，所以用于切削加工的刀具种类繁多。但无论刀具结构如何复杂，就其单刀齿切削部分，都可以看成由外圆车刀的切削部分演变而来，因此本节以外圆车刀为例来介绍其几何参数。

1．外圆车刀切削部分的构成

外圆车刀参与切削加工的刀头部分可粗略地概括为："三面、两刃、一尖"，如图 2-1 所示。

1）三面

前刀面——切屑流经的刀面。

主后刀面——与工件正在被切削加工的表面（过渡表面，图 2-1 中Ⅱ）相对的刀面。

副后刀面——与工件已切削加工表面（图 2-1 中Ⅲ）相对的刀面。

2）两刃

主切削刃——前刀面与主后刀面在空间的交线。

副切削刃——前刀面与副后刀面在空间的交线。

3）一尖

三个刀面在空间的交点，也可理解为主、副切削刃两条刀刃汇交的一小段切削刃。在实际应用中，为增加刀尖的强度与耐磨性，一般在刀尖处磨出直线或圆弧形的过渡刃，如图 2-2 所示。

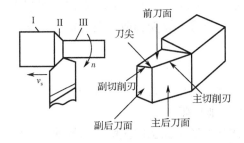

图 2-1　车刀切削部分的组成

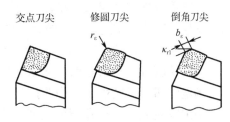

图 2-2　车刀刀尖形状

2．切削运动与切削要素

1）切削运动

切削运动是指切削加工时，刀具与工件的相对运动。按切削运动在切削过程中所起的作用，可分为主运动和进给运动，如图 2-3 所示。

主运动是直接切除工件上的切削层，以形成工件新表面的基本运动。在切削运动中，主运动速度最高、耗功最大；可以是旋转运动或直线运动，但每种切削加工方法通常只有一个。

进给运动是指不断地把切削层投入切削从而加工出完整表面所需的运动，其运动速度和消耗的功率都比主运动要小。进给运动可不止一个；可由刀具完成（如车削），也可由工件完成（如铣削）；可以是间歇的（如刨削），也可以是连续的（如车削）。

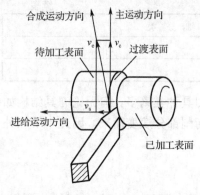

图 2-3　切削运动与加工表面

2）切削要素

切削要素主要指控制切削过程的切削用量三要素和在切削过程中由余量变成切屑的切削层参数，如图 2-4 所示。

切削用量三要素包括切削速度、进给量和切削深度。

切削速度 v_c——切削刃上某一点的切削速度，是该点相对工件主运动的瞬时速度。

进给量 s——当工件或刀具每转一转时，两者沿进给方向的相对位移。

切削深度 a_p——工件上已加工表面和待加工表面间的距离。

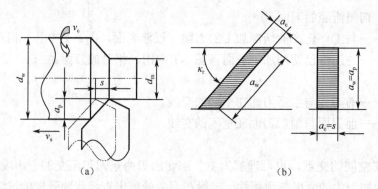

图 2-4　切削用量及切削层参数

切削层参数是工件每转一周，车刀沿工件轴线移动一段距离，即进给量 s。此时，切削刃从过渡表面位置移至相邻过渡表面的位置上。两者之间的一层金属受到前刀面的挤压，通过塑性变形而转化为切屑。这一层金属称为切削层。

切削层参数包括切削厚度、切削宽度和切削面积。

切削厚度 a_c——每移动 s 之后，主切削刃两相邻位置之间的垂直距离，或垂直于过渡表面来测量的切削层尺寸。它反映了切削刃单位长度上的切削负荷。

切削宽度 a_w——切削层的宽度，等于主切削刃工作长度在基面上的投影。它反映了切削刃参加切削的工作长度。

切削面积 A_0——切削层在基面内的面积，等于切削厚度和切削宽度的乘积。

3．刀具的静止坐标系

把刀具同工件和切削运动联系起来确定的刀具角度，称为刀具工作角度，也就是刀具在使用状态下的角度。但是，在设计、绘制图纸和制造刀具时，刀具尚未处于使用状态下，如同把刀具拿在手里，刀具同工件和切削运动的关系尚不能确定，这时怎样标注它的几何角度呢？因此，可预先给出假定的工作条件和安装条件，并据以确定刀具标注角度的参考系。

1）假定运动条件

首先给出刀具的假定主运动方向和进给运动方向；其次假定进给速度很小，可以用主运动向量近似地代替合成速度向量；然后再用平面平行或垂直于主运动方向的坐标平面构成参考系。

2）假定安装条件

假定标注角度参考系的诸平面平行或垂直于刀具上便于制造、刃磨和测量时定位与调整的平面或轴线，如车刀、刨刀的底平面；镗刀刀杆的轴线；铣刀、钻头的轴线。

3）正交平面参考系（见图 2-5）

基面 P_r——通过切削刃上选定点，垂直于该点切削速度方向的平面。

切削平面 P_s——通过切削刃上选定点，垂直于基面并与主切削刃相切的平面。

正交平面 P_o——通过切削刃上选定点，同时与基面和切削平面垂直的平面。

4）刀具角度标注（见图 2-6）

（1）在正交平面中测量的刀具角度。

前角 γ_o——前刀面与基面之间的夹角，有正负之分。前角越大刀具越锋利，切削力越小，但刀刃部位的强度和散热性能下降。

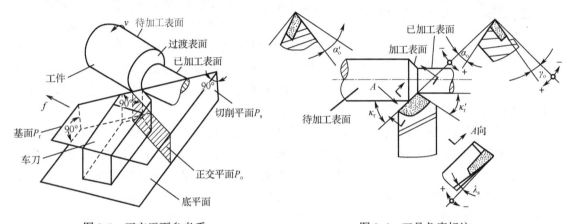

图 2-5 正交平面参考系　　　　　图 2-6 刀具角度标注

后角 α_o——后刀面与切削平面之间的夹角。它使主后刀面与过渡表面之间的摩擦减小，但后角过大，也使刀刃强度下降。

楔角 β_o——前刀面与后刀面之间的夹角，它是一个派生角，$\beta_o=90°-\gamma_o-\alpha_o$。

（2）在基面中测量的刀具角度。

主偏角 κ_r——主切削刃在基面上的投影与进给运动速度 v_f 方向之间的夹角。

副偏角 κ_r'——副切削刃在基面上的投影与进给运动速度 v_f 方向之间的夹角。

刀尖角 ε_r——主、副切削刃在基面上的投影之间的夹角，它是一个派生角，$\varepsilon_r=180°-\kappa_r-\kappa_r'$。

（3）在切削平面中测量的刀具角度。

刃倾角 λ_s——主切削刃与基面之间的夹角，有正负之分。当主切削刃与基面平行时 $\lambda_s=0°$；当刀尖点相对基面处于主切削刃上的最高点时 $\lambda_s>0°$，反之 $\lambda_s\leq0°$。

2.1.2　切屑形成机理

在切削加工过程中被切除的多余材料称为切屑。切屑形成是一个复杂过程，在不同条件下切屑的形成机理不同，因而，切屑会呈现出不同形态。切削塑性材料时，由于工件材料剪切滑移而形成切屑，所以切屑的形态有带状、挤裂、单元型；切削脆性材料时，由于工件材料中裂纹扩展而形成切屑，所以其形态主要为崩碎状切屑，但在某些条件下也可获得连续带状或剪切型切屑。

1. 塑性材料切屑的形成过程

图 2-7 所示为塑性材料二维切削过程示意图。所谓的二维切削（或正交切削）是指主切削刃与切削运动方向垂直，并且副切削刃不参与切削的切削状态。此时切削厚度沿刀刃方向是相同的，当切削宽度远大于切削厚度时，除工件两侧外，其中间部分可看作平面应力状态。

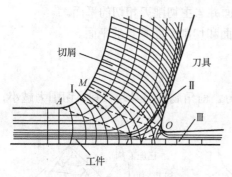

图 2-7　塑性材料二维切削过程示意图

由图 2-7 可以看出，切削塑性材料时存在三个变形区。第Ⅰ变形区，即剪切变形区，金属剪切滑移，成为切屑。金属切削过程的塑性变形主要集中于此区域。第Ⅱ变形区靠近前刀面处，切屑流出时受到前刀面的挤压与摩擦。该变形区的变形是造成前刀面磨损和产生积屑瘤的主要原因。第Ⅲ变形区为已加工表面受到后刀面挤压与摩擦，产生变形。此区变形是造成已加工表面加工硬化和残余应力的主要原因。

塑性材料切屑的形成过程为：当刀具和工件开始接触瞬间，切削刃和前刀面在接触点挤压工件，使工件内部产生应力和弹性变形。随着切削运动的继续，切削刃和前刀面对工件的挤压作用加强，使工件材料内部应力和变形逐渐增大，当应力达到材料屈服极限时，被切削层材料沿着剪应力最大的方向滑移，产生塑性变形。随着滑移的产生，剪应力逐渐增大，当剪应力达到材料的屈服极限强度时，切削层材料产生流动。当流动方向与前刀面平行时，不再产生滑移，切削层材料沿前刀面与基体分离。以上过程发生在第Ⅰ变形区中。一般切削速度下，第Ⅰ变形区厚度仅为 0.02～0.2mm。因此可以用一个平面来表示第Ⅰ变形区。剪切面与切削速度方向的夹角称为剪切角 ϕ。

当切屑沿前刀面流出时受到前刀面的挤压与摩擦，在前刀面摩擦阻力的作用下，靠近前刀面的切屑底层再次产生剪切变形，也就是第Ⅱ变形区的变形，使薄薄的一层材料流动滞缓，晶粒再度伸长，沿着前刀面方向纤维化。这流动滞缓的一层金属称为滞留层，它的变形程度比切屑上层剧烈几到几十倍。总之，塑性材料的切屑形成过程，就其本质来说，是被切削材料在刀具切削刃和前刀面作用下，经受挤压产生剪切滑移变形的过程。

2. 脆性材料切屑的形成过程

延伸率 δ 是衡量材料塑性性能的指标。工程上通常把 $\delta>5\%$ 的材料称为塑性材料，如钢、铜、铝及其合金等；把 $\delta<5\%$ 的材料称为脆性材料，如铸铁、陶瓷、石材等。脆性材料的断裂机理和塑性材料有很大的不同：塑性材料断裂是在很大的塑性变形后发生的；而脆性材料断裂一般是在很低的应力下，几乎不发生塑性变形就产生断裂。这种快速断裂，塑性区和裂纹尺寸相对很小，断口平齐。

脆性材料切削时通常产生的是不连续的单元型切屑和崩碎型切屑。不连续切屑形成时，材料中裂纹或是周期性地出现不稳定传播现象，或是稳定地生长，并导致断裂。在断裂发生后的瞬间，前刀面上仅有少量或甚至没有切屑；当工件继续靠近刀具时，切屑沿前刀面向上移动，产生很大的压缩和剪切应变。这时如转变为不稳定状态，则易于形成裂纹，将切屑分开。这种循环不断重复地完成，便形成不连续型切屑。由于切削速度通常低于 10m/s，极少超过 100m/s，而裂纹传播速度却高达 5000m/s，因此，裂纹一旦进入不稳定状态，断裂将随即发生。

3．切屑类型

工件材料不同，切削过程中的变形程度也不同。根据剪切滑移后形成切屑的外形，一般将切屑分为四种类型，如图 2-8 所示。

（1）带状切屑。切削层经塑性变形后被刀具切离，其外形呈连绵不断的带状，并沿刀具前刀面流出（见图 2-8（a））。这是最常见的一种切屑，一般加工塑性金属材料，当切削厚度较小、切削速度较高、刀具前角较大时，会得到此类切屑。这类切屑下切削过程平稳，切削力波动较小，已加工表面粗糙度较小，但紊乱状切屑缠绕在刀具或工件上影响加工过程。

（2）挤裂切屑。切削层在塑性变形过程中，由于第一变形区较宽，在剪切滑移过程中滑移变形较大，剪切面上局部位置处的剪应力 τ 达到材料的强度极限而产生局部断裂，使切屑外表面开裂形成锯齿状而内表面产生裂纹（见图 2-8（b））。大多在低速度、大进给、切削厚度较大、刀具前角较小时产生此类切屑。这类切屑下切削过程欠平稳，表面粗糙度欠佳。

（3）单元切屑。当剪切面上的剪应力 τ 超过材料的强度极限时产生了剪切破坏，并使切屑沿厚度方向完全断裂，形成均匀的相似粒状切屑（见图 2-8（c））。在挤裂切屑产生的前提下，当进一步降低切削速度，增大进给量，减小前角时产生此类切屑。这类切屑下切削力波动较大，切削过程不平稳，表面粗糙度不佳。

（4）崩碎切屑。在切削脆性金属时，切削层几乎不经过塑性变形就产生脆性崩裂，得到不规则的细小颗粒状切屑（见图 2-8（d））。一般在工件材料硬度、脆性高、进给量大的条件下，易产生此类切屑。这类切屑下切削过程不平稳，易损坏刀具，加工表面粗糙。

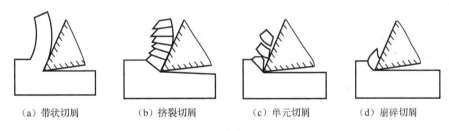

　（a）带状切屑　　　　（b）挤裂切屑　　　　（c）单元切屑　　　　（d）崩碎切屑

图 2-8　切屑类型

以上是四种典型的切屑，但实际加工获得的切屑，其形状多种多样，有板条形、螺旋管形、发条形及缠绕形带状切屑，也有长度、大小和形状不同的碎状切屑。但无论哪一种，其实质都是上述四种的变异体。

4．积屑瘤

在中、低速切削塑性金属材料时，常在刀具前刀面刃口处黏结一些工件材料，形成一块

图 2-9　积屑瘤

硬度很高的楔块，称为积屑瘤，如图 2-9 所示。

切削塑性材料时，由于刀具前刀面与切屑底面之间的挤压与摩擦作用，使靠近前刀面的切屑底层流动速度减慢，产生一层很薄的滞留层，使切屑上层金属与滞留层之间产生相对滑移。上下层之间的滑移阻力称为内摩擦力。在一定切削条件下，由于切削时产生的温度和压力，使得刀具前刀面与切屑底部滞留层之间的摩擦力（称为外摩擦力）大于内摩擦力，此时滞留层金属与切屑分离而黏结在前刀面上。随后形成的切屑，其底层沿着这被黏结的一层相对流动，又出现新的滞留层。当新、旧滞留层之间的摩擦力大于切屑上层金属与新滞留层之间的内摩擦力时，新的滞留层又产生黏结。这样一层一层地滞留、黏结，从而逐渐形成一个楔块，这就是积屑瘤。

在积屑瘤的生成过程中，其高度不断增加，但由于切削过程中的冲击、振动、负荷不均匀及切削力的变化等原因，会出现整个或部分积屑瘤破裂、脱离及再生现象。由于滞留层的金属经过数次变形强化，因此积屑瘤的硬度很高，一般是工件材料硬度的 2～3 倍。积屑瘤形成后，代替切削刃和前刀面进行切削，有保护切削刃、减轻前刀面及后刀面摩擦的作用。但当积屑瘤破裂脱落时，切屑底部和工件表面带走的积屑瘤碎片，分别对前刀面和后刀面有机械擦伤作用；当积屑瘤从根部完全脱落时，将对刀具表面产生黏结磨损。积屑瘤生成后使得刀具的实际前角增大，有利于减小切屑变形和降低切削力。积屑瘤有一定的伸出量，因而改变了实际切削深度和进给量，影响尺寸精度，对精加工的影响尤为显著。

抑制或消除积屑瘤的措施：①采用低速或高速切削，由于切削速度是通过切削温度影响积屑瘤的，以切削 45 钢为例，在 $v_c<3\text{m/min}$ 或 $v_c\geqslant60\text{m/min}$ 时，摩擦系数都较小，故不易形成积屑瘤；②采用高润滑性的切削液，使刀-屑间的摩擦和黏结减少；③适当减小进给量、增大刀具前角；④适当提高工件材料的硬度；⑤提高刀具的刃磨质量；⑥合理调节各切削参数间的关系，以防止形成中温区。

5. 鳞刺

切削一些塑性金属时，在较低或中等的切削速度下，使用高速钢、硬质合金或陶瓷刀具，工件的加工表面上可能会出现鳞片状、有裂口的毛刺，称为"鳞刺"。图 2-10 所示为拉削表面上的鳞刺。

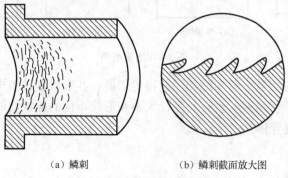

（a）鳞刺　　　　　　　　　（b）鳞刺截面放大图

图 2-10　拉削表面上的鳞刺

鳞刺对表面粗糙度有严重的影响，使工件表面变得十分粗糙。它的产生对于切削加工中获得较小粗糙度的表面是一大障碍。鳞刺形成的原因是在较低的切削速度下形成挤裂切屑或单元切屑时，切屑与前刀面之间的摩擦力发生周期性变化，促进切屑在前刀面上周期停留，并代替刀具推挤切削层，造成切削层材料的积聚，并使切削厚度向切削下一层增大，已加工表面出现拉应力从而导致断裂，生成鳞刺。鳞刺的形成过程可分为四个阶段，如图 2-11 所示。

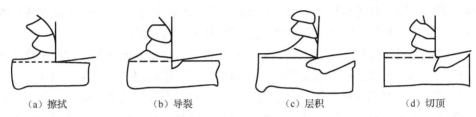

|　　　(a) 擦拭　　　　　　(b) 导裂　　　　　　(c) 层积　　　　　　(d) 切顶|

图 2-11　鳞刺的形成过程

（1）擦拭阶段。切屑沿着前刀面流出时，切屑以刚切离的新表面擦拭刀尖附近的前刀面，将摩擦面上有润滑作用的吸附膜逐渐擦净，从而导致摩擦力增大，为切屑在前刀面上的停留创造了条件。

（2）导裂阶段。当刀-屑之间的摩擦力增大到能抵制推动切屑沿前刀面流出的切向分力时，切屑便停留在前刀面上，暂时不再沿前刀面流出。这时切屑代替前刀面挤压切削层，刀具只起支持切屑的作用。这一阶段的重要特征是：在切削刃前下方，切屑与已加工表面之间出现一道裂口，即导裂。

（3）层积阶段。因切削运动的连续性，切屑一旦停留在前刀面上，便代替刀具继续挤压切削层，使切削层中受到挤压的金属转变为切屑。这部分受挤压的材料，开始逐层聚积在起挤压作用的那部分切屑的下方，逐渐转化为切屑，然后又立即参加挤压切削层的工作。随着层积过程的发展，切削厚度将不断增大，切削力也随之增大。

（4）切顶阶段。由于切削厚度逐渐增大，切削抗力也随之增大，推动切屑沿前刀面流出的分力 F_y 也增大。当层积材料达到一定厚度后，F_y 力便也随之增大到能够推动切屑重新流出的程度，切屑又重新开始沿前刀面流出，同时切削刃便切出鳞刺的顶部。

防止鳞刺的措施：①减小切削厚度；②采用润滑性能良好的极压切削油或极压乳化液，同时适当降低切削速度，以保持切削液的润滑效果；③采用硬质合金或高硬度刀具，进行高速切削；④如果切削速度提高受到限制，可以采用加热切削或振动切削等措施。

6. 已加工表面完整性

零件经机械加工后的质量，除了满足尺寸精度、表面宏观几何精度及表面相互位置精度外，还应满足对已加工表面质量的要求。实践证明，许多产品零件的破坏都起源于零件表面的缺陷，因此，必须要求零件表面经机械加工后表面层无损伤，表面层物理机械性能、金相组织都能满足使用要求。零件加工表面完整性包含两方面的内容：

（1）与表面纹理组织有关的部分，零件最外层表面的几何形状，通常包括表面微观几何形状与表面缺陷等表面特征，从几何学方面去描述零件的表面状态，通常用表面粗糙度作为评价指标。

（2）与表面层物理特性有关的部分，指零件加工表面的变质层特征，从物理学方面研究其表面特征，如变形硬化、残余应力、微观裂纹、晶粒变化和热损伤等。

表面粗糙度反映了已加工表面的微观不平度。已加工表面粗糙度按其在切削过程中形成的方向分为纵向粗糙度和横向粗糙度。纵向粗糙度为沿切削速度方向的粗糙度，主要取决于切削过程中的积屑瘤、鳞刺、切屑形态及振动等。横向粗糙度为垂直于切削速度方向（沿进给运动方向）的粗糙度，除了上述原因外，主要是受切削残留面积高度及副切削刃对已加工表面的挤压而产生的材料隆起等支配，一般比纵向粗糙度值大 2～3 倍。表面粗糙度影响零件的耐磨性、抗蚀性、配合性质和疲劳强度，必须有效地加以控制。

塑性材料零件经切削加工后，在其表面出现变形层，这是表面在加工过程中产生弹性变形、塑性变形和晶格扭曲而形成加工硬化层。切削加工后表面层的硬化层，取决于工件材料在切削过程的强化、弱化和相变的综合结果。当切削过程中强烈的塑性变形起主导作用时，已加工表面就产生加工硬化；而当切削温度起主导作用时，往往引起工件表层的硬度降低和相变。由于已加工表面的硬度是工件材料强化和弱化的综合结果，所以增大变形和摩擦都将加剧加工硬化现象；而凡有利于弱化的因素，如较高的温度、较低的工件材料熔点等，都会减轻加工硬化现象。

残余应力是指没有外力作用的情况下，零件内部为保持平衡而残留的应力，分为残余拉应力和残余压应力。残余拉应力容易引起裂纹，使零件产生疲劳断裂和应力腐蚀；残余压应力一般能提高零件的抗疲劳强度。工件内的残余应力过大会影响工件的形状和尺寸精度。

残余应力产生的原因主要有：热塑性变形、里层材料的弹性恢复、表层材料的挤压和相变等。

2.1.3　切削力

1. 切削力的来源及分解

在切削过程中，刀具施加于工件材料产生变形，并使多余材料变为切屑所需的力称为切削力。而工件抵抗变形施加于刀具上的力称为切削抗力。由图 2-12 所示的切削变形过程可以看出，切削力来源于两个方面：

（1）切屑形成过程中弹性变形及塑性变形产生的抗力。

（2）刀具与切屑及工件表面之间的摩擦阻力。

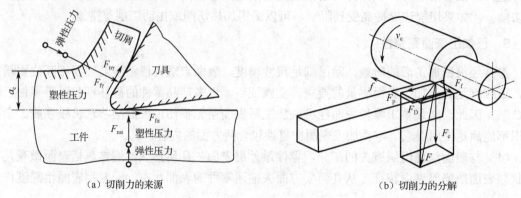

（a）切削力的来源　　　　　　　　　　（b）切削力的分解

图 2-12　切削力的来源及分解

这些抗力和阻力形成作用在刀具上的合力 F。由于其大小、方向不易确定，因此，为了便于分析切削力的作用和测量计算切削力的大小，通常将合力 F 分解为三个分力：

主切削力或切向力 F_c，是垂直于基面并平行于主运动方向的分力。它大约消耗切削总功率的 95%左右，是设计与使用刀具，验算机床、夹具主要零部件强度和刚度及计算电机功率等的主要依据。

背向力或径向力 F_p，是在基面内并与进给方向垂直的分力。它是进行加工精度分析、计算工艺系统刚度及振动的重要依据。

进给力或轴向力 F_f，是在基面内与进给方向平行但方向相反的分力。它大约消耗切削总功率的 5%左右，是设计、校核机床进给机构，计算进给功率不可缺少的参数。

2．影响切削力的因素

1）工件材料的影响

工件材料的物理力学性能、加工硬化程度、化学成分、热处理状态及切削前的加工状态都对切削力的大小产生影响。一般情况下，工件材料的强度、硬度、冲击韧度、塑性和加工硬化程度越大，则切削力越大；工件材料的化学成分、热处理状态等因素都直接影响其物理力学性能，因而也影响切削力。

2）切削用量的影响

（1）切削速度 v_c。加工塑性金属时，切削速度 v_c 对切削力的影响如同对切削变形的影响一样，都是积屑瘤与摩擦作用造成的，如图 2-13 所示。一般在 $v_c>90\text{m/min}$ 时，切削力无明显变化。因此，在实际生产中，如果刀具材料和机床性能许可，采用高速切削，既能提高生产效率，又能减小切削力。

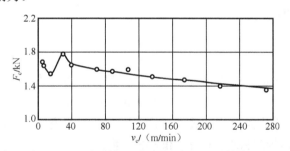

工件材料：45 钢正火，硬度 178HB；刀具结构：焊接式外圆车刀，刀片材料 YT15；切削用量：a_p=3mm，s=0.25mm/r；刀具几何参数：γ_o=18°，α_o=6°～8°，α'_o=4°～6°，κ_r=75°，λ_s=0°，κ'_r=10°～12°，b_r=0，r_ε=0.2mm

图 2-13　切削速度对切削力的影响

切削脆性材料时，因塑性变形很小，切屑与刀具前刀面的摩擦很小。连续切削时，切削速度对切削力没有显著的影响；断续切削时，切削速度越高，冲击力影响越大。

（2）切削深度 a_p。切削深度与切削力近似成正比。因为在 a_p 增加一倍时，切削厚度不变，切削宽度增大一倍，切削刃上的切削负荷也随之增大一倍，即切削变形抗力和刀具前刀面上的摩擦力成倍增加，从而导致切削力也成倍增加。

（3）进给量 s。进给量 s 增加，切削力增加，但不成正比。因为 s 增大一倍时，切削宽度不变，只是切削厚度增大一倍，平均变形减小，故切削力增加不到一倍（约 75%左右）。

3）刀具几何参数的影响

（1）前角 γ_o。加工塑性材料时，γ_o 增大，切削变形减小，切削力减小。但增大 γ_o，使三个分力 F_c、F_p 和 F_f 减小的程度不同。加工脆性材料时，由于切屑变形很小，所以前角对切削力的影响不显著。

（2）主偏角 κ_r。对主切削力 F_c 的影响较小，影响程度不超过 10%。κ_r 在 60°～75° 之间时，主切削力 F_c 最小，而 κ_r 对背向力 F_p 和进给力 F_f 的影响较大，当 κ_r 增大时，F_f 增大而 F_p 减小。

（3）刃倾角 λ_s。对主切削力 F_c 的影响很小，但对背向力 F_p、进给力 F_f 影响较显著，当 λ_s 增大时，F_f 增大而 F_p 减小。

（4）刀尖圆弧半径 r_ε。r_ε 增大，使切削刃曲线部分的长度和切削宽度增大，但切削厚度减薄，各点的 κ_r 减小。所以 r_ε 增大相当于 κ_r 减小时对切削力的影响。

4）其他因素的影响

（1）刀具材料。主要通过摩擦系数影响切削力。一般按立方氮化硼（CBN）、陶瓷、涂层刀具、硬质合金、高速钢刀具的顺序，切削力依次增大。

（2）切削液。切削液的润滑作用越好，切削力的降低越显著。在较低的切削速度下，切削液的润滑作用更为突出。

（3）刀具磨损。刀具磨损后，相当于刀具后角减小，甚至为 0° 后角，刀具锋利程度降低，造成切削变形难度增加，后刀面与工件的摩擦加剧，使切削力增加，刀具磨损对 F_f 和 F_p 的影响最为显著。

（4）刀具刃磨。刀具的前、后刀面的刃磨质量越好，切削力越小。

2.1.4　切削热与切削温度

1. 切削热的来源

切削热是切削过程中的重要物理现象之一。切削时所消耗的能量，除很小部分用以形成新表面和推进晶格扭曲变形形成潜藏能外，绝大部分则转化为热能，大量的切削热引起切削温度升高，这将直接影响刀具磨损和使用寿命，限制切削速度的提高，从而导致工件、刀具和夹具产生热变形，降低零件的加工精度和表面质量。

如图 2-14 所示，切削时的热源有：剪切区变形功形成的热 Q_p；刀-屑间摩擦功形成的热 $Q_{\gamma f}$；刀-工间摩擦功形成的热 $Q_{\alpha f}$。试验表明，切削时，被切屑带走的热量 Q_{ch} 最多，传给工件的热量 Q_w 其次，传给刀具的热量 Q_c 很少，传给周围介质的热量 Q_f 最少。切削过程中的热平衡方程如下：

$$Q = Q_p + Q_{\gamma f} + Q_{\alpha f} + Q_{ch} + Q_w + Q_c + Q_f \tag{2-1}$$

切削塑性材料时，切削热主要由剪切区变形热和刀-屑间的摩擦热形成；切削脆性材料时，则刀-工间的摩擦热占的比例较大。

图 2-14　切削热的产生与传导

切削温度一般是指温度达到平衡状态后，切削区工件与刀具接触面间的平均温度，用 θ 表示。

2．影响切削温度的因素

1）切削用量的影响

（1）切削速度 v_c。切削速度提高后，切削温度上升显著，有时会超过工件材料的熔点。

（2）进给量 s。进给量增加，切削温度将上升，但上升速度缓慢。

（3）切削深度 a_p。切削深度增加，切削温度上升不明显。

2）工件材料的影响

（1）工件材料的硬度和强度越高，切削时所消耗的功越多，产生的切削热越多，切削温度就越高。

（2）工件材料的导热系数高，由切屑和工件传出去的热量较多，切削温度就较低，刀具寿命较长，但工件温升快，易引起工件热变形。工件材料的导热系数低，切削热不易从切屑和工件传导出去，切削区温度高，使刀具磨损加剧。

（3）灰铸铁等脆性材料切削时金属变形小，切屑呈崩碎状，与前刀面摩擦小，产生的切削热少，故切削温度一般较切削钢料时低。

3）刀具几何参数的影响

在刀具几何参数中，对切削温度影响最为明显的因素是前角 γ_o 和主偏角 κ_r，其次是刀尖圆弧半径 r_ε。γ_o 增大，切削变形和摩擦产生的热量均较少，故切削温度降低。但前角过大，刀具热容量减小，散热条件差，使切削温度升高。因此，在一定条件下，均有一个产生最低温度的最佳前角值。κ_r 减小使切削变形和摩擦增加，切削热增加；但 κ_r 减小后，因刀头体积和切削宽度都增加，有利于热量传散，从而使切削温度降低。增大 r_ε、选用负的 λ_s 和磨制负倒棱均能增大散热面积，降低切削温度。

4）刀具磨损的影响

刀具磨损后切削刃变钝，使金属变形增加；同时刀具后刀面与工件的摩擦加剧。因此，刀具磨损后切削温度上升。后刀面磨损量越大，切削温度上升越迅速。

5）切削液的影响

切削液对降低切削温度有明显效果。切削液对切削温度的影响，与切削液的导热性、比热容、流量、浇注方式及本身的温度有很大的关系。从导热性能来看，油类切削液不如乳化液，乳化液不如水基切削液。

2.1.5 刀具材料

金属切削过程除了要求刀具具有适当的几何参数外，还要求刀具材料对工件要有良好的切削性能。刀具切削性能的优劣，不仅取决于刀具切削部分的几何参数，还取决于刀具切削部分所选配的刀具材料。金属切削过程中的加工质量、加工效率、加工成本，在很大程度上取决于刀具材料的合理选择。因此，刀具材料、结构和几何形状是构成刀具切削性能评估的三要素。

1．刀具材料应具备的基本性能

（1）高的硬度和高的耐磨性。刀具材料的硬度必须高于工件材料的硬度。刀具材料的常温硬度在 60HRC 以上，更重要的是高温硬度要保持在一定水平。一般要求刀具材料与工件材料的硬度差≥20HRC。一般刀具材料的硬度越高，耐磨性越好。

（2）足够的强度和冲击韧性。强度是指抵抗切削力的作用而不致使刀刃崩碎与刀杆折断所应具备的性能，一般用抗弯强度来表示。冲击韧性是指刀具材料在间断切削或有冲击的工作条件下保证不崩刃的能力。一般硬度越高，冲击韧性越低，材料越脆。硬度和韧性相互矛盾，也是刀具材料所应克服的一个关键。

（3）高的耐热性（热稳定性）。耐热性是指刀具材料在高温下保持硬度、耐磨性、强度和韧性的能力。通常刀具材料具有切削作用的最高温度为：高速钢不高于 650℃，硬质合金 800～1000℃，金刚石不高于 800℃，陶瓷不高于 1200℃，PCBN 不高于 1300～1500℃等。

（4）良好的热物理性能和耐热冲击性能。刀具材料的导热性能要好，不会因受到大的热冲击产生刀具内部裂纹而导致刀具断裂。

（5）良好的工艺性和经济性。为了便于制造，要求刀具材料应具有良好的锻造性能、热处理性能、焊接性能、切削加工性能等。此外，在满足以上性能要求时，应尽可能满足资源丰富、价格低廉的要求。

对刀具材料的性能要求，对同一种刀具材料来说往往是互相矛盾的，很难同时兼顾，如硬度越高，耐磨性越好的材料，其韧性和抗冲击性能就越差，只能根据所加工材料及不同的加工条件，有所偏重，综合考虑。

2. 常用刀具材料

常用的刀具材料可分为四大类：工具钢（包括碳素工具钢、合金工具钢、高速钢）、硬质合金、陶瓷、超硬材料。目前用得最多的为高速钢、硬质合金、陶瓷和超硬材料。

（1）高速钢。高速钢是含有较多 W、Mo、Cr、V 等元素的高合金工具钢。高速钢硬度可达 62～67HRC，切削温度可达 550～600℃。与碳素工具钢和合金工具钢相比，高速钢能提高切削速度 1～3 倍，提高刀具寿命 10～40 倍，甚至更多，而且其强度、韧性和工艺性都较好，是各类材料中低速切削加工及复杂形状刀具的理想材料，如钻头、丝锥、成形刀具、拉刀、齿轮刀具等的制造中，高速钢占据主要地位。表 2-2 列出了常用高速钢的性能及主要用途。

表 2-2 常用高速钢的性能和主要用途

类别		牌 号	硬度 /HRC	抗弯强度 σ_{bb} /GPa	冲击韧度 α_k /J·m^{-2}	600℃时的硬度/HRC	主 要 用 途
普通高速钢		W18Cr4V	63～66	～3.5	～30	48.5	用途广泛，如齿轮刀具、钻头、丝锥、铰刀、铣刀、拉刀等
		W6Mo5Cr4V2	63～66	4.5～4.7	～50	47～48	制造热塑性好及承受较大冲击负荷的刀具
高性能高速钢	高碳	95W18Cr4V	67～68	～3.0	～10.0	51	用于对韧性要求不高，但对耐磨性要求高的刀具
	高钒	W12Cr4V4Mo	63～66	～3.2	～25.0	51	用于形状简单，但对耐磨性要求高的刀具
	超硬	W6Mo5Cr4V2Al	68～69	3.5～3.8	～20	55	制造复杂刀具及难加工材料用刀具
		W2Mo9Cr4VCo8	66～67	2.5～3.0	～10	55	制造复杂刀具及难加工材料用刀具

（2）硬质合金。硬质合金是用高耐热性和高耐磨性的金属碳化物（如 WC、TiC、TaC、NbC 等）为基本，金属 Co、Ni、Mo 等为黏结剂，在高温下烧结而成的粉末冶金制品。其硬

度为 89~93HRA，能耐 850~1000℃的高温，具有良好的耐磨性和耐热性，允许使用的切削速度可达 100~300m/min，可加工包括淬硬钢在内的多种材料，因此获得广泛应用。但是，硬质合金的抗弯强度低，冲击韧性差，刀口不锋利，工艺性差，不易做成形状复杂的整体刀具，因此常制造成各类形状较为简单的硬质合金刀片，连接在刀体上使用。

ISO 标准将硬质合金分为 P、M、K 三类，P 类硬质合金主要用于加工形成长切屑的黑色金属，用蓝色作为标志；M 类硬质合金主要用于加工黑色金属和有色金属，用黄色作为标志，又称通用硬质合金；K 类硬质合金主要用于加工形成短切屑的黑色金属、有色金属和非金属材料，用红色作为标志。P 类相当于我国原钨钛钴类，主要成分为 WC+TiC+Co，代号为 YT；K 类相当于我国原钨钴类，主要成分为 WC+Co，代号为 YG；M 类相当于我国原钨钛钽钴类通用合金，主要成分为 WC+TiC+TaC（NbC）+Co，代号为 YW。表 2-3 所示为硬质合金的种类。表 2-4 所示为我国常用硬质合金牌号、性能及其应用范围。

表 2-3 硬质合金种类

种 类	成 分	ISO 标准
YT	WC+TiC+Co	P
YG	WC+Co	K
YW	WC+TiC+TaC（NbC）+Co	M

表 2-4 常用硬质合金牌号、性能及其应用范围

牌号	性 能		应 用 范 围
YG3X	硬度、耐磨性 ↑	抗弯强度、韧性 ↓	铸铁、有色金属及其合金半精加工、精加工，不能承受冲击载荷
YG3			铸铁、有色金属及其合金半精加工、精加工，不能承受冲击载荷
YG6X			普通铸铁、冷硬铸铁、高温合金的半精加工、精加工
YG6			铸铁、有色金属及其合金的粗加工、半精加工
YG8			铸铁、有色金属及其合金、非金属材料的粗加工，断续切削
YG6A			冷硬铸铁、有色金属及其合金的半精加工，高锰钢、淬硬钢的半精加工和精加工
YT30	硬度、耐磨性 ↑	抗弯强度、韧性 ↓	碳素钢、合金钢的精加工
YT15			碳素钢、合金钢在连续切削时的粗加工、半精加工，断续切削的精加工
YT14			同 YT15
YT5			碳素钢、合金钢的粗加工，断续切削
YW1	硬度、耐磨性 ↑	抗弯强度、韧性 ↓	高温合金、高锰钢、不锈钢等难加工材料及普通钢料、铸铁、有色金属及其合金的半精加工和精加工
YW2			高温合金、高锰钢、不锈钢等难加工材料及普通钢料、铸铁、有色金属及其合金的粗加工和半精加工

（3）陶瓷。按化学成分的不同，目前生产中常用的刀具陶瓷可分为 Al_2O_3 基陶瓷和 Si_3N_4 基陶瓷。其硬度可达 91~95HRA，在 1200℃的切削温度下仍可保持 80HRA 的硬度，因而刀具寿命长，抗黏结、抗扩散、抗氧化磨损的能力强，具有较低的摩擦系数，不易产生积屑瘤等。其主要缺点是抗弯强度和冲击韧性很差，不能承受较大的切削力和切削力的波动，不适于重切削和冲击较大的断续切削。在 Al_2O_3 陶瓷基体中添加 20%~30%的 SiC 晶液制成晶须增

韧陶瓷材料，SiC 晶须的作用犹如钢筋混凝土中的钢筋，它能成为阻挡或改变裂纹扩展方向的障碍物，使刀具的韧性大幅度提高，是一种很有发展前途的刀具材料。

（3）超硬材料。超硬材料包括天然金刚石、聚晶金刚石（PCD）和立方氮化硼（CBN）三种。

金刚石主要用于加工高精度及粗糙度很低的非铁金属、耐磨材料和塑料，如铝及铝合金、黄铜、预烧结的硬质合金和陶瓷、石墨、玻璃纤维、橡胶及塑料等。

天然金刚石是自然界中最硬的材料，硬度范围为 8000～12000HK（Knoop 硬度，单位 kgf/mm^2），密度为 3.48～3.56g/cm^3。由于天然金刚石是一种各向异性的单晶体，因此，在晶体上的取向不同，耐磨性及硬度也有差异，其耐热性为 700～800℃。天然金刚石的耐磨性极好，刃口锋利，切削刃的钝圆半径可达 0.01μm 左右，刀具寿命可长达数百小时。但天然金刚石价格昂贵，因此主要用于制造加工精度和表面粗糙度要求极高零件的刀具，如加工磁盘、激光反射镜、感光鼓、多面镜等。

聚晶金刚石（PCD）由石墨在高温高压下聚合而成，因此不存在各向异性，其硬度比天然金刚石略低，价格便宜，焊接方便，可磨削性好，因此成为金刚石刀具的主要材料，但金刚石的热稳定性差，因此不宜进行钢材加工。用等离子法开发的金刚石涂层刀具，其基体材料为硬质合金或氮化硅陶瓷，用途和聚晶金刚石相同。该方法可在硬质合金麻花钻、立铣刀、成形刀具及带断屑槽的刀片等复杂刀具上进行涂层，因此具有广阔的发展前景。

立方氮化硼（CBN）由单晶立方氮化硼微粉在高温高压下聚合而成，硬度可达 3000～4500HV，仅次于金刚石，同时耐热性及热稳定性好，可承受 1200℃左右的切削温度，化学惰性很好，在 1000℃的温度下不与铁、镍和钴等金属发生化学反应，是理想的刀具材料。主要用于淬硬工具钢、冷硬铸铁、耐热合金及喷焊材料等的加工，用于高精度铣削时可以代替磨削加工。

3. 刀具涂层技术

涂层刀具是近 20 年出现的一种新型刀具，是刀具发展中的一项重要突破，是解决刀具材料中硬度、耐磨性与强度、韧性之间矛盾的一个有效措施。目前，涂层刀具有四种，即涂层高速钢刀具、涂层硬质合金刀具，以及在陶瓷和超硬材料刀片上的涂层刀具。前两种涂层刀具使用最多。

在陶瓷和超硬材料刀片上的涂层是硬度较基体低的材料，目的是为了提高刀片表面的断裂韧度（可提高 10%以上），减少刀片的崩刃及破损，扩大应用范围。

刀具涂层制备技术可分为化学气相沉积（CVD）和物理气相沉积（PVD）两大类。CVD 技术可实现单成分单层及多成分多层复合涂层的沉积，涂层与基体结合强度较高，薄膜厚度较厚，可达 7～9μm，具有很好的耐磨性。但 CVD 工艺温度高，易造成刀具材料抗弯强度下降；涂层内部呈拉应力状态，易导致刀具使用时产生微裂纹。目前，CVD 技术主要用于硬质合金可转位刀片的表面涂层。与 CVD 工艺相比，PVD 工艺温度低（可低至 80℃），在 600℃以下时对刀具材料的抗弯强度基本无影响；薄膜内部应力状态为压应力，更适于对硬质合金精密复杂刀具的涂层；PVD 工艺对环境无不利影响。PVD 技术主要应用于整体硬质合金刀具和高速钢刀具的表面处理，已普遍应用于硬质合金钻头、铣刀、铰刀、丝锥、异形刀具、焊接刀具等的涂层处理。

涂层材料具有硬度高、耐磨性好、化学性能稳定、不与工件材料发生化学反应、耐热耐氧化、摩擦因数低，以及与基体附着牢固等特点。刀具涂层有如下几种：

（1）氮化钛涂层（TiN）。TiN 是一种通用型 PVD 涂层，可以提高刀具硬度并具有较高的氧化温度。该涂层用于高速钢切削刀具或成形工具可获得不错的加工效果。

（2）氮碳化钛涂层（TiCN）。TiCN 涂层中添加的碳元素可提高刀具硬度并获得更好的表面润滑性，是高速钢刀具的理想涂层。

（3）氮铝钛或氮钛铝涂层（TiAlN/AlTiN）。TiAlN/AlTiN 涂层中形成的氧化铝层可以有效提高刀具的高温加工寿命，主要用于干式或半干式切削加工的硬质合金刀具。根据涂层中所含铝和钛的比例不同，AlTiN 涂层可提供比 TiAlN 涂层更高的表面硬度，因此是高速加工领域又一个可行的涂层选择。

（4）氮化铬涂层（CrN）。CrN 涂层良好的抗黏结性，使其在容易产生积屑瘤的加工中成为首选涂层。涂覆这种几乎无形的涂层后，高速钢刀具或硬质合金刀具和成形刀具的加工性能会大大改善。

（5）金刚石涂层（Diamond）。CVD 金刚石涂层可为非铁金属材料加工刀具提供最佳性能，是加工石墨、金属基复合材料（MMC）、高硅铝合金及许多其他高磨蚀材料的理想涂层。但纯金刚石涂层刀具不能用于加工钢件，因为加工钢件时会产生大量切削热，从而导致发生化学反应，使涂层与刀具之间的黏附层遭到破坏。

2.1.6　刀具磨损和刀具寿命

1. 刀具磨损分类

在切削过程中，刀具前、后刀面经常与切屑、工件接触，产生剧烈摩擦，同时，在接触区内有很高的温度和压力。因此，多数情况下刀具前刀面和后刀面都会发生磨损，如图 2-15 所示。

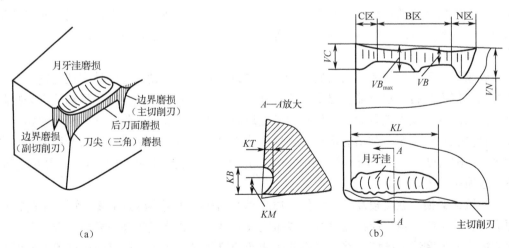

图 2-15　刀具磨损示意图

（1）前刀面磨损。切削塑性材料时，如果切削速度和切削厚度较大，切屑与前刀面完全是新鲜表面的相互作用与摩擦，化学活性高，加之高温高压作用及切削液难以进入等原因，在前刀面上经常会磨出一个月牙洼，如图 2-15 所示。月牙洼的位置发生在前刀面上切削温度最高的地方，月牙洼和切削刃之间有一条小棱边。在磨损过程中，月牙洼的宽度、深度不断增大，当月牙洼扩展到使棱边很窄时，切削刃的强度大为削弱，极易导致崩刃。月牙洼磨损量以其最大深度 KT 表示（见图 2-15（b））。

（2）后刀面磨损。在后刀面与工件接触的很小一块面积上，由于大的接触压力而产生弹性和塑性变形，使后刀面被磨出宽窄不均的磨损带，如图 2-15 所示。

① 刀尖部分（C 区）：强度较低，散热条件差，磨损比较严重，其最大值为 VC。

② 主切削刃靠近工件待加工表面部分（N 区）：磨成较深的沟槽，磨损带宽度以 VN 表示。N 区磨损常被称为边界磨损。主要是由于工件在边界处的加工硬化层、硬质点和刀具在边界处的较大应力梯度和温度梯度造成的，如加工铸、锻件等外皮时容易发生边界磨损。

③ 在后刀面磨损带的中间部位（B 区）：磨损比较均匀，其平均宽度以 VB 表示，而其最大宽度以 VB_{max} 表示。实际生产中，较常见的是后刀面磨损，尤其发生在以低速和较小切削厚度进行塑性及脆性金属切削加工时。月牙洼磨损通常是在高速、大进给量（$s > 0.5mm$）条件下切削塑性金属时产生的。而以中等切削用量切削塑性金属时会使前刀面和后刀面同时磨损。

2．刀具磨损机理

引起磨损的机理有多种，主要有机械磨损、黏结磨损、氧化磨损、扩散磨损等。此外，还有疲劳、冲击引起的磨损或微小破损。

（1）机械磨损。机械磨损也称磨料磨损，是由于工件材料中的杂质和基体组织中所含硬质点（如碳化物、氮化物和氧化物），以及积屑瘤碎片等在刀具表面上划出沟纹而造成的磨损。硬质点在前刀面上划出与切屑运动方向一致的沟纹，在后刀面上划出与工件运动方向一致的沟纹。各种切削速度下，刀具都存在机械磨损。但它是低速切削刀具（如拉刀、扳牙、丝锥）磨损的主要原因。

（2）黏结磨损。黏结是指刀具与工件材料在足够大的压力和足够高的温度作用下，相互间在接触区域所产生的冷焊结合现象，是摩擦面塑性变形形成的新表面原子间吸附的结果。两摩擦表面的黏结点因相对运动将被撕裂而被对方带走，若黏结处的破裂发生在刀具这一方，则造成刀具的磨损。

一般来说，工件材料或切屑的硬度较刀具材料的硬度低，黏结处的破裂往往发生在工件或切屑上。但刀具材料也可能有组织不均，存在内应力、微裂纹及空穴、局部软点等缺陷，所以刀具表面也会发生破裂而被工件材料带走造成磨损。各种刀具包括立方氮化硼和金刚石刀具都会发生黏结磨损。黏结磨损程度主要取决于刀具材料与工件材料间的亲和力、二者的硬度比、切削温度、刀具表面形状与组织等。刀具与工件材料间的亲和力越大，硬度比越小，则黏结磨损越严重。

（3）氧化磨损。温度较高时，气体介质靠相互的化学作用力渗入摩擦表面，于是在摩擦表面形成了氧化膜，也可能在接触区形成微裂纹和微孔。如果氧化膜与表面结合强度低，则氧化膜很快就为摩擦所破坏，然后又重新生成新的氧化膜。当氧化速度超过摩擦表面所发生的其他过程（如扩散、黏结）的速度时，这时的磨损即为氧化磨损。由于刀具切削时和工件接触紧密，氧气难以进入接触区域内部，因此，氧化磨损常以边界磨损形式出现。

（4）扩散磨损。在切削温度很高时，刀具与工件被切出的新鲜表面接触，由于两者化学元素活性大而有可能相互扩散，使刀具材料的化学成分发生变化，削弱其性能，若再经摩擦作用，刀具容易被磨损。这种因固态下元素相互迁移而引起的磨损称为扩散磨损。它是一种化学性质的磨损。例如，用硬质合金刀具切钢时，从 800℃开始，硬质合金中的钴便迅速地扩散到切屑、工件中去，碳化钨分解为钨和碳后扩散到钢中；而切屑中的铁会向硬质合金中扩散，形成低硬度、高脆性的复合碳化物。由于钴的扩散，降低了硬质相碳化钨、碳化钛的黏结强度，所有这些，都使刀具磨损加剧。此外，随着切削速度的提高，引起切削温度升高，元素的扩散速率增加，扩散磨损程度加剧。扩散磨损的快慢和程度与刀具材料中化学元素的扩散速率密切相关。如硬质合金中，钛元素的扩散速率远低于钴、钨，故 YT 类硬质合金的抗扩散磨损能力优于 YG 类硬质合金。涂层硬质合金效果更佳。硬质合金中添加钽、铌后形成固溶体，更不易扩散，故这类硬质合金具有良好的抗扩散磨损性能。

3．刀具磨钝标准与刀具寿命

（1）刀具磨钝标准。刀具磨钝标准是刀具磨损程度的某一临界值，当磨损超过该值时，则刀具不得继续使用。刀具磨钝标准可分为生产现场用磨钝标准和刀具寿命试验用磨钝标准。生产现场用磨钝标准又分为刀具完全失效、工件尺寸加工偏差或加工表面粗糙度上升等标准。国际标准 ISO 推荐的车刀寿命试验用磨钝标准如下。

高速钢或陶瓷刀具，可以是下列任何一种：

① 破损；

② 如果后刀面在 B 区内是有规则的磨损，则取 VB=0.3mm；

③ 如果后刀面在 B 区内是无规则的磨损、划伤、剥落或严重的沟痕，则取 VB_{max}=0.6mm。

硬质合金刀具，可以是下列任何一种：

① VB=0.3mm；

② 如果后刀面是无规则的磨损，则取 VB_{max}=0.6mm；

③ 前刀面磨损量 KT=0.06+0.3s，其中 s 为进给量。

（2）刀具寿命。刀具寿命是指一把新刀具从开始切削直到磨损量达到磨钝标准为止总的切削时间，或者说是刀具两次刃磨之间总的切削时间，一般以 T 表示。刀具总寿命是指一把新刀从投入切削开始至报废为止的总切削时间，其间包括多次重磨。工件材料确定之后，刀具寿命和切削用量的关系可以通过试验建立经验公式。

$$T = A \cdot v^z \cdot s^y \cdot a_p^x \tag{2-2}$$

式中，A 为与工件材料、刀具材料及其他条件有关的常数；指数中的 x、y、z 与工件性能及刀具有关，通常 $z>y>x$。

2.2　高速切削加工

高速切削（High Speed Cutting，HSC）是 20 世纪 80 年代中期发展起来的一项先进技术。高速切削技术使得汽车、模具、飞机等制造业的生产效率和制造质量明显提高，同时又使制造成本大幅度降低。因此，高速切削技术如同数控技术一样是 20 世纪机械制造业一场影响深远的技术革命。

2.2.1 高速切削理论的提出和定义

1. 高速切削理论的提出

高速切削理论最早由德国物理学家萨洛蒙（Carl. J. Salomon）于 1929 年进行了超高速模拟实验。1931 年 4 月他发表了著名的超高速切削理论，并在德国申请了专利。根据实验，萨洛蒙提出了两个令人感兴趣的假设。主要内容如图 2-16 所示，在常规切削速度范围（A 区）内，切削温度随着切削速度的提高而升高，但切削速度提高到一定值 v_c 后，切削温度不但不升反而降低，且 v_c 值与工件材料的种类有关。对于每一种工件材料，存在一个从 $v_c \sim v_h$ 的速度范围，在这个速度范围内（B 区），由于切削温度太高（高于刀具允许的最高温度 t_0），任何刀具都无法承受，切削加工不可能进行。这个范围称为"死谷"（Dead Valley）。

由于受当时实验条件的限制，这一理论未能严格区分切削温度和工件温度的界限。但他的思想给后来的研究者一个非常重要的启示：如果切削速度能越过"死谷"，而在超高速区（C区）进行工作，则有可能用现有的刀具进行超高速切削，从而大幅度地减少切削工时，成倍地提高机床的生产率。图 2-16 的横坐标是对数坐标，v_h 之值约为 v_i 值的 10 倍。也就是说，高速切削的速度一般为常规切削速度的 10 倍左右。

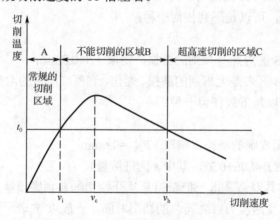

图 2-16　切削速度变化与切削温度的关系

萨洛蒙对不同材料做了很多高速切削实验。但遗憾的是，在"二战"中这些资料和数据都遗失了。现在使用的萨洛蒙假设曲线大多是根据推论作出的。通常采用的 Salomon 曲线如图 2-17 所示。萨洛蒙对铝和铸铜等有色金属进行了高速和超高速实验，所得结果如图 2-17 中所示，其他几种材料的关系曲线，是萨洛蒙根据前面的实验结果推算出来的，并未经过实验验证。

萨洛蒙是人们公认的"高速切削之父"，因为他的理论提出了一个描述切削条件的区域或范围，在这个区域是不能进行切削的。高速切削理论从假设到实现的早期研究代表人物是美国的沃汉（R. L. Vaughan）工程师。沃汉和他的研究小组所进行的高速切削理论研究，一方面来自美国空军支持的研究计划；另一方面他得到萨洛蒙的一些研究结果和数据。虽然他们的实验设备是枪和炮，实验方法完全不能应用于实际工业生产，但是他们的研究却得出了很多非常有价值的高速切削的理论成果。

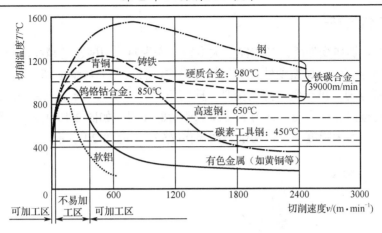

图 2-17　Salomon 曲线

2．高速切削的定义

有关高速切削加工的含义，目前尚无统一的认识，通常有如下几种观点：

（1）切削速度很高，通常认为其速度超过普通切削的 5～10 倍。

（2）机床主轴转速很高，一般将主轴转速在 10000～20000r/min 以上定为高速切削；进给速度很高，通常达 15～50m/min，最高可达 90m/min。

3．高速切削的切削速度范围

1992 年，德国 Darmstadt 工业大学的 H. Schulz 教授在 CIRP 上提出了高速切削加工的概念及其涵盖的范围。认为对于不同的切削对象，过渡区（Transition）即为通常所谓的高速切削范围，这也是当时金属切削工艺相关的技术人员所期待或者可望实现的切削速度。

（1）按不同加工方法规定的切削速度范围，车削 700～7000m/min，铣削 300～6000m/min，钻削 200～1100m/min，镗削 35～75m/min，磨削 50～300m/s。

（2）按加工不同工件材料划定的切削速度范围如图 2-18 所示。

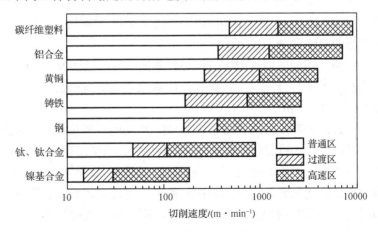

图 2-18　高速切削速度范围

4．高速切削的特征

高速切削时，切屑变形所消耗的能量大多数转变为热，切削速度越高，产生的热量越多。基本切削区的高温有助于加速塑性变形和切屑形成，且大部分热量被切屑带走。高速切削变形过程的显著特点为：第一变形分区变窄，剪切角增大，变形系数减小；第二变形分区接触长度变短，切屑排出速度极高，前刀面受周期载荷的作用，如图 2-19 所示。所以高速切削的切削变形小，切削力大幅度下降，切削表面损伤减轻，如图 2-20 所示。

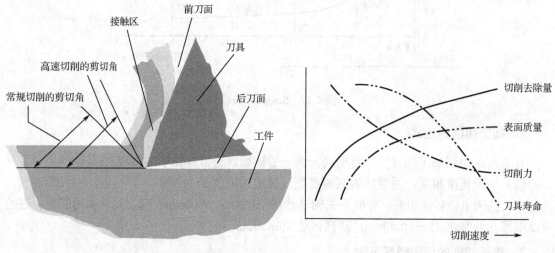

图 2-19　高速切削的简化模型　　　　　　　　图 2-20　高速切削的特征

2.2.2　高速切削加工的特点（优点）

与传统切削加工相比，高速切削加工的切屑形成、切削力学、切削热与切削温度、刀具磨损与破损等基础理论有其不同的特征，高速切削的切削机理发生了根本的变化，从而切削加工的结果也发生了本质的变化。

（1）加工效率高。高速切削具有高的切削率、高进给率，可显著提高切削速度，材料去除率通常可达传统切削的 3～5 倍以上。切削时间减少，加工效率提高，从而缩短了产品的制造周期，提高了产品的市场竞争力。

（2）切削力小。高速切削的切削力小，振动频率低，可降低切削力 30%～90%，径向力降低更为显著，有利于薄壁零件的加工。国外采用数控高速切削加工技术加工铝合金、钛合金零件的最小壁厚可达 0.05mm。

（3）切削热对工件的影响小。高速切削中 95%～98%的切削热被切屑带走，工件受热影响小，大大提高了工件的尺寸精度和形位精度。实验证明，当切削速度超过 600m/min 后，切削温度的上升在大多数情况下不会超过 3℃，故高速切削特别适于加工易产生热变形的零件。

（4）加工精度高。高速旋转时刀具切削的激励频率远离工艺系统的固有频率，不会造成工艺系统的受迫振动，保证好的加工状态，从而可获得较高的表面加工质量，且残余应力较小。

（5）可实现绿色加工。高速切削中刀具红硬性好，刀具寿命提高 70%，可不用或少用冷却液，实现绿色加工。

（6）可加工各种难加工材料。在加工难加工材料时，采用高速切削技术，使用乳化切削液，采用油雾轻度润滑和冷却，不但能改善材料的切削状况，减小切削力，减轻刀具磨损，延长刀具寿命，且能减小工件热变形与加工硬化，提高工件表面质量和生产率。如高速切削镍基合金和钛合金，切削速度可达 100～1000m/min，为常规切速的 10 倍左右，可有效减小刀具磨损，提高零件加工表面质量。

（7）简化加工工艺流程。常规切削加工不能加工淬火后的材料，淬火变形必须进行人工修整或通过放电加工来解决。高速切削则可以直接加工淬火后（45～65HRC）的材料，在很多情况下可完全省去放电加工工序，消除放电加工所带来的表面硬化问题，减少或免除人工光整加工，如图 2-21 所示。

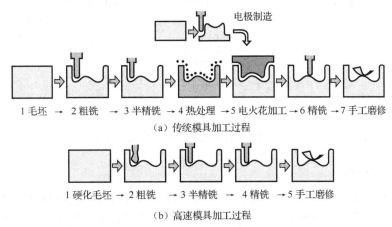

1 毛坯 → 2 粗铣 → 3 半精铣 → 4 热处理 → 5 电火花加工 → 6 精铣 → 7 手工磨修

（a）传统模具加工过程

1 硬化毛坯 → 2 粗铣 → 3 半精铣 → 4 精铣 → 5 手工磨修

（b）高速模具加工过程

图 2-21　两种模具加工过程比较

一些市场上越来越需要的薄壁模具工件，高速铣削则可顺利完成。而且在高速铣削 CNC 加工中心上，模具一次装夹可完成多工步加工。这些优点在资金回转要求快、交货时间短、产品竞争激烈的模具等行业是非常适宜的。铸造、冲模、热压模和注塑模加工的应用代表了铸铁、铸钢和合金钢的高速切削应用范围的扩大。工业领先的国家在冲模和铸模制造方面，研制时间大部分耗费在机械加工和抛光加工工序上，如图 2-22 所示。冲模或铸模的机械加工和抛光加工约占整个加工费用的 2/3，而高速铣削可正好用来缩短研制周期，降低加工费用。

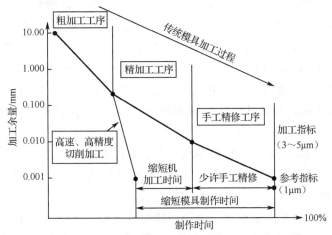

图 2-22　采用高速切削缩短模具制作周期（日产汽车公司）

2.2.3 高速切削的关键技术

高速切削涉及的主要基础理论与关键技术如图 2-23 所示。

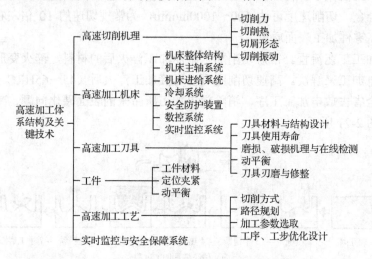

图 2-23 高速切削涉及的主要基础理论与关键技术

1. 高速切削刀具

刀具是实现高速加工的关键技术之一。实践证明，阻碍切削速度提高的关键因素是刀具能否承受越来越高的切削温度。在萨洛蒙高速切削假设中并没有把刀具作为一个重要的因素。但是随着现代高速切削机理研究和高速切削试验的不断深入，证明高速切削的最关键技术之一就是所用的刀具。

德国 Darmstadt 工业大学生产工程和机床研究所的舒尔兹教授（H. Schulz）在第一届德国-法国高速切削年会（1997 年）上做的报告中指出，目前，在高速加工技术中有两个基本的研究发展目标，一个是高速引起的刀具寿命问题，另一个是具有高精度的高速机床。

1）高速切削对刀具材料的要求

在高速切削时，变形过程是不均匀的，具有周期性的局部集中剪切变形区，形成锯齿状的半不连续周期。其显著特征为：第一变形区变窄，剪切角增大，变形系数减小；第二变形区的接触长度变短，切屑流出速度极高，前刀面受周期载荷作用。这使高速切削的切削变形减少，切削力大幅度下降。另外，刀具前刀面上的摩擦热大大增加，切削钢、钴及镍基合金时温度可达 1000℃以上，且最高温度距刃口很近，使热磨损占主导地位，易于形成与刃口相毗邻的月牙洼磨损。而切削刃作用边界处很高的应力和温度梯度使得边界磨损更加突出，尤其在高速铣削或其他断续切削时，刀尖及刀刃因受冲击载荷的作用，易于发生脆性破损。

高速切削刀具材料除满足高的硬度和耐磨性、足够的强度与冲击韧性、高的耐热性、良好的工艺性和经济性等基本要求外，还应具有以下特殊要求：

（1）高的可靠性。高速切削一般在数控机床或加工中心上进行，刀具应具有很高的可靠性，要求刀具寿命长、质量一致性好、切削刃重复精度高。这样才能保证加工效率、加工精度、人员及设备安全。在选择高速切削刀具时，除需要考虑刀具材料的可靠性外，还应考虑刀具结构和夹固的可靠性。需要对刀具进行最高转速的试验和动平衡试验。

（2）高的耐热性和抗热冲击性能。高速切削加工时切削温度很高，因此，要求刀具材料的熔点高、氧化温度高、耐热性好、抗热冲击能力强。

（3）良好的高温力学性能。要求刀具材料具有很高的高温力学性能，如高温强度、高温硬度、高温韧性等。

（4）刀具材料能适应难加工材料和新型材料加工的需要。随着科学技术的发展，对工程材料提出了越来越高的要求，各种高强度、高硬度、耐腐蚀和耐高温的工程材料越来越多地被采用。它们大多属难加工材料，目前难加工材料已占工件的 40%以上。因此，高速加工刀具应能适应难加工材料和新型材料加工的需要。尽管已出现不少新的刀具材料，但同时满足上述要求的刀具材料是很难找到的。

2）常用高速切削刀具材料

近 30 年来世界各工业发达国家都在大力发展能适应高速切削加工条件的先进切削刀具，开发出了许多高性能的刀具材料。目前国内外用于高速切削加工的刀具材料主要有金刚石（PCD）、立方氮化硼（PCBN）、陶瓷、TiC（N）基硬质合金和涂层刀具等。在具有比较好的抗冲击韧度的刀具材料的基体上，再加上高热硬性和耐磨性镀层的刀具技术发展很快。另外，还可以把金刚石等硬度很高的材料烧结在抗冲击韧度好的硬质合金或陶瓷材料的基体上，形成综合切削性能非常好的高速加工刀具。图 2-24 所示为各种刀具材料性能对比。

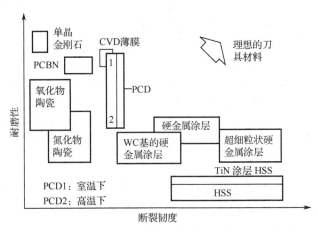

图 2-24　刀具材料性能对比

每一种刀具材料都有其特定的加工范围，只能适应一定的工件材料或切削速度范畴，因此，寻求刀具材料与工件材料及切削速度之间的最佳匹配关系是高速切削加工的重要技术。必须注意的是，刀具材料和工件材料之间有一个适配性问题，即一种刀具材料加工某一种工件材料时性能良好，但加工另一种工件材料时却不理想，换句话说，不存在一种万能的刀具材料可适用于所有工件材料的高速加工。通过大量的切削试验及材料性能比较分析，对各类刀具材料所适应的工件材料做了简单归类，如表 2-5 所示。表 2-6 所示为高速切削不同工件材料所用刀具材料。

表 2-5　常用高速切削刀具材料对工件材料的适应性

刀具材料	工件材料							
	高硬钢	耐热合金	钛合金	高温合金	铸铁	纯钢	铝合金	复合材料
PCD	不适合	不适合	优	不适合	不适合	不适合	优	优
PCBN	优	优	良	优	良	一般	一般	一般
陶瓷刀具	优	优	不适合	优	一般	不适合	不适合	不适合
涂层硬质合金	良	优	优	一般	优	优	一般	一般
TiC（N）硬质合金	一般	不适合	不适合	不适合	优	一般	不适合	不适合

表 2-6　高速切削不同工件材料所用刀具材料

工件材料	刀具材料	
	粗加工	精加工
轧制铝合金	K10、K20	PCD
铸造铝合金	K10、Si_3N_4	PCD、Si_3N_4
铜合金	K10、K20、涂层硬质合金、金属陶瓷	PCD、Si_3N_4
铸铁	金属陶瓷、K 类硬质合金	CBN、Si_3N_4
结构钢	金属陶瓷，PVD 涂层刀具，高 TiC 添加 Ta、Nb 的硬质合金	CBN、陶瓷
高强度钢、淬火钢	高 TiC 添加 Ta、Nb 的硬质合金	CBN、金属陶瓷
不锈钢、高温合金、钛合金	超细晶粒添加 Ta、Nb 的 P 类硬质合金	细晶粒和超细晶粒添加 Ta、Nb 的 P 类硬质合金
纤维强化复合材料	K 类硬质合金	PCD

3）高速切削对刀具结构和几何参数的要求

除了刀具材料的选择外，正确地选择刀具结构、切削刃几何参数，以及刀具的断屑方式等对高速切削的加工效率、表面质量、刀具寿命及切削热量的产生等都有很大影响，这些都是高速刀具技术中一个重要的组成部分。

在高速切削过程中，很关键的问题是要想办法把切削热尽可能多地传给切屑，并利用高速切离的切屑把切削热迅速带走。合适的刀具几何角度对顺利进行高速切削具有非常重要的作用。选择合适的刀具几何角度的作用如下：

（1）合适的刀具后角和进给速度能产生足够大的切屑厚度，以便带走热量，避免切削硬化。

（2）刀刃前角是影响刀具切削载荷的重要参数，应合理选择。

（3）切削载荷与刀具每刀齿的进给量有关。对于多片镶嵌刀具，切削载荷作用在每一个刀片上；对于实体刀具，切削载荷作用在每个刀齿上。因此，进给量应该在一个合理的数值之间来进行选择。

（4）刀具的合理几何参数依据加工材料的不同而不同，为获得较佳的刀具几何参数，还可以采用合适的刀体材料和安全的结构，使用较短的切削刃，提高刀具的整体刚性；采用较大的刀尖角及合适的断屑措施等。

（5）为了使刀具有足够的使用寿命和低的切削力，应根据不同的工件材料选择最佳的刀具几何角度。与普通切削相比，高速切削刀具前角一般要小一些甚至是负前角，后角要稍大一点，且常采用修圆或倒角刀尖来增大刀具前角，以防止刀尖处的热磨损。表 2-7 为高速切削与普通切削刀具角度比较。

表 2-7 高速切削与普通切削刀具角度比较

切削材料	高速切削		普通切削	
	前角 /°	后角 /°	前角 /°	后角 /°
铝合金	12～15	13	20～30	8～12
普通钢	0	16	10～20	5～8
难切削	0	20	5～15	6～8
铸铁	0	12	5～15	4～6
韧铜合金	8	16	15～25	8～12
纤维增强塑料	>20	6～8		

（6）高速切削的旋转刀具要在很高的转速下工作，离心力问题非常突出，故要求其刀体结构和刀片夹紧结构应十分可靠，同时需要在动平衡仪上经过严格的动平衡，最好能进一步安装在机床上与主轴组件一起进行动平衡。图 2-25 所示为超高速机夹可转位铣刀的结构形式。

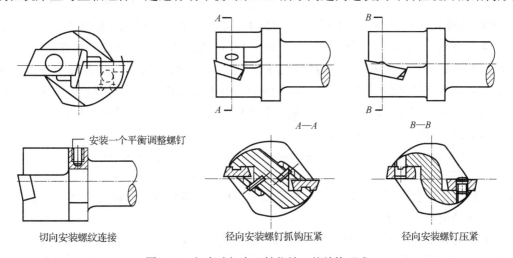

图 2-25 超高速机夹可转位铣刀的结构形式

4）高速切削刀具的刀柄结构

刀具与机床的连接问题如果处理不好，就会严重影响高速切削的可靠性及机床主轴的动平衡，目前已成为限制机床所能达到的切削速度的薄弱环节之一。因此，研究、设计和正确使用刀具与机床主轴的连接装置，是实现高速切削的必要条件。

刀柄是刀具和主轴之间的连接装置。高速切削时既要保证加工精度，又要保证很高的生产效率，因此高速切削时刀柄必须满足下列要求：①很高的几何精度和装夹重复精度；②很高的装夹刚度；③高速运转时安全可靠。

在传统的镗铣加工中，通常使用的是各种 7/24 锥度刀柄接口（BT、ISO），如图 2-26 所示。这些接口的主轴端面与刀具存在间隙，在主轴高速旋转和切削力的作用下，主轴的大端孔径膨胀，造成刀具轴向和径向定位精度下降。同时锥柄的轴向尺寸和重量都较大，不利于快速换刀和机床的小型化。

为了满足高速切削加工的要求，德国开发了 HSK 系列刀柄系统（见图 2-27），美国开发了 KM 系列刀柄系统，其中 HSK 刀柄的开发被誉为机床/刀具连接技术的飞跃，目前已形成了国际标准。

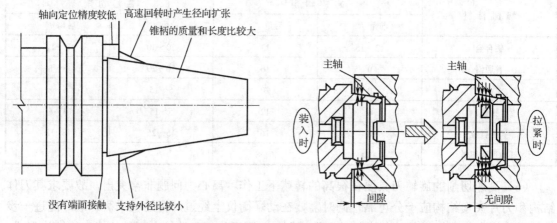

图 2-26　离心力作用下主轴锥孔的膨胀　　　　图 2-27　HSK 刀柄与主轴连接结构工作原理

HSK 刀柄由锥面（径向）和法兰端面（轴向）共同实现与主轴的连接刚性，由锥面实现刀具与主轴之间的同轴度，锥柄锥度为 1：10。与普通 7/24 刀柄相比有如下优点：

（1）有效地提高刀柄与机床主轴的结合刚度。采用锥面、端面过定位的结合形式，使刀柄与主轴的有效接触面积增大，并从径向和轴向进行双面定位，大大提高刀柄与主轴的结合刚度，克服了传统的标准锥度柄在高速旋转时刚度不足的弱点。在同样径向力的作用下，其径向变形量仅为 BT 刀柄连接的 50%。

（2）有较高的重复定位精度，并且自动换刀动作快，有利于实现 ATC（自动控制）的高速化。采用的锥度，其锥部长度缩短（约为 BT 锥柄相近规格的 1/2）。每次换刀后刀柄与主轴的接触面积大，一致性好，提高了刀柄的重复定位精度。其轴向定位精度比 BT 刀柄提高 3 倍，径向跳动精度提高 2～3 倍。

（3）具有良好的高速锁紧性，特别适合于高速切削。刀柄与主轴间由弹性扩张爪锁紧，转速越高，扩张爪的离心力（扩张力）越大，锁紧力越大，故具有良好的高速性能。

（4）楔形效果好，传递扭矩能力强。

此外，HSK 薄壁液压夹头体积小，不平衡点少，振动小，动平衡性能好。

KM 刀柄是 1987 年美国 Kennametal 公司与德国 Widia 公司联合研制的 1/10 短锥空心刀柄，其长度仅为标准 BT 锥柄长度的 1/3。由于配合锥度比较短，且刀柄设计成中空结构，在拉杆轴向拉力的作用下，短锥可径向收缩，所以有效地解决了端面与锥面同时定位而产生的干涉问题。该刀柄的结构与 HSK 刀柄相似，也是采用了空心短锥结构，锥度为 1/10，并且也是采用锥面和端面同时定位、夹紧的工作方式，如图 2-28 所示。主要区别在于使用的夹紧机构不同，KM 的夹紧结构已申请了美国专利，它使用的夹紧力更大，系统的刚度更高。不过由于 KM 刀柄锥面上开有两个对称的圆弧凹槽（夹紧时应用），所以相比之下显得单薄，有些零件的强度较差，而且它需要非常大的夹紧力才能正常工作。另外，KM 刀柄结构的专利保护限制了该系统的迅速推广应用。

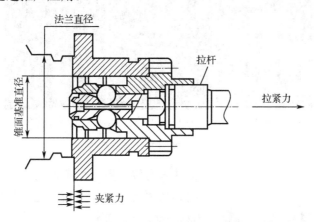

图 2-28 KM 刀柄的结构

HSK、KM 刀柄与 BT 刀柄的结构比较如表 2-8 所示。

表 2-8 HSK、KM 刀柄与 BT 刀柄的结构比较

刀柄类型	HSK	KM	BT
结合部位	锥面+端面	锥面+端面	锥面
夹紧力传递方式	弹性套筒	钢球	弹性套筒
刀具	HSK-63B	KM6350	BT400
基径	ϕ 38mm	ϕ 40mm	ϕ 44.5mm
柄部形式	空心柄	空心柄	实心柄
牵引力	3.5kN	11.2kN	12.1kN
夹紧力	10.5kN	33.5kN	12.1kN
过盈量	3～10 μm	10～25 μm	—
锥度	1：10	1：10	7：24

5）高速刀具夹头及刀具装夹技术

对于高速加工而言，刀具夹头对于加工的可靠性、加工精度和总成本效应的影响尤其重要。高速铣削夹头应具备的条件：①重量轻；②高速回转时夹持刚性高；③高速回转时振摆精度高；④与工件加工部位的贴近性能优异。

目前，用于高速精密加工有三种新型夹头，即液压夹头、热装夹头和力缩夹头，如图 2-29 所示。其中，热装夹头更具有优越性，应用较广泛。

这三种新型夹头具有以下特点：①夹紧精度高，在悬伸 3D（D 为机床主轴前轴颈的直径）处定位精度≤3μm，加工精度高；②传递扭矩大，能适应高效切削的需要；③结构对称性好，有利于刀具的动平衡；④外形尺寸小，可加大刀具的悬伸量，以扩大加工范围。

（1）液压夹头。液压式刀具夹头是一种适用于大多数切削加工用途的刀具夹持系统。液压式刀具夹头采用了与常规夹头不同的刀具夹紧方式，作用力由一个螺旋机构（由螺纹、活塞和密封件组成）引入，通过操作（转动）螺旋机构，可以在夹头内部产生均匀的液压力。

 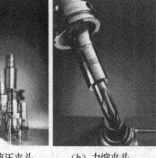 

（a）液压夹头　　　　（b）力缩夹头　　　　（c）热装夹头

图 2-29　新型刀具夹持系统

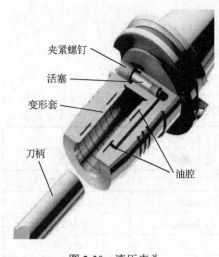

图 2-30　液压夹头

这种压力传导到一个膨胀钢套上，用于夹紧刀具，如图 2-30 所示。夹持系统可达到最佳的径跳精度和小于 0.003mm 的重复性。夹持刀具时，利用刀柄中的液压油，可以提供很高的夹持力。由于避免了因刀具振动而引起的工件材料少量凸起，用户可以获得较高的工件表面加工质量和较长的夹头工作时间。

（2）力缩夹头。德国雄克（SCHUNK）公司生产的一种无夹紧元件的力缩夹头的工作原理如图 2-31 所示。该夹头的内孔在自由状态下为三棱形，三棱的内切圆直径小于要装夹的刀柄直径。利用一个液压加力装置，对夹头施加外力，使夹头变形，内孔变为圆孔，孔径略大于刀柄直径。此时插入刀柄，然后卸掉所加的外力，内孔重新收缩成三棱形，对刀柄实行三点夹紧。其特点是结构紧凑、对称性好、定位精度高（≤3μm）、刀具装卸简单，且对不同膨胀系数的硬质合金刀柄和高速钢刀柄均可适用。

（a）原始状态　　　（b）施加外力　　　（c）插入刀具　　　（d）去掉外力

图 2-31　力缩夹头的夹紧原理

（3）热装夹头。热装夹头也是一种无夹紧元件的夹头，其夹紧力比液压夹头大，可传递更大的转矩，并且结构对称，更适合模具铣刀高效和超高速的切削。其夹紧原理是应用金属材料热胀冷缩的特点，在夹头加热处于膨胀状态时，将刀具柄部插入，夹头冷却收缩后，即可将刀具夹紧，如图 2-32 所示。热装夹头结构较简单，仅由刀柄单体构成，刀柄中心部设有刀具安装孔。

图 2-33 所示为热装夹头与弹性夹头夹持部分的比较，前者刀具的延长部分的长度容易控制，并可控制在最小范围内，使刀具与工件更加紧密贴近，提高工件的加工精度。

与传统的弹性刀具夹头相比较，热装夹头具有许多优点，主要表现在以下几个方面：

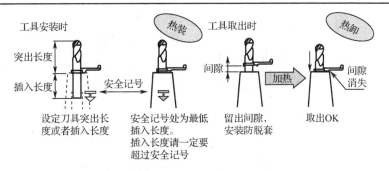

图 2-32　热装夹头的夹紧原理

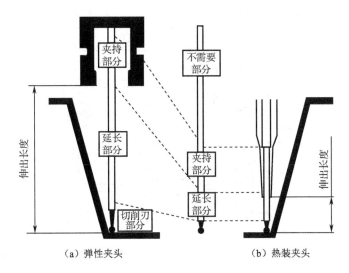

图 2-33　热装夹头与弹性夹头夹持部分的比较

① 夹持刀具具有稳定的高精度。传统的弹性夹套式刀柄由本体、弹性夹套、拧紧螺母等零件组合构成，同时，夹紧时夹套沿锥面很可能产生收缩不均、倾斜、变形，因而其组合精度低。热装夹头由于是由刀柄单体构成，没有零件组合带来的精度降低的问题，并且是依靠金属的收缩方式夹持刀具，比机械性收缩方式离散度小，精度稳定性高。

图 2-34 所示为四种夹紧方式在刀具伸出量（以有效长度表示）均为 160mm 的情况下，其刃尖振摆精度比较。可见，采用热装夹头时，刃尖振摆精度最高，为 3～5μm，而其他夹头则为 20～30μm。因此热装夹头是进行高精度切削加工最理想的刀具夹紧方式。

② 对刀具能进行强力夹持。热装夹头是依靠刀具安装孔的内径与刀具柄部外径的配合过盈量来夹持刀具的，配合过盈量的大小决定夹持力的大小。因此，希望刀具安装孔内径和刀具柄部外径的尺寸公差尽可能小，以保证它们的配合松紧要求。在此条件下，夹持扭矩可达到弹性夹套式刀柄和油压刀柄的 2～10 倍，实现强力夹持。图 2-35 所示为热装夹头和弹性夹头的夹持扭矩比较。

③ 刀具具有高的弯曲刚性。传统弹性夹套式刀柄，由于刀具安装部位的边沿处和靠近内侧处的夹持力不一致，因而刀具的夹持刚性不高，切削力容易使刀具产生挠曲。热装夹头对刀具柄部进行全面均匀的夹持，所以比其他夹头的刚性高，刀具受力挠度小。图 2-36 所示为热装夹头与弹性夹头夹持刀具时刀具弯曲挠度的比较。

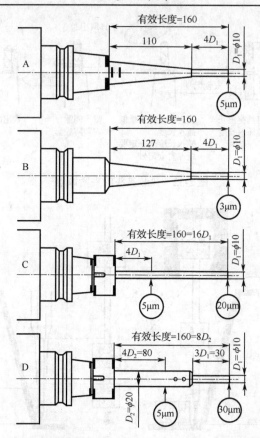

A—连接型热装夹头；B—整体型热装夹头；C—弹性夹头；D—弹性夹头和侧面锁紧式夹头相结合的夹头

图 2-34　各种夹紧方式刀尖振摆精度比较

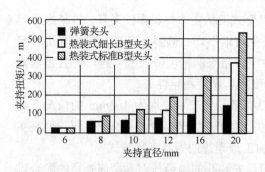

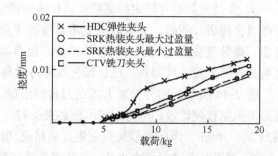

图 2-35　热装夹头和弹性夹头的夹持扭矩比较　　图 2-36　热装夹头与弹性夹头夹持刀具弯曲挠度的比较

④ 刀具系统具有高的动平衡性。热装夹头因是由对称形状的单一部件构成的，其动平衡性非常好。就是没有进行动平衡的标准刀柄也具有很好的动平衡性。如一个 HSK63 型号的热装夹头在没有进行动平衡的情况下，其动不平衡量也只为 15g·mm；而一个滚针锁紧式夹头即使刀柄本身进行了动平衡，但安装刀具后拧紧套和滚针等部件由于夹持时产生移动，从而也会破坏动平衡，其动不平衡量在 2~15g·mm 左右。

6）刀具系统的动平衡

（1）刀具系统不平衡的原因。引起高速切削刀具系统不平衡的主要因素有：刀具平衡极限和残余不平衡度、刀具结构不平衡、刀柄不对称、刀具及夹头的安装（如单刃镗刀）不对称、主轴-刀具界面上的径向装夹精度、主轴的磨损和回转精度；刀具和主轴连接面上杂物颗粒的污染等。高速切削时，随着主轴转速的提高，在刀刃-刀柄-刀盘-夹紧装置组成的刀具系统中，刀具和夹具的不对称形状、系统构件的连接间隙和夹紧的不精确、主轴的圆跳动和磨损、主轴刀具拉紧机构中拉杆-碟形弹簧的偏移、冷却润滑液的影响等都会造成刀具系统的不平衡，会对主轴产生一个附加的径向载荷。

（2）刀具系统不平衡的危害。任何旋转体的不平衡都会产生离心力。随着主轴转速的提高，离心力以平方的关系迅速增大。也就是说，如果转速增加 1 倍，离心力将增大到原来的 4 倍。这就意味着在高的旋转速度下，刀具的加工精度和寿命都可能受到离心力的严重影响。由于离心力的作用，主轴与刀具结合部位的锥孔会产生扩展效应，不仅会影响刀具和主轴的连接刚度，严重时还会飞出伤人；缩短刀具寿命，增加停机时间；加大表面粗糙度，降低加工精度，缩短主轴轴承的使用寿命。

如某精密镗刀制造商提供的图 2-37 所示数据，即可说明这一问题。选择两把镗刀进行试验，其中一把精镗刀预先进行过动平衡。这两把镗刀在 5000r/min 时所加工孔的圆度没有什么差别，都是 1.10μm，这些误差可认为主要由机床工具系统的精度造成；而当转速提高 1 倍到 10000r/min 时，情况则明显不同。经过动平衡的镗刀所加工出孔的圆度比 5000r/min 时略有增加，为 1.25μm，而未经动平衡的镗刀所加工出孔的圆度比 5000r/min 时增加很多，达到 6.30μm，是经过动平衡调整镗刀的 5 倍多。

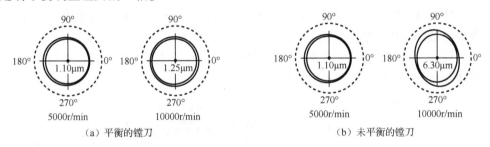

（a）平衡的镗刀 （b）未平衡的镗刀

图 2-37 平衡与未平衡镗刀加工精度比较

同样，在铣削中，不平衡的刀具也会引起切削不稳定，致使铣刀各刀齿的负载不均衡，工件局部过切，工件形状发生变形，表面出现振纹等。还需要引起注意的是，不平衡会导致机床主轴轴承受力增加。分析研究表明，轴承寿命与载荷的三次方成反比。也就是说，若轴承受力增加 1 倍，轴承的寿命将减少到原来的 1/8。

因此，高速加工要确保高速下主轴与刀具的连接状态不能发生变化，并对动态平衡提出很高的要求，不仅要求主轴要有精密的动平衡，而且刀具装夹机构也需精密动平衡。

2．高速切削机床

1）高速切削对机床的特殊要求

高速机床一般都是数控机床和精密机床，它与普通数控机床的最大区别是要求机床能够提供很高的切削速度和满足高速加工要求的一系列功能。

（1）主轴转速高、功率大。目前适用于高速加工的加工中心，主轴最高转速一般都大于 10000r/min，有的高达 60000～100000r/min，为常规机床的 10 倍左右；主电机功率为 15～80kW，以满足高速铣削、高速车削等高效、重切削工序的要求。

（2）进给量和快速行程速度高。高速机床的进给速度可达 60～100m/min 以上，是常规机床的 10 倍左右。这是为了在高速下保持刀具每齿进给量基本不变，以便保证工件的加工精度和表面质量。

（3）主轴和工作台（拖板）运动都要有极高的加速度。主轴从启动至到达最高转速（或相反）只用 1～2s 的时间。工作台的加、减速度也由常规数控机床的 0.1～0.2g 提高到 1～8g（g=9.81m/s²）。必须指出，没有高的加速度，工作部件的高速度是没有意义的。可以说，由于高速机床的出现，机床设计已从"速度设计"进入了"加速度设计"的新阶段。

（4）机床要有优良的静、动态特性和热态特性。高速切削时，机床各部件之间做速度很高的相对运动，运动副接合面之间将发生急剧的摩擦和发热，高的运动加速度也会对机床产生巨大的动载荷。因此设计高速机床时，必须在传动和结构上采取一些特殊的措施，使高速机床的结构除具有足够的静刚度外，还必须有很高的动刚度和热刚度。

（5）要有安全装置和实时监控系统。

（6）要有方便可靠的换刀装置。

（7）要有快速排屑装置。

2）高速切削机床的主轴系统

高速化指标 $D_m n$（D_m 为轴承节圆直径，即轴承内径和外径的平均值（mm）；n 为旋转速度（r/min））至少应达到 $1×10^6$。

电主轴是一套组件，它包括电主轴本身及其附件：电主轴、高频变频装置、油雾润滑器、冷却装置、内置编码器、换刀装置等。电动机的转子直接作为机床的主轴，主轴单元的壳体就是电动机机座，并且配合其他零部件，实现电动机与机床主轴的一体化，如图 2-38 所示。其特点是精度高、振动小、噪声低、结构紧凑。

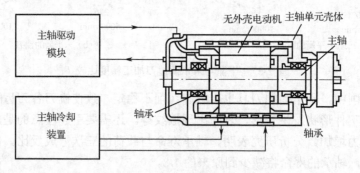

图 2-38 电主轴结构示意图

3）高速切削机床的进给系统

进给系统的高速性也是评价高速机床性能的重要指标之一，不仅对提高生产率有重要意义，而且也是维持高速切削刀具正常工作的必要条件。对高速进给系统的要求是不仅仅能够达到高速运动，而且要求瞬时达到高速、瞬时准停等，所以要求具有很大的加速度及很高的定位精度。

高速进给系统包括进给伺服驱动技术、滚动元件导向技术、高速测量与反馈控制技术和其他周边技术，如冷却和润滑、防尘、防切屑、降噪及安全技术等。

目前常用的高速进给系统有三种主要驱动方式：高速滚珠丝杠、直线电动机和虚拟轴机构等。与高速进给系统相关联的还有工作台（拖板）和导轨的设计制造技术等。

4）高速切削机床的 CNC 控制系统

相对而言，现有的控制系统对超高速机床所需的进给速度来说显得太慢了，超高速机床要求其 CNC 系统的数据处理响应时间要快得多。高的进给速度要求 CNC 系统不但要有很高的内部数据处理速度，而且还应有较大的程序存储量。CNC 控制系统的关键技术主要包括快速处理刀具轨迹、预先前馈控制系统等。

5）高速切削机床的床身、立柱和工作台

高速机床设计的另一个关键点，是如何在降低运动部件惯量的同时，保持基础支承部件的高静刚度、动刚度和热刚度。通过计算机辅助设计，特别是应用有限元及优化设计理论分析，能获得轻质量、高刚度的床身、立柱和工作台结构。为了获得较好的动态性能，有些高速机床床身由聚合物混凝土材料制成。

6）高速切削机床的切屑处理和冷却系统

高速切削过程会产生大量的切屑，单位时间内高的切屑切除量需要高效的切屑处理和清除装置。高压大流量的切削液不但可以冷却机床的加工区，而且也是一种行之有效的清理切屑的方法，但它会对环境造成严重的污染。切削液的使用并不是对高速切削的任何场合都适用，如对抗热冲击性能差的刀具，在有些情况下，切削液反而会降低刀具的使用寿命，这时可采用干式切削，并用吹气或吸气的方法清理切屑。

7）高速切削机床的安全装置

高速运动的机床部件、大量高速流出的切屑及高压喷射的切削液等都要求高速机床有一个足够大的密封工作室，工作室的仓壁一定要能吸收喷射部分的能量。刀具破损时的安全防护尤为重要。此外，防护装置还必须有灵活的控制系统，以保证操作人员在不直接接触切削区情况下的操作安全。

3．高速切削加工中的测试技术

高速切削加工是在密封的机床工作区间进行的，在加工过程中，操作人员很难直接进行观察、操作和控制，因此机床本身有必要对加工情况、刀具的磨损状态等进行监控，实时地对加工过程在线监测，这样才能保证产品质量，提高加工效率，延长刀具使用寿命，确保人员和设备的安全。

高速加工的测试技术包括传感技术、信号分析和处理等技术。近年来，在线测试技术在高速机床中使用得越来越多。现已使用的有：主轴发热情况测试、滚珠丝杠发热测试、刀具磨损状态测试、工件加工状态监测等。测量传感器有热传感器、测试刀具的声发射传感器、工件加工可视监视器等。智能技术已经应用于测试信号的分析和处理。如神经网络技术被应用于刀具磨损状态的识别。

2.2.4　高速切削机理的研究

高速切削技术的应用和发展是以高速切削机理为理论基础的。通过对高速加工中切屑形成机理、切削力、切削热、刀具磨损、表面质量等技术的研究，也为开发高速机床、高速加工刀具提供理论指导。高速切削机理的研究主要有以下几个方面：

1. 高速切削过程和切屑形成机理

对高速切削加工中切屑形成机理、切削过程的动态模型、基本切削参数等反映切削过程原理的研究，有试验和计算机仿真两种方法。

试验表明，一般低硬度和高热物理性能 $\kappa\rho C$（导热系数 κ、密度 ρ 与比热容 C 的乘积）的工件材料，如铝合金、低碳钢和未淬硬的钢与合金钢等，在很大速度范围内容易形成连续带状切屑；而硬度较高和低热物理性能 $\kappa\rho C$ 的工件材料，如热处理的钢与合金钢、钛合金等，在很宽切削速度范围内均形成锯齿状切屑（见图 2-39），随切削速度的提高，锯齿化程度增加，直至形成分离的单元切屑。图 2-40 所示为锯齿形切屑形成机理示意图。

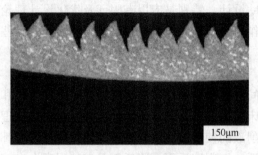

图 2-39 锯齿形切屑

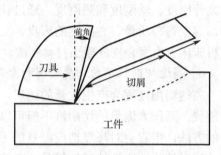

图 2-40 锯齿形切屑形成机理示意图

切削速度对锯齿状切屑的作用，一方面是切削速度提高，应变速度加大，导致脆性增加；另一方面是切削速度提高，又会引起切屑温度增加，导致脆性减小。因此，提高切削速度对形成锯齿状切屑倾向具有综合的作用。

2. 高速加工基本规律的研究

切削力学理论分析表明，切削时切削力与工件的剪切强度、切削面积、刀具前角、后刀面与工件的摩擦系数及剪切角有关，而剪切强度和摩擦系数直接受切削温度，也即受切削速度的影响，剪切角则与切削速度相关。因此，切削速度直接影响切削力的大小。在高速切削范围内随着切削速度的增大，切削温度升高，摩擦系数减小，剪切角增大，切削力降低。

切削时产生的热量主要流入刀具、工件和被切屑带走。随着切削速度的提高，切屑带走的热量增加。因此，高速切削范围内，随着切削速度的提高，切削温度开始升高很快，但当切削速度达到一定后，因切屑带走的热量随切屑深度提高而增加，切削温度上升缓慢，直至很少有变化。

高速切削时，刀具的损坏形式主要是磨损和破损，磨损机理主要是黏结磨损和化学磨损（氧化、扩散、溶解）。金刚石、立方氮化硼和陶瓷刀具高速断续切削高硬材料时，常发生崩刃、剥落和碎断形式的破损。高速切削时，对以磨损为主损坏的刀具可以按磨钝标准，根据刀具磨损寿命与切削用量和切削条件之间的关系确定刀具磨损寿命。对于以破损为主损坏的刀具，则按刀具破损寿命分布规律，确定刀具破损寿命与切削用量和切削条件之间的关系。

3. 各种材料的高速切削加工性研究

铝合金具有极好的切削加工性，可采用很高的切削速度（1000～4000m/min，有时高达5000～7000m/min）和进给速度，可以是铣削，也可以是车削、镗削、钻削等加工方式。选用的刀具材料主要是 PCD、涂层硬质合金或超细晶粒硬质合金，一般不选用陶瓷刀具。随着铝合金中硅含量的增加，所选择的切削速度要降低。

镁合金的高速切削一般选用金刚石刀具和硬质合金刀具，可采用高切削速度、大进给量、大切削深度，切削用量的提高受到积屑瘤和镁合金的易燃性制约。

对于大多数铜合金，选用 YG 类硬质合金刀具一般能达到加工要求；选用 PCD 刀具切削速度可达 200～1000m/min，可获得很高的表面质量。锡磷青铜的加工一般选用 PCBN 刀具。

铸铁进行高速切削加工的转速目前为 500～1500m/min，精铣灰铸铁可达 2000m/min，切削速度的选择取决于选用的刀具材料。而刀具材料要根据工件的加工方式即工件材料的成分、金相组织和机械性能进行合理选用。PCBN 刀具可在高于 1000m/min 的条件下切削铸铁，低于这个速度可以选用陶瓷刀具、金属陶瓷刀具、涂层刀具、超细晶粒硬质合金刀具等。

钢料可以用 300～800m/min 的速度进行高速精加工，主要选用陶瓷刀具、金属陶瓷刀具、涂层刀具等。

淬硬钢（45～65HRC）的高速切削主要选用 PCBN 刀具和陶瓷刀具，工件材料越硬越能体现出它们高速切削加工的优越性。钢铁及其合金的高速切削加工的速度主要受刀具寿命的限制。

钛及钛合金的切削加工目前选用的刀具材料以 YG（K）类硬质合金为主，精细 TiN 涂层硬质合金刀具、PCD 刀具高速切削加工钛及钛合金的加工效果远好于普通硬质合金；天然金刚石刀具的加工效果更好，但其应用受加工成本制约。加工钛合金还广泛应用车铣复合加工。车铣复合加工改善了刀具散热条件，降低了切削温度并减少了刀具磨损，从而可在较高的速度下切削加工钛及钛合金。

4. 高速切削仿真技术的研究

在试验研究的基础上，利用虚拟现实技术和仿真技术，虚拟高速切削过程中刀具和工件相对运动的作用过程，对切屑形成过程进行动态仿真，显示加工过程中的热流、相变、温度及应力分布等，预测被加工工件的加工质量，研究切削速度、进给量、刀具和材料及其他切削参数对加工的影响等。目前，常用仿真软件有 ANSYS、MARC、ABAQUS、ALCOR、DEFORM、NASTRAN 和 ADNA 等。

2.2.5　高速切削加工工艺

加工工艺是成功进行高速切削加工的关键技术之一。选择不当，会使刀具磨损加剧，完全达不到高速加工的目的。高速切削工艺技术包括切削参数、切削路径、刀具材料及刀具几何参数的选择等。

1. 切削参数的选择

在高速切削加工中，必须对切削参数进行选择，其中包括刀具接近工件的方向、接近角度、移动的方向和切削过程（顺铣还是逆铣）等。

2. 切削路径的选择与优化

在高速切削加工中，除了刀具材料和刀具几何参数的选择外，还要采取不同的切削路径才能得到较好的切削效果。

切削路径优化的目的是提高刀具寿命，提高切削效率，获得最小的加工变形，提高机床走刀利用率，充分发挥高速加工的优势。主要包括：

（1）走刀方向的优化。在走刀方向的选择上，以曲面平坦性为评价准则，确定不同的走刀方向选取方案；对于曲率变化大的曲面，以最大曲率半径方向为最优进给方向，对曲率变化小的曲面，以单条刀轨平均长度最长为原则选择走刀方向。

（2）刀位轨迹生成。按照刀位路径尽可能简化、尽量走直线、路径尽量光滑的要求选择加工策略，选择合适的插补方法，保证加工表面残留高度的要求，采用过渡圆弧的方法处理加工干涉区，这样在加工时就不需要减速，提高了加工效率。

（3）柔性加减速。选取合适的加减速方式，减小启动冲击，保持机床的精度，减小刀具颤振和断刀的概率。

2.2.6　高速切削技术的发展及应用

由于高速切削具备一系列显著优点，因而首先受到航空航天、模具、汽车等行业的青睐。航空部门大型整体薄壁飞机结构件加工将普遍采用高速铣削工艺，减轻整机重量，提高飞机整机性能。模具制造业中普遍采用高速加工中心，形成高切削速度、高进给速度、小切削深度、小走刀步距、能连续长路程切削的模具加工新工艺。对淬硬钢的高速铣削成为缩短模具开发周期、降低制造成本的主要途径。汽车制造业也将更加积极地采用高速切削加工中心，完成高效高精度生产。

1. 航空航天制造业

由于高速切削产生的热量少，切削力小，零件变形小，因此高速切削非常适于轻合金的加工，特别适合以轻合金为主的飞机制造业。其主要优点如下：

（1）提高切削效率。在航空航天及其他行业中，为了最大限度地减轻重量和满足其他一些要求，许多机械零件采用薄壁、细筋结构。由于刚性差，不允许有较大的吃刀深度，因此提高生产率的唯一途径就是提高切削速度和进给速度。

（2）整体高速加工代替组件。由于飞机上的零件对重量要求非常苛刻，同时也为了提高可靠性和降低成本，将原来由多个钣金件铆接或焊接而成的组件，改为整体实心材料，采用"整体制造法"，即在整块毛坯上去除大量材料后形成高精度的铝合金或铁合金的复杂构件，其切削时间占整个零件制造总工时的比例很大。同时，普通切削速度会使零件产生较大的热变形。采用高速切削，可大幅度提高生产率和产品质量，降低制造成本。高速铣削材料的去除率可达每千瓦功率 $100\sim150\ cm^3/min$，比传统加工工艺加工效率提高 3 倍以上。

（3）难加工材料的高速切削。航空和动力工业部门大量采用镍基合金（如 inconel718）和钛合金（如 TiAl6V4）制造飞机和发动机零件。这些材料强度大、硬度高、耐冲击，加工中易硬化，切削温度高，刀具磨损严重，属于难加工材料。一般采用很低的切削速度进行加工，如采用高速切削，则切削速度可达 $100\sim1000m/min$，是常规切削速度的 10 倍左右，不但可大幅提高生产率，且可有效地减小刀具磨损，提高加工零件的表面质量。

2. 汽车制造业

采用高速数控机床和加工中心组成高速柔性生产线（FTL 或 FML），实现多品种、中小批量的高效生产。如一汽大众捷达轿车自动生产线，由冲压、焊接、涂装、总装、发动机及传动器等高速生产线组成，年产轿车能力 15 万辆，制造节拍 1150 辆/min。图 2-41 所示为日产汽车公司汽车轮毂螺栓孔高速加工实例。

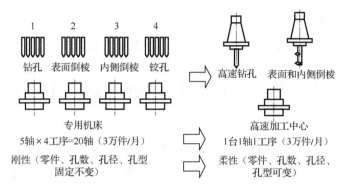

图 2-41　汽车轮毂螺栓孔高速加工实例（日产汽车公司）

3．模具制造业

模具是制造业中用量大、影响面广的工具产品。模具技术是衡量一个国家科技水平的重要标志之一。没有高水平的模具就没有高质量的产品。目前工业产品零件粗加工的 75%、精加工的 50% 及塑料零件的 90% 都是由模具完成的。

模具工业也称为皇冠工业、不衰落工业。目前，人类社会正在从钢铁时代向聚合物时代过渡，工业及生活中使用的工程塑料、橡胶等已超过钢铁。聚合物必须用模具成型，因此，模具应用量不断扩大。另一方面，随着产品更新换代速度的加快，模具已成为新产品开发的关键。

模具的机械加工主要是加工出曲面形状，一般使用数控铣床或加工中心，大部分的加工时间花费在半精加工和精加工上。由于铣削总是留有刀纹，最后要用很多时间手工修光。同时，由于模具大多用高硬度、耐磨损的合金材料制造，加工时难度较大，广泛采用的电火花加工（EDM）及成形传统工艺是造成加工模具低效率的主要原因。用高速切削代替 EDM（或大部分代替）是加快模具开发速度，实现工艺换代的重大举措，见图 2-21。

采用高速切削加工模具的主要优点如下：

（1）高速切削大大提高加工效率，不仅机床转速高、进给速度快，且粗精加工可一次完成，极大地提高模具的生产率，如图 2-42 所示。结合 CAD/CAM 技术，模具的制造周期可缩短约 40%。

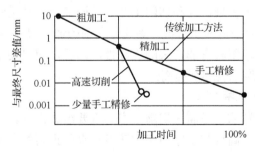

图 2-42　采用高速加工缩短模具制造周期（日产汽车公司）

（2）采用高速切削可加工淬硬钢，硬度可达 60HRC 左右，可得到很高的表面质量，表面

粗糙度低于 Ra 0.6 μm，取得以铣代磨的加工效果，不仅可节省大量修光时间，还可提高加工质量。

4. 常用高速切削方法

高速切削加工主要应用于车削和铣削工艺。随着各类高速切削机床的开发，高速切削工艺范围将进一步扩大，高速切削将涵盖所有的传统加工范畴，包括从粗加工到精加工，从钻削到镗削、拉削、铰削、攻丝、滚齿等。下面主要介绍高速硬车削，高速钻削、铰削和攻螺纹，高速铣削。

1）高速硬车削

对淬硬钢材料进行高速车削加工称为高速硬车削。高速硬车削主要作为对淬硬钢零件的最终加工或精加工。淬硬钢的传统加工方法主要是磨削。与磨削加工相比，硬车削具有以下特点：

（1）加工效率高。采用高转速、大切深切削，金属切除率通常是磨削加工的 3～10 倍。车床一次装夹，可完成多工序加工，如粗、精加工在一台设备上一次完成；多表面加工，如精切外圆、内孔、切槽等，加工位置精度高。

（2）洁净加工。大多数情况下，高速硬车削不用或不便使用切削液。一方面，硬车削是通过使剪切部分材料变软退火而形成切屑，冷却速率过高会降低这种效果，加大机械磨损，缩短刀具寿命；另一方面，高速切削所使用刀具的抗热冲击能力差，在高速下切削，切削液不容易到达切削表面，而使刀具温度变化快，容易使刀具碎裂。所以，采用少量冷却液或干式切削是高速硬车削的特点之一，干式切削可以省去与切削液有关的装置，简化生产系统，降低生产成本，同时形成的切屑干净清洁，便于回收处理。

（3）减少设备。有利于柔性生产和敏捷生产。一方面，车床的投资比磨床少，占地面积小，辅助费用低；另一方面，在生产线上应用硬车削技术，更适应产品的改型，提高生产线的柔性，使产品适应市场的能力增强，符合敏捷制造的要求。与磨削加工相比，硬车削能更好地适应多品种、短周期、小批量的产品生产。

（4）零件整体加工精度高。高速硬车削中产生的大部分热量被切屑带走，不会像磨削加工那样容易产生表面烧伤和裂纹，可以得到更好的加工精度、表面质量和加工位置精度，特别是减少了零件的装夹次数。

可以采用硬车削替代磨削加工的场合很多，如汽车曲轴加工、轴承加工、淬硬螺纹加工等。目前的应用还处于初级阶段，人们对于高速硬车削代替磨削加工的认识不足，昂贵的硬车削刀具、缺乏深入的切削机理研究和切削工艺试验研究等，都是制约高速硬车削技术迅速推广应用的不利条件。就目前的应用情况，高速硬车削的加工尺寸精度还达不到磨削的水平，但在一定精度范围内，硬车削具有非常大的优越性，而且，随着硬车削技术的提高和普及，采用这种新工艺的加工精度也会逐渐提高。

2）高速钻削、铰削和攻螺纹

高速钻削、铰削和攻螺纹也是高速切削技术的重要组成部分。在机械加工中，钻削、铰削和攻螺纹占很大比例，提高这些工序的切削速度一直是提高生产率需要解决的问题，在高速切削技术快速发展和普遍应用的情况下，提高钻削、铰削和攻螺纹的加工速度已经成为人们关注的焦点。

　　高速钻削、铰削和攻螺纹的优点表现为：①大幅度提高材料切除率，提高生产率；②提高加工表面质量；③由于加工时间短，因此传递给工件的热量少，减小零件的热变形和热应力，提高加工精度。

　　高速钻削、铰削和攻螺纹与车削、铣削不同，实现上述目标的难度更大。实现高速钻削、铰削和攻螺纹要解决的主要问题有以下几个方面：①排屑和散热问题；②刀具材料、形状、几何参数的选择等问题；③改进加工工艺，优化加工参数；④提供高主轴转速的机床。如在铝材料上钻削 $\phi 5mm$ 的孔时，要求切削速度达到 800m/min，所对应的机床主轴转速要求达到 25000r/min 以上。

　　用于高速钻削、铰削和攻螺纹的新型刀具主要有高速钢涂层刀具、硬质合金刀具、硬质合金涂层刀具、镶金刚石刀具、硬质合金基体和金刚石共同烧结而成的复合刀具、超细晶粒硬质合金、多层涂覆刀具、CBN 刀具和陶瓷刀具。在改进刀具材料的同时，为了满足高速切削和干式切削的要求，应根据不同的加工材料，对刀具的结构和几何参数进行改进和优化，包括螺旋角、排屑槽形状、齿数、钻尖形状、刀柄结构、切削刃负荷分布和冷却方式等，使切削过程更合理、排屑更顺畅、切削力更小、切削温度更低、刀具寿命更长，以及加工精度更高等。

　　高速钻削、铰削和攻螺纹的加工过程中，改进加工参数和加工条件，有利于提高切削速度。在钻削过程中，生成的连续切屑要能从钻头槽中顺利排出。然而钻得越深排屑越难，因此产生的切削热不容易散出，一部分传到刀柄，一部分传给工件。在高速钻削过程中，迫切需要解决排屑和散热问题。改进的方法之一是改善润滑和冷却条件。在钻削中采用刀具中心通切削液是比较好的一种方法，一方面可更好地冷却、润滑，另一方面也有利于排屑，特别是在钻较深的孔时，效果更好。

3）高速铣削

　　高速铣削是为了满足航空中大型整体零件的加工和模具行业高硬度腔体加工要求而发展起来的，具有以下优点：

　　（1）可以获得较好的表面质量，不必进行后续精加工。

　　（2）高速铣削时生成的切削热有 80%～95%被切屑带走，工件几乎保持冷态。

　　（3）采用普通刀具材料，如硬质合金等，很少使用昂贵的刀具材料，所以可提高经济效益。

　　（4）高的切削速度提高了刀具的使用寿命，切削路程增加了 70%。

　　（5）由于刀具的切削频率很高，激励频率也很高，因此只在极少情况下是在机床、机床部件或工件的临界频率范围以内铣削，这意味着非常复杂的薄壁件也能无振动地加工。

　　（6）高速铣削时切屑变形系数大大降低，故切削力可比普通切削时减小约 30%；其次是切削面正压力和剪切力变得很小，所以能够用来加工壁厚极薄的零件，如飞机蜂窝结构件（过梁厚度仅 0.1～0.4mm）。

　　（7）在进给速度提高约 10 倍的高速铣削中，切除率达到 400%以上，而切削体积也要比普通加工大约 30%，且在加工结构极复杂的构件时也是如此。

2.3　精密与超精密切削加工

随着科学技术的发展，电子计算机、原子能、激光、宇航和国防等技术部门对零件的加工精度和表面质量要求越来越高。精密加工技术的研究及应用水平已成为衡量一个国家的机械制造业乃至整个制造业水平的重要依据。

2.3.1　精密与超精密切削加工的概念

产品的精度主要以几何特性的形状和位置的精度、大小的尺寸精度及表面质量三项指标来衡量。通常，按加工精度划分，机械加工可分为一般加工、精密加工和超精密加工三个阶段。

所谓精密加工是指加工精度和表面质量达到极高程度的加工工艺。

超精密加工不是指某一特定的加工方法，也不是指比某一给定的加工精度高一量级的加工技术，而是指在机械加工领域中，某一个历史时期所能达到的最高加工精度的各种加工方法的总称。超精密加工具有以下特点：

● 相对性，随着时间的推移而不断变化；
● 不普及性、保密性；
● 属于尖端技术；
● 与测量技术密切相关；
● 国际竞争中取胜的关键技术。

超精密加工的两种概念：

1．按时代的加工精度界限划分

根据该时代的加工精度界限，达到或突破本时代精度界限的高精度加工，可称为超精密加工。例如，在瓦特时代（1765 年）发明蒸汽机时，加工汽缸的精度用 cm 来衡量，所以达到 mm 级即为超精密加工。从那时起，大约每 50 年加工精度便提高一个量级。进入 20 世纪后，大约每 30 年加工精度便提高一个量级。如 20 世纪 50 年代把 $0.1\mu m$ 精度的加工技术称为超精密加工，而到了 80 年代，则把 $0.05\mu m$ 精度的加工技术称为超精密加工。

每个时代的普通加工、精密加工和超精密加工可以这样来划分，用一般技术水平即可实现的精度为普通加工；必须用较高精度的加工机械、工具，以及高水平的加工技术才能达到的精度为精密加工；并非可以用较高技术轻而易举就能达到，而是采用先进的加工技术，经过探讨、研究、试验等之后才能达到的精度，且实现这一精度指标尚不能普及的加工技术为超精密加工。目前，在工业发达国家中，普通加工一般工厂能稳定达到 $1\mu m$ 的加工精度；精密加工可达到 $0.1\mu m$ 的加工精度，表面粗糙度 Ra $0.1\sim0.02\mu m$；超精密加工可达到 $1nm$ 的加工精度，表面粗糙度 Ra $0.01\mu m$。

2．从被加工部位发生破坏和去除材料大小的尺寸单位来划分

物质由原子组成，从机械破坏的角度来看，最小则是原子级单位。原子颗粒的大小为几埃（Å）（$1Å=10^{-10}m$）；如果在加工中能以原子级为单位去除被加工材料，即是加工的极限。

原子晶格的距离为 1.42～5.25Å，即 14.2～52.5nm。从这一角度来定义，可以把接近加工极限的加工称为超精密加工，如图 2-43 所示。

2.3.2　精密切削加工机理

1. 微量切削的条件

精密切削与普通切削本质是相同的，都是材料在刀具作用下，产生剪切断裂、摩擦挤压和滑移的过程。但在精密切削加工中，采用的是微量切削方法，切削深度小，切屑形成的过程有其特殊性。

在精密切削过程中，切削功能主要由刀具切削刃的刃口圆弧来承担，能否从加工材料上切下切屑，主要取决于刀具刃口圆弧处被加工材料质点的受力情况。如图 2-44 所示，分析正交切削条件下，切削刃口圆弧处任一质点 i 的受力情况。由于是正交切削，质点 i 仅有两个方向的切削力，即水平力 F_{zi} 和垂直力 F_{yi}。水平力 F_{zi} 使被切削材料质点向前移动，经过挤压形成切屑；垂直力 F_{yi} 则将被切削材料压向被切削工件本体，不能构成切屑形成条件；最终能否形成切屑，取决于作用在此质点上的切削力 F_{zi} 和 F_{yi} 的比值。

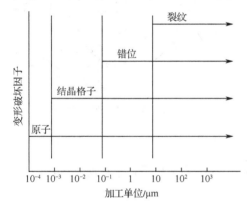

图 2-43　加工单位与变形破坏因子

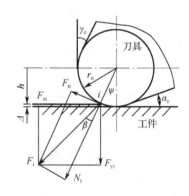

图 2-44　材料质点受力分析

根据最大剪切应力理论可知，最大剪切应力应发生在与切削合力 F_i 成 45°的方向上。此时，若切削合力 F_i 的方向与切削运动方向成 45°角，即 $F_{zi}=F_{yi}$，则作用在材料质点 i 上的最大剪应力与切削运动方向一致。该质点 i 处材料被刀具推向前方形成切屑，而质点 i 处位置以下的材料不能形成切屑，只产生弹性、塑性变形。当 $F_{zi}>F_{yi}$ 时，材料质点被推向切削运动方向，形成切屑；当 $F_{zi}<F_{yi}$ 时，材料质点被压向零件本体，被加工材料表面形成挤压过程，无切屑产生；当 $F_{zi}=F_{yi}$ 时，所对应的切入深度便是最小切入深度。这时质点 i 对应的角度为

$$\psi = 45° + \beta \tag{2-3}$$

式中，β 为车刀切削时的摩擦角。

对应的最小切入深度为

$$\Delta = r_n - h = r_n(1 - \cos\psi) \tag{2-4}$$

式中，r_n 为车刀切削刃刃口圆弧半径。

可见，最小切入深度 Δ 与刀具的刃口圆弧半径 r_n 和刀具与工件材料之间的摩擦有关。

2．微量切削的碾压过程

1）刃口圆弧处的碾压

微量切削和一般切削不同，吃刀深度很小，实际前角为较大的负值，且为变值，如图 2-45 所示。在刃口圆弧处产生很大的挤压摩擦，或称为此处有较大的碾压效应。工件表面产生残余压应力。

2）刃尖圆弧处的碾压

如图 2-46 所示，在仅由刀尖圆弧参与切削时，刀尖圆弧上各点的主偏角 κ_r、副偏角 κ_r' 是一变值，且小于名义值。切削厚度也为变值，最大值为 a_{cmax}，最小值为 0。当切削厚度达到最小值时，不会产生切削作用，不会形成切屑，仅有弹、塑性变形，即仅有碾压作用。因此，被加工表面的质量在很大程度上受碾压效果的影响。

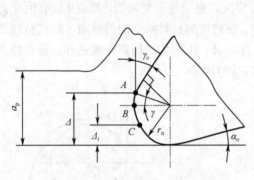

图 2-45 刃口圆弧处的碾压

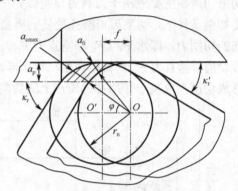

图 2-46 刃尖圆弧处的碾压

3．切削力的变化

精密切削时，采用微量切削，各种因素对切削力的影响与普通切削有所不同。

1）切削速度的影响

在不考虑积屑瘤的情况下，用硬质合金刀具进行精密切削时，切削速度对切削力的影响不明显。这是因为在微量切削时，前刀面前部切削区的变形及摩擦在整个切削中所占比例较小，如图 2-47（a）所示。因此当切削速度增加时，这部分变形及摩擦减小很不明显；同时由于硬质合金车刀刃口半径 r_n 较大，刃口圆弧部分对加工面的挤压所占的比例较大，切削速度的增加对其影响很小。用天然金刚石车刀时情况则不一样，它的刃口圆弧半径比硬质合金小得多。虽然切削用量相同，切下的切屑要从前刀面流出，如图 2-47（b）所示。由于前刀面切削区变形及摩擦所占的比例加大，当切削速度增加时，这部分变形及摩擦要减小，所以用天然金刚石车刀精密切削时，切削力随切削速度的增加而下降。

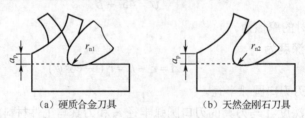

（a）硬质合金刀具   （b）天然金刚石刀具

图 2-47 刃口圆弧半径对切屑流出的影响

　　若考虑积屑瘤的影响，则情况有所不同。如图 2-48 所示，精密切削铝合金和紫铜时，低速时切削力大，随着切削速度增加，切削力急剧下降。当切削速度达到 200～300m/min 后，切削力基本保持不变，这一规律和积屑瘤高度随切削速度的变化规律一致。积屑瘤大时，切削力大，积屑瘤小时，切削力也小。图 2-49 所示是有积屑瘤时精密切削的切削模型，根据此模型分析积屑瘤造成切削力增加的原因如下：积屑瘤的存在，使刀具的刃口半径增大；积屑瘤呈鼻形并自刀刃前伸出，导致实际切削厚度超过名义值许多；积屑瘤代替刀具进行切削，积屑瘤和切屑及已加工表面之间的摩擦比刀具和它们之间的摩擦要严重许多。这些因素都将使切削力增加。

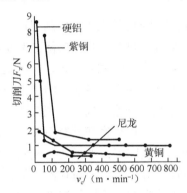

图 2-48　精密切削时的切削力

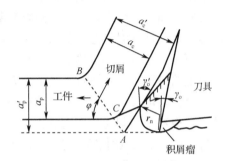

图 2-49　有积屑瘤时的精密切削的切削模型

　　2）进给量的影响

　　进给量和切削深度决定着切削面积的大小，是影响切削力的重要因素。图 2-50 所示为精密加工时切削力随进给量变化的曲线。

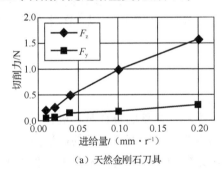

（a）天然金刚石刀具

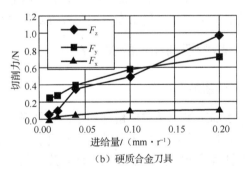

（b）硬质合金刀具

图 2-50　进给量对切削力的影响

　　从图 2-50 中可以清楚地看出，进给量对切削力有明显的影响，进给量对 F_z 的影响比对 F_y 及 F_x 的影响大。另外，由图 2-50（b）可以看出，在用硬质合金刀具切削时，当进给量小于一定值时，$F_y > F_z$，这是精密切削时切削力变化的特殊规律，掌握这一规律，有利于合理设计刀具。

　　3）切削深度的影响

　　图 2-51 所示为精密加工时切削力随切削深度变化的曲线。可见切削深度对切削力有明显的影响。使用天然金刚石车刀时，$F_z > F_y$；使用硬质合金刀具，切削深度小于一定值时，$F_y > F_z$。

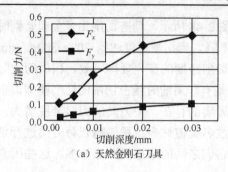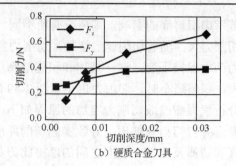

|（a）天然金刚石刀具|（b）硬质合金刀具|

图 2-51　切削深度对切削力的影响

切削用量（s，a_p）对切削力影响的原因是切削用量直接影响 F_z 的大小。切削刃口半径的大小决定后刀面上正压力大小，直接影响着 F_y 的大小。当切削用量减小时，F_z 随之减小，由于切削刃口半径是一固定值，所以当切削用量减小到一定值之后，F_y 才能大于 F_z；但是由于天然金刚石车刀可以磨得很锋利，切削刃口半径可以比硬质合金的小许多倍，因此由刃口圆弧部分产生的挤压小，后刀面上的正压力小，从而 F_y 小，虽然是微量切削，F_z 仍然大于 F_y。

由以上分析可知，一般切削时，F_z 与 F_y 的比值总是大于 1。而精密切削时情况不一定是这样的，它取决于切削用量同刀具刃口半径的比值。当切削用量同刃口半径之比值减小到一定数值时，F_z 与 F_y 的比值可以小于 1。另外，在一般切削时，切削深度 a_p 对切削力的影响大于进给量对切削力的影响。在精密切削时，进给量对切削力的影响大于切削深度对切削力的影响。这与精密切削时通常采用进给量 s 大于切削深度 a_p 的切削方式有关。

4）刀具材料的影响

天然金刚石对金属的摩擦系数比其他刀具材料要小得多，而且天然金刚石能刃磨出极小的刃口半径，所以在精密切削时，采用天然金刚石刀具所产生的切削力要比其他材料刀具小。

其他有关刀具几何角度、切削液等对切削力的影响与一般切削时相似，在此不再赘述。

2.3.3　精密切削加工的关键技术

1. 精密加工机床

精密加工机床是实现精密加工的首要条件，各国投入了大量的资金对其进行研究。目前主要研究方向是提高机床主轴的回转精度、工作台的直线运动精度及刀具的微量进给精度。机床主轴轴承要求具有很高的回转精度，转动平衡，无振动，其关键技术在于主轴轴承。早期的精密主轴采用超精密级的滚动轴承，而目前使用的精密主轴轴承是静、动态性能更加优异的液体静压轴承和空气静压轴承。工作台的直线运动精度是由导轨决定的。精密机床使用的导轨有滚动导轨、液体静压导轨、气浮导轨和空气静压导轨。为了提高刀具的进给精度，必须使用微量进给装置。微量进给装置有多种结构形式、多种工作原理，目前只有弹性变形式和电致伸缩式微量进给机构比较实用，尤其是电致伸缩式微量进给装置，可以进行自动化控制，有较好的动态特性，在精密机床进给系统中得到广泛的应用。

精密切削研究是从金刚石车削开始的。应用天然单晶金刚石车刀对铝、铜和其他软金属及其合金进行切削加工，可以得到较高的加工精度和极低的表面粗糙度，从而产生了金刚石精密车削加工方法。在此基础上，又发展了金刚石精密铣削和镗削的加工方法，它们分别用于加工平面、型面和内孔，也可以得到极高的加工精度和表面质量。金刚石刀具精密切削是当前加工软金属材料最主要的精密加工方法。除金刚石刀具材料外，还发展了 CBN、复方氮化硅和复合陶瓷等用于黑色金属精密加工的新型超硬刀具材料。

2. 稳定的加工环境

精密加工必须在稳定的加工环境下进行，主要包括恒温、防振和空气净化三方面条件。精密加工必须在严格的多层恒温条件下进行，即不仅工作间应保持恒温，还必须对机床本身采取特殊的恒温措施，以便使加区的温度变化极小。为了提高精密加工系统的动态稳定性，除在机床机构设计和制造上采取各种减振措施外，还必须用隔振系统来消除外界振动的影响。由于精密加工的加工精度和表面粗糙度要求极高，空气中的尘埃将直接影响加工零件的精度和表面粗糙度，因此必须对加工环境的空气进行净化，对大于某一尺寸的尘埃进行过滤。目前，国外已研制成功了对 0.1μm 的尘埃有 99%净化效率的高效过滤器。

3. 精密测量技术和误差补偿

精密加工技术离不开精密测量技术，精密加工要求测量精度比加工精度高一个数量级。它应包括机床超精密部件运动精度的检测和加工精度的直接检测。要提高机床的运动精度，首先要能检测出运动误差。

目前，精密加工中所使用的测量仪器多以干涉法和高灵敏度电动测微技术为基础，如激光干涉仪、多次光波干涉显微镜及重复反射干涉仪等。国外广泛发展非接触式测量方法并研究原子级精度的测量技术。Johancss 公司生产的多次光波干涉显微镜的分辨率为 0.52nm，最近出现的扫描隧道显微镜的分辨率为 0.01nm，是目前世界上精度最高的测量仪之一。最新的研究证实，在隧道扫描显微镜下可移动原子，实现原子级精密加工。

当加工精度高于一定程度后，若仍然采用提高机床的制造精度，保证加工环境的稳定性等误差预防措施提高加工精度，将会使所花费的成本大幅度增加。这时应采取另一种所谓的误差补偿措施，即通过消除或抵消误差本身的影响，达到提高加工精度的目的。误差补偿可利用误差补偿装置对误差值进行动、静态补偿，以消除误差本身的影响。使用在线检测和误差补偿可以突破超精密加工系统的固有加工精度。

2.3.4　精密与超精密机床的发展趋势

随着光电一体化技术的发展，精密与超精密机床得到了迅速发展。

（1）向更高精度、大型多功能的方向发展。在尖端技术和产品的需求下，加工精度向加工极限冲刺，进入亚微米级（0.1μm）及纳米级（0.001μm）加工。

（2）向高效和自动化的方向发展。随着高新技术的微电子产品市场越来越大，要求超精密机床向高效率方向发展，从加工性质来说，超精密加工最适宜采用自动化、无人化的加工方式。这样可以最大限度地减少外界干扰，保证加工质量。开发 CNC 超精密机床，采用适应的控制技术，消除人为因素影响，实现自动化、无人化加工是超精密加工发展的一个重要趋势。

（3）向多功能模块化和廉价化发展。采用模块式结构可使机床具有更大的柔性和更高的利用率，利用不同的超精密机床元、部件，组成各种类型的超精密机床，用户可根据需要提出要求，以较低的价格、较短的时间获得所需的单功能超精密机床。这是降低成本、缩短制造周期的有效方法。

（4）采用计算机补偿技术提高加工精度。随着机床本身精度的不断提高，单靠提高基准元件的精度来提高超精密加工精度的效果是有限的，且成本剧增。采用计算机技术进行综合误差补偿是提高加工精度和测量精度的一种经济有效的方法。国内外一些高精度的加工设备，都采用在线检测和误差补偿技术来提高机床的加工精度。如一台精密机床的高精度空气静压轴承的径向跳动约为 50nm，工作台的直线运动误差也是数十纳米，在这样的机床上不可能加工更高精度的零件。但采用补偿措施，可以将机床误差减小到 10nm 以下。

（5）加工计量一体化。在超精密机床上配置适当的仪器或采用一定的措施，即可作为计量装置使用，使加工与计量相结合，边加工边测量控制，在监控条件下不仅保证加工精度，还可提高经济效益。把加工技术、测量技术和控制技术有机地结合为一体的加工系统是超精密机床的典型发展趋势。

2.4 深孔钻削技术

2.4.1 深孔钻削的特点

深孔一般是指孔长度 L 与孔直径 D 之比，即长径比 $L/D>5\sim10$ 的孔。对于普通深孔（$L/D=5\sim20$）可用深孔刀具或接长麻花钻在车床或钻床上进行钻削；对于特殊深孔（$L/D\geq20\sim100$）则需要用深孔刀具在深孔加工机床上进行钻削。

深孔钻削是一种比较复杂的工艺过程。钻孔属于半封闭式切削，孔加工的排屑、散热和导向问题，在深孔钻削过程中显得更加尖锐，其主要特点如下：

（1）不能直接观察刀具的切削情况。只能凭借加工经验，通过听声音、观察切屑形态、看机床负荷及油压变化、触摸振动等一系列外观现象来判断切削过程是否正常。

（2）切削热不易传散。一般加工中 80% 的切削热应由切屑带走，但在封闭或半封闭的深孔加工中，冷却润滑困难，热量扩散慢，工件、刀具成了主要的散热体，热量积聚效应非常明显，导致刀具刃口温度达 600℃ 以上，极大地影响刀具寿命。同时，使已加工孔发生热胀冷缩，严重影响孔的加工精度。必须采用强制有效的冷却方式。

（3）排屑困难。切削路程长，排屑空间狭窄，切屑排出困难，容易与孔壁发生摩擦，导致孔表面出现螺旋沟槽；有时还发生切屑阻塞，导致刀具崩刃，甚至零件报废等。必须严格控制切屑的形状和大小，并采取强制性排屑。

（4）工艺系统刚性差。L/D 大，钻杆细长，刚性严重不足。加工时，易产生振动、扭曲、折断等问题，使得孔轴线易走偏，孔尺寸精度、位置精度及表面粗糙度也难以保证。需要采用适当的支承导向措施。

2.4.2 深孔钻削系统及刀具

深孔钻削系统按照各自的工艺特点，可以分为外排屑系统（如枪钻系统）和内排屑系统（如 BTA 钻系统、喷吸钻系统和 DF 钻系统）。

1. 枪钻系统及刀具

深孔加工起源于枪管的加工，因此称为枪钻（Gundrill）系统，如图 2-52 所示。

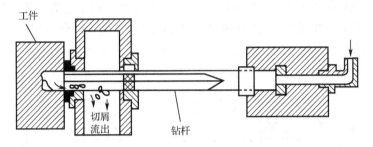

图 2-52 枪钻系统

枪钻系统结构简单、使用方便、加工比较准确、孔的直线性较好、成本低廉，所以使用到现在还在不断发展。枪钻钻杆采用压有 V 形槽的无缝钢管，钻削加工时，高压（3～8MPa）切削液从钻杆内部流到切削区，再把切屑从孔壁与钻杆的 V 形空隙中推出，因此属于外排屑深孔加工系统。由于切屑排出空间较大，所以比较容易排出切屑。但是因为刀具系统刚性不足，用 V 形钻杆易产生扭曲和挠曲，不能用大的进给量加工，所以限制了加工效率的提高。同时，随着新材料的不断出现和对深孔加工的规格、精度要求的不断提高，再依靠枪钻解决大尺寸的深孔加工已不能满足要求。

图 2-53 所示为枪钻结构示意图。20 世纪 60 年代枪钻实现了硬质合金化，取代了高速钢，由于硬质合金的切削性能远优于高速钢，刀具寿命可提高几十倍，因此，硬质合金的应用使深孔加工效率、加工质量都得到了很大的提高。目前，硬质合金枪钻的最小直径为 $\phi 1mm$，L/D 超过 100，钻孔精度为 IT7～IT9，孔表面粗糙度为 Ra 3.2～0.4 μm，孔圆度一般为 5～10 μm，主要用于小直径（一般小于 $\phi 20mm$）深孔加工。

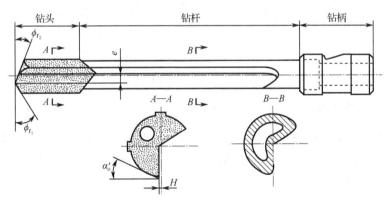

图 2-53 枪钻结构示意图

2. BTA 钻系统及刀具

德国希勒公司在 1942 年研究出了一种新的深孔钻削实用技术，即 BTA 钻深孔加工系统，如图 2-54 所示。这种加工方法多用于直径 $\phi 12$～120mm 的深孔加工，加工精度为 IT8～IT10，表面粗糙度为 Ra 3.2～0.8 μm，钻杆是圆形，刚性好，生产效率比枪钻系统提高 5～10 倍。加工时，切削液由孔壁与钻杆的间隙流至切削区，把切屑从钻杆内部推出，因此属于内排屑深孔加工系统。当加工小直径深孔时,切削液流动的缝隙变窄,易造成切屑堵塞,因此小于ϕ12mm 的深孔不宜采用 BTA 钻系统加工。另外,BTA 钻系统必须使用专用的机床设备,机床必须要有一个切削液与切屑的分离装置。通过重力沉淀或电磁分离装置,使切削液分离并循环利用;并且在切削过程中,工件与授油器之间形成一个高压区,所以在钻削之前必须在工件与授油器间形成可靠的密封。图 2-55 所示为 BTA 钻结构示意图。

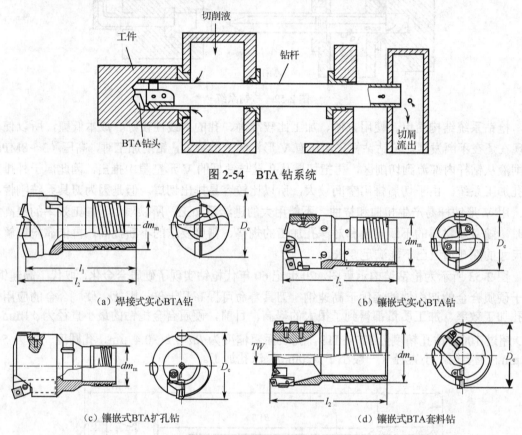

图 2-54　BTA 钻系统

（a）焊接式实心BTA钻　　　　　　　　　　（b）镶嵌式实心BTA钻

（c）镶嵌式BTA扩孔钻　　　　　　　　　　（d）镶嵌式BTA套料钻

图 2-55　BTA 钻结构示意图

3. 喷吸钻系统及刀具

由于 BTA 钻系统存在切削液压力较高、密封装置制造复杂等问题,1963 年瑞典 Sandvik 公司在内排屑深孔钻的基础上发明了新型实体深孔加工方法——双管喷吸钻系统,如图 2-56 所示。

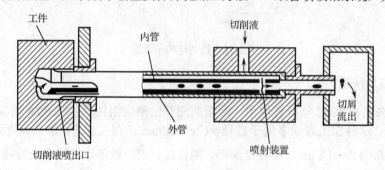

图 2-56　喷吸钻系统

　　喷吸钻系统利用流体的喷吸效应原理，当高压流体经过一个狭小的通道（喷嘴）高速喷射时，在这股喷射流的周围形成一个低压区，可以将喷嘴附近的流体吸走。喷吸钻系统可使切削液压力降低一半，不需要高压密封装置，适于 $\phi 20\sim 65mm$ 中等尺寸的深孔加工，加工精度为 IT9～IT11，表面粗糙度为 $Ra\ 3.2\sim 0.8\ \mu m$。由于采用内、外钻杆，使得排屑空间受到限制，孔径一般需大于 $\phi 18mm$，同时当孔径或孔深增大时，喷吸钻效果变差；并且切削液从内、外钻杆之间进入，不能控制刀杆的振动，刀杆容易擦伤已加工好的表面，破坏表面质量，同时由于钻杆的壁厚受到限制，因而其刚性和加工精度略低于 BTA 深孔钻，难以实现精密深孔的加工要求。图 2-57 所示为喷吸钻结构示意图。

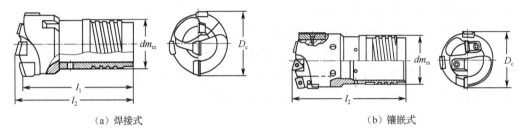

（a）焊接式　　　　　　　　　　　　　　　（b）镶嵌式

图 2-57　喷吸钻结构示意图

4．DF 钻系统

　　20 世纪 70 年代，日本冶金株式会社发明了 DF（Double Feeder）钻系统，结合了 BTA 钻系统和喷吸钻系统的优点，借用双管喷吸钻的负压抽屑原理，恢复了 BTA 钻系统已有的简单结构，在钻杆末端授油器内设置产生负压作用的喷嘴，将推吸排屑加以结合，大大改善了排屑能力，如图 2-58 所示。

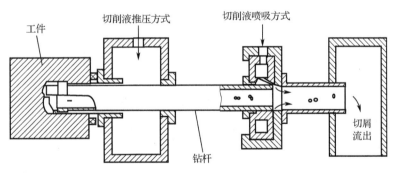

图 2-58　DF 钻系统

　　DF 钻系统可加工直径 $\phi 6mm$ 以上的深孔，L/D 通常为 30～50，最大可达 100 以上。但是对于直径大于 $\phi 65mm$ 的深孔，其排屑性能明显降低。故而 DF 钻系统比较适合中小直径深孔的钻削加工。

复习思考题

　　1．什么是切削加工？试举出六种以上的切削加工种类。

　　2．前刀面、后刀面、前角、后角的定义是什么？

3．切屑的种类有哪些？试分别简述塑性材料和脆性材料的切屑形成过程。

4．什么是积屑瘤？积屑瘤是如何形成的？

5．什么是鳞刺？试简述鳞刺的形成过程。

6．什么是切削力？影响切削力的因素有哪些？

7．什么是切削温度？影响切削温度的因素有哪些？

8．刀具材料应具备的性能有哪些？试举出几种常用刀具材料。

9．刀具磨损的种类有哪些？什么是刀具寿命？

10．试说出几种典型工件材料的高速切削速度范围。

11．高速切削的关键技术有哪些？

12．高速切削中刀具材料的选择原则有哪些？

13．什么是精密切削加工？试简述精密切削时切削力的变化特征。

14．什么是超精密切削加工？超精密车削刀具应具备哪些主要条件？

15．深孔钻削有哪些特点？试举出几种深孔钻削系统。

第 3 章　磨粒加工技术

3.1　磨粒加工概述

磨粒加工技术包括固结磨粒加工和游离磨粒加工。固结磨粒加工有砂轮磨削、珩磨、砂带磨削等；游离磨粒加工有研磨、抛光等。

3.1.1　固结磨粒加工

固结磨粒加工以砂轮磨削为主。

1. 磨削加工的概念

磨削加工是指用固结磨具对工件进行切除的加工方法。常用固结磨具有砂轮、油石、砂布和砂带等，其中砂轮应用最广，狭义上的磨削加工专指砂轮磨削。磨削加工从本质上来说属于随机形状、随机分布的多刃切削加工。

2. 磨削加工的特点

（1）砂轮表面磨粒分布及其刃口形状均处于随机状态。一般切削刀具上的刀刃形状是确定的，而磨削时砂轮表面上每颗磨粒形状是不确定的，参加切削工作的磨粒的刃口形状也是不确定的，且它在砂轮上的分布是随机的。

（2）磨削速度很高。磨削速度一般在 $30\sim50\text{m/s}$，是车、铣削速度的 $10\sim20$ 倍。因此，磨削层金属变形速度很快，磨削区在短时间内发热量大，瞬时温度高达 1000℃以上，将引起加工表面的物理力学性能改变，甚至产生烧伤和裂纹。

（3）磨粒切削刃和前后刀面的形状极不规则。磨粒切削刃顶角在 100°以上，前角为很大的负值，后角小，刃口半径 r_n 较大（见图 3-1），会使工件表层材料经受强烈挤压变形。特别是磨粒磨钝后和进给量很小时，金属变形更为严重，因而磨除单位工件体积时消耗的能量比一般切削加工高得多，是其他加工方法的 $10\sim30$ 倍。

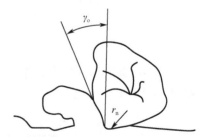

图 3-1　单颗磨粒的切削

（4）普通磨粒在磨削力的作用下会产生开裂和脱落，形成新的锐利刃。这称为磨粒的自砺作用，对磨削加工是有利的。

（5）磨削时单个磨粒的切削厚度可小到几微米，故易于获得较高的加工精度和较小的表面粗糙度。

（6）由于多数磨粒切削刃具有极大的负前角和较大的刃口半径 r_n，使径向磨削力 F_y 远大于切向磨削力 F_z，加剧了工艺系统变形，造成实际磨削深度常小于名义磨削深度。

3．磨削加工的分类

通常按加工工件表面的形式和工作特点来分类。

1）工件回转表面的磨削

（1）外圆磨削。分为工件有支承和无支承的外圆磨削，且分别有纵向和切入进给两种，如图 3-2 和图 3-3 所示。

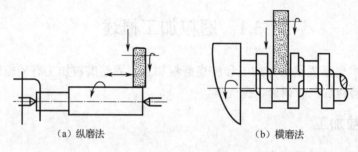

（a）纵磨法　　　　　　　　　　　　（b）横磨法

图 3-2　有支承的外圆磨削

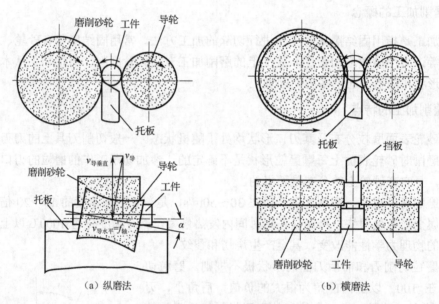

（a）纵磨法　　　　　　　　　　　　（b）横磨法

图 3-3　无支承的外圆磨削

（2）内圆磨削。分为工件有支承和无支承的内圆磨削，且分别有纵向和切入进给两种，如图 3-4 和图 3-5 所示。

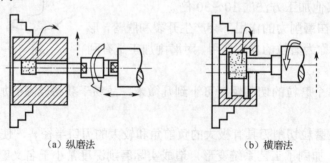

（a）纵磨法　　　　　　　　　　　　（b）横磨法

图 3-4　有支承的内圆磨削

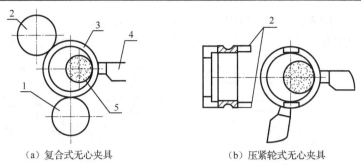

（a）复合式无心夹具　　　　　　　（b）压紧轮式无心夹具

1—导轮；2—压紧轮；3—工件；4—支承；5—磨削轮

图 3-5　无支承的内圆磨削

2）平面磨削

用砂轮周边磨削平面的方法，简称周磨法（见图 3-6（a））；用砂轮端面磨削平面的方法，简称端磨法（见图 3-6（b））。

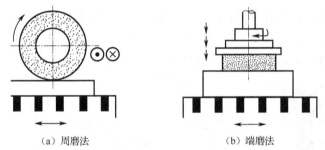

（a）周磨法　　　　　　　　　（b）端磨法

图 3-6　平面磨削

3）成形面磨削

按仿形法磨削成形表面是将砂轮修整成与工件型面完全吻合的相反型面，再用砂轮去磨削工件，如图 3-7 所示。

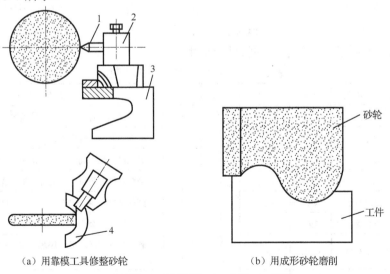

（a）用靠模工具修整砂轮　　　　　　　（b）用成形砂轮磨削

1—金刚石；2—靠模工具；3—支架；4—样板

图 3-7　仿形法磨削

　　按展成法磨削成形表面是加工时将工件装夹在专用夹具上，通过有规律地改变工件与砂轮的位置，实现对成型面的加工，从而获得所需的形状与尺寸，如图 3-8 所示。

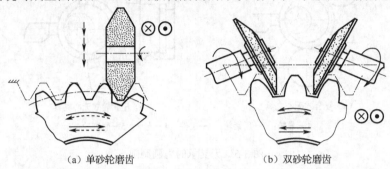

（a）单砂轮磨齿　　　　　　　　　（b）双砂轮磨齿

图 3-8　展成法磨削

4．固结磨料磨具

　　凡是用以进行磨削、研磨和抛光的工具统称为磨具。大部分磨具均由磨料和结合剂制成，也有用天然矿石直接加工制成的。人造磨具是指用磨料为主要原料以人工方法制得的磨具，按其形状和特征又可分为固结磨具、涂附磨具和研磨剂三类。

1—磨粒；2—结合剂；3—气孔

图 3-9　固结磨具

　　1）固结磨具

　　固结磨具是指通过某种方式将磨料固定住，具有固定形状的磨具，其中砂轮是使用较广的固结磨具。它由磨粒、结合剂和气孔（有时没有）组成，其特性主要由磨料、粒度、结合剂、硬度和组织等因素决定，如图 3-9 所示。

　　（1）磨料。磨料直接担负着切削工作，应具有很高的硬度、耐热性和一定的韧性，破碎时应能形成尖锐棱角。常用磨料有氧化物系、碳化物系和高硬磨料系三类。

　　氧化物系磨料的主要成分是 Al_2O_3，碳化物系磨料主要有碳化硅、碳化硼等，高硬磨料系中主要有人造金刚石和立方氮化硼。表 3-1 所示为常用磨料的特性及适用范围。

表 3-1　常用磨料的特性及适用范围

系　别	磨料名称	代号	颜色	硬度	韧性	适 用 范 围
氧化物	棕刚玉	A	棕褐色	低	大	磨削碳钢、合金钢、可锻铸铁等
	白刚玉	WA	白色			磨削淬硬钢、高碳钢、高速钢等
	铬刚玉	PA	紫红色			磨削高速钢、高强度钢，特别适于成形磨削
碳化物	黑碳化硅	C	黑色			磨削铸铁、黄铜、耐火材料及非金属材料
	绿碳化硅	GC	绿色			磨削硬质合金、宝石、陶瓷、玻璃等
	碳化硼	BC	黑色			研磨硬质合金
高硬磨料	立方氮化硼	CBN	黑色	高	小	磨削高性能高速钢、不锈钢、耐热钢及其他难加工材料
	人造金刚石	MBD RVD	乳白色			磨削硬质合金、光学玻璃、花岗岩、大理石、宝石、陶瓷等高硬材料

（2）粒度。粒度表示磨粒的大小，粒度大小用 F 加粒度号表示，粒度号越大，表示磨粒尺寸越小。国际规定，对尺寸较大（F4～F220）的磨粒用筛分法，即 1 英寸 × 1 英寸（25.4mm × 25.4mm）面积内有多少个网孔的数目来表示；微粉（F230～F1200）主要用光电沉降仪进行区分。

磨粒粒度对磨削生产率和加工表面粗糙度有很大的影响。一般来说，粗磨用颗粒较粗的磨粒，精磨用颗粒较细的磨粒。当工件材料软、塑性大和磨削面积大时，为避免堵塞砂轮，也可采用较粗的磨粒。常用的砂轮粒度及适用范围见表 3-2。

表 3-2　常用砂轮粒度及适用范围

类　别		粒　度　号	颗粒尺寸 /μm	适　用　范　围
磨粒	粗粒	F12～F24	2000～800	荒磨，打毛刺
	中粒	F30～F46	800～400	一般磨削。加工表面粗糙度可达 Ra 0.8μm
	细粒	F54～F100	400～125	半精磨、精磨和成形磨。加工表面粗糙度可达 Ra 0.8～0.1μm
	微粒	F120～F220	125～40	精磨、超精磨、成形磨、刀具刃磨、珩磨
微粉		F230～F1200	40～0.5	精磨、超精磨、镜面磨、珩磨、螺纹磨、精研。加工表面粗糙度可达 Ra 0.05～0.01μm

（3）结合剂。结合剂的作用是将磨粒黏合在一起，使砂轮具有一定形状和强度。砂轮的强度、抗冲击性、耐热性及抗腐蚀能力，主要取决于结合剂的性能。常用砂轮结合剂的特性及适用范围如表 3-3 所示。

表 3-3　常用砂轮结合剂的特性及适用范围

名　称	代　号	特　　性	适　用　范　围
陶瓷	V	耐热、耐油、耐酸、耐碱，强度较高，但较脆，成本低	除薄片砂轮外，能制成各种砂轮
树脂	B	强度高，弹性好，有一定的抛光作用，耐热性差，不耐酸碱	荒磨砂轮、砂瓦，高速砂轮，切断和开槽砂轮，镜面磨砂轮
橡胶	R	强度高，弹性更好，抛光作用好，耐热性差，不耐油和酸，易堵塞	磨削轴承沟道砂轮，无心磨导轮，切断、开槽及抛光砂轮
金属	M	常见的是青铜，成形性好，强度高，有一定的韧性，耐磨性好，寿命长，能承受大负荷磨削，但自锐性差，易堵塞	金刚石砂轮

（4）硬度。砂轮的硬度是反映磨粒在磨削力作用下，从砂轮表面脱落的难易程度。砂轮的软硬和磨粒的软硬是两个不同的概念，它反映磨粒与结合剂的黏结强度。砂轮硬，表示磨粒难以脱落；砂轮软，表示磨粒容易脱落。砂轮硬度等级如表 3-4 所示。

表 3-4　砂轮硬度等级

等级	超软			软			中软		中		中硬			硬		超硬
代号	D	E	F	G	H	J	K	L	M	N	P	Q	R	S	T	Y

选用砂轮时，硬度应选得适当。若砂轮太硬，会使磨钝了的磨粒不能及时脱落，因而产生大量磨削热，造成工件烧伤；若砂轮太软，会使磨粒脱落得太快而不能充分发挥其切削作用。

（5）组织。砂轮的组织反映了磨粒、结合剂、气孔三者之间的比例关系。磨粒在砂轮总体积中所占的比例越大，则砂轮的组织越紧密，气孔越小；反之，磨粒的比例越小，则组织越疏松，气孔越大。砂轮组织的级别可分为紧密、中等、疏松三大类别，细分可分为 0～14 级，如表 3-5 所示。

表 3-5　砂轮的组织号及用途

类　　别	紧密				中等				疏松						
组织号	0	1	2	3	4	5	6	7	8	9	10	11	12	13	14
磨粒率/ %	62	60	58	56	54	52	50	48	46	44	42	40	38	36	34
用　　途	成形磨削、精密磨削				磨削淬火钢，刃磨刀具				磨削硬度不高的韧性材料				磨削热敏性高的材料		

2）涂附磨具

涂附磨具是指用黏结剂把磨料黏附在可挠曲基材上的磨具，又称柔性磨具。涂附磨具有张页状（矩形）、圆片状、环带状和其他特殊形状。主要品种有砂布（纸）和砂带，常以机械或手工作业方式使用，广泛用于金属材料、木材、陶瓷、塑料、皮革、橡胶及油漆腻子等非金属材料的磨削、抛光和打磨。涂附磨具由磨料、黏结剂和基体三部分组成，如图 3-10 所示。

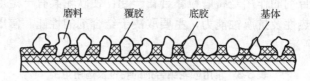

图 3-10　涂附磨具结构示意图

常用的磨料是人造磨料，如刚玉、碳化硅和玻璃砂等，有时也用天然磨料，如石榴石和天然刚砂等。黏结剂有皮胶、骨胶、干酪素胶和合成树脂胶等。基体有布、纸和布纸复合材料等。作为"万能磨工具"的涂附磨具不仅加工范围宽、磨削效率高，而且能达到高尺寸精度和低表面粗糙度。

3）研磨剂

研磨剂是指用磨料、分散剂（又称研磨液）和辅助材料制成的混合剂，习惯上也列为磨具的一类。研磨剂用于研磨和抛光，使用时磨粒呈自由状态。由于分散剂和辅助材料的成分及配合比例不同，研磨剂有液态、膏状和固体三种。

研磨剂中的磨料起切削作用，常用的磨料有刚玉、碳化硅、碳化硼和人造金刚石等。精研和抛光时还用软磨料，如氧化铁、氧化铬和氧化铈等。分散剂使磨料均匀分散在研磨剂中，并起稀释、润滑和冷却等作用，常用的有煤油、机油、动物油、甘油、酒精和水等。辅助材料主要是混合脂，常由硬脂酸、脂肪酸、环氧乙烷、三乙醇胺、石蜡、油酸和十六醇等中的几种材料配成，在研磨过程中起乳化、润滑和吸附作用，并促使工件表面产生化学变化，生成易脱落的氧化膜或硫化膜，借以提高加工效率。此外，辅助材料中还有着色剂、防腐剂和芳香剂等。

5. 砂轮的磨损与修整

1）砂轮磨损

砂轮磨损主要包括磨粒损耗和砂轮失效。磨粒损耗又包括磨粒钝化、磨粒破碎和磨粒脱落。

（1）磨粒钝化。磨削过程中由于砂轮钝化会使磨削力和磨削温度显著增加，甚至会烧伤工件表面，这时观察砂轮表面的磨粒切削刃处产生了小平面、光滑发亮。它使砂轮的切削能力迅速降低。

（2）磨粒破碎。当磨粒切削刃处的内应力超过它的断裂强度时就会产生局部破碎。根据磨粒切削刃处所受载荷大小和晶体结构的不同，有时在磨粒切削刃附近发生微破碎，形成新的锋刃；有时则在磨粒深部发生破裂，形成较大破损。

（3）磨粒脱落。砂轮上的磨粒是由黏结剂黏结在砂轮上的，黏结剂与磨粒结合处称为结合桥。当磨粒上的切削刃变钝时切削力增大，结合强度不够，致使结合桥折断，造成整个磨粒脱落；或者因为切削深度过大或砂轮硬度过软，都会使作用于磨粒上的法向力大于磨粒结合桥所能承受的极限，造成整颗磨粒脱落。

2）砂轮失效

随着砂轮工作时间的延长，其切削能力逐渐降低，最终不能正常磨削，不能达到规定的加工精度和表面质量，这时砂轮失效。其形式有以下三种：

（1）砂轮工作表面变钝。使用磨粒不易破裂或硬度大的砂轮磨削时，这种现象多见。即磨粒在工作中磨损，使刃口变钝，出现明显的小平面，但它并不产生磨粒裂开或从结合剂上脱落的自锐现象，致使磨削力显著增大、工件发热及出现明显的振动和噪声，不能很好地切除金属。这时砂轮必须重新进行修整。

（2）砂轮工作表面堵塞。用细粒度、密组织或硬度大的砂轮磨削软钢或有色金属等材料时，容易出现砂轮堵塞现象。这时，切屑黏附在磨粒切削刃和结合桥上，堵塞了磨粒之间的孔隙，用肉眼可以明显地看到砂轮表面上形成一层金属薄层或连带油泥的黑亮层，砂轮的磨削能力明显降低，磨削功率增大，工件发热，以致工件表面发生烧伤现象或出现明显的振动或噪声。砂轮必须重新进行修整才能恢复工作能力。

（3）砂轮轮廓畸变。用低硬度、粗粒度、疏松组织号的砂轮磨削时或磨削有一定精度要求的成形面时容易出现这种现象。前者是因为磨粒脱落非常显著，自锐作用过强，不能保持砂轮正确的轮廓形状（产生畸变）；后者则因成形面精度要求高，虽然砂轮有正常的自锐作用，但由于磨粒脱落，微破碎或局部破碎的随机性，不能使砂轮保持精确的轮廓形状。砂轮也需要重新进行修整。

3）砂轮修整技术

当砂轮出现耗损时，要求重新修整砂轮，修整是整形和修锐的总称。整形是使砂轮具有一定精度要求的几何形状；修锐是去除磨粒间的结合剂，使磨粒突出结合剂一定高度（一般为磨粒尺寸的 1/3 左右），形成良好的切削刃和足够的容屑空间。普通砂轮的整形和修锐一般是合二为一，超硬磨料砂轮的整形和修锐一般分开。整形是为了获得理想的砂轮几何形状；修锐是为了提高磨削的锋利度。

砂轮修整从本质上讲是对砂轮的加工，因此有很多方法都可以用于砂轮修整，如车削、磨削及电解等。车削法是将修整工具看作车刀，将被修整砂轮视为工件，对砂轮表面进行修整。磨削法是将修整工具看作砂轮，将被修整的砂轮视为被磨的工件。电解法是通过特殊的电源、电解液等去除金属结合剂，使磨粒露出，达到修锐的目的。

6. 磨削加工过程

1）磨削运动

磨削运动包括主运动、径向进给运动、轴向进给运动和工件旋转或直线运动，如图 3-11 所示。

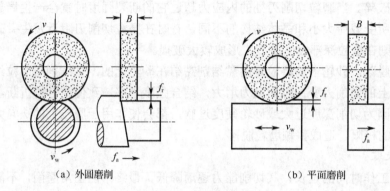

(a) 外圆磨削　　　　　　　　　　　　　　(b) 平面磨削

图 3-11　磨削运动

2）磨削过程

砂轮表面上的磨粒可近似地看作是一把微小的铣刀齿，其几何形状和角度有很大差异，使切削情况相差较大，因此必须研究单个磨粒的磨削过程。

（1）磨粒形状。磨粒一般用机械方法破碎磨料而获得。磨粒具有多种几何形状，如图 3-12 所示，其中以菱形八面体最为普遍。磨粒的顶尖角通常为 $90° \sim 120°$，切削时基本是负前角，同时其尖部均有钝圆，钝圆半径 r_n 在几微米至几十微米，如图 3-12（d）所示。随着磨粒的磨损，其尖部负前角和钝圆半径还会增大。

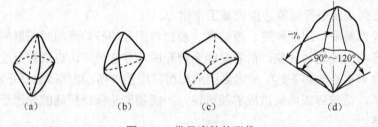

(a)　　　　　(b)　　　　　(c)　　　　　(d)

图 3-12　常见磨粒的形状

（2）磨屑形成过程。单个磨粒的磨削过程大致分为滑擦、刻划和切削三个阶段，如图 3-13 所示。

滑擦阶段：在磨削过程中，切削厚度由零逐渐增大。在滑擦阶段，由于磨粒切削刃与工件开始接触时的切削厚度极小，当磨粒顶尖角处的钝圆半径 r_n 大于切削厚度时，磨粒仅在工件表面上滑擦而过，只产生弹性变形，不产生切屑。

刻划阶段：随着磨粒挤入深度的增大，磨粒与工件表面的压力逐步加大，表面层也由弹性变形过渡到塑性变形。此时挤压摩擦剧烈，有大量热产生，当金属被加热到临界点时，法向热应力超过材料的临界屈服强度，切削刃就开始切入材料表层中。滑移使材料表层被推向磨粒的前方和两侧，使得磨粒在工件表面刻划出沟痕，沟痕的两侧则产生了隆起。这一阶段的特点是，材料表层产生塑性流动与隆起，因磨粒的切削厚度未达到形成切屑的临界值，而不能形成切屑。

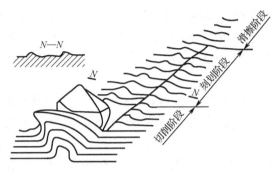

图 3-13　磨粒的切削过程

切削阶段：当挤入深度增大到临界值时，被切层在磨粒的挤压下明显地沿剪切面滑移，形成切屑沿前刀面流出。

由于磨粒的形状、大小和分布各不相同，只有砂轮表面最外层的锋利磨粒才可能连续经过上述滑擦、刻划和切削三个阶段；而低于最外层的磨粒，可能只经过滑擦、刻划阶段而未进入切削阶段；有的磨粒甚至只是在工件表面上滑擦而过或根本未与工件接触。由于磨削速度很高，滑擦作用会产生很高的温度，引起磨削表面烧伤、裂纹等缺陷。因此，滑擦作用对磨削表面质量有不利影响。

刻划所引起的隆起现象对磨削表面粗糙度有较大影响。材料或热处理状态不同凸出量也不同。材料的硬度和强度较高，隆起凸出量较小；反之，其隆起凸出量较大。硬度高的工件，易获得较小的表面粗糙度值。

此外，隆起凸出量与磨削速度有关，即随着磨削速度的增加，隆起凸出量成线性下降。这是由于在高速磨削时，材料的塑性变形的传播速度远小于磨削速度而使磨粒侧面的材料来不及变形，这是高速磨削能减小加工表面粗糙度的原因之一。

7．磨削温度与磨削烧伤

1）基本概念

（1）磨粒磨削点温度。指磨粒切削刃与切屑接触点的温度，是磨削中温度最高的部位，可达 1000～1400℃，也是磨削热的主要热源。该温度不但影响磨削表面质量，且与磨粒的磨损和切屑熔化焊接现象有密切关系。

（2）砂轮磨削区温度。是砂轮与工件接触区的平均温度。它影响工件表面的烧伤、裂纹和加工硬化。一般情况下，没有特别注明时的"磨削温度"就是指砂轮磨削区温度。

（3）工件平均温升。是磨削热传入工件而引起的温升，可能会对工件的形状和尺寸精度等产生很大影响。

2）磨削烧伤及控制

由磨削热引起的、在加工表层瞬间发生的氧化变色现象称为磨削表面烧伤。不同材料的烧伤敏感程度不同。材料含碳或合金量越高、导热系数越小，越易烧伤。

（1）磨削烧伤。磨削时，根据表层显微组织变化的性质可将磨削烧伤分为：

① 回火烧伤。当工件表面层温度只是超过原来的回火温度时，表层原来的回火马氏体组织将产生回火现象，而转变为硬度较低的回火组织的现象。

② 淬火烧伤。当工件表面温度超过相变临界温度时，马氏体转变为奥氏体。在冷却液作用下，工件最外层金属会出现二次淬火马氏体组织。其硬度比原来的回火马氏体高，但很薄（几微米），其下为硬度较低的回火索氏体或屈氏体。由于二次淬火层极薄，表面层总的硬度是降低的。

③ 退火烧伤。当工件表面层温度超过相变临界温度时，马氏体转变为奥氏体。若此时无冷却液，则表层金属空冷冷却比较缓慢而形成退火组织，硬度和强度均大幅度下降。

（2）控制磨削烧伤的措施。在磨削加工中，产生烧伤的主要原因是磨削区的温度过高，为降低磨削区温度可从减少磨削热的产生和加速磨削热的传出这两条途径入手。

① 合理选取磨削用量。当磨削深度 a_p 增大时，发热量增大，会使工件表面温度随之升高，烧伤程度加大，故 a_p 不能选得太大。当轴向进给量 f_a 增大时，磨削区表面温度反而降低，磨削烧伤减少。其原因是轴向进给量 f_a 的增加使砂轮与工件的表面接触时间相对减少，因而热的作用时间减少、散热条件得到改善。为了弥补因轴向进给量 f_a 增大而导致表面粗糙度的增大，可采用较宽的砂轮。当工件速度 v_w 增大时，磨削区表面温度上升。但进一步研究发现，v_w 越大，磨削表面附近处的温度梯度也越大。这是因为 v_w 虽然增大，但热的作用时间却减少，即虽然磨削区的温度高，但工件表面还来不及烧伤，就出了磨削区得到有效冷却。选择较大 v_w 可减轻磨削表面的烧伤，同时又能提高生产率。当然提高 v_w 会导致表面粗糙度增大，为了弥补这个缺陷，可以相应提高砂轮速度。

② 正确选择砂轮。金刚石磨粒砂轮在磨削硬质合金时，由于其磨粒的硬度和强度大，刀尖锋利，改善了磨削条件，从而使磨削力及摩擦区温度下降。另外，金刚石与金属在无润滑液情况下的摩擦系数极低，故不产生烧伤。目前，CBN 砂轮也应用广泛，其热稳定性好，磨削温度低，且本身硬度、强度仅次于金刚石，磨削力小，能磨出较高的表面质量。另外，采用有一定弹性的结合剂，如橡胶、树脂等，也能改善砂轮的磨削条件。当由于某种原因导致磨削力增大时，这样的结合剂能使砂轮的磨粒产生一定的弹性退让，使切削深度自动减小，避免烧伤。

③ 合理采用冷却方式。在磨削加工中由于高速旋转的砂轮表面产生强大的气流层，以致冷却液难以进入磨削区，大量倾注在已经离开磨削区的加工表面，这时烧伤早已产生。故采用合理的冷却方法很有必要，低温压缩空气冷却法是一种行之有效的冷却方法。在换热器中用液氮（-192℃）将压缩空气冷却至-10℃，再由喷嘴喷到磨削区进行冷却。为防止温度下降时空气中的水分在换热器管道中结冰，必须使用空气干燥器。这是一种取代传统磨削液冷却法的新技术。

3.1.2 游离磨粒加工

游离磨粒加工技术是历史最久而又不断发展的加工方法，主要包括研磨和抛光，它是不切除或切除极薄的材料层，用以降低工件表面粗糙度或强化加工表面的加工方法，多用于最终加工工序。近年来，在传统工艺的基础上，出现了许多新的游离磨粒加工方法，如磁性研磨、弹性发射加工、流体动力抛光、液中研抛、磁流变抛光、挤压研抛和磨粒喷射加工等。

3.2　高速磨削技术

3.2.1　高速磨削概述

高速磨削是通过提高砂轮线速度来达到提高磨削效率和磨削质量的工艺方法。与普通磨削的区别在于很高的磨削速度和进给速度，而高速磨削的定义随时间的不同在不断推进。20世纪 60 年代以前，磨削速度在 50m/s 时即被称为高速磨削；20 世纪 90 年代磨削速度最高已达 500m/s。在实际生产中，磨削速度在 100m/s 以上即称为高速磨削。

高速磨削的效果，可由砂轮线速度对磨削性能的影响来表征。砂轮线速度的影响可以通过单个磨粒的最大切削厚度 a_{cgmax} 进行分析。考虑实际磨削中的复杂性，a_{cgmax} 可写成一般通式，即

$$a_{cgmax} = C_{gw} \left(\frac{v_w}{v_s} \right)^\varepsilon \left(\frac{f_r}{d_{eq}} \right)^{\frac{\varepsilon}{2}} \tag{3-1}$$

式中，C_{gw} 为砂轮形状系数；ε 为指数（>0）；d_{eq} 为砂轮当量直径。

与普通磨削相比，高速磨削具有以下特点：

（1）生产效率高。由于单位时间内作用的磨粒数大大增加，就会使材料的磨除率增加，即生产效率提高。再者，如果此时切削厚度与普通磨削相同，就可相应提高进给速度，生产率比普通磨削提高 30%～100%。

（2）可提高砂轮使用寿命。由于每颗磨粒承受的负荷减轻，磨削时间就可相应延长，即可提高砂轮的使用寿命。

（3）可降低工件表面粗糙度。由于每颗磨粒的切削厚度变薄，磨粒在工件表面留下的磨削划痕就浅，又由于速度高，塑性变形引起的表面隆起高度小，故可减小工件表面粗糙度。

（4）可提高加工精度。由于切削厚度薄，法向（径向）磨削力减小，有利于刚性较差工件精度的提高。

（5）可减小磨削表面烧伤和裂纹的产生。高速磨削时，工件速度也需相应提高，这样就缩短了砂轮与工件的接触时间，减少了传入工件的磨削热，从而减小或避免磨削烧伤和裂纹的产生。

图 3-14 所示为砂轮磨损、表面粗糙度和磨削力随砂轮线速度的变化曲线。

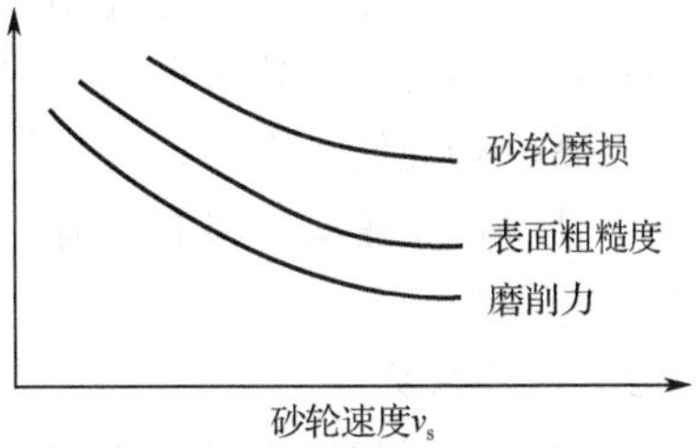

图 3-14　高速磨削的影响

3.2.2　高速磨削的关键技术

高速磨削具有上述种种优点，因此得到越来越广泛的应用。图 3-15 列出了高速磨削技术所需的各项相关技术，其中高速轴承和高速砂轮的设计和制造是影响高速磨削技术应用的最重要因素。

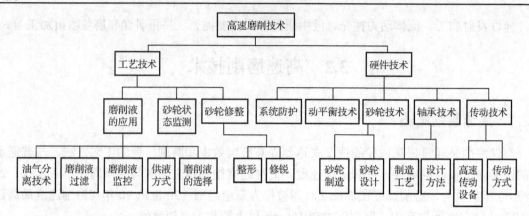

图 3-15　高速磨削的各项相关技术

1. 高速磨削对砂轮的要求

（1）砂轮的机械强度必须能承受高速磨削时的切削力。

（2）高速磨削时的安全可靠性。

（3）外观锋利。

（4）结合剂必须具有很高的耐磨性以减少砂轮的磨损。

高速磨削砂轮的磨粒主要是立方氮化硼和金刚石，所用的结合剂主要是陶瓷结合剂（如多孔陶瓷）、金属结合剂（如电镀镍及铸铁）。

电镀结合砂轮是高速磨削最为广泛采用的一种砂轮。砂轮表面只有一层磨粒，通过电镀的方式将磨粒黏结在基体上。另外，电镀结合砂轮磨粒的突出高度很大，能够容纳大量磨屑，对高速磨削十分有利。单层磨粒电镀砂轮的生产成本较低，并可制成外形复杂的砂轮。

在使用过程中由于砂轮表面只有一层磨粒，因而不需进行修整，从而可以节省许多修整费用和修整工时。缺点是在使用时必须进行精心调整以提高砂轮与主轴间的同轴度。除电镀结合砂轮外，高速磨削也有用多孔陶瓷结合剂砂轮的。这种结合剂的主要成分是再结晶玻璃。

2. 高速磨削对机床的要求

1）超高速主轴

提高砂轮线速度主要是提高砂轮主轴的转速，因而为了实现高速与超高速磨削，对砂轮驱动和轴承转速往往要求很高。主轴的高速化要求足够的刚度、回转精度高、热稳定性好、可靠性高、功耗低、寿命长等。为了减小由于切削速度的提高而增加的动态力，要求砂轮主轴及主轴电机系统运行极其精确，且振动极小。目前，国外生产的高速、超高速机床，大量地采用电主轴。

2）进给系统

高速加工不但要求机床有很高的主轴转速和功率，同时要求机床工作台有很高的进给速度和运动加速度。如采用直线电机，进给速度可达 $60\sim200\mathrm{m/min}$ 以上；加速度可达 $10\sim100\mathrm{m/s^2}$ 以上；定位精度高达 $0.5\sim0.05\mu\mathrm{m}$，甚至更高；且推力大，刚度高，动态响应快，行程长度不受限制。

3）磨削液及其注入系统

磨削表面质量、工件精度和砂轮的磨损在很大程度上受磨削热的影响。尽管开发了液氮冷却、喷气冷却、微量润滑和干式磨削等技术，但磨削液仍然是不可能完全被取代的冷却润滑介质。磨削液分为两大类：油基磨削液和水基磨削液（包括乳化液），油基磨削液润滑性优于水基磨削液，但水基磨削液冷却效果好。

高速磨削时，气流屏障阻碍磨削液有效地进入磨削区，还可能存在薄膜沸腾的影响。因此，采用适当的注入方法，增加磨削液进入磨削区的有效部分，提高冷却和润滑效果，对于改善工件质量、减少砂轮磨损极其重要。常用的磨削液注入方法有手工供液法和浇注法、高压喷射法、空气挡板辅助截断气流法、砂轮内冷却法、利用开槽砂轮法等。为提高冷却润滑效果，通常将多种方法综合使用。

3. 高速磨削对防护装置的要求

砂轮速度提高以后，其动能也随之增加，如果发生砂轮破裂，显然会给人身和设备造成比普通磨削时更大的伤害。为此，除要提高砂轮本身的强度以外，设计专门用于高速磨削的砂轮防护罩是保证安全的重要措施。通常可以对防护罩做如下的改进：

（1）增加防护罩圆周部分和侧面的壁厚，使其强度比普通磨削时增加 40%以上。例如，一台高速凸轮磨床上的防护罩，其侧面钢板厚为 8mm，圆周部分为 10mm。防护罩开口要小，同时减小砂轮中心与罩壳开口上端部位，这样可以有效限制砂轮碎块飞出的范围。

（2）对于 80m/s 及更高砂轮速度的高速磨削，罩壳内壁可加上一层吸能填料（如泡沫聚氨酯等），可以有效地减小砂轮爆炸时砂轮碎块对防护罩外壳的冲击，并能将砂轮碎块吸收，防止碎块飞出伤人。

3.2.3　高速磨削工艺

高速磨削加工工艺涉及磨削用量、磨削液及砂轮修整等。

1. 磨削用量

高速磨削时，磨削用量的选择对磨削效率、工件表面质量，以及避免磨削烧伤和裂纹十分重要。表 3-6 给出了磨削用量与砂轮速度的关系。除了砂轮速度以外，决定磨削用量的因素还有很多，因此需综合考虑加工条件、工件材料、砂轮材料、冷却方式等因素，以选择最优的磨削用量。

表 3-6　高速磨削用量

砂轮速度 v_s / $(m \cdot s^{-1})$	纵 向 磨 削		比磨削去除率 Q / $(mm^2 \cdot s^{-1})$	v_w/v_s
	f_a / $(mm \cdot min^{-1})$	f_r / $(mm \cdot min^{-1})$		
50～60	2000～2500	0.02～0.03	8～10	1/（60～100）
80	2500～3000	0.02～0.05	12～15	1/（60～100）

2. 磨削液

冷却润滑液的功能是提高磨削的材料去除率，延长砂轮的使用寿命，降低工件表面粗糙度。在磨削过程中必须完成润滑、冷却、清洗砂轮和传送切屑四大任务。

3. 砂轮修整

目前应用较为成熟的砂轮修整技术有以下几种：

1）电解在线修整技术

电解在线修整（Electrolytic In-process Dressing，ELID）是专门用于金属结合剂砂轮的修整方法。其基本原理是在磨削加工过程中利用电解作用对砂轮进行在线的精细修整，使磨粒始终在具有锋利微刃状态下进行磨削加工，如图 3-16 所示。

与普通的电解修整方法相比，ELID 修整具有修整效率高、工艺过程简单、修整质量好等特点，同时它采用普通磨削液作为电解修整液，很好地解决了机床腐蚀问题。经 ELID 修整的 4000 号铸铁结合剂金刚石砂轮成功地实现了工程陶瓷、硬质合金、单晶硅、光学玻璃等多种材料的精密镜面磨削，表面粗糙度可达 $Ra\ 4\sim2nm$。

2）电火花砂轮修整技术

利用电火花修整可对任何以导电材料为结合剂的砂轮进行在线、在位修整，易于保证磨削精度，不会腐蚀设备，修整力小，对小直径及极薄砂轮的修整较为方便，同时整形效率高、修锐质量好，磨料周围不残留结合剂，修锐强度易于控制。图 3-17 所示为电火花砂轮修整原理图。

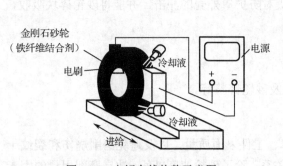

图 3-16　电解在线修整示意图

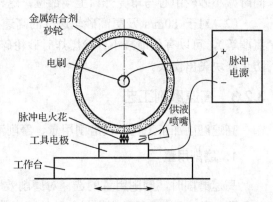

图 3-17　电火花砂轮修整原理图

3）杯形砂轮修整技术

采用杯形砂轮修整器修整超硬磨料成形砂轮，其修整效率及修整精度都比传统的成形砂轮修整方法要高，可以达到零误差的砂轮表面。实验表明，经杯形砂轮修整后的砂轮，磨削力明显减小，磨削性能良好，使用寿命延长。

4）电解-机械复合砂轮修整技术

运用此法可在短时间内将砂轮修整到较高的表面质量及形状精度，为砂轮的精密修整提供良好的条件。

3.2.4　高速磨削的应用

1. 高速深切磨削

高效深磨削技术起源于德国。1979 年德国 P. G. Werner 博士预言了高效深磨削区存在的合理性，开创了高效深磨削的概念。1983 年由德国 Guhring Automation 公司创造了当时世界上最具威力的 60kW 强力磨床，转速为 10000r/min，砂轮直径为 ϕ400mm，砂轮圆周速度达到 100~180m/s，标志着磨削技术进入了一个新纪元。1996 年由德国 Schaudt 公司生产的高速数控曲轴磨床，是具有高效深磨削特性的典型产品，它能把曲轴坯件直接由磨削加工到最终尺寸。德国 Bremen 大学、Aachen 工业大学在高效深磨削技术研究上取得了世界公认的高水平成果。据 Aachen 工业大学宣称，该校已经采用了圆周速度达到 500m/s 的超高速砂轮，此速度已突破了当前机床与砂轮的工作极限。

2. 高速精密磨削

高速精密磨削在日本应用最为广泛。日本的高速磨削主要不是以获得高生产率为目的，而是对磨削过程的综合性能（如加工精度和表面质量）更感兴趣，它的磨削效率普遍地维持在 60mm³/（mm·s）以下，这是与欧洲高速磨削高效深磨削工艺的显著差别。日本冈本机械制作所推出的砂轮转速在 140~160m/s 的 Quick Point 高速磨床砂轮主轴可相对工件轴心倾斜，使得磨削区范围缩小，成功地实现了对多种形状工件的无振动、低磨削力的磨削加工。

3. 难磨削材料的高速磨削

利用高速磨削实现对硬脆材料（工程陶瓷及光学透镜等）的高性能加工是高速磨削领域的另一重要组成部分。日本高桥正行等在安装磁力轴承的数控磨床上使用了三种结合剂砂轮，围绕从普通速度到 200m/s 的砂轮速度，对玻璃的加工性能的影响进行了对比研究，得出的结论是高速磨削下的玻璃表面粗糙度要比普通速度下的磨削小很多。无疑这对今后进一步开展难加工材料高速磨削的研究工作打下了良好的基础。

3.2.5　高速磨削的发展前景

欲将磨削速度进一步提高，目前仍受许多因素的限制。要想充分发挥高速磨削的优势，必须从制约切削速度的各个方面进行研究。

（1）发展高功率高速主轴。

（2）研制适应高速磨削的新颖砂轮。

（3）磨床结构的改进。为了尽可能降低机床在高速时由于砂轮不平衡引起的振动，应配置在线自动动平衡系统，以使机床在不同转速时始终处于最佳的运行状态。为了提高生产效率和工件的加工精度，则应采用高速、高效和高精度进给驱动系统。比如在平面磨床上采用直线电机替代丝杠螺母传动；在进行偏心磨削时，外圆磨床除了必须具备高速滑台系统外，还要配备高速数控系统，以保证工件的精度及较高的生产率。

（4）优化冷却润滑系统。除了要注意冷却润滑液本身的化学构成外，其供给系统也十分重要。因此，在研制高速磨床时，必须配置高压的冷却润滑供给系统。

（5）磨削速度向超音速迈进。高速磨削应用研究的下一个目标将是冲破音速大关，把磨削速度提高到 350m/s 以上，进而使 500m/s 的磨削速度在工业应用上成为可能。当然，单就磨削速度一个参数并不能全面评价磨削过程的优劣，最佳的磨削速度应是磨削过程经济效益最好时的速度。这一最佳速度，必须经过改进机床设计、优化切削条件和配套系统等深入研究才能达到。

3.3 缓进给磨削技术

缓进给磨削是继高速磨削之后发展起来的一种高效磨削加工方法，对成形表面的加工有显著成效。高速磨削虽然提高了磨削效率，但在高速旋转的砂轮表面上所产生的回转气流会阻止切削液进入磨削区，给磨削加工带来很多困难。另外，对砂轮强度也提出了较高的要求。为解决高速磨削的这些缺点，20 世纪 50 年代末，国外便研究开发出了缓进给磨削这一新的高效磨削加工方法。

1. 缓进给磨削的定义

缓进给磨削（Creep Feed Grinding）以往国内有很多种叫法，如强力磨削、重负荷磨削、蠕动磨削、铣磨等，目前确切的名称应该是缓进给深切磨削，简称缓磨。图 3-18 所示为缓进给磨削原理图。

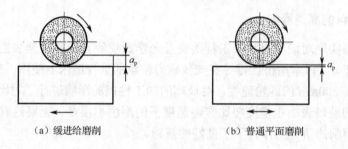

（a）缓进给磨削 （b）普通平面磨削

图 3-18 缓进给磨削原理图

2. 缓进给磨削的特点

1）进给速度低

进给速度是普通磨削的 $10^{-3} \sim 10^{-2}$ 倍。如平面磨削时工件速度可以低到 0.2mm/s，所以称为"缓"磨。

2）切削深度大

切削深度是普通磨削的 $100 \sim 1000$ 倍。如平磨时极限切削深度可以达到 $20 \sim 30$mm。

3）加工效率高

一般比普通磨削高出 $3 \sim 5$ 倍，粗、精磨可以在一道工序中完成，是一种高效精密的加工方法。磨削深度大，砂轮与工件接触弧较长，比一般往复磨削接触弧长 $10 \sim 20$ 倍，材料去除率高。工件往复行程次数少，节省工作台换向及空磨削时间，可以充分发挥机床和砂轮的潜力，提高生产率。

4）加工精度高，表面质量好

表面粗糙度 $Ra \leqslant 0.2 \sim 0.4 \mu m$，型面精度 $\leqslant 2 \sim 5 \mu m$。磨削后表面不易产生裂纹、振纹等缺陷。在加工多型面沟槽时，槽宽精度较高是其独特的优越性。

5）磨削难加工材料

如对耐热合金、不锈钢、高速钢等，不仅可以进行平面磨削，还可以进行成形磨削，从毛坯直接加工到成品尺寸，不需预加工，这是常规磨削做不到的。

6）不足之处

（1）切深大，接触弧长，同时工作的磨粒多，每一个磨粒又都是一个切削刃，磨削接触弧长，磨屑为丝状，金属在撕裂变形过程中产生很大的热量，甚至可以将磨屑熔化形成焊珠，并使零件表面烧伤。因此缓进给磨削应配有强力冷却装置。

（2）由于接触面积大，参加切削的磨粒数多，总磨削力大，因此磨床需要的功率大。

3. 缓进给磨削工艺

缓进给磨削时，虽然磨削温度并不高，但当磨削用量过大、磨削液浇注压力及流量不足、冲洗压力太低、砂轮选择不当时，也会在接触区发生不同程度的烧伤。因此，在进行缓进给磨削时，必须采取特殊的工艺方式，如连续修整、强化换热、大气孔砂轮等。

1）连续修整

连续修整是指边磨削边将砂轮再整形和修锐的方法。采用连续修整方法时，金刚石修整滚轮始终与砂轮接触。为了实现磨削过程中的连续修整砂轮与连续补偿的动态过程，必须采用专门的连续修整磨床。连续修整的优点为：①减去刚好等于修整时间的磨削时间，提高磨削效率；②最长磨削长度不再取决于砂轮的磨损，而取决于磨床可利用的磨削长度；③比磨削能（磨除工件上单位体积材料金属所消耗的能量）降低，磨削力及磨削热均降低，而且在磨削过程中是稳定的。

2）强化换热

（1）冷却液应以一定压力和流量送入磨削区而起到强冷却作用，将砂轮磨削长度上所产生的热能迅速带走而不传入工件，同时冲掉附着在砂轮表面上的一部分丝状磨屑。一般冷却压力为 3 个大气压。

（2）冷却液还用来冲洗砂轮表面，磨削后的砂轮表面上附着的切屑在磨削区被冷却液带走一部分，但是卷曲在磨粒空隙中的切屑不易被带走，当这些磨粒再参加磨削时，新的磨屑就容纳不下了，切屑之间的挤压变形也会产生更多的热量使切屑熔成焊珠，同时烧伤工件表面。因此，在砂轮重复参加工作之前要用高压冷却液，通过一个缝隙喷嘴以较高的速度冲洗砂轮表面，再次强有力地清洗砂轮表面的切屑。一般冲洗压力为 8 个大气压。

3）大气孔砂轮

在缓进给磨削中常采用大气孔砂轮，由于砂轮中有许多大气孔，大气孔周边有效磨刃容屑槽扩大，使它的有效磨刃比普通砂轮的有效磨刃更为锋锐，在磨削工件时，能切下较厚的磨屑。

4. 缓进给磨削的应用

缓进给磨削适用于加工各种型面和沟槽，特别是能有效地磨削难切削材料的各种型面。其主要的应用场合如下：

（1）缓进给磨削的加工效率和铣削、拉削、刨削、车削等常规加工方式一样，但公差范围更小，几乎不出现毛刺，可取代上述加工方式。

（2）可用于陶瓷、金属陶瓷复合材料、晶须加强材料及高温超级合金之类的新一代材料的磨削加工。新型材料一般都具有硬脆、耐磨、耐热等特点，聚合型材料都是晶须加强材料，对这些材料来讲，采用缓进给磨削是绝对需要的加工手段，且不会出现棱角崩裂、表面龟裂及皮下损伤等现象。

（3）可直接加工淬硬后的材料，并将常规的粗加工与精磨合成一次加工，能有效地避免热变形造成的麻烦，如淬火、渗碳、渗氮后的面、槽的加工，成形刀具、刃具、量具等的加工。

（4）用于加工纤维增强型复合材料或纤维增强型金属材料，可避免铣削、拉削或车削加工容易造成的纤维撕裂，以及由此造成的表面粗糙度降低等不良后果。

（5）加工钛、镁类活性合金材料。缓进给磨削产生的热量是从工件向磨屑中散发，在加工热敏性或活性材料时不会出现循环磨削或铣削时易导致的表面热磨损现象。

（6）超硬、脆硬材料的加工。脆硬材料在航天、航空、光学、电子等领域应用非常广泛。采用缓进给磨削加工方法加工脆硬材料可省掉研磨、抛光等工序，能够获得极小的表面粗糙度、极高的形位精度，并且无亚表面破坏层，生产效率也比传统方法提高了许多倍。

（7）高硬度的铸铁、淬硬钢，以及铁基、镍基、钴基高温合金材料和其他难加工材料的加工。

（8）精细部件的加工。缓进给磨削不会出现不连续的齿状或道状磨痕，可避免常规加工方法经常出现的变形。

（9）高精度空间曲面和窄深槽的加工。如飞机、汽车涡轮发动机叶片的加工，以及由难加工材料制成的航空器件上各种高精度的型槽，特别是发动机涡轮叶片根部高精度型槽和窄深直槽的加工，采用电镀CBN砂轮缓进给磨削能有效地解决这一难题。

3.4　精密和超精密磨削技术

3.4.1　精密和超精密磨削的概念

磨削加工一般分为普通磨削、精密磨削和超精密磨削。

普通磨削是指加工精度>1μm，表面粗糙度 Ra 0.16～1.25μm 的磨削方法。磨具一般为普通磨料砂轮。

精密磨削是指在精密磨床上，选择细粒度砂轮，并通过对砂轮的精细修整，使磨粒具有微刃性和等高性，磨削后，使被磨削表面所留下的磨削痕迹极其微细、残留高度极小，再加上无火花磨削阶段的作用，获得加工精度为 1～0.1μm 和表面粗糙度 Ra 0.2～0.025μm 的磨削方法。它是目前对钢铁等黑色金属和半导体等脆硬材料进行精密加工的主要方法之一，精密磨削又分为普通磨料砂轮磨削和超硬磨料砂轮精密磨削两大类。

超精密磨削是指加工精度<0.1μm，表面粗糙度 Ra<0.025μm 的磨削方法。

3.4.2　精密和超精密磨削机理

精密和超精密磨削主要是靠砂轮具有的微刃性和等高性磨粒来实现的，其磨削机理如下。

1. 微刃的微切削作用

应用较小的修整导程（纵向进给量）和修整深度（横向进给量）对砂轮实施精细修整，从而得到如图 3-19 中所示的微刃，其效果等效于砂轮磨粒的粒度变细。同时参加切削的刃口增多，深度减小，微刃的微切削作用形成了小的表面粗糙度值。

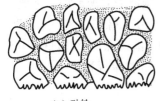 

（a）砂轮　　　　　　　（b）磨粒　　　　（c）微刃（锐利、半钝化、钝化）

图 3-19　磨粒具有微刃性和等高性

2．微刃的等高切削作用

由于微刃是在砂轮精细修整的基础上形成的，因此分布在砂轮表层的同一深度上的微刃数量多、等高性好，从而使加工表面的残留高度极小，因而形成了小的表面粗糙度值。

3．微刃的滑擦、挤压、抛光作用

修整得到的砂轮微刃比较锐利，切削作用强，随着磨削时间的增加微刃逐渐钝化，同时等高性得到改善，因而切削作用减弱，滑挤、摩擦、抛光作用加强。同时磨削区的高温使金属软化，钝化微刃的滑擦和挤压将工件表面凸峰碾平，降低了表面粗糙度值。

4．弹性变形作用

修整磨削时，法向分力是切向分力的两倍以上，由此产生的弹性变形所引起的切削深度变化对原有的微小切削深度来说是不能忽视的，因此需要反复进行无火花磨削，以便磨除该弹性变形的恢复部分。

3.4.3　精密和超精密磨削工艺

表 3-7 所示为精密磨削与超精密磨削的工艺参数比较。

表 3-7　精密磨削与超精密磨削工艺参数

磨 削 参 数	精密磨削	超精密磨削
砂轮速度/（m·s^{-1}）	15～30	15～30
工件速度/（m·s^{-1}）	6～12	4～10
纵向进给量/（mm·r^{-1}）	0.06～0.5	约 0.1
磨削深度/（μm·str^{-1}）	0.6～2.5	0.5～1
走刀次数/次	2～3	2～3

1．普通磨料砂轮磨削工艺

（1）砂轮速度。当砂轮速度提高时，其切削作用增强，摩擦抛光作用减弱，对表面粗糙度不利。同时，砂轮速度高时磨削热会增加，机床易产生振动，可能使被加工表面产生烧伤、波纹、螺旋形磨痕等缺陷，因此砂轮速度较低一些为好。

（2）工件速度。当工件速度较高时，易产生振动，工件表面可能有波纹；当工件速度较低时，工件表面易产生烧伤和螺旋形磨痕等缺陷。砂轮速度与工件速度的比值与被加工材料有关，在 120～150 之间选取。

（3）工件纵向进给量。由于砂轮经过精细修整，其切削能力有所减弱。因此，工件纵向进给量不宜过大，否则会使工件表面粗糙度值增大，产生烧伤、螺旋形及多角形磨痕等缺陷。

（4）磨削深度。由于砂轮经过精细修整有微刃性，因此磨削深度不超过微刃高度。

（5）走刀次数。走刀次数由磨削余量决定，一般为 2～3 次单行程。

2．超硬磨料砂轮磨削工艺

1）磨削用量的选择

（1）磨削速度。非金属结合剂金刚石砂轮的磨削速度一般为 12～30m/s。磨削速度太低，单个磨粒的切削厚度过大，不但使工件的表面粗糙度值增加，而且使金刚石砂轮磨损增大；磨削速度高，可使工件表面粗糙度值降低，但磨削温度随之升高，而金刚石的热稳性温度只有 700～800℃，因此金刚石砂轮的磨损也可能会增大。CBN 砂轮的磨削速度可比金刚石砂轮高得多，可选 45～60m/s，主要由于 CBN 磨料的热稳定性较好。

（2）磨削深度。磨削深度一般为 0.001～0.01mm。可根据磨削方式、磨粒粒度、结合剂和冷却状况等具体情况选择。

（3）工件速度。一般为 10～20m/min，过高的工件速度会使单个磨粒的切削厚度增加，从而使砂轮磨损增大，可能会出现振动和噪声，影响加工表面粗糙度；工件速度低一些对降低表面粗糙度有利，但会降低生产率。

（4）纵向进给速度。一般为 0.45～1.5m/min，纵向进给速度大时会使砂轮磨损增大；纵向进给速度对加工表面粗糙度影响较大，对表面粗糙度值要求较低时，宜选用较小的纵向进给速度。

2）磨削液

磨削液对超硬磨料砂轮的寿命和磨削表面加工质量影响很大，如树脂结合剂超硬磨料砂轮湿式磨削可比干式磨削提高砂轮寿命 40%左右，因此一般多采用湿式磨削。由于超硬磨料组织紧密、气孔少、磨削过程中易被堵塞，故要求磨削液具有良好的润滑性、冷却性、清洗性和渗透性。

金刚石砂轮磨削时常用以轻质矿物油为主体的油性液和水溶性液（乳化液、无机盐水溶液）为磨削液。树脂结合剂砂轮不宜使用苏打水。CBN 砂轮磨削时一般采用油性液为磨削液，而不用水溶性磨削液，因为在高温条件下 CBN 磨粒和水会发生水解作用，加剧砂轮磨损。

3.4.4　精密和超精密磨削砂轮及修整

砂轮的修整方法是影响精密和超精密磨削的主要因素之一。

1．精密和超精密磨削砂轮

1）砂轮磨料

精密和超精密磨削时所用砂轮的磨料以易于产生和保持微刃及其等高性为原则，如磨削钢件及铸铁件，以采用刚玉磨料为宜。因为刚玉磨料韧性较高，能保持微刃性和等高性。在刚玉类磨料中，以单晶刚玉最好，白刚玉、铬刚玉应用最为普遍。而碳化硅磨料韧性较差，颗粒呈片状或针状，修整时难以形成等高性好的微刃，刃磨时，微刃易产生微细碎裂，不易保持微刃性和等高性，主要用于有色金属的磨削加工。

2）砂轮粒度

从几何因素考虑，砂轮粒度越细，磨削的表面粗糙度值越小。但磨粒太细时，不仅砂轮容易被磨屑堵塞，若导热情况不好，反而会在加工表面产生烧伤等现象，使表面粗糙度值增大。因此，精密磨削砂轮粒度常取 46#～60#（F70～F90），超精密磨削砂轮粒度为 W5～W0.5（F1000～F1200）或更细。

3）砂轮结合剂

砂轮结合剂有树脂类、金属类、陶瓷类等，以树脂类应用为广。对于粗粒度砂轮，可用陶瓷结合剂。金属类、陶瓷类结合剂是目前精密磨削领域中研究的主要方面。

2. 精密和超精密磨削砂轮修整

砂轮经过一定时间的磨削后都会产生磨损，砂轮表面会有部分磨粒突出表面，如继续使用就会在工件表面形成划痕，严重影响工件的表面质量，所以需要对砂轮进行修整；另外，磨削过程中产生的磨屑会堵塞砂轮，使微刃丧失切削作用，这时也需要对砂轮进行修整。

砂轮的修整方法有电解在线修整 ELID、电化学在线控制修整（ECD）、干式 ECD、接触式电火花修整、电化学放电加工、激光辅助修整、喷射压力修整、超声振动修整等。其中以电解在线修整 ELID 技术最为典型，应用最为成熟。对有些修整方法在高速磨削部分已做过介绍，此处不再赘述。下面着重介绍金刚石笔和金刚石滚轮修整技术。精密磨削中使用最广泛的是单颗粒金刚石笔修整，所用金刚石颗粒尺寸较大，一般要求大于 1 克拉。用金刚石笔修整砂轮时按车削法进行工作，修整器的切入量和进给速度都应该使修整出来的新磨粒刃口精细地排列在砂轮表面。金刚石笔修整器及其与砂轮的相对位置如图 3-20 所示。金刚石笔修整器一般安装在低于砂轮中心 0.5～1.5mm 处，并向右上倾斜 10°～15°，以减小受力。

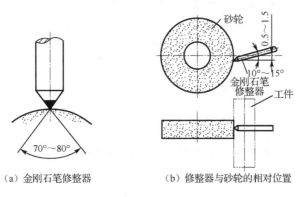

（a）金刚石笔修整器　　　　　　（b）修整器与砂轮的相对位置

图 3-20　金刚石修整砂轮

砂轮的修整用量有修整导程、修整深度、修整次数和光修次数。修整导程一般为 10～15mm/min；修整深度为 2.5μm/str；修整导程（纵向进给）和修整深度越小，工件表面粗糙度值越低。但修整导程过小，容易烧伤工件，产生螺旋形磨痕等缺陷。修整深度一般为 0.05mm 即可恢复砂轮的切削性能。修整通常分为粗修与精修，精修一般为 2～3 次单行程。光修为无深度修整，一般为 1 次单行程，主要是为了去除砂轮表面个别凸出微刃，使砂轮表面更加平整。

此外，比较常用的还有金刚石滚轮修整法。金刚石滚轮是用烧结或电镀的方法把金刚石固结在滚轮金属基体的四周表面上制成的。金刚石滚轮本身像砂轮一样由电动机单独驱动，并可以正反转动。用滚轮修整时的运动与用单颗粒金刚石笔修整时不同，用滚轮修整是类似切入磨削法的运动关系。滚轮按磨削法来修整砂轮，一般时间很短，几秒钟就可以完成。

3.4.5 精密和超精密磨削的特点及应用

1. 精密和超精密磨削的特点

1）精密和超精密磨削是一个系统工程

它不是一种单纯的加工方法，已经形成了一个系统工程，其组成部分有加工材料、精密和超精密磨削机理、精密和超精密磨床、砂轮及其修整、工件定位与夹紧、检测及误差补偿、工作环境和人的技艺等。其中精密和超精密磨床是保证加工精度的关键。

2）超硬砂轮是精密和超精密磨削的主要工具

超硬磨削是一种极薄切削，磨削深度极小，要求磨料具有很高的高温强度和压力，因此采用金刚石和 CBN 超硬砂轮。由于对表面粗糙度值要求很低，因此多采用超硬磨料砂轮进行磨削。

3）精密和超精密磨削是一种超微量切除加工

精密和超精密磨削是在晶体内部进行磨削，去除余量很可能与工件所要求的精度相当。

2. 精密和超精密磨削的应用

（1）磨削钢铁及其合金，特别是经淬火等处理的淬硬件。

（2）可用于磨削非金属硬脆材料，如陶瓷、玻璃、石英、石材、半导体材料等。

（3）目前主要用于外圆、平面、内孔和孔系等的磨削。

（4）精密和超精密磨削与游离磨料加工相辅相成。

3.5 研磨加工技术

研磨（Lapping）是最古老的加工工艺，也一直是超精密加工最主要的加工手段。

3.5.1 研磨加工的定义

研磨是利用涂敷或压嵌在研具上的磨料颗粒，通过研具与工件在一定压力下的相对运动对加工表面进行的精整加工，如切削加工。其加工模型如图 3-21 所示。

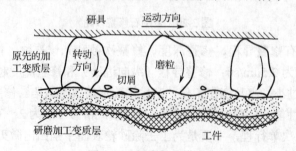

图 3-21 研磨加工模型

研磨的实质是用游离的磨粒通过研具对工件表面进行包括物理和化学综合作用的微量切

削，其速度很低，压力很小，经过研磨的工件可获得 0.001mm 以内的尺寸误差，表面粗糙度为 Ra 0.4～0.1μm，最小可达 Ra 0.012μm，表面几何形状精度和一些位置精度也可进一步提高。

3.5.2　研磨加工机理探讨

尽管研磨已广泛应用于机械加工中，并获得了良好的工艺效果，但人们对研磨过程的机理有多种观点。

1. 纯切削说

这种观点认为：研磨和磨削一样，是一种纯切削过程。最终精度的获得是由很多微小的硬磨粒对工件表面不断切削，靠磨粒的尖劈、冲击、刮削和挤压作用，形成无数条切痕重叠、互相交错、互相抵消的加工面。它与磨削的差别只是磨粒颗粒较细，切削运动不尽相同而已。

这种观点在实际过程中可以解释许多现象，也能指导工作。如研磨过程中使用的磨料粒度一序比一序细，而获得的精度则一序比一序高。但这种观点解释不了用软磨料加工硬材料，用大颗粒磨粒（如 F1200 白刚玉磨粒）却能加工出低粗糙度表面的实例，显然这种观点不够全面。

2. 塑性变形说

这种观点认为：在研磨时，表面发生了塑性变形，即在工件与研具表面接触运动中，粗糙高凸的部位在摩擦、挤压作用下被"压平"，填充了低凹处，从而形成极低的表面粗糙度。然而，在研磨极软材料（如铅、锡等）时，产生塑性变形是有可能的；而用软基体抛光硬材料（如光学玻璃）时，则很难解释为塑性变形。实际上，工件在研磨前后有质量变化，这说明不是简单的压平过程。

3. 化学作用说

这种观点认为：被研磨表面出现了化学变化过程。工件表面活性物质在化学作用下，很快地形成一层化合物薄膜，这层薄膜具有化学保护作用，但能被软质磨料除掉。研磨过程就是工件表面高凸部位形成的化合物薄膜不断被破除又快速形成的过程，最后获得较低的表面粗糙度。然而，显微分析表明，经研磨的表层约有微米程度的破坏层。这说明研磨不仅是磨料去除化合物薄膜的不断形成过程，并且对表面层有切削作用，而化学作用则加速了研磨过程。显然化学作用说也不够全面。

综上所述，研磨过程不可能由一种观点来解释。事实上，研磨是磨粒对工件表面的切削、活性物质的化学作用及工件表面挤压变形等综合作用的结果。某一作用的主次程度取决于加工性质及加工过程的进展阶段。

3.5.3　研磨加工的分类

1. 按操作方法不同分类

研磨加工可分为手工研磨和机械研磨。手工研磨主要用于单件小批量生产和修理工作中，但也用于形状比较复杂、不便于采用机械研磨的工件。在手工研磨中，操作者的劳动强度很大，并要求技术熟练，特别是某些高精度的工件，如量块、多面棱体、角度量块等。机械研磨主要应用于大批量生产中，特别是几何形状不太复杂的工件，经常采用这种研磨方法。

2．按研磨剂使用条件分类

研磨加工可分为湿研、干研和半干研三种。湿研又称敷料研磨。它是将研磨剂连续涂敷在研具表面，磨料在工件与研具间不停地滚动和滑动，形成对工件的切削运动。湿研金属切除率高，多用于粗研和半精研。

干研又称嵌砂（或压砂）研磨。它是在一定的压力下，将磨粒均匀地压嵌在研具的表层中进行研磨。此法可获得很高的加工精度和很小的表面粗糙度值，故在加工表面几何形状和尺寸精度方面优于湿磨，但加工效率较低。

半干研磨类似于湿研。它所使用的研磨剂是糊状的，粗研、精研均可采用。

3．按加工表面形状特点分类

研磨加工可分为平面、外圆、内孔、球面、螺纹、成形表面和啮合表面轮廓研磨等。

3.5.4　研磨加工的特点

研磨可以使工件获得极高的精度，其根本原因是这种工艺方法和其他工艺方法比较起来有一系列的特点。这些特点主要包括以下几个方面：

（1）在机械研磨中，机床-工具-工件系统处于弹性浮动状态，可以自动实现微量进给，因而可以保证工件获得极高的尺寸精度和形状精度。

（2）研磨时，被研磨工件不受任何强制力的作用，因而处于自由状态。这一点对于刚性差的工件尤其重要；否则，工件在强制力作用下将产生弹性变形，在强制力去除后，由于弹性恢复，工件精度将受到严重破坏。

（3）研磨速度常在 30m/min 以下，约为磨削速度的 1%。因此，研磨时工件运动的平稳性好，能够保证工件具有良好的几何形状精度和相互位置精度。

（4）研磨时，只能切去极薄的一层材料，故产生的热量少，加工变形小，表面变质层薄，加工后的表面具有一定的耐蚀性和耐磨性。

（5）研磨表层存在残余压应力，有利于提高工件表面的疲劳强度。

（6）研磨是一种"直接创造性加工"工艺方法，即用精度比较低的加工设备，加工出高精度的工件，因此，研磨设备简单。在新产品开发试制中，对于一些高精度零件，在没有现成设备可利用时，仍要依靠高级技术工人，用手工研磨工艺及技艺，来实现高精度零件的加工。

（7）适应性好。不仅可以研磨平面、内圆、外圆，而且可以研磨球面、螺纹；不仅适合手工单件生产，而且适合成批机械化生产；不仅可加工钢材、铸铁、有色金属等金属材料，而且可加工玻璃、陶瓷、钻石等非金属材料。

（8）研磨可获得很低的表面粗糙度。研磨属微量切削，切削深度小，且运动轨迹复杂，有利于降低工件的表面粗糙度，研磨时基本不受工艺系统振动的影响。

3.5.5　研磨加工工艺

1．影响研磨质量的因素

研磨质量主要取决于所选用的研磨方法、研磨剂、研具、研磨时的压力、研磨运动和工件研磨前的预加工等方面的因素。

1）研具

研具的主要作用，一方面是把研具的几何形状传递给研磨工件，另一方面是涂敷或嵌入磨料。为了保证研磨质量，提高研磨工作效率，所采用的研磨工具应满足如下要求：①研具应具有较高的尺寸精度和形状精度、足够的刚度、良好的耐磨性和精度保持性；②硬度要均匀，且低于工件的硬度；③组织均匀致密，无夹杂物，有适当的被嵌入性；④表面应光整，无裂纹、斑点等缺陷；⑤应考虑排屑、储存多余磨粒及散热等问题。

研具的常用材料有铸铁、软钢、青铜、黄铜、铝、玻璃和沥青等。研磨淬硬钢、硬质合金和铸铁时，可以使用铸铁研具；研磨余量大的工件、小孔、窄缝窄口、软材料时，可以使用黄铜、纯铜研具；研磨 M5 以下的螺纹及小尺寸复杂形状的工件时，可以使用软钢研具，不能使用铸铁研具，由于工件外形尺寸较小，铸铁研具强度不能满足使用要求。此外，还有用淬硬合金钢、钡镁-锡、钡镁-铁合金及锡、铅等作为研具的。也有用非金属作为研具的，如沥青可研磨玻璃、水晶及单晶硅等脆性材料和精抛光淬硬工件。玻璃研具主要是在淬硬工件的最后精研磨时，为了得到低的表面粗糙度而选用氧化铬作为磨料时采用，如测量针的最后精研磨。

通用研具有研磨砖、研磨棒、研磨平板等。新型研具有含固定磨料的烧结研磨平板、电铸金刚石油石及粉末冶金研具等。

2）研磨剂

研磨剂是很细（小于 W28 或大于 F360）的磨料、研磨液（或称润滑剂）和辅助材料的混合剂。

磨料一般按照硬度来分类，硬度最高的是金刚石，有天然金刚石和人造金刚石两种，主要用于研磨硬质合金等高硬材料；其次是碳化物类，如碳化硼、黑碳化硅、绿碳化硅等，主要用于研磨铸铁、有色金属等；再次是硬度较高的刚玉类（Al_2O_3），如棕刚玉、白刚玉、单晶刚玉、铬刚玉、微晶刚玉、黑刚玉、锆刚玉和烧结刚玉等，主要用于研磨碳钢、合金钢和不锈钢等；硬度最低的是氧化物类（又称软质化学磨料），有氧化铬、氧化铁和氧化镁等，主要用于精研和抛光。

在研磨加工中，研磨液不仅能起到调和磨料、均匀载荷、黏吸磨料、稀释磨料和冷却润滑的作用，还可以起到防止工件表面产生划痕及促进氧化等化学作用。常用的研磨液有全损耗系统用油 L-AN15（机油）、煤油、动植物油、航空油、酒精、氨水和水等。

辅助材料是一种混合脂，在研磨中起吸附、润滑和化学作用。最常用的有硬脂酸、油酸、蜂蜡、硫化油和工业甘油等。

2．研磨工艺参数

研磨工艺参数包括研磨压力、研磨速度、研磨时间和研磨运动轨迹等。

　　1）研磨压力

　　研磨效率随研磨压力的增大而增高。因为研磨压力增大后，磨粒嵌入工件表面较深，切除的金属切屑较多，研磨作用加强。但研磨压力过大时，研磨剂中的颗粒会由于承受过大的载荷而被压碎，研磨作用反而减小，并使工件表面划痕加深，影响工件表面粗糙度。因此研磨压力必须在合理的范围。研磨压力和工件材料性质、研具材料性质及外压力等因素有关。一般研磨压力为 0.05～0.3MPa，粗研磨时宜用 0.1～0.2MPa，精研磨时宜用 0.01～0.1MPa。研磨压力选择可参考表3-8。

表 3-8　研磨压力　　　　　　　　　　　　　　（MPa）

研磨类型	平　　面	外　　圆	内孔（$\phi5\sim20$mm）	其　　他
湿研	0.1～0.25	0.15～0.25	0.12～0.28	0.08～0.12
干研	0.01～0.1	0.05～0.15	0.14～0.16	0.03～0.04

　　总之，在研磨加工时，一般是选用较高的研磨压力和较低的研磨速度进行粗研磨加工，然后用较低的研磨压力和较高的研磨速度进行精研磨加工。

　　2）研磨速度

　　一般来说，研磨作用随着研磨速度的增加而增加。当研磨速度增加时，较多的磨粒在单位时间内通过工件表面，而单个磨粒的磨削量接近常数，因此，能切除更多的金属，使研磨作用增加。研磨速度一般在 10～15m/min 之间，不能超过 30m/min。若研磨速度过高，产生的热量过大，则会引起工件表面退火。同时，工件热膨胀太大，难于控制其尺寸，还会留下严重的磨粒划痕。合理的研磨速度必须通过试验方法获得。

　　3）研磨时间

　　研磨时间和研磨速度是密切相关的，对粗研磨来说，为了获得较高的研磨效率，其研磨时间主要应根据磨粒的切削快慢来确定；对精研磨来说，试验表明，研磨时间在 1～3min 范围内，研磨效果已经变缓，超过 3min，对研磨效果的提高没有显著变化。

　　4）研磨运动轨迹

　　对研磨运动轨迹的要求是：①工件相对于研磨盘平面做平行运动，保证工件上各点的研磨行程一致，以获得良好的平面度精度；②研磨运动力求平稳，尽量避免曲率过大的转角；③工件运动应遍及整个研具表面，以利于研具均匀磨损；④工件上任一点的运动轨迹，尽量不出现周期性的重复。常用的研磨运动轨迹有直线、正弦曲线、无规则圆环线、外摆线、内摆线及椭圆线等，如图3-22所示。

3.5.6　研磨加工的应用

1. 平面研磨

1）平板研磨运动

平板研磨运动有：①下平板固定，上平板做圆周运动；②下平板固定，上平板做"8"字形运动；③下平板固定，上平板做 90°或 180°转动；④下平板转动，上平板浮压；⑤下平板转动，上平板做圆形运动或摆动。手工研磨以前两种运动为主，但都容易出现上平板呈凹形、下平板呈凸形的现象。

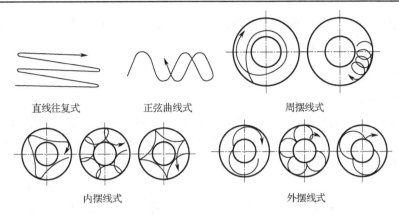

直线往复式　　　　正弦曲线式　　　　周摆线式

内摆线式　　　　　　　外摆线式

图 3-22　研磨运动轨迹

2）平板研磨方法

平板研磨方法有三块平板互研法、两块平板互研法和特种研磨方法。三块平板互研法可使三块平板同时获得理想平面，应用广泛。其对研方法如图 3-23 所示。在 A、B、C 三块平板中，找出较平的一块如 A，先让 A 和 B、A 和 C 对研，再让 B 和 C 对研。对研后若平板达不到要求，可换号对研，直至平板符合要求为止。

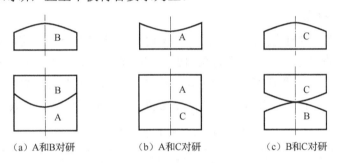

（a）A 和 B 对研　　　　（b）A 和 C 对研　　　　（c）B 和 C 对研

图 3-23　平板对研方法

两块平板互研法的实质是应用平板研磨的规律，不断改换平板的上下位置。用此法研出的平板，两块平板不可能同时达到理想的平面度，只能应用其中的一块。

特种研磨方法有：①以小研大法，即利用小平板配以恰当的研磨运动，研磨大平板，多用于对长方形或不规则大平板的研磨；②以大研小法，即利用一平面度较好或微凸的专用大平板研磨小平板，工作时该专用平板始终处于下位。专用平板的硬度必须高于被研平板，工作时采用的研磨运动，必须有利于专用平板保持均匀磨损。

3）平板研磨及其质量鉴别

（1）粗研。主要是去除机械加工痕迹，提高吻合性与平面度。选用磨料为 180#～W38（F230～F280）粒度的刚玉，以煤油为辅料。开始时选用 90°或 180°转动，次数多些，速度低些。待研磨剂均匀后，再做正常的圆周运动，但平板移动距离不得超过平板边长的 1/3。

（2）半精研。选用 W20～W7（F400～F1000）的白刚玉，适当加入一些氧化铬研磨膏或硬脂酸。待三块平板完全吻合，平面度达到要求，粗研的痕迹完全去除为止。

（3）精研。研磨剂根据需要而定。研磨前对平板和工作环境加以清理，研磨时速度不宜过高，移动距离不宜过大，平板换位次数适当增加。

研磨质量的鉴别：①工作面吻合性好，色泽一致；②工作面无粗研痕迹、碰伤等缺陷；③工作面呈微凸，一般为 0.2～5μm。

2. 外圆研磨

1）车床手工研磨

车床手工研磨用可调节研磨环在普通车床上进行（见图 3-24），应注意研磨压力与研磨剂浓度。工件转速由其外圆直径决定，当工件直径<ϕ80mm 时，其转速取 100r/min 左右；当工件直径>ϕ100mm 时，其转速取 50r/min 左右。

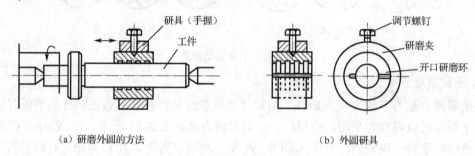

（a）研磨外圆的方法　　　　　　　　　（b）外圆研具

图 3-24　车床手工研磨

2）双盘研磨机研磨

双盘研磨机研磨多用于较大批量生产。研磨时，工件置于上下研磨盘之间的硬木质保持架上按工件尺寸开的斜槽中，当下研磨盘和偏心保持架旋转时，工件则在槽内做旋转和往复运动，如图 3-25 所示。双盘研磨机可分为单偏心式、三偏心式和行星轮式三种，可使工件除旋转外分别按周摆线、内摆线和外摆线做复合运动。圆柱形工件研磨参数可按表 3-9 选取。

表 3-9　圆柱形工件研磨参数

研 磨 类 型	下研磨盘与保持架速比	研磨速度 /（m·min^{-1}）	偏心量 /mm	斜角 α/°
粗研	-0.4～-0.3	50～60	15～18	15～18
湿研	-3.5～-1.2	20～30	5～10	15～18

注：速比为负值表示下研磨盘与保持架旋向相反。

3）无心研磨机研磨

无心研磨机由滚轮、导轮和压板（铸铁研磨条）组成，如图 3-26 所示。压板与工件弹性接触，导轮导角为 2°～5°，锥度为 0.5°，两轮直径比一般取 1.3～1.5，两轮中心与工件中心连线夹角 α 一般取 130°～140°。研磨压力选 0.04～0.1MPa，研磨速度，导轮取 1～2m/s，滚轮取 1.5～3m/s。研磨后工件圆度约为 0.3μm，圆柱度≤1μm，表面粗糙度为 Ra 0.1μm。

3. 内孔研磨

1）小孔研磨

液压元件中溢流阀、减压阀等各种阀芯孔，均可用研磨芯棒进行研磨。

2）在珩磨机和立式钻床上研磨内孔

当工件孔径较大、较重或外形不规则时，可将工件装夹在夹具上，放在珩磨机或钻床上研磨。研磨芯棒用销子装在浮动联轴器上，另一端通过销子孔装在珩磨机或钻床上，研磨芯棒既做旋转运动，又做上下运动。此法可减轻劳动强度，提高生产效率，但研磨时要注意控制研磨压力，以免影响研磨质量。

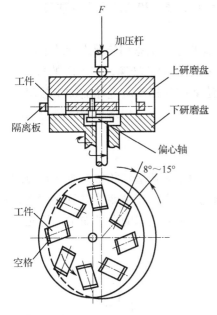

图 3-25 双盘研磨原理示意图

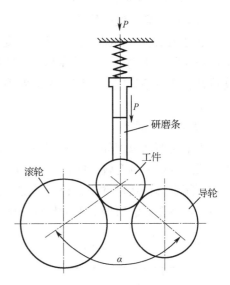

图 3-26 无心研磨圆柱的工作原理

3）台阶孔研磨

台阶孔工件的两个孔有一定的同轴度要求，因此可以用台阶式研磨芯棒来研磨。

4. 陶瓷球研磨

对于轴承用陶瓷球（见图 3-27），要求具有很高的尺寸精度、形状精度、表面质量和材料特性。由于陶瓷材料硬度高，与金属相比脆性较大，加工困难，且加工时易在材料表面产生裂纹等表面缺陷，在轴承运转中引起陶瓷球碎裂、早期疲劳而使轴承失效，所以加工陶瓷球最重要的是必须始终保持球表面不出现损伤。

图 3-27 轴承用陶瓷球

陶瓷球的加工工序一般分为粗磨、精磨、粗研和精研四道工序。粗磨要完成陶瓷毛坯球加工余量中 95%的加工量，是影响陶瓷球加工效率的关键工序；精磨的目的是进一步改善由于粗磨造成的表面加工缺陷,提高陶瓷球的表面质量和精度;粗研的目的是改善陶瓷球的精度和表面质量,使陶瓷球精度基本达到成品球的要求;精研使陶瓷球达到成品球的精度要求。

陶瓷球的研磨方法主要有自旋回旋角控制研磨法、锥形研磨法和磁悬浮研磨法等。

1)自旋回旋角控制研磨法

自旋回旋角控制研磨法主要是将传统的 V 形槽研磨盘的运动状态和装置进行改进,改进后研磨盘运动状态如图 3-28 所示,它是通过控制 V 形槽两个槽面的转速,增大球的自旋角,从而增加回转滑动分量,提高陶瓷球的加工效率。该方法能明显提高陶瓷球的加工效率,但需设计制造复杂的加工机床,不易实现陶瓷球的批量加工,可用于多规格小批量陶瓷球的研磨加工。

2)锥形研磨法

锥形研磨法原理如图 3-29 所示,基本原理与自旋回旋角控制研磨法相似。主要是使陶瓷球在研磨过程中具有较大的自旋角(达到 47°),陶瓷球充分自旋,增强陶瓷球回转滑动,从而提高陶瓷球的研磨效率。该方法加工机床相对简单,不适合陶瓷球的批量加工,但在多规格小批量陶瓷球的研磨加工中具有明显优势。

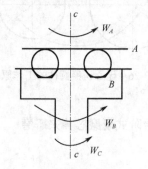

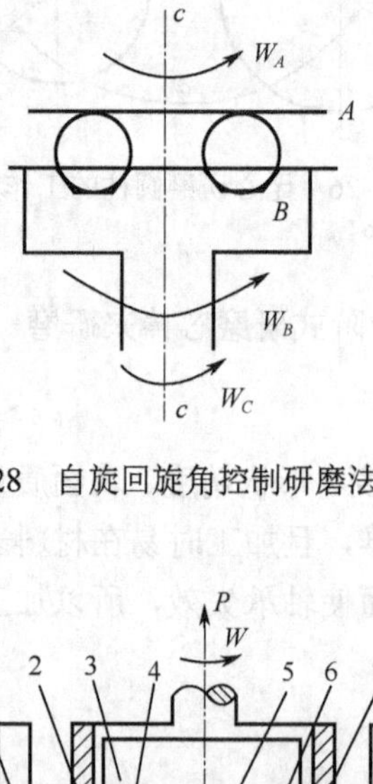

图 3-28 自旋回旋角控制研磨法原理

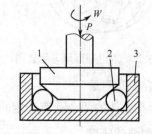

1—上研磨盘;2—陶瓷球;3—下研磨盘

图 3-29 锥形研磨法原理

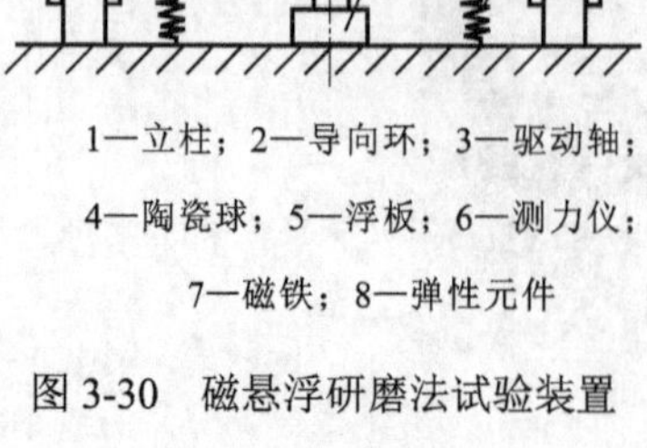

3)磁悬浮(磁流体)研磨法

磁悬浮(磁流体)研磨法的基本原理是将一定比例的磨料等非磁性体添加到磁流体中形成混合液,在具有磁场梯度的特殊磁场中,磁性物质朝强磁场方向聚积,而磨料等非磁性体则都被排斥到弱磁场一方,从而形成垂直方向的磁浮力和水平方向的保持力。在磁流体研磨试验装置中,磁场由条状强磁铁产生,尼龙浮板 5 是非磁性体,在磁浮力作用下向上浮起形成加工压力,由高速驱动轴通过导向环 2 和尼龙浮板 5 的导向作用,带动被加工陶瓷球 4 在磁流体和磨料的混合液中运动,从而实现陶瓷球的研磨加工,如图 3-30 所示。

1—立柱;2—导向环;3—驱动轴;

4—陶瓷球;5—浮板;6—测力仪;

7—磁铁;8—弹性元件

图 3-30 磁悬浮研磨法试验装置

3.6　抛光加工技术

抛光（Polishing）不仅增加工件的美观，而且能够改善材料表面的耐蚀性、耐磨性及获得特殊性能。在电子设备、精密机械、仪器仪表、光学元件、医疗器械等领域应用广泛。抛光既可作为工件的最终工序，也可用于镀膜前的表面预处理。抛光质量对工件的使用性能有直接的影响。选择合适的抛光方法和工艺是提高产品质量的重要手段。

3.6.1　抛光加工的定义

抛光是利用机械、化学或电化学作用，使工件表面粗糙度降低，以获得光亮、平整表面的加工方法。抛光时，高速旋转的抛光轮（圆周速度在 20m/s 以上）压向工件，使磨料对工件表面产生滚压和微量切削，从而获得光亮的加工表面，表面粗糙度可达 $Ra\,0.63\sim0.01\mu m$。

抛光和研磨在磨料和研具材料的选择上不同。抛光通常使用的是 $1\mu m$ 以下的微细磨粒，抛光盘用沥青、石蜡、合成树脂、人造革和锡等软质金属或非金属材料制成。在抛光过程中，除机械切削作用外，加工氛围的化学反应起重要作用。而研磨使用比较硬的金属盘作为研具，材料的破坏以微小破碎为主。抛光加工模型如图 3-31 所示。

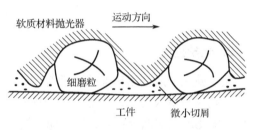

图 3-31　抛光加工模型

3.6.2　抛光加工机理

抛光属于用微细磨粒进行的切削加工，因此抛光过程会产生微小的划痕，生成细微的切屑；磨粒与抛光盘对工件有摩擦作用，使得接触点温度上升，工件表面产生塑性流动，形成凹凸不平的光滑表面；抛光剂中的脂肪酸在高温下会产生化学反应，从工件金属表面溶析出金属皂，它是一种易于切除的化合物，起着化学洗涤作用，使工件表面平坦光滑；加工环境中由于尘埃、异物的混入也会产生机械作用。由于这些作用的重叠，以及抛光液、磨粒及抛光盘的力学作用，使得工件表面平滑化。采用工件、磨粒、抛光盘和加工液的不同组合，可实现不同的抛光效果。工件与抛光液、磨料及抛光盘之间的化学反应有助于抛光加工。

3.6.3　抛光加工方法

抛光加工的方法主要有机械抛光、化学抛光、液体抛光和电解抛光等。近代发展的抛光加工方法还有弹性发射加工、浮动抛光、磁场辅助抛光、水合抛光、磁流变抛光和磁悬浮抛光等。

1. 机械抛光

机械抛光是传统的抛光方法，即钳工用锉刀、砂纸、油石、帆布、毛毡或皮带等工具手工操作所进行的修磨抛光，或用电动工具等借助机械动力（钢丝轮或弹性抛光盘等）所进行的手工打磨、机械研磨（见图 3-32）。它们可对平面、外圆、沟槽等进行抛光，抛光磨料可用氧化锡、氧化铁等，也可是按一定化学成分比例配制成的研磨膏。抛光过程中虽不易保证均匀地切下金属层，但在单位时间内切下的金属却是较多的，每分钟可以切下十分之几毫米厚的金属层。

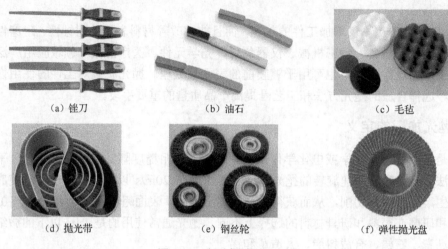

（a）锉刀　　　　　　　　　（b）油石　　　　　　　　　（c）毛毡

（d）抛光带　　　　　　　　（e）钢丝轮　　　　　　　　（f）弹性抛光盘

图 3-32　各种机械抛光工具

2. 化学抛光

化学抛光一般使用硝酸或磷酸等氧化剂溶液，在一定的条件下，使工件表面氧化，此氧化层又能逐渐溶入溶液，表面微凸起处氧化较快而较多，而微凹处则被氧化慢而少。同样凸起处的氧化层又比凹处更多、更快地扩散、溶解于酸性溶液中，因此使加工表面逐渐被整平，达到改善工件表面粗糙度或使表面平滑化和光泽化的目的。图 3-33 所示为化学抛光前后试样表面状态对比。

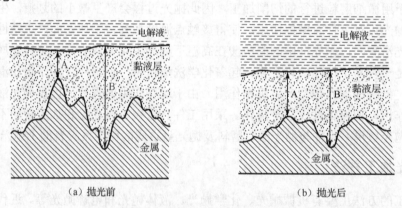

（a）抛光前　　　　　　　　　　　　　　（b）抛光后

图 3-33　化学抛光前后试样表面状态对比

化学抛光可以大面或多件抛光薄壁、低刚度工件，可以抛光内表面和形状复杂的工件，不需要外加电源、设备，操作简单、成本低。其缺点是化学抛光效果比电解抛光效果差，而且抛光液用后的处理较麻烦。

金属的化学抛光常用硝酸、磷酸、硫酸、盐酸等酸性溶液抛光铝、铝合金、钼、钼合金、碳钢及不锈钢等，有时还加入明胶或甘油之类。抛光时必须严格控制溶液温度和时间。温度从室温到 90℃，时间自数秒到数分钟，要根据材料、溶液成分经实验后才能确定最佳值。

半导体材料的化学抛光，如锗和硅等半导体基片在机械研磨平整后，还要最终用化学抛光去除表面杂质和变质层。常用氢氟酸和硝酸、硫酸混合溶液或双氧水和氢氧化铵的水溶液。

3. 液体抛光（液体喷砂）

1）工作原理

液体抛光是将含磨料的磨削液，经喷嘴用 6～8kPa 高速喷向加工表面，磨料颗粒就能将工件表面上的凸峰击平，而得到极光滑的表面（见图 3-34）。液体抛光之所以能降低加工表面粗糙度，主要是由于磨料颗粒对表面微观凸峰高频（200～500 万次/s）及高压冲击的结果。

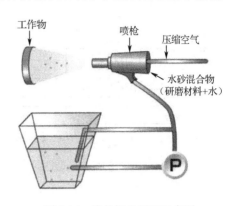

图 3-34　液体抛光原理示意图

2）液体抛光的特点

（1）加工效率高，磨料消耗少，工件表面粗糙度可达 Ra 0.4～0.1μm。

（2）能提高表面强度，可从根本上改变环境污染。

（3）不受零件形状限制，可对内燃机进油管内壁等进行抛光，这是其他抛光方法所不及的独特之处。

（4）设备安装方便，不需要单独的工作间，可以直接在生产线上进行加工处理。

（5）工艺效果优于干式喷砂。

3）液体抛光的应用

（1）清理精密铸件表面，如航空发动机叶片、仪表外壳等。

（2）清理氧化皮，尤其对形状复杂的模具和精密零件效果更为突出。

（3）清除机械加工的微毛刺。毛刺虽小，危害甚大。精密零件不允许有一点毛刺，如纺机零件、液压元件、航空航天零件、医疗器械等。

（4）清理污物及锈渍，如各种模具的清理。

（5）为其他表面处理做准备，如电镀、油漆、喷涂零件的前处理。

（6）光饰加工，如发动机叶片、模具型面等。

（7）获得无反光的装饰表面，如手术器械、仪表面板、玻璃器皿等。

（8）改善零件的使用性能，机械零件经液体喷砂后，除能提高光洁度 0.5～1 级外，表面可形成微观的均匀凹坑，有利于存储润滑油，提高使用寿命，如齿轮、曲轴、纺机零件等。

另外，经液体喷砂后，能显著提高疲劳强度、耐蚀性，如弹簧、涡轮叶片等。

4. 电解抛光（电化学抛光）

1）工作原理

电解抛光也称电化学抛光或电抛光，是利用阳极在电解池中所产生的电化学溶解现象，使阳极上微凸起部分发生选择性溶解，以形成平滑表面的方法。该技术能很好地改善表面质量，使之具有更好的耐蚀性和光亮度。图 3-35 所示为电解抛光原理示意图。

电解抛光的原理与化学抛光相同，即靠选择性地溶解材料表面微小凸出部分，使表面光滑。与化学抛光相比，可以消除阴极反应的影响，效果较好。电解抛光过程分为两步：

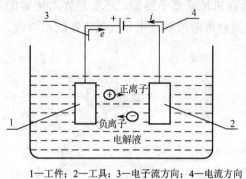

1—工件；2—工具；3—电子流方向；4—电流方向

图 3-35 电解抛光原理示意图

（1）宏观整平，溶解产物向电解液中扩散，材料表面几何粗糙度下降，$Ra>1\mu m$。

（2）微观整平，阳极极化，表面光亮度提高，$Ra<1\mu m$。

2）电解抛光的特点

（1）表面不产生变质层，无附加应力，并可去除或减小原有的应力层。

（2）对难以用机械抛光的硬质材料、软质材料，以及薄壁、形状复杂、细小零件和制品都能进行加工。

（3）抛光时间短，且可以多件抛光，生产效率高。

（4）所能达到的表面粗糙度与原始表面粗糙度有关，一般可提高 2 级。

（5）由于电解液的通用性差、使用寿命短和强腐蚀性等，应用范围受限。

3）电解抛光的应用

电解抛光可用于对表面粗糙度小的金属制品和零件，如反光镜、不锈钢餐具、装饰品、注射针、弹簧、叶片和不锈钢管等的抛光，还可用于某些模具和金相磨片的抛光。

5. 弹性发射加工

1）弹性发射加工的概念与工作原理

从量子力学的观点出发，两种固体物质接触时，在界面形成原子间结合力，分离时它们一方原子分离，另一方原子马上被去除。利用这种物理现象，将超微细粉末磨料粒子向被加工物表面供给，磨料运动，加工物表面原子被分离，实现原子与加工物体分离的加工，这就是弹性发射加工（Elastic Emission Machining，EEM）概念的提出。EEM 加工的本质是粉末粒子作用在加工物表面上，粉末粒子与加工表面第一层原子发生牢固结合，第一层原子与第二层原子结合能较低，当粉末粒子移去时，第一层原子与第二层原子分离，实现原子单位的极微小量弹性破坏的表面去除加工。

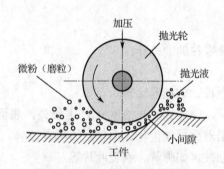

图 3-36 EEM 加工原理示意图

EEM 加工原理如图 3-36 所示。用聚氨基甲酸（乙）酯材料制成抛光轮，并与工件被加工表面形成小间隙，中间置以抛光液。抛光液由颗粒大小为 0.1～0.01μm 的磨料和润滑剂混合而成。抛光时，抛光轮高速旋转，靠旋转的高速造成磨料的"弹性发射"来进行加工，产生微切削作用和被加工材料的微塑性流动作用。

2）EEM 的特点及应用

EEM 可使材料内部不产生错位和缺陷，但又可以产生微量的"弹性破坏"（即无干扰的加工），从而实现原子级加工，并可获得非常优良的表面。在加工硅片时，可获得相当于腐蚀加工一样的无缺陷表面。

如果对聚氨酯球和工作台采用数控装置，则能对工件进行曲面加工。它既可实现原子级弹性去除，又可获得最佳的几何形状精度。图 3-37 所示为数控 EEM 加工装置。整个装置是一个三坐标数控系统，聚氨酯球装在数控主轴上，由变速电动机带动旋转，其负载为 2N。在加工硅片表面时，用直径为 $0.1\mu m$ 的氧化锆微粉，以 $100\mu m/s$ 的速度及与水平面成 $20°$ 的入射角向工件表面发射，其加工精度可达 $\pm 0.1\mu m$，表面粗糙度达 $Ra\ 0.0005\mu m$ 以下。

EEM 加工已广泛应用于扫掠式研磨技术、平面研磨、抛光技术中，是一种超精密加工技术及纳米级工艺技术。工件表面加工后表面层无塑性变形，不产生晶格转位等缺陷，对加工半导体材料极为有效。

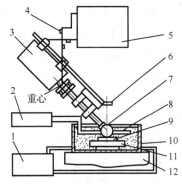

1—循环膜片泵；2—恒温系统；3—变速电动机；

4—十字弹簧；5—数控主轴箱；6—加载杆；

7—聚氨酯球；8—抛光液和磨料；

9—工件；10—容器；11—夹具；

12—数控工作台

图 3-37　数控 EEM 加工装置

6. 浮动抛光

1）加工原理

浮动抛光（Float Polishing）是利用流体力学原理使抛光器与工件浮离，在抛光器的工作表面做出若干楔槽，当抛光器高速旋转时，由于油楔的动压作用使工件或抛光器浮起，其间的磨粒就对工件表面进行抛光，如图 3-38 所示。

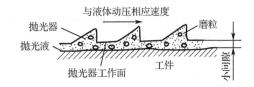

图 3-38　浮动抛光原理示意图

2）浮动抛光的特点及应用

（1）能加工出平面度很高的工件表面，没有端面塌边及变形缺陷。

（2）可用于计算机磁头磁隙面。

（3）光学零件及功能陶瓷材料基片的超精密加工，通过选择合适的抛光液和化学添加剂可防止出现晶界差，即使是多晶体材料也能获得表面粗糙度为 $Ra\ 0.002\mu m$ 的表面。

（4）使用极软的石墨和溶于水的 LiF 来抛光很硬的蓝宝石 {0001} 面，其表面粗糙度可达 $Ra\ 0.00008\mu m$。

（5）不需要使用夹具，端面塌边半径可小至 $0.01\mu m$。

（6）加工表面具有良好的结晶特性，且没有残余应力。

（7）由于没有摩擦热和磨具磨损，标准面不会变化，因此可重复获得精密的工件表面。

（8）类似于 EEM 抛光法，不同之处在于浮动研磨抛光使用的是硬质锡盘作为磨具，而 EEM 法抛光以聚氨酯胶轮作为磨具。

7. 磁场辅助抛光

磁场辅助抛光是利用和控制磁场的强弱使磁流体带动磨粒对工件施加压力，从而对高形状精度、高表面质量和晶体无畸变的表面进行加工的抛光方法。主要包括磁性磨粒抛光（Magnetic Abrasive Finishing，MAF）、磁浮置抛光（Magnetic Float Polishing，MFP）和磁流变抛光（Magnetorheological Finishing，MRF）。

　　1）磁性磨粒抛光

　　磁性磨粒抛光的原理是在磁场作用下形成柔性磁刷，柔性磁刷与工件的相对运动产生切削、刻划、滑擦、挤压和滚动等现象，形成研磨、抛光、去毛刺等。其工作原理如图3-39所示。

　　磁性磨粒抛光具有以下特点：

　　（1）自锐性好，加工能力强，效率高。

　　（2）温升小，工件变形小。

　　（3）切削深度小，加工表面光洁平整。

　　（4）工件表面交变励磁，提高了工件的物理力学性能。

　　（5）磨料刷的形状随工件的形状变化，表现出极好的柔性和自适应性，不仅可用于圆柱和平面的加工，还可进行异形表面和自由曲面的光整加工。

　　（6）通过控制磁场强度控制加工力，加工过程易于实现自动化。

　　（7）磁性磨粒更换迅速，不污染环境。

　　（8）既可加工铁磁性材料，也可对非铁磁性材料进行光整加工。

　　（9）烧结磁性磨料烧结过程复杂，成本昂贵，应用受到限制。

　　磁性磨粒抛光适用于各个领域精密零件的研磨、抛光和去毛刺，如非磁性直管、弯管内壁表面的研磨抛光，复杂曲面的研磨抛光，异形件的抛光、去毛刺，球面零件的研磨抛光等。材料去除率高于一般研磨工艺，表面粗糙度可达 Ra 0.01μm。

　　2）磁浮置抛光

　　磁浮置抛光是基于磁性流体中非磁性磨粒受磁场作用时，会产生向低磁场方向悬浮的现象而研究出的光整加工方法。其工作原理如图3-40所示。

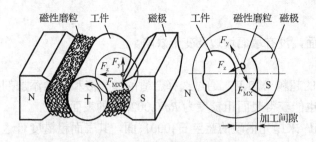

图3-39　磁性磨粒抛光原理示意图

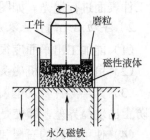

图3-40　磁浮置抛光原理示意图

　　磁浮置抛光具有以下特点：

　　（1）磁力悬浮使作用在研磨面的磨粒数增多。

　　（2）磨粒由流体支撑，支撑富有弹性，且加工压力由悬浮力决定，因此每一颗磨粒的加工压力都很小。

　　（3）磁性流体的传热系数大，可抑制加工点的温度上升。

　　（4）越接近磁铁，作用于磨粒的悬浮力越大，因此，对工件形状还有修正效果。

　　（5）加工区域是立体的，因此，它不仅能加工平面，而且也能研磨球面和其他复杂型面，加工范围广。

如用磁浮置抛光法加工氮化硅陶瓷球，采用 B_4C 或 SiC 微粉磨粒，抛光压力仅为 1N/球，得到 1μm/min 高的材料去除率，将加工时间由几周缩短为 20h，并且无加工缺陷及表面变质层，得到 Ra 4μm 的超光滑表面。用磁浮置抛光法对 Si_3N_4 陶瓷球进行加工（CeO_2 二氧化铈，5μm），可获得 Ra 4nm、Rz 40nm 的表面精度。

　　3）磁流变抛光

磁流变抛光是将电磁学和流体动力学理论结合，利用磁流变液在磁场中的流变特性对光学玻璃进行抛光。磁流变液的流变特性可以通过外加磁场强弱的调节来控制。

图 3-41 所示为磁流变抛光凸球面光学元件示意图。磁流变液由喷嘴喷洒在旋转的抛光轮上，磁极置于抛光轮的下方，在工件与抛光轮所形成的狭小空隙附近形成一个高梯度磁场。当抛光轮上的磁流变液被传送至工件与抛光轮形成的小空隙附近时，高梯度磁场使之凝聚、变硬，成为黏塑性的 Bingham 介质。具有较高运动速度的 Bingham 介质通过狭小空隙时，在工件表面与之接触的区域产生很大的剪切力，从而使工件的表面材料被去除。

磁流变抛光具有以下特点：

（1）适用于抛光任何几何形状的光学零件。

（2）加工速度快，效率高。

（3）加工精度高，加工表面粗糙度可达纳米级。

（4）不存在工具磨损问题。

（5）抛光碎片及抛光热及时被带走，避免影响加工精度。

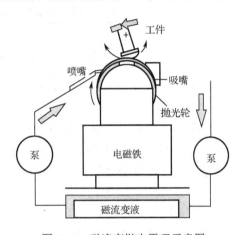

图 3-41　磁流变抛光原理示意图

（6）不产生下表面破坏层。

（7）无须专用工具和特殊机构。

（8）易于实现微机数控。

磁流变抛光主要应用在光学零件的超光滑抛光。如用 W1 微粉磨粒抛光 K9 玻璃、SiC 陶瓷可得到表面粗糙度 Ra 值为几纳米的无任何损伤的超光滑表面；用磁流变抛光红外材料 BK7（玻璃）、CaF2、LiF 等，可获得表面粗糙度小于 5nm 的光滑表面。磁流变抛光一般不用来抛光金属材料，因磁流变液会对金属表面产生腐蚀作用，出现点蚀现象。

3.6.4　抛光加工要素与工艺

抛光的加工要素与研磨基本相同，研磨时有研具，抛光时有抛光盘，或称抛光工具。抛光时所用的抛光盘一般是软质的，其塑性流动作用和微切削作用较强，加工效果主要是降低表面粗糙度。研磨时所用的研具一般是硬质的，其微切削作用、挤压塑性变形作用较强，在精度和表面粗糙度两个方面都强调要有加工效果。近年来，出现了用橡胶、塑料等制成的抛光盘或研具，它们是半硬半软的，既有研磨作用，又有抛光作用，因此是研磨和抛光的复合加工，可以称之为研抛。这种方法能提高加工精度和降低表面粗糙度，而且有很高的加工效率。考虑到这类加工方法所用的研具或抛光器总是带有柔性的，故都归于抛光加工一类。

1. 抛光盘

抛光盘材料通常要采取不同的处理方法，如漂白、上浆、上蜡、浸脂或浸泡药物等，以提高对抛光剂的保持性，增强刚性，延长使用寿命，改善润滑或防止过热燃烧等。但处理时务必注意不要使处理用的材料黏附到工件表面上，否则难以去掉。抛光盘材料的选用如表 3-10 所示。

表 3-10　抛光盘材料的选用

抛光盘用途	选用材料		
	品　名	柔软性	对抛光剂保持性
粗抛光	帆布、压毡、硬壳纸、软木、皮革、麻	差	一般
半精抛光	棉布、毛毡	较好	好
精抛光	细棉布、毛毡、法兰绒或其他织品	最好	最好
液中抛光	细毛毡（用于精抛）、脱脂木材	好（木质松软）	浸含性好

1) 固定磨料抛光盘

用棉布、帆布、毛毡、皮革、软木、纸或麻等材料，经缝合、夹固或胶合而成。经修整平衡后，在其切片层间和外圆周边交替涂敷一定的胶质黏结剂（如环氧树脂等）和一定粒度、硬度的磨粒（如金刚砂等），达到规定的直径尺寸、厚度和质量要求，并保证一定的刚性和柔软性。

2) 黏附磨粒抛光盘

黏附磨粒抛光盘采用对抛光剂有良好浸润性的材料，以保证抛光盘黏附磨粒的性能。帆布抛光盘刚性好，切除力强，但仿形性差；棉布抛光盘整体缝合的柔软性好，但抛光效率低。抛光盘的"刚性"还与其质量和转速有关。

3) 液中抛光盘

液中抛光盘大多采用脱脂木材和细毛毡制造。脱脂木材如红松、椴木具有木质松软、组织均匀、微观形状为蜂窝状、浸含抛光液多，且有易于"壳膜化"的优点，可用于粗、精抛光。细毛毡抛光盘材质松软、组织均匀，且空隙大，浸含抛光液的能力比脱脂木材大，主要用于精抛机进行装饰抛光。

2. 抛光剂

抛光剂由粉粒状的软磨料、油脂及其他适当成分介质均匀混合而成。抛光剂在常温下可分为固体和液体两种，其中固体抛光剂用得较多，如熔融氧化铝，它和抛光盘间的胶接牢靠，碳化硅则较差，使用受到一定限制。液中抛光用的抛光液，一般采用由氧化铝和乳化液混合而成的液体。氧化铝要严格经 5～10 层细纱布过滤。过滤后的磨粒粒度相当于 W5～W0.5（F1000～F1200）。抛光液应保持清洁，若含有杂质或氧化铬和乳化液混合不均匀，会使抛光表面产生"橘皮"、"小白点"、"划圈"等缺陷。此外，还须注意工作环境的清洁。从粗抛过渡到精抛，要逐渐减小氧化铬在抛光液中的比例，精抛时氧化铬所占比例极小。

3. 抛光工艺参数

当抛光盘一边旋转一边在工件表面移动时，其直线移动速度一般为 3～12m/min，而抛光盘的最大线速度可按表 3-11 进行选择。

表 3-11 抛光盘速度推荐值

工 件 材 料	抛光盘速度 /（m·s^{-1}）	
	固定磨粒抛光盘	黏附磨粒抛光盘
铝	31～38	38～43
碳钢	36～46	31～51
铬板	26～38	36～46
黄铜及合金	23～38	36～46
镍	31～38	31～46
不锈钢和蒙乃尔合金	36～46	31～51
锌	26～36	15～38
塑料	—	15～26

注：蒙乃尔合金是一种镍铜钢锰的合金。

抛光压力与抛光盘的刚性有关，最大不超过 1kPa，如果过大会引起抛光盘的变形。一般在抛光 10s 后，可将加工表面粗糙程度降低到原来的 1/10～1/3，且降低程度随磨粒的种类而异。

3.7 其他磨削加工技术

3.7.1 珩磨加工技术

珩磨（Honing）产生于 20 世纪 20 年代初期，主要用于内孔表面，也可用于外圆、平面、球面或齿形表面。它不但可以加工金属材料，而且还可以加工塑料等非金属材料。人造金刚石和立方氮化硼磨料的应用，把珩磨技术推向了一个新的阶段。现在，珩磨已不仅用作高精度要求的最终加工工序，并且还可作为切除较大余量的中间工序，成为一种能使被加工工件表面达到粗糙度值小、精度高、切削效率高的先进加工方法。

1. 珩磨的概念

珩磨是在低切削速度下，以精镗、铰削或内孔磨削后的预加工表面为导向，对工件进行精整加工的一种定压磨削方法。它利用可胀缩的磨头使磨粒颗粒很细（F240～F400）的珩磨条压向工作表面以产生一定的接触面积和相应的压力（0.2～0.5MPa），同时珩磨条在适当的冷却液作用下对被加工表面做旋转和往复进给的综合运动（使磨削纹路交叉角为 30°～60°），从而达到改善表面质量（使工件表面粗糙度减小至 Ra 0.1～0.012μm）、改善表面应力情况（产生残余压应力）和基本不产生变质层（变质层只有 0.002mm 深）及提高工件精度的目的。

2. 珩磨的原理

珩磨工作原理如图 3-42 所示，珩磨时工件固定不动，珩磨头与机床主轴浮动连接，在一定压力下通过珩磨头与工件表面的相对运动，从加工表面上切除一层极薄的金属。珩磨时，珩磨头有三个运动，即旋转运动、往复运动和垂直于加工表面的径向加压运动。前两种运动是珩磨的主运动，它们的合成使珩磨油石上的磨粒在孔表面上的切削轨迹呈交叉而不重复的网纹（见图 3-42（b）），因而易获得低表面粗糙度的表面。径向加压运动是油石的进给运动，所加压力越大，进给量就越大。

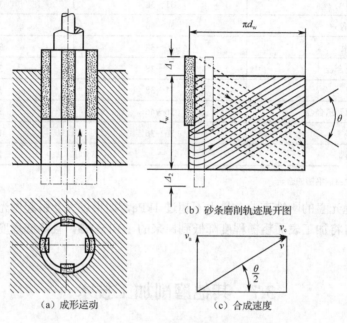

（a）成形运动   （c）合成速度

图 3-42　珩磨原理示意图

　　珩磨时，有切削、摩擦和压光金属的作用，可以认为它是磨削加工的一种特殊形式，只是珩磨所用的磨具是由粒度很细的油石组成的珩磨头。珩磨中，珩磨条工作面上随机分布的磨粒形成众多的刃尖，被加工金属表面层有一部分被磨粒磨刃切除，另一部分则被磨粒挤压，形成塑性变形，并隆起在磨痕两旁，虽与母体产生晶格滑移，但仍连接在母体上，结合强度却大为降低，故易为其他磨粒磨刃所切除。由于珩磨时的切削速度和单位压力较低，因而切削区温度不高，一般在 50～150℃ 范围内。珩磨也与常用磨削加工一样，珩磨条上的磨粒有自砺作用。

　　珩磨利用误差平均法的原理来提高加工表面精度，因此对珩磨头本身的精度要求不是很高。但珩磨条必须以原有的加工表面为导向（因此对珩磨表面的前道工序有一定的加工要求），并要使珩磨条在加工表面上每一次往复运动的轨迹不重复，这样才能使珩磨达到理想的效果。

3. 珩磨的特点

　　珩磨是一种使工件加工表面达到高精度、高表面质量、高寿命的高效加工方法。在孔珩磨中，是以原孔中心来进行导向的。珩磨孔径最小可达 $\phi 2mm$，最大可达 $\phi 200mm$ 以上，而加工孔深径比 L/D 可达 100 以上，这是一般磨床所不能相比的。珩磨用的珩磨机床，在珩磨头或夹具浮动的情况下，其机床精度和其他机床相比，加工同样精度的工件时，珩磨机床的精度可比其他机床低得多。

　　与研磨相比，珩磨劳动强度低，生产效率高，易于实现自动化，加工表面易清洗。经珩磨的工件，使用寿命一般比研磨的高。

与挤压相比，珩磨加工精度主要靠切削本身来保证，而挤压加工精度受前道工序精度的影响；珩磨是把前道工序的刀痕磨削掉，而挤压加工是把前道工序的刀痕压倒；经珩磨的表面没有硬化层，而挤压加工出的表面有加工硬化层。因此，珩磨比挤压加工表面应力小、精度稳定、使用寿命长，适合与精密配件的配合。

从磨粒的切削过程来看，珩磨与磨削加工的区别在于珩磨时磨粒切削刃的自砺作用显著，而磨削加工中磨粒的切削方向经常是一定的，磨粒整体直接磨耗而容易形成变钝的状态。与之相反，在珩磨中，由于在每个冲程中作用于磨粒的切削力方向均发生变化，所以，破碎的机会增加了，磨具表面的锋利性得以长时间维持。珩磨速度通常是磨削速度的 $1/3 \sim 1/60$，由于是以面接触的方式来弥补磨削效率的损失，所以磨削点数多，每个磨粒的垂直负荷仅是磨削情况的 $1/50 \sim 1/100$。因此，每个切削刃的平均单位时间发热量是磨削的 $1/1500 \sim 1/3000$，产生的加工应变层及残余应力层也薄，珩磨还可以除去前道工序的加工变质层。珩磨一般具有以下特点：

1）加工表面质量好

（1）表面粗糙度可达 $Ra\,0.8 \sim 1\mu m$，最低可达 $Ra\,0.012\mu m$。

（2）工件表面形成有规则、均匀而细密的交叉网纹，有利于润滑油的储存和油膜保持，故珩磨表面能承受较大的载荷和具有较高的耐磨性。

（3）加工热量小，工件表面不易产生烧伤、变质、裂纹、嵌砂和工件变性等缺陷，故特别适用于精密工件的加工。

2）加工精度高

（1）珩磨小直径孔时，孔圆柱度可达 $0.5 \sim 1\mu m$，直线度可达 $1\mu m$。

（2）珩磨中等直径孔时，孔圆柱度可达 $5\mu m$。

（3）珩磨外圆柱面时，圆柱度最高可达 $0.04\mu m$。

（4）尺寸分散性误差可在 $1 \sim 3\mu m$ 范围内。

3）加工范围广

（1）可加工除铅以外的所有金属材料。

（2）可加工各种内孔（通孔、盲孔、多台阶孔、圆锥孔、椭圆孔和摆线孔等）、平面、外圆柱表面、球面、齿轮表面、发动机曲线表面等。

（3）在极限情况下可加工孔径为 $\phi 2 \sim 200mm$，孔深为 $1 \sim 24000mm$，深径比 L/D 可达 300。

4）切削效率高

（1）单位切削时间内，珩磨参加切削的磨粒数为磨削的 $100 \sim 1000$ 倍，故金属切除率较高。

（2）珩磨阀套类工件孔时，金属切除率达 $80 \sim 90mm^3/s$，其切削效率比研磨高 $3 \sim 8$ 倍。

（3）珩磨时以工件孔壁导向，进给力由中心均匀压向孔壁，故只需切除较少的余量，便可完成精加工。

5）对机床的精度要求低，结构较简单

（1）与加工同等精度工件的磨床相比，珩磨机的主要精度可降低 $1/2 \sim 1/7$，动力消耗可下降 $1/2 \sim 1/4$，可大幅度降低成本。

（2）机床结构较简单，除专用珩磨机外，也可用车床、钻床或镗床等设备改装，且机床较易实现自动化。

4．珩磨加工要素及工艺

1）珩磨头

（1）珩磨头应具备的基本条件。珩磨头一端连接机床主轴接头，杆部镶嵌或连接珩磨油石。在加工过程中，珩磨头的杆部与珩磨油石进入工件的被加工孔内，并承受切削转矩；在机床进给机构的作用下，驱动珩磨油石做径向扩张，实现珩磨的切削进给，使工件孔获得所需的尺寸精度、形状精度和表面粗糙度。不论对哪一种珩磨头，必须具备以下几个基本条件：

① 珩磨头上的油石对加工工件表面的压力能自由调整，并能保持在一定范围内。

② 珩磨过程中，油石在轴的半径方向上可以自由均匀地胀缩，并具有一定刚度。

③ 珩磨过程中，工件孔尺寸达到要求后珩磨头上的油石能迅速缩回，以便珩磨头从孔内退出。

④ 油石工作时无冲击、位移和歪斜。

（2）通用珩磨头。图 3-43 所示为中等孔径通用珩磨头，由磨头体、油石、油石座、导向条、弹簧、锥体胀芯组成。当锥体胀芯移动时，油石便可胀开或收缩。珩磨头为棱圆柱体，珩磨油石条数一般为奇数。油石座直接与进给胀芯接触，中间不用顶销与过渡板，结构简单，进给系统刚性好。

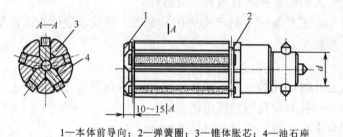

1—本体前导向；2—弹簧圈；3—锥体胀芯；4—油石座

图 3-43　中等孔径通用珩磨头

磨头的外径尺寸应以被加工孔径为基准，当油石处于收缩状态时，磨头外径比被加工孔的孔径小，以便于磨头进入或退出工件孔；当油石处于最大胀开位置时，磨头的外径至少应等于被加工孔的最终要求尺寸加上油石的极限磨耗量。

有时在磨头体圆周镶有导向条，它与油石相间排列。当珩磨头进入工件孔时，起导向作用和保护油石不致碰伤，当磨头退出工件孔时起定心作用。此外，它还能防止油石因磨耗不均而导致磨头偏心。导向条在圆周的外径应比被加工孔的基本尺寸小 0.1～0.5mm，但比油石收缩状态时的外径大，并与油石圆周同轴。

（3）小孔珩磨头。珩磨 $\phi2\sim30mm$ 的小孔时，磨头体与油石座成为一体，使胀芯与磨头体在整个长度上为面接触，以增强刚性。

① 单油石小孔珩磨头。适用于加工直线度要求很高、孔径为 $\phi2\sim30mm$ 的孔。珩磨头由两根导向条与一根切削油石组成，如图 3-44 所示。两根导向条非对称分布，宽度大的导向条用来承受油石产生的径向力和切向力的合力（合力通过它的支承向中间），防止珩磨头变形；窄导向条起辅助支承的作用，使珩磨头与孔的接触状态稳定，以提高加工精度。导向条材料用硬质合金或人造金刚石。根据孔径大小，导向条可做成镶嵌式或用电镀法将金刚石微粉镀

在磨头体表面上，也可镀上粗粒度金刚石，然后用立方氮化硼砂轮或油石将其磨钝，使其失去切削能力。

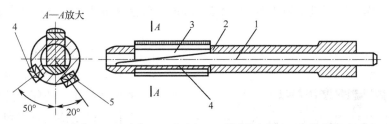

1—胀楔；2—磨头体；3—油石座；4—辅助导向条；5—主导向条

图 3-44　单油石小孔珩磨头

② 对开轴瓦式珩磨头。由两个半圆形轴瓦构成，如图 3-45 所示。适用于加工直线度要求较高、有间断表面的孔。珩磨头的径向扩胀进给是通过楔形胀芯作用于两个半圆形轴瓦的斜面上，缩回是靠轴向两端的两个 O 形弹簧圈的弹力。它可用普通磨料油石粘接于磨头表面，也可用几根金刚石油石用低熔点的焊条焊接于磨头表面。油石长度为一般珩磨头所选用油石长度的两倍。该磨头便于在磨床上修磨其切削表面，加工精度稳定，切削效率比单油石珩磨头高 10%左右，使用寿命长。

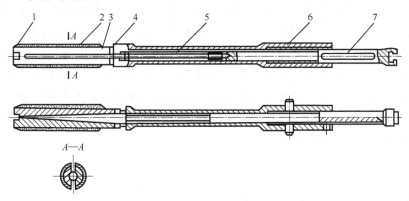

1、3—O 形弹簧；2—油石；4—珩磨头；5—调节杆；6—连接轴；7—调节件

图 3-45　对开轴瓦式珩磨头

③ 可调整的整体珩磨头。在大量生产中用这种珩磨头（见图 3-46）来加工高精度的孔。孔的形状误差可达 0.5μm 以下，尺寸误差可控制在 2～3μm 内，表面粗糙度为 Ra 0.2μm。磨头体为一整体套筒，两边对称开两条轴向槽，在其表面镀 0.3～0.5mm 厚度的金刚石磨粒，磨头体内孔为 1∶50 锥孔。利用锥孔中的锥形胀芯使整个磨头体产生弹性变形而调整到预定的尺寸。在加工过程中没有胀缩运动，因此可将其看作一种成形工具。

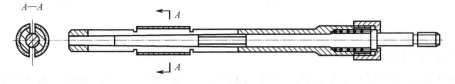

图 3-46　可调整的整体珩磨头

使用这种珩磨头的机床，一般均为立式多轴多工位珩磨机。珩磨头与主轴间为刚性连接，工件夹具设计成浮动形式。珩磨头的运动与一般的珩磨运动不同，磨头一方面做旋转运动，一方面做轴向工作进给（进给速度为 1～1.5m/min），然后快速退回。一个工作循环即可完成一件加工。

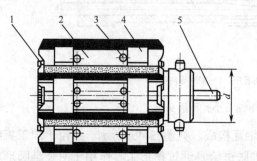

1—弹簧圈；2—油石座；3—油石座横销；4—凸环；5—胀锥

图 3-47　凸环式大孔珩磨头

（4）大孔珩磨头。图 3-47 所示为凸环式大孔珩磨头，主要用于大孔径的珩磨加工，凸环 4 的外径接近珩磨孔径，以支持油石座和承受珩磨切削力，具有较好的刚性。油石座上的横销 3 紧贴凸环内端面，给油石轴向定位并承受珩磨时的轴向力，移动胀锥 5 使油石座 2 伸出，借弹簧圈 1 缩回油石。

（5）特殊珩磨头。

① 盲孔珩磨头。其方法有二：一种是按通孔珩磨原则选择油石长度，珩磨中使油石在盲孔端换向时自动停留 1～2s，或在预定时间间隔（可通过试验来确定）内，对盲孔端面进行若干短行程的珩磨，此法宜采用耐用度较高的金刚石油石。另一种是长、短油石组合珩磨，在孔的全长上用长油石珩磨，在孔的盲孔端将短油石胀出，增加切削刃，既可保证孔的精度，又可提高珩磨效率，如图 3-48 所示。

② 锥孔珩磨头。图 3-49 所示珩磨头，锥形心轴 1 与磨头体 2 通过键 7 带动而一起旋转，同时磨头体又带动油石座 3 与油石 4 做旋转及往复运动（锥形心轴 1 不做往复运动）。因油石座与油石是沿锥形心轴 1 的锥面移动的，并且要求锥形心轴在轴向上无窜动，因此，工件孔的锥度精度取决于锥形心轴的锥度。

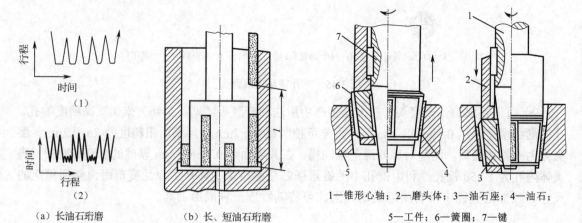

（a）长油石珩磨　　　（b）长、短油石珩磨

图 3-48　盲孔珩磨

1—锥形心轴；2—磨头体；3—油石座；4—油石；5—工件；6—簧圈；7—键

图 3-49　锥孔珩磨头

2）珩磨头连接杆

珩磨头通过连接杆与主轴的进给轴连接起来，连接杆的上端用圆锥或圆柱平键与主轴连接，下端的孔与珩磨头滑配，靠珩磨头上的短销传动，珩磨头只宜单向驱动。连接杆的结构

一般有浮动、半浮动和刚性三种形式，如图 3-50 所示。

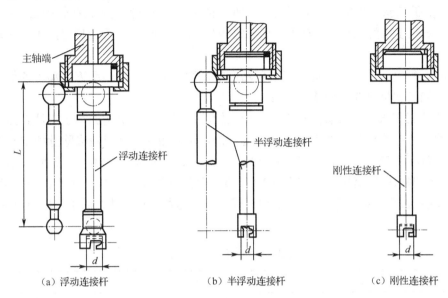

（a）浮动连接杆　　　　　（b）半浮动连接杆　　　　　（c）刚性连接杆

图 3-50　珩磨头连接杆

浮动连接杆以球头浮动结构使用较多，如图 3-51 所示。其结构简单、灵活、浮动范围大，用螺母调节浮动关节间的间隙。

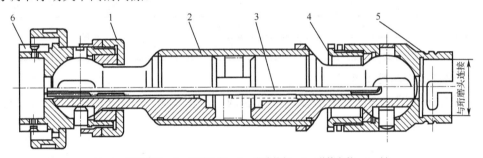

1、4—调节螺母；2—双球头杆；3—进给推杆；5—弹簧卡箍；6—键

图 3-51　球头浮动连接杆

刚性连接杆有整体结构和螺纹连接结构，制造精度高、调整对中严，用于珩磨小孔、短孔和需伸入工件内部的孔。

3）珩磨油石

（1）油石种类。油石一般可分为两大类，即普通油石和特殊油石。普通油石虽然价格便宜，但其寿命短，型面保持性差，因此大批量生产时一般不选用。在特殊油石中，虽然金刚石的硬度最高，但其热稳定性、磨粒的切削性能远不如 CBN 油石，因而在珩磨合金钢之类的工件时，用 CBN 油石能获得更好的切削性能和经济性。

（2）油石粒度。选择油石粒度应以满足工件表面粗糙度为前提，并非越细越好。油石越细，切削效率就越低，因此在满足工件所要求的表面粗糙度的前提下，应选用尽可能粗的油石。

（3）油石长度。油石长度直接影响被加工孔的形状精度，选择不当可能会产生喇叭口、腰鼓、虹形、波浪形等现象。一般情况下，加工通孔时，油石长度应为孔长的 2/3～3/2；加工盲孔时，油石长度应为孔长（包括退刀槽）的 2/3～3/4。当然，实际应用时应根据具体情况加以修正。

（4）油石硬度。油石硬度直接影响到油石的切削性能。一般情况下，加工硬材料选用较软的油石，加工软材料选用较硬的油石。

（5）油石工作压力。珩磨油石工作压力是指油石通过进给机构施加于工件表面单位面积上的力，油石上的磨粒借以切入金属或脱落自锐。压力增大时，材料去除量和油石磨损量也增大，但珩磨精度较差，表面粗糙度值升高，当压力超过极限压力时，油石就急剧磨损。

生产型珩磨机的珩磨压力可按表 3-12 选取，使用修配型珩磨机一般取 0.2～0.5MPa，大余量切削珩磨压力可达 3MPa。采用金刚石或立方氯化硼油石，油石的工作压力可提高 2～3倍。

表 3-12　珩磨油石工作压力

珩 磨 工 序	工 件 材 料	油石工作压力 /MPa	油石极限压力 /MPa	
粗珩	铸铁	0.5～1.5	陶瓷油石	<25
	钢	0.8～1.2		
精珩	铸铁	0.2～0.5	树脂油石	1.5～2.5
	钢	0.4～0.8	金刚石油石	3.0～5.0
超精珩	铸铁	0.05～0.1	CBN 油石	2.5～3.5
	钢	0.05～0.1		

4）珩磨速度和珩磨交叉角

珩磨速度 v 由圆周速度 v_c 和往复速度 v_a 合成。磨粒在加工表面上切削出交叉网纹，形成珩磨交叉角 θ，如图 3-52 所示。

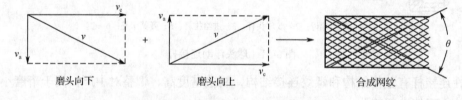

图 3-52　珩磨速度与珩磨交叉角的关系

圆周速度：
$$v_c = \frac{\pi dn}{1000} \tag{3-2}$$

往复速度：
$$v_a = \frac{2 n_a l_x}{1000} \tag{3-3}$$

珩磨速度：
$$v = \sqrt{v_c^2 + v_a^2} \tag{3-4}$$

珩磨交叉角：
$$\theta = 2 \arctan \frac{v_a}{v_c} \tag{3-5}$$

式中，d 为珩磨头直径（mm）；n 为珩磨头转速（r/min）；n_a 为珩磨头往复次数（dst/min）；l_x 为珩磨头单行程长度（mm）。

要获得好的珩磨效果，必须正确选择 v_c、v_a 和 θ，具体选择可参考表 3-13。

表 3-13　珩磨切削参数选择

工件材料	加工性质	珩磨速度 v / (m·min^{-1})	交叉角 θ /°	圆周速度 v_c / (m·min^{-1})	往复速度 v_a / (m·min^{-1})
球墨铸铁	粗加工	22～25	45	20～23	9～10
	精加工	～30		27	12
未淬火钢	粗加工	20～25	45	18～22	9～11
	精加工	～28		25	12
合金钢	粗加工	25	45	23	10
	精加工	～28		26	11
淬火钢	粗加工	15～22	40	14～21	5～8
	精加工	～30		30	10
铝	粗加工	25～30	60	21～26	12～15
	精加工	～35	45	30	17.5
青铜	粗加工	25～30	60	21～26	12～15
	精加工	～35	45	30	17.5
硬铬	精加工	15～22	30	14～21	4～6
塑料	粗加工	25～30	45	23～28	10～12
	精加工	<40	30	37	11

5）珩磨余量

珩磨是为了消除前道工序留在工件表面的切削痕迹，珩磨前工件表面质量越好，珩磨后工件表面质量也越好。所以，珩磨余量与前道工序的加工质量有很大关系，一般珩磨余量为先前工序总误差的 2～2.5 倍。此外，珩磨余量与工件的材料也有直接关系。珩磨余量参考值如表 3-14 所示。

表 3-14　珩磨余量参考值　　　　　　　　　　　　（mm）

工件材料	珩磨余量		工件材料	珩磨余量	
	单件生产	成批大量生产		单件生产	成批大量生产
铸铁	0.06～0.15	0.02～0.06	非金属	0.04～0.08	0.02～0.08
未淬火钢	0.06～0.15	0.02～0.06	轻金属	0.05～0.10	0.02～0.06
淬火钢	0.03～0.06	0.01～0.03			

6）珩磨液

珩磨液有油剂和水剂两种。水剂珩磨液的冷却性和冲洗性较好，适用于粗珩。油剂珩磨液宜加入适量的硫化物，以改善珩磨过程。另外，珩磨液的黏度也影响珩磨效率，对高硬度或脆性材料的珩磨宜用低黏度的珩磨液。树脂结合剂油石不得采用含碱的珩磨液，因为它会降低油石的结合强度；CBN 油石不得使用水剂珩磨液，否则会由于水解作用，使油石出现急剧磨损。

5. 新型珩磨加工技术

1）平顶珩磨

（1）平顶珩磨表面的特征。平顶珩磨主要用于具有相对运动摩擦副的内孔珩磨，如内燃机缸套内孔等。这是较为经济实用的先进珩磨工艺，无论从产量、质量、制造成本还是使用效果来看，都优于传统珩磨工艺。其主要特点如下：

① 宏观表面具有明显的、粗细均匀的、对称珩磨交叉网纹。网纹无折叠、间断等现象，如图 3-53 所示。

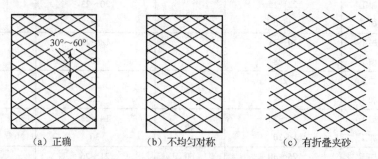

（a）正确　　　　　　　（b）不均匀对称　　　　　　　（c）有折叠夹砂

图 3-53　平顶珩磨的网纹与交叉角

② 珩磨网纹交叉角 θ 较大，一般可达 30°～60°。

③ 表面微观轮廓曲线为宽度不等的平顶与深沟（见图 3-54），平顶用以支承载荷，沟槽则利于存油润滑。

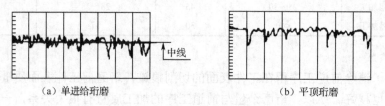

（a）单进给珩磨　　　　　　　　　　　（b）平顶珩磨

图 3-54　平顶珩磨表面的微观几何形状

④ 平顶珩磨表面粗糙度一般要求为 Ra 0.4～0.8μm 或 Ra 0.8～1.6μm。

⑤ 平顶珩磨表面的支承率（又称平顶面积比率）要求一般为

$$t_p = \sum a / A (\%) = 50\% \sim 80\% \qquad (3-6)$$

式中，t_p 为平顶面积比率；A 为名义支承面积；$\sum a$ 为实际支承面积。

⑥ 平顶珩磨表面上沟槽大小，一般要求宽度为 40～70μm、深度为 4～6μm。

（2）平顶珩磨对孔的预加工要求。孔表面应无冷挤硬化层，粗糙度值≤Ra 3.2μm，中等孔径的珩磨余量≤0.05～0.08mm，孔的圆柱度误差≤0.02mm。

（3）平顶珩磨机与珩磨头。

① 在现有的珩磨机上实现平顶珩磨，需要提高珩磨机的往复速度，调整主轴圆周速度与往复速度的比例，可获得需要的网纹交叉角。

② 在平顶珩磨机上使用专用的珩磨头，备有粗珩、精珩两副油石。机床具有自动测量装置，实现粗珩与精珩过程的压力转换与油石交替，可稳定获得优良的平顶珩磨表面。

专用的平顶珩磨头具有双油缸进给，如图 3-55 所示。该珩磨头的主要特点是在珩磨头上装有粗珩和精珩两套油石。粗珩时，活塞杆推动套杆 11 使外胀锥 2 下移，胀开粗珩油石座 6。在珩磨头的两个对称硬质合金导向条上配有气动测量喷嘴 12，待粗珩到预定尺寸后，通过气动量仪发出信号，使粗珩油石降压并缓慢缩回。活塞杆 B 迅速推动内胀锥 3，使精珩油石胀出，进行精珩。待预定精珩时间结束后，油石卸压缩回，珩磨头复位。此珩磨头的另一特点是制造精密，所有油石与磨头体上的油石槽均经研配，以保证进给系统的可靠性。

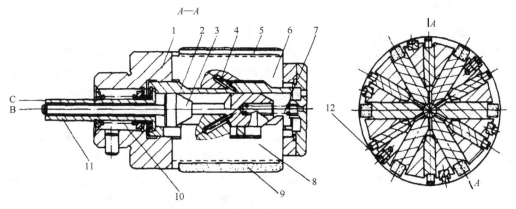

1—本体；2—外胀锥；3—内胀锥；4—斜销；5—粗珩油石；6—油石座；

7、10—复位弹簧；8—精珩油石座；9—精珩油石；11—套杆；12—喷嘴

图 3-55　平顶珩磨头结构

（4）平顶珩磨油石的选择。粗珩时选用粒度为 100/200～120/140（F80/F150～F100/F120）的人造金刚石磨条进行。精珩时用粒度细的绿色碳化硅油石进行，可容易地获得理想的优质表面。因为金刚石油石粗珩比普通磨粒能获得较深的、均匀的珩磨网纹，若用普通磨料则需组织疏松的油石。用绿色碳化硅精珩是为了保证粗珩表面上的尖峰被锋刃削平而未挤入沟槽或折叠。

（5）平顶珩磨工艺。

① 粗珩网纹。珩磨孔为公差的中值，保证网纹交叉角 θ 符合产品要求，珩磨表面的宏观和微观曲线均符合上述特性。珩磨压力 0.8～1.2MPa；珩磨速度 v_c=52m/min，v_a=30m/min，θ=60°；珩磨液为 90%煤油+硫化矿物油。要求达到表面粗糙度 Ra 1.25～2.0μm。

② 精珩平顶。用锋锐的油石以轻微的压力、较短的时间磨去粗珩表面上的尖峰而形成小平顶，保证表面微观轮廓曲线合格，表面粗糙度 Ra 0.5～1.25μm，平顶面积比率 t_p=50%～80%。珩磨压力 0.2～0.3MPa，珩磨直径余量 4～6μm，珩磨时间 8～15s。

2）超硬磨料油石珩磨

采用超硬磨料油石代替普通磨料油石进行珩磨，在生产实际中已得到广泛应用。这是由于超硬磨料硬而脆，在珩磨过程中，可以很快地得到新的锐利的切削刃；超硬磨料比普通磨料性能好，效率高，磨削区域产生的温度低，加工表面粗糙度低；此外，超硬磨料油石不产生剥落现象，也不容易堵塞，使用寿命长，成本低。一般珩磨高硬度和韧性材料，超硬磨料油石比普通磨料油石的珩磨效率高 3～75 倍，对一般材料的珩磨效率也可提高 10 倍左右。

超硬磨料油石主要有人造金刚石和 CBN 两种。人造金刚石多用于加工硬而脆的材料，效果显著，如珩磨高碳钢、铸铁、硬质合金等。也可用于珩磨普通钢材、铸铁和有色金属等，加工效果也较好。但不适用于珩磨韧性大、强度高和黏性大的某些钢材。CBN 的硬度比人造金刚石稍低，但强度、耐热性优于人造金刚石，故适用于珩磨韧性大、强度高的钢材，包括各种高合金钢、耐热合金、高速钢、不锈钢等难加工材料，如珩磨不锈钢 9Cr18，热处理硬度>56HRC；珩磨合金钢 12CrNi3A，渗碳淬火硬度>58HRC 时，与金刚石油石珩磨相比，其切

削效率可提高 2～3 倍。用于珩磨一般钢材、铜及铜合金等，也可获得较好的效果。

3）液体珩磨

液体珩磨原理如图 3-56 所示，在高压作用下，液体和磨料的混合物以一定的距离 L 和一定的角度 α 喷射到工件表面上，冲击区最大尺寸为 L_2。磨粒撞击工件表面，用部分碰撞动能凿出一小块切屑，原则上只是最初的粗糙轮廓的高峰顶端被除去，因为在这些高峰顶端之间会形成液体小坑，它们将吸收磨粒对工件表面的冲击，所以顶端之间加工不到。

图 3-57 所示为液体珩磨磨料切削过程。可以看出，粗糙轮廓高的顶端被除去，高顶端之间的液体又缓和了磨粒的冲击，从而阻止了磨料对低凹处的切削。液体珩磨有以下特点：①接近锥状喷射流心部的地方切削效率最高。②喷嘴和工件表面间的距离与珩磨效率有关。③喷射入射角对珩磨效率也有影响。通常，喷射入射角为 30°～60°。④磨粒尺寸也是影响珩磨质量的重要因素。细磨粒很容易悬浮，而粗大磨粒又有沉积的趋势，要防止沉积就要采取专门措施。通常，磨粒尺寸为 2～80μm，特殊情况下为 110～150μm。⑤所加工的表面各处粗糙度一致。⑥被加工工件的材料对加工影响不大。⑦喷嘴来回移动的速度很重要，其值应该在 3～5mm/s，除形状复杂的工件外，推荐采用机械式移动。⑧工件的形状误差只能得到局部校正，如果喷射技术差，误差还可能会加大。

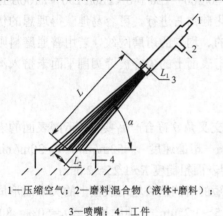 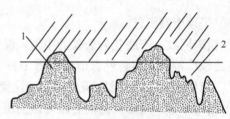

1—压缩空气；2—磨料混合物（液体+磨料）；

3—喷嘴；4—工件

图 3-56　液体珩磨原理示意图

1—被切除区；2—液体层

图 3-57　液体珩磨磨料切削过程示意图

4）挤压珩磨

（1）挤压珩磨原理。挤压珩磨是利用携带磨料的黏弹性基体介质（研磨介质）在一定压力（一般为 1～3MPa，有时高达 10MPa）下反复摩擦加工表面而达到抛光或去除毛刺作用的特种加工，又称磨料流加工。其工作原理如图 3-58 所示，工件固定安装在夹具中，夹具被上、下两只盛有研磨介质的挤压筒压紧。加工时，上、下挤压筒中的活塞由液压系统驱动上、下同步移动，从而推动和挤压研磨介质，使之反复通过工件的被加工表面，由磨料颗粒产生磨削作用。

挤压珩磨的研磨介质由磨料和基体介质（一种半固体状的高分子聚合物）均匀混合而成。在实际使用中还可根据不同的加工对象加入一定量的添加剂，如润滑剂、增塑剂和减黏剂等，以改变基体介质的黏度和流动性等物理性能。磨料一般采用碳化硅或氧化铝，有时也采用碳化硼或金刚石粉。磨料粒度为 20#～600#（F22～F360），粗磨料用于去毛刺，细磨料用于抛光。磨料含量为 10%～60%，根据具体加工情况而定。

（2）挤压珩磨的特点及应用。挤压珩磨最初主要用于去掉零件中隐蔽部位或交叉孔内的毛刺（见图 3-59），后来又应用到抛光模具或零件的表面，还用于抛光电火花加工的表面或去除表面变质层，对机械零件的棱边倒圆等。它具有加工效率高、能自动操作、抛光效果好等特点。目前，挤压珩磨已应用于宇航和兵器工业，同时也扩展到了纺织、医疗、缝纫、精密齿轮、轴承、模具制造等其他机械行业。

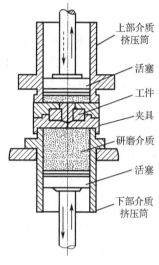

图 3-58　挤压珩磨原理　　　　　　图 3-59　挤压珩磨去毛刺

5）激光珩磨

激光珩磨使珩磨加工有了更好的加工途径。由于珩磨油槽宽度都是微米级的，这就要求激光的聚焦光斑大小也是微米级的，其加工原理如图 3-60 所示。同时，加工中要去除材料，因此，激光的功率密度就必须很高。这样，CO_2 激光就不适合，应使用 YAG 激光或准分子激光。

YAG 激光的波长为 1.06μm，属于红外光，材料去除通过热效应来实现。首先，被加工材料吸收激光的能量，温度上升；经过一定的时间后，工件被加工部分熔化、汽化，为了提高加工质量，应尽可能使材料汽化，因为汽化后材料部分扩张，可将熔化部分迅速排出。当进一步提高激光束强度超过临界值 I_c 时，材料进一步汽化，接着离子化，形成等离子体。此时，激光束功率要控制适当，使等离子体处于最佳状态，以便使材料在最佳汽化状态下去除，即汽化前沿的速度接近于材料热传导的平均速度，这样可以保证汽化物的质量和汽化前沿移动量具有最大值。激光珩磨工艺一般采用调 Q 脉冲 YAG 激光。YAG 激光经调 Q 技术处理后，可以依

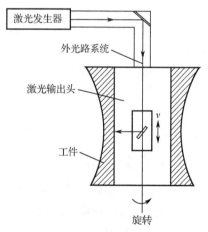

图 3-60　激光珩磨原理示意图

靠能量的储存及快速释放获得激光巨脉冲，从而使得激光束的脉冲宽度很窄，峰值功率很高。

准分子激光的波长较短，以使用广泛的 KrF 激光为例，波长为 248nm，属于紫外光，材料去除通过光解作用来实现。准分子激光照射到工件表面后，激光能量被吸收到材料内；在

这种高能量作用下，材料原子间结合被破坏，造成分解，由于分解部分体积迅速增大，分解的粒子或碎片飞散到大气中，从而完成材料的去除加工。因材料是通过蒸发被瞬间去除的，所以对工件的热影响很小。

3.7.2　砂带磨削技术

1．砂带磨削的定义

砂带磨削（Belt Grinding）以砂带作为磨具并辅之以接触轮（或压磨板）、张紧轮、驱动轮等磨头主体，以及张紧快换机构、调偏机构、防（吸）尘装置等功能部件共同完成对工件的加工过程。图 3-61 所示为砂带磨削示意图。

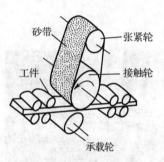

图 3-61　砂带磨削示意图

2．砂带磨削机理

砂带磨削时，除有砂轮磨削的滑擦、耕犁和切削作用外，由于有弹性，还有磨粒的挤压使加工表面产生的塑性变形、磨粒的压力使加工表面产生的加工硬化和断裂，以及因摩擦升温而引起的加工表面热塑性流动等。因此，从加工机理来看，砂带磨削兼有磨削、研磨和抛光作用，是一种复合加工。

3．砂带磨削的特点

（1）磨削表面质量好。砂带与工件柔性接触，磨粒载荷小而均匀，且能减振，故有"弹性磨削"之称。加之工件受力小，发热少，散热好，因而可获得好的加工表面质量，表面粗糙度可达 Ra 0.02μm。

（2）磨削性能强。静电植砂制作的砂轮，磨粒有方向性，尖端向上，摩擦生热少，砂轮不易堵塞，且不断有新磨粒进入磨削区，磨削条件稳定。

（3）磨削效率高。强力砂带磨削，磨削比（切除工件重量与砂带磨耗重量之比）大，有"高效磨削"之称。加工效率可达铣削的 10 倍。

（4）经济性好。设备简单，无须平衡和修整，砂带制作方便，成本低。

（5）适用范围广。可用于内、外表面及成形表面加工。

（6）有局限性。不能加工窄退刀槽、阶梯孔、小孔等，对于精度要求很高的工件，特别是位置精度和形状精度要求较高的工件，砂带磨削不如精密砂轮磨削。

4．砂带磨削方式

砂带磨削方式由工件表面生成所需的磨削运动及砂带与工件之间的位置所决定。砂带磨削方式分为开式砂带磨削与闭式砂带磨削两大类，如图 3-62 所示。

开式砂带磨削（见图 3-62（a））是用成卷的砂带由电动机经减速机构带动卷带轮做极缓慢的转动，带动砂带做缓慢的移动，砂带由接触轮压向工件，工件做高速回转运动，实现对工件表面的磨削加工。由于砂带缓慢地移动，磨粒不断投入磨削，磨削效果一致性好，所以多用于精密和超精密加工。

s 闭式砂带磨削（见图 3-62（b））采用环形砂带（有接头及无接头），通过接触轮与张紧轮撑紧，由电动机传动接触轮（或驱动轮）带动砂带做高速回转运动。同时工件做同向（或逆向）回转运动，又做纵向及横向进给（或砂带头架做纵向及横向进给），实现对工件的磨削加工。砂带磨损后再更换上新砂带。闭式砂带磨削由于砂带高速回转易发热且噪声大，所以磨削质量不及开式砂带磨削方式，但效率高，适宜粗加工、半精加工及精加工。

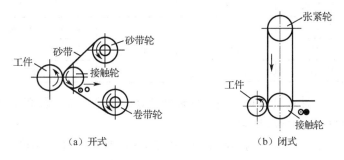

图 3-62　砂带磨削方式

按砂带与工件接触形式分为接触轮式、支承板式、自由接触式和自由浮动接触式四种。在区分砂带磨削方式时，砂带磨床设备结构主要组成部件相互配置位置决定了砂带磨床的特征。砂带磨削机床的主要部件有：

（1）接触轮（辊）。接触轮（辊）是砂带磨床中的关键部件。在砂带与工件接触部位，支承着砂带背面，砂带获得有力的支承。有的磨床中接触轮（辊）还同时起驱动轮的作用，有时兼起张紧轮的作用。接触轮（辊）外层材料的物理力学性能及表面状况（光滑表面或齿槽表面等）对磨削精度与表面质量有重大影响。

（2）张紧轮（辊）。一般起张紧砂带的作用，可以调节砂带张力，又具有实现换带的调节功能。

（3）驱动轮（辊）。驱动轮（辊）获得动力源能量后，带动砂带高速移动。驱动轮（辊）可单独设置，也可与接触轮合在一起。

（4）惰轮。起支承砂带或转变砂带传动方向的作用，根据砂带长度可设置一个或多个。

（5）压磨板（支承板）。在有些砂带磨床中设置压磨板部件进行平面或型面的磨削，起接触轮的作用。支承板与砂带背面处于摩擦状态，接触面大，摩擦热产生多，故易磨损，常用耐磨铸铁制作，也可选用硬质合金或在结构钢表面上涂层。

砂带磨床主要部件配置形式繁多，按常规磨削方式分类，其主要磨削方式有接触轮式、支承板（轮）式、自由式。

5. 砂带磨削的工艺参数

砂带磨削的工艺参数主要有砂带速度、工件速度、磨削余量及纵向进给量。

（1）砂带速度。适当提高砂带速度有利于提高生产效率和工件的表面质量，但带速又受到砂带强度的限制。闭式磨削，粗磨时一般选 12～20m/s，精磨时一般选 25～30m/s。砂带速度还与被磨工件材料有关，难加工材料取较低值，非金属材料取较高值。实际选择时可参考表 3-15。

表 3-15　磨削不同材料推荐的砂带速度

加 工 材 料		砂带速度/（m·s⁻¹）	加 工 材 料		砂带速度/（m·s⁻¹）
非铁金属	铝	22～28	铸铁	灰口铸铁	12～18
	纯铜	20～25		冷硬铸铁	12～18
	黄铜、青铜	25～30			
钢	碳钢	20～25	非金属	棉纤维、玻璃纤维	30～50
	不锈钢	12～20		橡胶	25～35
	镍铬钢	10～18		花岗岩	15～20

（2）工件速度。工件速度高可避免工件表面烧伤，但会增加表面粗糙度。粗磨时一般选20～30m/min，精磨时选 20m/min 以下。

（3）磨削余量。粗磨时，一般为 0.05～0.15mm，对硬度高、难磨削材料可为 0.03～0.05mm，普通材料为 0.10～0.20mm；精磨时，磨削余量可为 0.01～0.05mm。

（4）纵向进给量。它直接影响磨削效率和表面粗糙度。粗磨时可采用粗粒度砂带，用较大的纵向进给量，一般为 0.17～3.0mm/r；精磨时需采用细粒度砂带，用较小的纵向进给量，一般为 0.40～2.00mm/r。

（5）接触压力。在砂带磨削中，必须给予工件一定的压力才能磨削，这个力就是接触压力。这个力决定着磨削深度，影响磨削效率和砂带寿命，可根据工件材料、砂带、磨削余量和表面粗糙度要求来选择，一般为 50～300N。

5. 砂带磨削的应用

（1）砂带磨削几乎能磨削所有的材料，如金属、有色金属、耐热合金、木材、皮革、塑料等。

（2）砂带磨削能够加工表面质量及精度要求高的各种形状的工件，如大面积板材的抛磨加工；金属带材或线材的连续抛磨加工；长径比很大的工件内、外圆抛磨等。

（3）汽轮机叶片曲面砂带磨削。成形曲面砂带磨削方式有仿形砂带磨削、共轭接触砂带磨削与数控砂带磨削。所用的砂带有宽带、窄带两种。宽带是指砂带宽度与被加工工件等宽或稍宽于工件加工面宽度。加工时只有切深方向的进给，仅适于工件表面变化不大表面的粗加工。窄砂带一般为 15～20mm，加工时，工件及砂带做双向进给，适于加工尺寸较大、形状复杂的工件。窄砂带磨削按进给方向分为纵向行距法及横向行距法。

① 宽砂带仿形磨削叶片曲面。加工方式示意图如图 3-63 所示，工件装夹在工作台上，在工作台下部有靠模板与滚轮，工作台往复移动并随靠模板轨迹上下起伏，完成成型面加工。

② 窄砂带仿形纵向与横向行距磨削。航空发动机叶片可用窄砂带仿形纵向与横向行距磨削，如图 3-64 所示。采用横向行距法磨削，靠模同轴布置，接触轮与球面滚轮通过支架刚性连接，工件与靠模同步慢速旋转，工作台横向移动，一次装夹完成内弧和背弧面加工，多用于粗磨。精磨则采用纵向行距法磨削。

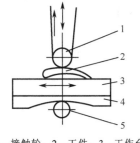

1—接触轮；2—工件；3—工作台；
4—靠模；5—靠模轮

图 3-63　宽砂带仿形磨削

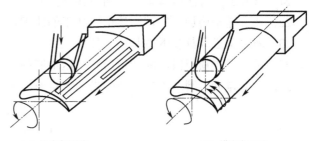

（a）纵向行距法　　　　　（b）横向行距法

图 3-64　窄砂带成形磨削方法

③ CNC 砂带精密磨削叶片。CNC 砂带磨削是目前提高叶片加工质量最有效的工艺方法。由于接触轮与工件是线接触，比数控切削加工所使用的球形刀具点接触加工优越。

（4）砂带磨削设备形式多样，品种繁多，目前已形成了外圆砂带磨床系列、内圆砂带磨床系列、平面砂带磨床系列，以及涡轮机叶片砂带磨床等。

复习思考题

1．什么是磨削加工？试举出几种磨削加工形式。

2．什么是磨具？砂轮的组成是什么？其性能由哪些因素决定？

3．磨料的种类有哪些？试举出几种常用磨料。

4．砂轮磨损的形式有哪些？砂轮修整的含义是什么？

5．外圆与平面磨削时，磨削运动有哪些形式？

6．试简述单个磨粒的磨削过程。

7．磨削烧伤的种类及其控制措施有哪些？

8．什么是高速磨削？与普通磨削相比，高速磨削有哪些特点？

9．试简述高速磨削对砂轮和机床的要求。

10．高速磨削中砂轮精密修整技术有哪些？

11．什么是精密磨削？试简述普通砂轮精密磨削中砂轮的选择原则。

12．超硬磨料砂轮精密磨削的特点是什么？其磨削用量如何选择？

13．什么是超精密磨削？试简述其机理、特点及应用。

14．什么是缓进给磨削？试简述其特点及应用。

15．缓进给磨削中如何进行连续修整？连续修整的优点有哪些？

16．什么是研磨加工？试简述研磨加工的分类及特点。

17．试述研磨加工机理的几种观点。

18．研磨质量的影响因素有哪些？试简述研磨工艺参数对研磨质量的影响规律。

19．陶瓷球的研磨方法有哪些？

20．什么是抛光加工？试简述抛光加工的机理。

21．抛光加工方法有哪些？试简述各种抛光加工方法的特点及应用。

22．什么是珩磨加工？试简述珩磨加工的原理及特点。

23．珩磨头必须具备哪些基本条件？

24．试简述平顶珩磨、液体珩磨和挤压珩磨的原理及特点。

25．什么是砂带磨削？试简述砂带的特点及应用。

第4章　特种加工技术

本章主要阐述电加工技术的加工原理及类型。要求重点了解电火花加工技术、电解加工技术、电铸加工技术、激光束加工技术、电子束加工技术和离子束加工技术；掌握各种电加工方法的特点、应用场合及注意事项，能够根据零件的加工技术要求分析、选择合理的电加工方法。到实验室参观电火花加工，加深对电加工技术的理解。

4.1　电火花加工技术

4.1.1　电火花加工原理

电火花加工（Electrical Discharge Machining，EDM）又称放电加工，是利用导电工件（包括半导体）和工具电极（正、负电极）之间脉冲性火花放电时的电腐蚀现象来蚀除多余材料，以达到对工件尺寸、形状及表面质量要求的加工技术。电火花加工的基本原理如图 4-1 所示。加工时，工件和工具电极间通常充有液体电介质。

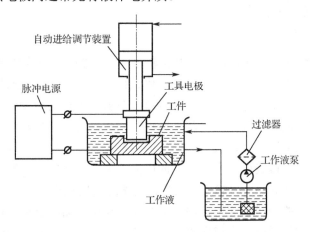

图 4-1　电火花加工原理

电火花腐蚀的微观过程是电场力、磁力、热力、动力、电化学和胶体化学等综合作用的过程。这一过程大致可分为以下四个连续的阶段：①极间介质的击穿与放电；②介质热分解、电极材料熔化与汽化热膨胀；③电极材料的抛出；④极间介质的消电离。

1. 极间介质的击穿与放电

由于工具电极和工件的微观表面凹凸不平，极间距离很小，因而极间电场强度很不均匀，两极间离得最近的突出点或尖端处的电场强度一般为最大。当阴极表面某处的场强增大到 10^6 V/cm 以上时，就会产生场致电子发射，由阴极表面逸出电子。在电场作用下，电子高速向阳极运动并撞击介质中的分子和中性原子，产生碰撞电离，形成带负电的粒子（主要是电子）

和带正电的粒子（正离子），导致带电粒子雪崩式增多，击穿介质而放电。从雪崩电离开始到建立放电通道的过程非常迅速，一般为 $10^{-7} \sim 10^{-6}$s，间隙电阻从绝缘状态迅速降低至几分之一欧姆，间隙电流迅速上升到最大值。由于放电通道直径很小，所以通道中的电流密度高达 $10^5 \sim 10^6 \text{A/cm}^3$。间隙电压则由击穿电压迅速下降到火花维持电压（一般为 $20 \sim 25$V）。图 4-2 所示为矩形波脉冲放电时的电压 u 和电流 i 波形。

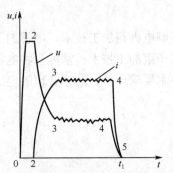

0-2—脉冲电压施加于工具电极与工件之间；

2-3—雪崩电离开始，建立放电通道；

3-4—熔化、汽化了的电极材料抛出、

腐蚀；4-5——次脉冲放电结束

图 4-2　极间放电电压和电流波形

2. 介质热分解、电极材料熔化与汽化热膨胀

极间介质一旦被电离、击穿、形成放电通道，脉冲电源使通道间的电子高速奔向正极，正离子奔向负极。电能变成动能，动能通过碰撞又转变为热能。于是在通道内，正极和负极表面分别成为瞬时热源，并分别达到很高的温度。正、负极表面的高温除使工作液汽化、热分解以外，也使金属材料熔化，直至沸腾汽化。这些汽化后的工作液和金属蒸气体积瞬时增大并急剧膨胀，产生爆炸现象。观察电火花加工过程，可以看到放电间隙间冒出很多小气泡，工作液逐渐变黑，并可听到轻微而清脆的爆炸声。这种热膨胀及局部轻微爆炸使得熔化及汽化的电极材料蚀除抛出，如图 4-2 中 3-4 段所示。

3. 电极材料的抛出

传递给电极的能量转化成热能，并在电极表面形成一个瞬时高温热源。在脉冲放电初期，高温热源将使电极放电点部分材料汽化，在汽化过程中，产生很大的热爆炸力，使被加热至熔化状态的材料挤出或溅出。电极蒸气、介质蒸气及放电通道的急剧膨胀也会产生相当大的压力，参与熔融金属的抛出过程。脉冲放电持续时间较短时，这种热爆炸力的抛出效应是比较显著的。在脉冲放电持续期间，放电通道中的带电粒子将在电场作用下形成电子流和离子流，并分别冲击阳极和阴极表面，产生很大的压力，使放电点的局部金属过热。而过热的熔融金属内部又会形成汽化中心，引起汽化爆炸，把熔融金属抛出。

脉冲电流结束之后的一段时间内，由于流体动力作用，熔融金属还会额外抛出一部分，因为放电过程所产生的气泡会因内部压力高而迅速向外扩展。当脉冲电流结束时，会因液体运动惯性而继续扩展，加上气泡壁上蒸气的冷凝，致使气泡内压力急剧降低，甚至大大低于大气压力。这使高压下溶解在熔融金属中的气体喷爆而出，使熔融金属随同金属蒸气再次从放电凹坑中抛出。

4. 极间介质的消电离

一次脉冲放电结束后还应有一段间隔时间，使间隙介质消电离，即放电通道中的带电粒子复合为中性粒子，恢复本次放电通道处间隙介质的绝缘强度，以免总是重复在同一处发生放电而导致电弧放电。这样可以保证按两极相对最近处或电阻率最小处形成下一次击穿放电通道。

5. 电腐蚀去除材料必须具备的条件

（1）放电形式必须是瞬时的脉冲性放电。图 4-3 所示为矩形波脉冲电源的电压波形。脉冲宽度一般为 $10^{-7}\sim10^{-3}$s，相邻脉冲之间有一个间隔，这样才能使热量从局部加工区传导扩散到非加工区；否则，就会像持续电弧放电那样，使工件表面烧伤而无法用于尺寸加工。

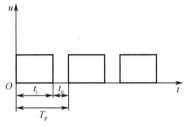

t_i—脉冲宽度；t_o—脉冲间隙；T_p—脉冲周期

图 4-3　矩形波脉冲电源的电压波形

（2）火花放电须在有较高绝缘强度的液体介质中进行，这样既有利于产生脉冲性的放电，又能使加工过程中产生的屑、焦油、炭黑等电蚀产物从电极间隙中悬浮排出，同时还能冷却电极和工件表面。

（3）必须有足够的脉冲放电强度。一般要求局部集中电流密度达到 $10^5\sim10^8$A/cm^2 以上才能实现工件材料的局部熔化和汽化。

（4）工具电极和工件表面间必须保持一定的放电间隙。通常为数微米到数百微米，因此，需要控制工具电极的进给速度并与工件表面的蚀除速度相匹配，以保持放电间隙。

4.1.2　电火花加工的特点及应用

（1）可加工各种型孔、曲线孔和微小孔，如图 4-4 所示。

（2）可加工各种立体曲面型腔，如锻模、压铸模、塑料模。

（3）脉冲参数可调节，可在一台机床上进行粗加工、半精加工和精加工。

（4）进行切断、切割及进行表面强化、刻写、打印铭牌和标记等。

（5）在一般情况下，生产效率低于切削加工。

（6）长时间放电过程会使工具电极损耗，影响成形精度。

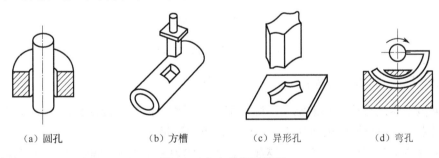

（a）圆孔　　　　　（b）方槽　　　　　（c）异形孔　　　　　（d）弯孔

图 4-4　电火花穿孔加工

4.1.3　电火花线切割加工

电火花线切割加工（Wire Cut EDM，WEDM）是在电火花加工基础上于 20 世纪 50 年代末最早在苏联发展起来的一种新的加工工艺形式，是用线状电极（铜丝或钼丝）靠火花放电对工件进行切割，故称电火花线切割加工，简称线切割。它已获得广泛的应用，目前国内外的线切割机床已占电加工机床的 60% 以上。

1. 电火花线切割加工原理

工件安装在工作台上，工作台通常由 X 轴和 Y 轴电动机驱动，如图 4-5 所示。工具电极（电极丝）为直径 0.02～0.3mm 的金属丝，由走丝系统带动电极丝沿其轴向移动。走丝方式有两种：①高速走丝（见图 4-5（a）），速度为 9～10m/s，采用钼丝作为电极丝，可循环反复使用；②低速走丝（见图 4-5（b）），速度小于 10m/min，电极丝采用铜丝，只使用一次。

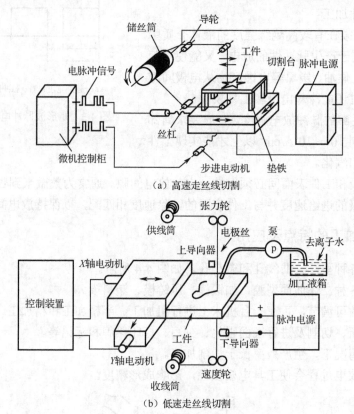

（a）高速走丝线切割

（b）低速走丝线切割

图 4-5　电火花线切割加工原理

2. 电火花线切割加工的特点

（1）电极工具是直径较小的细丝，脉冲宽度、平均电流等不能太大，加工工艺参数的范围较小，属中、精正极性电火花加工，工件常接电源正极。

（2）用水或水基工作液，不会引燃起火，容易实现安全无人运转，但由于工作液的电阻率远比煤油小，因而在开路状态下，仍有明显的电解电流。电解效应稍有益于改善加工表面粗糙度。

（3）一般没有稳定电弧放电状态。因为电极丝与工件始终有相对运动，尤其是快速走丝火花线切割加工。因此，线切割加工的间隙状态可以认为是由正常火花放电、开路和短路这三种状态组成，但往往在单个脉冲内有多种放电状态，有"微开路"、"微短路"现象。

（4）电极与工件之间存在"疏松接触"式轻压放电现象。研究表明，当柔性电极丝与工件接近到通常认为的放电间隙（如 8～10μm）时，并不发生火花放电；只有当工件将电极丝顶弯，偏移一定距离（几微米到几十微米）时，才发生正常的火花放电。可以认为，在电极丝和工件之间存在某种电化学产生的绝缘薄膜介质，当电极丝被顶弯所造成的压力和电极丝相对工件的移动摩擦使这种介质减薄到可被击穿的程度时，才发生火花放电。放电发生之后产生的爆炸力可使电极丝局部振动而脱离接触，但宏观上仍是轻压放电。

（5）可省去成形工具电极，大大降低成形工具电极的设计和制造费用，缩短生产准备时间，加工周期短，这对新产品的试制具有很重要的意义。

（6）由于采用移动的长电极丝进行加工，使单位长度电极丝的损耗较小，从而对加工精度的影响较小，特别是在低速走丝线切割加工时，电极丝一次性使用，其损耗对加工精度的影响更小。

3. 电火花线切割加工的应用

电火花线切割加工为新产品试制、精密零件加工及模具制造开辟了一条新的工艺途径，目前主要用于以下加工领域。

1）模具加工

适用于各种形状的冲模。调整不同的间隙补偿量，只需一次编程就可以切割凸模、凸模固定板、凹模及卸料板等。模具配合间隙、加工精度通常都能达到要求。此外，还可加工挤压模、粉末冶金模、弯曲模、塑压模等，也可加工带锥度的模具。

2）电火花成形加工用电极的加工

一般穿孔加工用的电极、带锥度型腔加工用的电极以及铜钨、银钨合金之类的电极材料，用线切割加工特别经济，同时也适用于加工微细复杂形状的电极。

3）直纹曲面的加工

电火花线切割加工一般只用于切割二维曲面，即用于切割型孔，不能加工立体曲面（即三维曲面）。然而一些由直线母线组成的三维直纹曲面，如螺纹面、双曲面及一些特殊表面等，用电火花线切割加工仍是可以实现的，只需增加一个数控回转工作台附件，工件装在用步进电动机驱动的回转工作台上，采取数控移动和数控转动相结合的方式编程，用 θ 角方向的单步转动来代替 Y 轴方向的单步移动，即可完成这些加工工艺。图 4-6 所示为电火花线切割加工直纹曲面示意图。

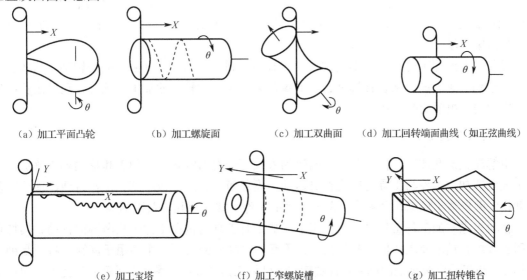

（a）加工平面凸轮　　（b）加工螺旋面　　（c）加工双曲面　　（d）加工回转端面曲线（如正弦曲线）

（e）加工宝塔　　　　（f）加工窄螺旋槽　　　　（g）加工扭转锥台

图 4-6　电火花线切割加工直纹曲面示意图

4) 各种零件的加工

在试制新产品时，用线切割在坯料上直接割出零件，例如试制切割特殊微电机硅钢片定转子铁芯，由于不需另行制造模具，可大大缩短制造周期、降低成本。另外，修改设计、变更加工程序比较方便，加工薄件时还可多片叠在一起加工。在零件制造方面，可用于加工品种多、数量少的零件，特殊难加工材料的零件，材料试验样件，各种型孔、特殊齿轮、凸轮、样板、成形刀具，还可进行微细加工和异形槽加工等。

4.2　电解加工技术

4.2.1　电解加工原理

电解加工（Electrochemical Machining，ECM）是利用金属在电解液中产生阳极溶解的电化学原理对工件进行成形加工的一种方法。加工时，工件接直流电源（10~20V）的阳极，工具接电源的阴极，工具向工件缓慢进给，使两极之间保持较小的间隙（0.1~0.8mm），具有一定压力（0.5~2MPa）的氯化钠电解液从间隙中流过，这时阳极工件的金属逐渐电解腐蚀，电解产物被高速（5~50m/s）的电解液带走，如图 4-7 所示。

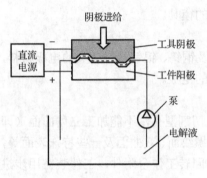

图 4-7　电解加工原理示意图

4.2.2　电解加工的特点及应用

与其他加工方法相比，电解加工具有如下优点：①工作电压（10~24 V）小，工作电流（10~100 A/cm²）大；②以简单的进给运动一次加工出形状复杂的型面或型腔；③可加工难加工材料；④生产率较高，为电火花加工的 5~10 倍；⑤无切削力和切削热，适于易变形或薄壁零件的加工；⑥平均加工公差可达±0.1mm 左右。不足之处是：①附属设备多，占地面积大，造价高；②电解液既腐蚀机床，又容易污染环境。

目前，电解加工可进行从小到仪表轴的微小毛刺，大到重达几百千克的转轴，从各种型孔、型腔到各种表面，从各种模具、异形零件到链轮、齿轮等的加工。此外，还可进行电解车、电解铣、电解切割等加工。

1.　深孔扩孔加工

电解深孔扩孔加工，按工具阴极的运动方式可分为固定式电解加工和移动式电解加工。固定式电解加工工件与工具之间无相对运动，设备简单、生产效率高、操作方便、便于实现自动化，但仅适于加工孔径较小、深度不大的工件，如花键孔、花键槽等。

移动式电解加工是工件固定在机床上，加工时工具阴极在工件内孔做轴向移动。其特点是阴极较短，精度要求较低，制造简单，不受电源功率的限制。主要用于深孔，特别是细长孔加工。在工具电极移动的同时，再做旋转，可加工内孔膛线。图 4-8 所示为深孔扩孔用移动式阴极。阴极设计成锥体形状，用黄铜或不锈钢材料制成。非工作面用有机玻璃或环氧树脂等绝缘材料遮盖起来。前引导 4 和后引导 1 起绝缘及定位作用。电解液从接头及入水孔 6 引入，从出水孔 3 喷出，经过一段导流，进入加工区域。

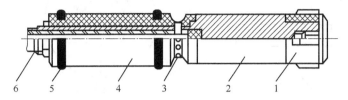

1—后引导；2—阴极锥体；3—出水孔；4—前引导；5—密封圈；6—接头及入水孔

图 4-8　深孔扩孔用移动式阴极

2．型孔加工

在实际生产中往往会遇到一些形状复杂、尺寸较小的四方、六方、椭圆、半圆等形状的通孔和盲孔，机械加工很困难，如采用电解加工，则可大大提高生产效率和加工质量。为了避免锥度，阴极侧面必须绝缘。为了提高加工速度，可适当增加端面工作面积，增加阴极内圆锥面的高度及工作端、侧成形环面的宽度，并保证出水孔的截面积大于加工间隙的截面积。

3．型腔加工

多数锻模为型腔模，目前常采用电火花加工，对于消耗量较大、精度要求不高的一些场合，近年来逐渐采用电解加工。型腔模的成形表面比较复杂，对于电解液的选择、阴极设计要求均比较高，如图 4-9 所示。

（a）连杆锻模　　　　　　　　　　（b）曲轴锻模

图 4-9　电解加工型腔模具

4．套料加工

用套料加工方法可以加工等截面的大面积异形孔或用于等截面薄型零件的下料。图 4-10 所示异形复杂零件，采用套料阴极可以很方便地加工。

5．叶片加工

叶片是喷气发动机、汽轮机中的重要零件，叶身型面形状比较复杂，精度要求高，加工批量大。采用电解加工，不受叶片材料硬度和韧性的限制，在一次行程中即可加工出复杂的叶身型面，生产效率高，表面粗糙度小。如图 4-11 所示，叶轮上的叶片逐个加工，采用套料法加工，加工完一个叶片，退出阴极，分度后再加工下一个叶片，直至整个叶轮加工完毕。

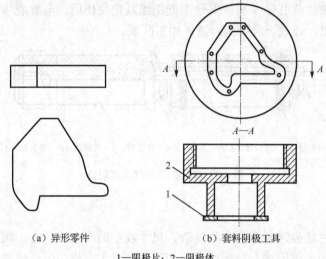

（a）异形零件　　　　　　　　（b）套料阴极工具

1—阴极片；2—阴极体

图 4-10　电解套料加工复杂零件

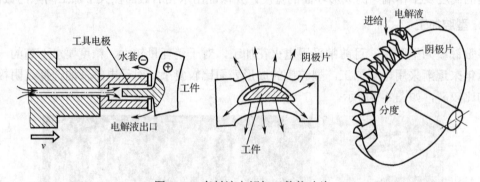

图 4-11　套料法电解加工整体叶片

6. 展成电解加工

　　航空发动机高推重比、高可靠性的要求对叶片的性能要求越来越高，整体叶轮结构在航空发动机中的应用也越来越广泛。对于变截面扭曲叶片的整体叶轮加工，展成电解加工工艺独树一帜，形成了一种崭新的电解加工工艺。

　　展成电解加工技术是利用简单形状的工具阴极，通过计算机控制阴极相对于工件的运动来加工复杂型面的电解加工方法。这一加工技术综合了数控加工和电解加工两者的技术特点，既有电解加工的优点，如工具阴极无损耗、无宏观切削力、适宜加工各种难切削材料零件及薄壁件、加工效率高、表面质量好，又具有数控加工的优点，如能通过程序来控制阴极相对工件的运动而加工出复杂型面，避免复杂的成形阴极的设计制造，投产周期短，适用加工范围广，具有很大的加工柔性，可用于小批量、多品种甚至单件试制的生产中。而且在数控展成电解加工过程中，阴极参与加工的区域与传统复制式电解加工相比大为减小，从而使得电解液中产生的气体及热量的影响显著下降，因而也可提高加工精度和表面质量。图 4-12 所示为展成电解加工整体叶轮。

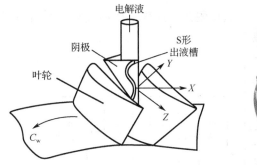

图 4-12　展成电解加工整体叶轮

4.3　电铸加工技术

4.3.1　电铸加工原理

电铸加工（Electroforming）是利用金属在电解液中产生阴极沉积的原理获得制件的特种加工方法，其基本原理如图 4-13 所示，用导电的原模作为阴极，用于电铸的金属作为阳极，金属盐溶液作为电铸溶液，即阳极金属材料与金属盐溶液中的金属离子的种类相同，在直流电源的作用下，电铸溶液中的金属离子在阴极还原成金属，沉积于原模表面，而阳极金属则源源不断地变成离子溶解到电铸液中进行补充，使溶液中金属离子的浓度保持不变。当阴极原模电铸层逐渐加厚达到要求的厚度时，与原模分离，即获得与原模型面相反的电铸制件。

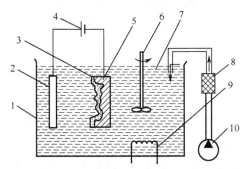

1—电铸槽；2—阳极；3—电铸层；4—直流电源；5—原模（阴极）；6—搅拌器；

7—电铸液；8—过滤器；9—加热器；10—泵

图 4-13　电铸加工原理示意图

4.3.2　电铸加工工艺过程

电铸加工主要工艺过程如图 4-14 所示。

1. 原模材料与设计

制造合格的原模是电铸的第一步。原模按使用次数可以分为临时性原模和耐久性原模。选用原则主要根据电铸零件的形状、精度和表面粗糙度要求，以及加工批量来决定。通常，要求公差小、表面粗糙度低、批量生产时，选用耐久性原模；当精度和表面粗糙度要求不高或形状复杂、脱模困难时，选用临时性原模。

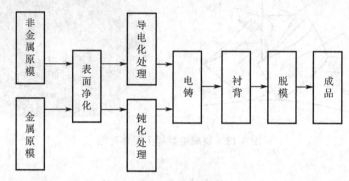

图 4-14 电铸加工主要工艺过程

原模材料必须根据电铸件的具体要求和原模材料性能，以及原模类型进行合理选择。常用耐久性原模材料有碳素钢、镍、不锈钢、黄铜、青铜、玻璃等，而临时性原模材料有铝、蜡、石膏等硬度低的材料。

原模设计必须考虑工件的结构、精度、可加工性能及脱模工艺等因素。例如，内、外棱角应采取尽可能大的过渡圆弧，以免电铸层内棱角处太薄而外棱角处过厚；原模长度应大于工件长度，即留有 8～12mm 的加工余量，以便电铸后切去粗糙的交接面；对耐久性原模，脱模斜率一般为 1°～30°；如果不允许有斜度，则应选用与电铸金属热膨胀系数相差较大的材料制作原模，以便电铸后用加热或冷却的方法脱模；即使对零件表面粗糙度没有要求，为了顺利脱模，原模表面粗糙度也应不低于 Ra 0.4～0.6μm；零件尺寸精度要求不高时，可在原模上涂上或浸入一层蜡或易熔合金，待电铸后将涂层熔去脱模，外形复杂不能完整脱模的零件，应选用临时性原模或组合式原模。

2. 原模电铸前预处理

（1）清洗处理。原模电铸前，必须进行清洗，以去掉表面的脏物或油污，保证金属离子能电铸到原模表面。清洗的方法包括有机洗、酸洗、碱洗、阴极电解清洗等。不可用苛性碱或浓酸清洗，以确保原模不受腐蚀。

（2）钝化处理。电铸前，对金属原模表面要进行钝化处理，使金属表面形成一层钝化膜，一般在重铬酸盐溶液中处理。

（3）导电化处理。对非金属原模表面，电铸前必须进行导电化处理。导电化处理方法一般有以下几种：①以极细的石墨、铜粉或银粉混合少量胶合剂做成导电漆，涂敷在非金属原模表面；②用真空镀膜或阴极溅射的方法，在非金属表面覆盖一薄层金、银或铂等金属膜；③用化学镀的方法，在非金属表面镀上一层银、铜或镍，此法在生产上经常应用。

3. 电铸溶液

由于电铸层较厚，又有物理、机械性能等要求，所以对电铸溶液有以下要求：

（1）沉积速度快。采用高电流密度，合理选择电铸液，采用加热、搅拌、超声波等强化措施。

（2）成分简单便于控制。由于电铸产品主要要求物理、机械性能，因此，要求成分简单，便于控制，可使电铸层的性能保持稳定。

（3）对溶液的净化处理要求高。由于电铸层厚，各种有机、无机和机械杂质的影响严重，使电铸层粗糙、变脆，将影响其他物理、机械性能。因此，必须定期过滤和处理。

（4）能获得均匀的电铸层。因电铸件脱模后要独立存在，所以对铸层厚度要有最低要求，否则强度不足。此外，如果各部分厚度差别太大，将直接影响产品的使用性能，因此要尽量选用均铸能力好的电铸溶液。

电铸常用金属材料有铜、镍和铁，每种材料有与之相应的电铸溶液。电铸铜常用硫酸盐、氟硼酸盐和焦磷酸盐；电铸镍常用硫酸盐、氟硼酸盐和氨基碳酸盐等；电铸铁常用氯化物和氟硼酸盐。

4．衬背

某些电铸件，如塑料模具和印刷版等，电铸成形后需要用其他材料衬背加固，然后再加工至一定尺寸。衬背方法有浇铸铝或铅-锡合金及热固性塑料等。对某些零件可以在外表面包覆树脂进行加固。

5．脱模

如果电铸件需要机械加工，最好在脱模前进行，一方面原模可以加固铸件，以免零件在机械加工中变形或损坏；另一方面机械力能促使电铸件与原模分离，便于脱模。脱模方法视原模的材料而定。

4.3.3　电铸加工的工艺特点

（1）能获得尺寸精度高、表面粗糙度 $Ra \leqslant 0.1\mu m$ 的复制品，同一原模生产的电铸件一致性极好。

（2）借助石膏、石蜡、环氧树脂等作为原模材料，可把复杂零件的内表面复制为外表面，外表面复制为内表面，然后再进行电铸复制，适应性广泛。

（3）可以制造多层结构的构件，并能将多种金属、非金属拼铸成一个整体。

4.3.4　电铸加工应用

电铸加工具有极高的复制精度和重复精度，可用于形状复杂、精度要求很高的空心零件；厚度仅几十微米的薄壁零件；高尺寸精度且表面粗糙度 $Ra \leqslant 0.1\mu m$ 的精密零件；唱片模、邮票、纸币、证券等印刷版之类具有微细表面轮廓或花纹的金属制品，以及各种具有复杂曲面轮廓或微细尺寸的注塑模具、电火花型腔用电极等金属零件的制造和复制。近年来，电铸加工在航空、仪器仪表、塑料、精密机械、微型机械研究等方面为微小、精密零部件的制造发挥了重要作用。

1．精密微细喷嘴的电铸加工

精密喷嘴内孔直径为 $\phi 0.2 \sim 0.5mm$，内孔表面要求镀铬。采用传统加工方法比较困难，用电铸加工则比较容易。

首先加工精密黄铜型芯，其次用硬质铬酸进行电沉积，再电铸一层金属镍，最后用硝酸类活性溶液溶解型芯。由于硝酸类溶液对黄铜溶解速度快，且不侵蚀镀铬层，所以可以得到光洁内孔表面镀铬层的精密微细喷嘴，如图 4-15 所示。

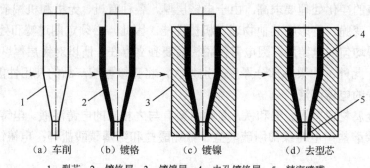

（a）车削　　（b）镀铬　　（c）镀镍　　（d）去型芯

1—型芯；2—镀铬层；3—镀镍层；4—内孔镀铬层；5—精密喷嘴

图 4-15　精密喷嘴电铸工艺过程

2．链轮成形模电极电铸

异形链轮由多曲面组成、形状复杂、精度要求高，且只有实物而无图纸。用传统加工直接加工型腔或制造型腔电极都十分困难。用电铸加工可照链轮实物直接复制出电极，省去对链轮的精密测绘、加工机床、特殊刀具及编制加工程序等工作和设备。图 4-16 所示为链轮成形模电极电铸工艺流程图。

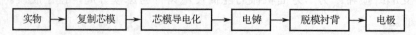

图 4-16　链轮成形模电极电铸工艺流程图

3．薄壁多孔电铸

当在直径 $\phi100mm$、厚度 0.15mm 的金属板上加工 24 个 $\phi14mm$ 的分布孔时，用电铸加工就比较方便。经检测，铸件几何尺寸符合要求，表面粗糙度为 Ra 0.1μm，表面残余应力为 -9.80MPa。

4．薄壁圆筒电铸

如电铸加工一壁厚 0.05mm 的钢圆筒，表面粗糙度 $Ra≤0.1μm$。铸件几何尺寸、表面粗糙度均达到技术要求，表面残余应力为 -13.7MPa。

5．筛网制造

电铸是制造各种筛网、滤网最有效的方法，因为它无须使用专用设备就可获得各种形状的孔眼，孔眼的尺寸大至数十毫米，小至 5μm。其中典型的就是电铸电动剃须刀网罩。

电动剃须刀的网罩其实就是固定刀片。网孔外面边缘倒圆，从而保证网罩在脸上能平滑移动，并使胡须容易进入网孔，而网孔内侧边缘锋利，使旋转刀片很容易切断胡须。电铸电动剃须刀网罩的工艺过程如图 4-17 所示。

6．精密微器件制造

微小、精密零件的制造在现代制造技术领域中占有重要的位置。航空航天、仪器仪表、光学设备、微机械等工业领域存在着很多微小零件，其外部尺寸可小到数十微米，给制造带来极大困难。相对于其他精密加工技术，电铸具有精度高、无切削力等优点，因此在这类零部件的制造中受到了高度重视，并得到深入研究，取得了一系列的重要应用，如用于航空、航天领域的外径 $\phi0.6mm$、壁厚 0.08mm 的微型传感器件，壁厚 0.0015mm 的陀螺仪微型接头，以及加速度管屏栅、太阳能板等。

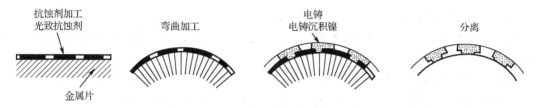

图 4-17　电铸电动剃须刀网罩的工艺过程

20 世纪 80 年代中期，德国的 Karisruhe 核能研究中心提出一项基于精密电铸工艺的 LIGA（德文 Lithographie Galvanoformung Abformung 的缩写）技术，目前已经成为微型机械中金属零部件的主要制造手段。LIGA 技术是一门由深层同步辐射 X 射线光刻与微细电铸有机结合在一起的、正在发展中的制造微细器械的生产技术，已制造出最小外径 $\phi27\mu m$、内径 $\phi8\mu m$、形状精度达 0.1μm 的齿轮。

4.4　高能束加工技术

高能束一般是指激光束、电子束和离子束三束。高能束加工技术是近年来发展起来的先进加工方法，它具有传统加工方法无法替代的优点，因而在工业领域得到广泛应用。

4.4.1　激光束加工技术

1. 激光束加工原理

激光束加工（Laser Beam Machining，LBM）是把具有足够能量的激光束聚焦后照射到所加工材料的适当部位，在极短的时间内，光能转变为热能，被照部位迅速升温，材料发生汽化、熔化、金相组织变化，以及产生相当大的热应力，从而实现对工件材料的去除、连接、改性或分离等加工，如图 4-18 所示。

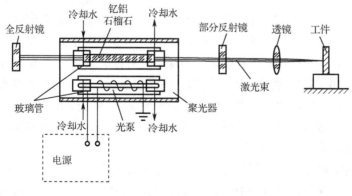

图 4-18　激光束加工原理示意图

2．激光束加工的特点

（1）材料的适应性强，激光束加工的功率密度是各种加工方法中最高的一种，几乎可以用于任何金属和非金属材料，如高熔点材料、耐热合金，以及陶瓷、宝石、金刚石等硬脆材料。

（2）打孔速度极快，热影响区小。

（3）不需要专门工具，属非接触加工，工件无受力变形，对刚性差的零件可实现高精度加工。

（4）能聚焦成极细的光束，发散角可达 0.1mrad，光束直径可聚焦到 ϕ0.1mm。适合于深而小的微孔和窄缝的精微加工，而且激光切割的切缝窄，切割边缘质量好。

（5）可透过由光学透明介质制成的窗口对隔离室内的工件进行加工，能穿越介质进行加工。

3．激光束加工的应用

1）激光打孔

利用激光几乎可在任何材料上打微型小孔。目前已应用于火箭发动机和柴油机的燃料喷嘴加工、化学纤维喷丝板打孔、钟表及仪表中的宝石轴承打孔、金刚石拉丝模加工等方面。激光打孔适合于自动化连续打孔，如加工钟表行业红宝石轴承上 ϕ0.12～0.18mm、深 0.6～1.2mm 的小孔，采用自动传送每分钟可以连续加工几十个宝石轴承。又如，生产化学纤维用的喷丝板，在 ϕ100mm 的不锈钢喷丝板上打一万多个直径为 ϕ0.06mm 的小孔，采用数控激光束加工，不到半天时间即可完成。激光打孔的直径可以小到 ϕ0.01mm 以下，深径比 L/D 可达 50∶1。

激光打孔的成形过程是材料在激光热源照射下产生的一系列热物理现象的综合结果，它与激光束的特性和材料的热物理性质有关。现在就其主要影响因素分述如下：

（1）输出功率与照射时间。激光的输出功率越大、照射时间越长，工件所获得的激光能量越大。激光的照射时间一般为几分之一毫秒到几毫秒。当激光能量一定时，时间太长会使热量传散到非加工区；时间太短则因功率密度过高而使蚀除物以高温气体喷出，都会使能量的使用效率降低。

（2）焦距与发散角。发散角小的激光束，经短焦距的聚焦物镜以后，在焦面上可以获得更小的光斑及更高的功率密度。焦面上的光斑直径小，打孔就小，由于功率密度大，激光束对工件的穿透力就大，打出的孔不仅深且锥度小。所以，要减小激光束的发散角，应尽可能采用短焦距物镜（20mm 左右）；只有在特殊情况下，才选用较长的焦距。

（3）焦点位置。焦点位置对于孔的形状和深度都有很大影响，如图 4-19 所示。当焦点位置很低时（见图 4-19（a）），透过工件表面的光斑面积很大，这不仅会产生很大的喇叭口，而且由于能量密度减小而影响加工深度。如焦点提高至图 4-19（c）所示位置，孔深增加了，但焦点太高，同样会分散能量密度而无法继续加工。一般情况下，激光的实际焦点在工件表面或略微低于工件表面为宜。

（4）光斑内的能量分布。前面已述及，激光束经聚焦后光斑内各部分的光强度是不同的。在基模光束聚焦的情况下，焦点的中心强度 I_0 最大，越是远离中心，光强度越小。能量是以焦点为轴心对称分布的，这种光束加工出的孔是正圆形的（见图 4-20（a））。当激光束不是基模输出时，其能量分布就不是对称的，打出的孔也必然是不对称的（见图 4-20（b））。如果在焦点附近有两个光斑（存在基模和高次模），则打出的孔如图 4-20（c）所示。激光在焦点附近的光强度分布与工作物质的光学均匀性及谐振腔调整精度有直接关系。如果对孔的圆度要求很高，就必须在激光器中加上限制振荡的措施，使它仅能在基模振荡。

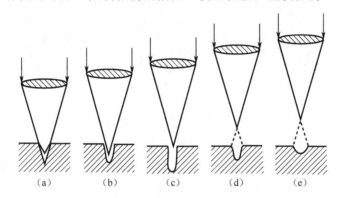

图 4-19　激光焦点位置对孔形状和深度的影响

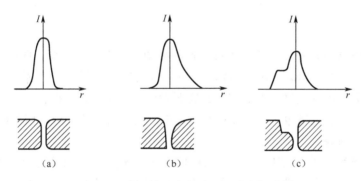

图 4-20　激光能量分布对打孔质量的影响

（5）激光的多次照射。用激光照射一次，加工的深度大约是孔径的 5 倍，而且锥度较大。如果用激光多次照射，其深度可以大大增加，锥度可以减小，而且孔径几乎不变。但是，孔的深度并不是与照射次数成比例，而是加工到一定深度后，由于孔内壁的反射、透射及激光的散射或吸收，以及抛出力减小、排屑困难等原因，使孔前端的能量密度不断减小，加工量逐渐减小，以至于不能继续打下去。图 4-21 所示是用红宝石激光器加工蓝宝石时获得的实验曲线，可见照射 20～30 次以后，孔的深度到达饱和值。如果单脉冲能量不变，深加工就无法继续进行。

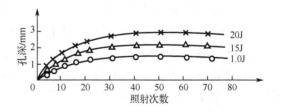

图 4-21　照射次数与孔深的关系

多次照射能在不扩大孔径的情况下将孔打深，是由于光管效应的结果。图 4-22 是两次照射光管效应示意图，第一次照射后打出一个不太深且带锥度的孔；第二次照射时，聚焦光在第一次照射所打孔内发散。由于光管效应，照射光（角度很小）在孔壁上反射而向下深入孔内，因此第二次照射后所打出的孔是原来孔形的延伸，孔径基本上不会改变。所以，多次照射能加工出深而锥度小的孔，多次照射的焦点位置宜固定在工件表面而不宜逐渐移动。

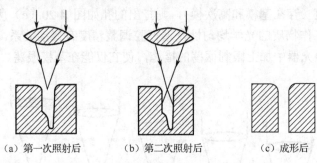

（a）第一次照射后　　　　（b）第二次照射后　　　　（c）成形后

图 4-22　两次照射光管效应示意图

（6）工件材料。由于各种工件材料的吸收光谱不同，经透镜聚焦到工件上的激光能量不可能全部被吸收，有相当一部分能量将被反射或透射而散失掉，吸收效率与工件材料的吸收光谱及激光波长有关。在生产实践中，必须根据工件材料的性能（吸收光谱）去选择合理的激光器。对于反射和透射率高的工件应做适当处理，如打毛或黑化，增大其对激光的吸收效率。

2）激光切割

激光切割是将高能量密度的激光通过透镜在被切割材料附近聚焦，照射到材料表面后使材料熔化，同时，从锥形喷嘴的小孔中喷出 0.15～0.4MPa 的高压辅助气体，吹走熔化的金属，通过调整工艺参数，可以使材料恰好熔化到底面为止，完成切割过程。

（1）激光切割的工艺参数。在激光切割过程中，主要的工艺参数为切割速度、焦点位置、辅助气体及激光功率等。

（2）影响激光切割质量的因素。激光切割质量要求达到以下几个方面：切缝入口处轮廓清晰，切缝窄，切边热损伤最小，切边平行度好，无切割黏渣，切割表面光洁。

切边的粗糙度与断面条纹的宽度及间隔有关。在切割区间，熔体流动是连续的，但当熔渣形成熔滴排出时，在熔体厚度范围形成一个脉动，导致熔体的后边缘向前猛烈移动，会留下条纹状标志。激光功率密度在陡峭的倾斜切割面上不同，从而引起熔体的间歇流动，也会导致条纹状切割断面的形成。激光切割质量的影响因素主要有光束特性和工件特性两个方面。

（3）激光切割的应用。激光可切割各种材料，既可切割金属，也可切割非金属；既可切割无机物，也可切割皮革之类的有机物。可代替锯切割木材，代替剪刀切割布料、纸张，还能完成无法进行机械接触的工作，如从电子管外部切断内部的灯丝。由于激光切割几乎不产生机械冲击和压力，故宜用于玻璃、陶瓷和半导体等硬脆性材料的切割。另外，激光切割光斑小、切缝窄，便于实现自动化，因此更适于对细小零部件的精密切割。

3）激光打标

在工件表面刻出任意所需文字和图形，以作为永久性防伪标志。

4）激光焊接

激光焊接一般无须焊料和焊剂，只要将工件的加工区域"热熔"在一起即可，如图 4-23 所示。其特点是焊接速度快；热影响区小；焊接质量高；既可焊接同种材料，也可焊接异种材料，还可焊接玻璃等。

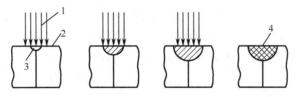

1—激光；2—被焊接连接；3—被熔化金属；4—已冷却熔池

图 4-23　激光焊接过程示意图

5）激光表面改性

激光可改善材料表面的物理、力学、化学性能，如硬度、耐磨性、耐疲劳性、耐蚀性等。改性方法有激光固态相变硬化（激光淬火）、合金化、涂敷、熔凝等。

（1）激光淬火。它是利用激光将材料表面加热到相变点以上，随着材料自身冷却，奥氏体转变为马氏体，从而使材料表面硬化的淬火技术。其功率密度高，冷却速度快，不需要水或油等冷却介质，是清洁、快速的淬火工艺。与感应淬火、火焰淬火、渗碳淬火工艺相比，激光淬火淬硬层均匀，硬度高（一般比感应淬火高 1~3HRC），工件变形小，加热层深度和加热轨迹易控制，易于实现自动化，不需要像感应淬火那样根据不同的零件尺寸设计相应的感应线圈，对大型零件的加工也无须受到渗碳淬火等化学热处理时炉膛尺寸的限制，因此在很多工业领域中正逐步取代感应淬火和化学热处理等传统工艺。尤其是激光淬火前后工件的变形几乎可以忽略，因此特别适合高精度要求的零件表面处理。

（2）激光合金化。它是在廉价材料表面添加合金元素，并融合形成新的合金层，提高表面硬度、耐磨性。合金元素有 Cr、Ni、W、Ti、Mo 等。

（3）激光涂敷。它是一种特殊的金属表面强化工艺，其原理是通过运用源自激光的可控热量，将某种粉末金属材料涂敷到基体表面上以达到表面强化效果。激光涂敷能够在两种金属间提供更强的金相黏结，同时伴以最小程度的基体金属稀释。

（4）激光熔凝又称"上光"。它利用高能量密度的激光束照射金属表面，使表层发生快速熔化、快速冷却而凝固，形成极细的晶体结构，提高表层硬度、强度和抗蚀性，对铸铁、焊缝的改性效果十分显著。

6）激光微调

主要用于调整电路中某些元件的参数，以保证电路的技术指标。当前是指对电阻的微调。微调精度一般为 0.05%，最高可达 0.02% 或更小。速度快，效率高，无污染，易于动态测量，实现自动化。

7）激光存储

用于存储视频、音频、文字资料、计算机信息等。光盘存储与磁盘存储相比，存储密度高，数据存取速度快（可达 0.1s 左右），存储寿命长（非接触式存取，存储介质表面有保护层）。

4.4.2　电子束加工技术

1. 电子束加工原理

电子束加工（Electron Beam Machining，EBM）是在真空条件下利用聚焦后能量密度极高

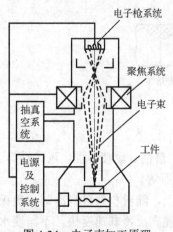

图 4-24　电子束加工原理

（106～109 W/cm²）的电子束，以极高的速度冲击到工件表面极小的面积上，在极短的时间内，其能量的大部分转变为热能，使被冲击部分的工件材料达到几千摄氏度以上的高温，从而使材料局部熔化和汽化，被真空系统抽走，如图 4-24 所示。

2．电子束加工的特点

（1）电子束可以微细聚焦到 100～0.01μm，加工面积可以很小，是一种精密微细加工方法。

（2）束径小，能量密度高，最小束径的电子束长度可达其束径的几十倍，故能用于深孔加工。

（3）加工速度快、效率高，如在 2.5mm 厚的钢板上加工 ϕ0.4μm 的微孔，每秒钟可加工 50 个。

（4）加工对象范围广，加工靠热效应和化学反应，热影响范围很小，又是在真空中进行，加工处化学纯度高，故适于各种硬、脆、韧性金属和非金属材料、热敏材料、易氧化金属及合金、半导体材料等。它是非接触式加工，不产生应力和变形，故适于加工易变形零件。

（5）控制性能好，易于实现自动化。可以通过电场或磁场对电子束的强度、束径、位置等进行准确控制，且自动化程度高。其位置精度可达 0.1μm，强度和束斑尺寸可达 1%的控制精度。易于加工图形、圆孔、异形孔、锥孔、弯孔及狭缝等。

（6）费用高，应用受到限制。

电子束加工既是一种精密加工方法，又是一种重要的微细加工方法。

3．电子束加工的应用

控制电子束能量密度的大小和能量注入时间，就可达到不同的加工目的，如打孔、切割、蚀刻、焊接、热处理和曝光加工等。

1）电子束打孔

无论工件是何种材料，如金属、陶瓷、金刚石、塑料及半导体材料，都可以用电子束加工工艺加工出小孔和窄缝。电子束加工不受材料硬度限制，不需要加工工具。目前，电子束打孔的最小孔径已可达 ϕ1μm 左右。当孔径为 ϕ0.5～0.9mm 时，其最大孔深可达 10mm，即孔深径比可达 15∶1。将工件置于磁场中，适当控制磁场的变化使束流偏移，即可用电子束加工出斜孔，倾角在 35°～90°之间，甚至可以用电子束加工出螺旋孔。

电子束打孔的速度高，生产率高，这也是电子束打孔的一个重要特点。通常每秒可加工几十至几万个孔。如板厚为 0.1mm、孔径为 ϕ0.1mm 时，每个孔的加工时间只有 15μs。利用电子束打孔速度快的特点，可以实现在薄板零件上快速加工高密度的孔。电子束打孔在航空工业、电子工业、化纤工业及制革工业中得到了广泛应用。

（1）喷气发动机燃烧室罩打孔。喷气发动机套上的冷却孔、机翼的吸附屏上的孔，不仅孔的密度可以连续变化，孔数达数百万个，且有时还可改变孔径，最宜用电子束高速打孔。

（2）在人造革、塑料上用电子束打大量微孔，可使其具有如真皮革那样的透气性，且电子束打孔成本比天然革成本低，可替代天然革。加工时，用一组钨杆将电子枪产生的单个电子束分割为 200 条并行束，使其在一个脉冲内同时加工出 200 个孔，效率非常高。现已生产出专用塑料打孔机，其速度可达每秒 50000 个孔，孔径 $\phi 120 \sim 40\mu m$ 可调。

2）加工型孔及特殊表面

如喷丝头异形孔，出丝口窄缝宽度为 0.03～0.07mm，长度为 0.80mm，喷丝板厚度为 0.6mm。为了使人造纤维具有光泽、松软有弹性、透气性好，喷丝头的异形孔都具有特殊形状，如图 4-25 所示。

0.03～0.07mm

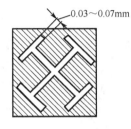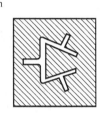

图 4-25　电子束加工喷丝头异形孔

电子束不仅可以加工各种直的型孔和型面，也可以加工弯曲孔和曲面，如图 4-26 所示。

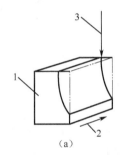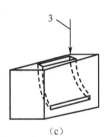

（a）　　　　　　　　（b）　　　　　　　　（c）

1—工件；2—工件运动方向；3—电子束

图 4-26　电子束加工曲面和弯曲孔

3）电子束焊接

电子束焊接是利用电子束作为热源的一种焊接工艺。由于电子束能量密度大，焊接速度快，因此焊缝深而窄，热影响区小、变形小，可在精加工后进行。焊接时一般不用焊条，焊接过程在真空中进行，因此焊缝化学成分纯净，接头机械性能好。电子束可进行各种金属及异种金属焊接。既可焊接薄壁件，也可焊接几百毫米的厚壁件。电子束焊接过程为冲击点熔化、形成钥匙孔、穿透钥匙孔及液膜和焊缝凝固成形等，如图 4-27 所示。

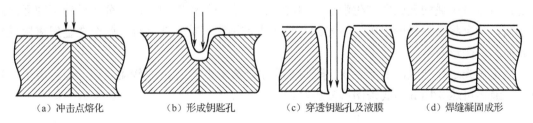

（a）冲击点熔化　　　　（b）形成钥匙孔　　　（c）穿透钥匙孔及液膜　　　（d）焊缝凝固成形

图 4-27　电子束焊接过程

图 4-28 所示为弹翼基座与外筒体手工钨极氩弧焊和真空电子束焊对比。弹翼基座是固定

翼面的零件，在导弹飞行过程中要承载全弹体的重量，而且在导弹追踪目标做机动飞行时，还要承受数十倍于弹体重量的过载，是对空导弹中重要的承力件。它与弹体外筒体之间靠焊接连为一体，两个零件均由 0018Ni 高强度马氏体时效钢制作。用手工氩弧焊焊接时，不但焊接变形大，圆度不易达到要求，而且还会出现弹翼基座与外筒体的接触面仅靠周边焊在一起，而中间区域仍为分离的两体结构的现象。用电子束焊接则可较好地解决这个问题，不但尺寸精度较高，而且可实现弹翼基座与弹体外筒体接触面全连接的设想，和整体加工基本相同，大大提高弹翼基座对空导弹的承载能力。

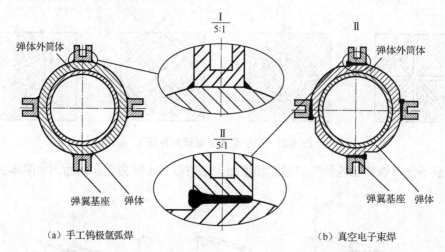

图 4-28　弹翼基座与外筒体手工钨极氩弧焊和真空电子束焊对比

4）电子束表面改性处理

电子束表面改性处理也是利用电子束作为热源，适当控制电子束的功率密度，使金属表面加热而不熔化，从而达到表面改性处理的目的。其特点是加热和冷却速度快，可得到超微细组织，提高材料的强韧性；处理过程在真空中进行，减小氧化等影响，可获得纯净的表面强化层；电子束功率参数可控，可以控制材料表面改性的位置、深度和性能指标。

若用电子束加热金属达到表面熔化，可在熔化区加入添加元素，使金属表面形成一层很薄的新合金层，从而获得更好的物理力学性能。如对铸铁进行熔化处理可产生非常细的莱氏体结构，提高抗滑动磨损性能；对铝、钛、镍等合金几乎都可以进行添加元素处理，从而改善其磨损性能。

5）电子束光刻

电子束光刻利用低能量密度的电子束照射高分子材料时，将使材料分子链被切断或重新组合，引起分子量的变化即产生潜象，再将其浸入适当的溶剂中，由于分子量的不同而溶解度不同，就会将潜象显影出来。将光刻与粒子束刻蚀和蒸镀工艺结合，就会在金属掩模或材料表面制出图形来。

用可见光进行光刻，由于受波长限制，曝光分辨率小于 1μm 时较难实现，而用电子束光刻曝光最佳可达 0.1μm 的线条图形分辨率。

4.4.3 离子束加工技术

1. 离子束加工原理

离子束加工（Ion Beam Machining，IBM）是在真空条件下，先由电子枪产生电子束，再引入已抽成真空且充满惰性气体的电离室中，使低压惰性气体离子化。由负极引出阳离子又经加速、集束等步骤，最后射入工件表面，利用离子的微观机械撞击实现对材料的加工，如图 4-29 所示。

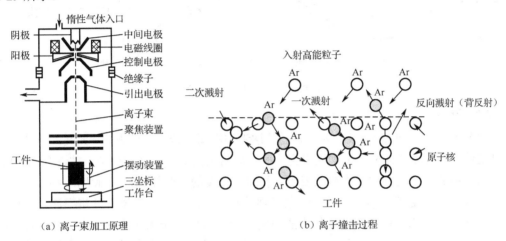

（a）离子束加工原理　　　　　　　　　（b）离子撞击过程

图 4-29　离子束加工原理及离子撞击过程

离子束加工原理与电子束加工原理基本相同，不同的是离子带正电荷，其质量比电子大数千倍、数万倍，如氩离子的质量是电子的 7.2 万倍，所以一旦离子加速到较高的速度时，离子束比电子束具有更大的撞击动能。它是靠微观的机械撞击能量，而不是靠动能转化为热能来进行加工的。

2. 离子束加工的特点

（1）加工精度和表面质量高。靠微观力效应加工，被加工表面层不产生热量，不引起机械应力和损伤。离子束束斑直径可控制在 $\phi 1\mu m$ 以内，加工精度可达纳米级。

（2）加工材料范围广，可对各种材料进行加工。

（3）加工方法丰富，可进行去除、镀膜、注入等加工，利用这些加工原理形成了多种加工方法，如成形、蚀刻、减薄、曝光等，在集成电路制作中占有极其重要的地位。

（4）控制性能好，易于实现自动化。

（5）应用范围广。可根据加工要求选择离子束的束斑直径和能量密度来实现不同的加工目的，如去除加工用直径小、能量密度大的离子束；镀膜、刻蚀用直径大、能量密度较低的离子束；注入用直径大、能量弱的离子束。

（6）离子束加工需要一整套专用设备和真空系统，价格较贵，因而应用受到限制。

3. 离子束加工工艺及应用

离子束加工的应用范围正在日益扩大，不断创新。目前用于改变零件尺寸和表面物理力学性能的离子束加工工艺主要有用于从工件上进行去除加工的离子蚀刻加工、用于给工件表面添加的溅射镀膜和离子镀膜加工，以及用于表面改性的离子注入加工，如图 4-30 所示。

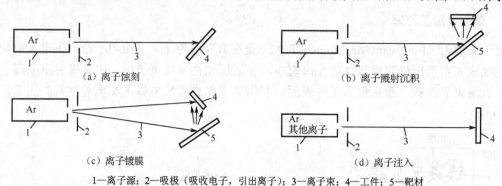

1—离子源；2—吸极（吸收电子，引出离子）；3—离子束；4—工件；5—靶材

图 4-30　离子束加工工艺示意图

1）离子蚀刻（见图 4-30（a））

采用能量为 0.1～5keV、直径为十分之几纳米的氩离子轰击工件表面，此高能所传递的能量超过工件表面原子（或分子）间的键合力时，材料表面的原子（或分子）被逐个溅射出来，以达到加工的目的。这种加工本质上属于一种原子尺度的切削加工，又称为离子铣削。

目前的主要应用有：①加工陀螺仪空气轴承和动压马达上的沟槽，分辨率高，精度、重复一致性好；②蚀刻高精度图形，如集成电路、光电器件和光集成器件等电子学构件；③加工太阳能电池表面具有非反射纹理的表面；④减薄材料，制作穿透式电子显微镜试片；⑤加工单晶金刚石刀具等。

2）离子溅射沉积（见图 4-30（b））

采用能量为 0.1～5keV 的氩离子轰击某种材料制成的靶材，将靶材原子击出，并令其沉积到工件表面上形成一层薄膜，所以溅射沉积是一种镀膜工艺。

3）离子镀膜（见图 4-30（c））

离子镀膜是一方面把靶材射出的原子向工件表面沉积，另一方面还有高速中性粒子打击工件表面，以增强镀膜与基材的结合力（可达 10～20MPa）。该法适应性强，膜层均匀致密，韧性好，沉积速度快，应用广泛。

离子镀膜可镀材料范围广泛，不论是金属还是非金属，在其表面均可镀制金属或非金属薄膜，各种合金、化合物，或某些合成材料、半导体材料、高熔点材料均可镀覆。①可用于镀润滑膜、耐热膜、耐磨膜、装饰膜和电气膜等；②可代替镀铬硬膜，减少镀铬公害；③精密滚珠轴承采用离子镀膜，可使使用寿命延长数千小时；④刀具镀以几微米厚的 TiN、TiC，可使刀具寿命提高 3～10 倍；⑤在钛合金叶片上沉积一层贵金属（如 Pt、Au、Rh 等）涂层，可使疲劳寿命增加 30%，抗氧化与耐腐蚀能力也大大提高。

4）离子注入（见图 4-30（d））

用 5～500keV 能量的离子束直接轰击工件表面，由于离子能量相当大，可使离子注入工件材料表面层，改变其表面层的化学成分，从而改变工件表面层的物理机械性能。该法不受温度、注入元素及离子数量的限制，可根据不同需求注入不同离子，如 P、N、C 等。注入表面元素的均匀性好，纯度高，注入的离子数量及深度可通过调节离子能量、束流强度、作用时间等参数进行精确控制，在零件表层获得用一般冶金工艺无法获得的各种合金成分。但设备费用大、成本高、生产率较低。

离子注入可提高材料的耐蚀性，改善材料的耐磨性，提高金属材料的硬度，改善金属材料的润滑性能等。

4.5　水射流及磨料水射流加工技术

4.5.1　水射流加工技术

1．水射流加工原理

水射流加工（Water Jet Machining）是以一束从小口径孔中射出的高速水射流作用在材料上，通过将水射流的动能变成去除材料的机械能，对材料进行清洗、剥层、切割的加工技术。水射流是喷嘴流出形成的不同形状的高速水流束，它的流速取决于喷嘴出口直径和面前后的压力差。加工机理是由射流液滴与材料的相互作用过程，以及材料的失效机理所决定的。图 4-31 所示为高压水射流加工装置示意图。

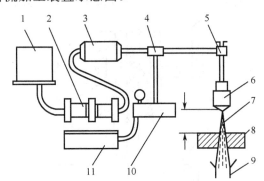

1—水箱；2—水泵；3—蓄能器；4—控制器；5—阀；6—蓝宝石喷嘴；7—射流；8—工件；

9—排水道；10—液压装置；11—增压器

图 4-31　高压水射流加工装置示意图

2．水射流加工的特点

（1）可切割范围广。可以切割绝大部分材料，如金属、大理石、玻璃等。

（2）切割质量好。平滑的切口，不会产生粗糙的、有毛刺的边缘。

（3）无热加工。因为它是采用水切割，在加工过程中不会产生热（或产生极少热量），这种效果对被热影响的材料是非常理想的，如钛。

（4）环保性。采用水切割，在加工过程中不会产生毒气，可直接排出，较为环保。

（5）无须更换刀具。不需要更换切割机装置，一个喷嘴就可以加工不同类型的材料和形状，节约成本和时间。

（6）减少毛刺。采用水加工切割，切口只有较少的毛刺。

3．水射流加工的应用

（1）切割金属表面粗糙度可达 Ra 1.6μm，切割精度达±0.10mm，可用于精密成形切割。

（2）用于有色金属和不锈钢的切割中有独到之处，无反光影响和边缘损失。

（3）复合材料、复合的金属、不同熔点的金属复合体与非金属的一次成形切割。

（4）低熔点及易燃材料的切割，如纸、皮革、橡胶、尼龙、毛毡、木材、炸药等材料。

（5）特殊场地和环境下的切割，如水下、有可燃气体环境下的切割。

（6）高硬度和不可溶材料的切割，如石材、玻璃、陶瓷、硬质合金、金刚石等的切割。

4.5.2 磨料水射流加工技术

由于压力不能无限制地提高，因此纯水射流的切割应用受到一定限制。通过对工作介质的改进，发展出了磨料水射流加工（Abrasive Water Jet Machining）。

1．磨料水射流加工的概念

磨料水射流是以水为介质，通过高压发生装置获得巨大能量，然后通过供料和混合装置把磨料加入到高压水束中，形成液固两相流混合射流，依靠磨料和高压水束的高速冲击和冲刷作用，实现材料去除的一种特种加工方法。图 4-32 所示为磨料水射流加工原理示意图。

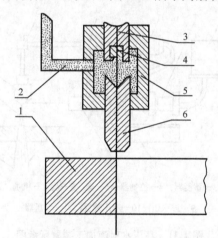

1—石材；2—磨料；3—高压水；4—高压水喷嘴；5—混合室；6—磨料水喷嘴

图 4-32　磨料水射流加工原理示意图

2．磨料水射流加工的特点

（1）相对于纯水射流，磨料水射流所需压力大大降低，安全可靠。

（2）切割金属时，一般不会产生火花，可避免着火或切割附近有害气体爆炸等危险。

（3）切割时不发热或纯水的热量很快被水射流带走，在切割面上几乎不产生热影响区。

（4）切割面上受力小，即使切割薄金属板材，切口也不会破坏。

（5）切缝窄，被切割材料损耗小，切面光滑，无毛边。

（6）切割时几乎无粉尘，不产生有害气体，工作条件相对清洁。

（7）切割反力小，机械手容易移动喷嘴。

（8）可全方位进行切割，三维曲面切割也很容易实现，能切割各种形状的零件。

（9）切割条件容易控制，便于使用计算机实现自动调节和控制。

3．磨料水射流加工分类

（1）按磨料与水的混合方式分为前混式和后混式，如图 4-33 所示。

① 前混式（见图 4-33（a））。磨料先和水在高压管道中均匀混合成磨料浆水，再经喷嘴喷射形成射流。其特点是混合效果好，所需压力低，但装置复杂，喷嘴等磨损严重。

② 后混式（见图 4-33（b））。在水射流形成后加入磨料。其特点是混合效果稍差，所需压力高，但喷嘴磨损小。目前，后混式的理论研究和应用技术较为成熟。

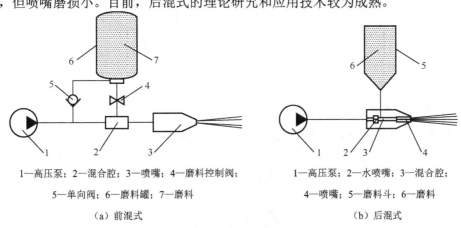

1—高压泵；2—混合腔；3—喷嘴；4—磨料控制阀；

5—单向阀；6—磨料罐；7—磨料

（a）前混式

1—高压泵；2—水喷嘴；3—混合腔；

4—喷嘴；5—磨料斗；6—磨料

（b）后混式

图 4-33　磨料水射流系统原理图

（2）按射流加工时的环境条件分为淹没式和非淹没式。

① 淹没式。射流从喷出到到达工件都在水中。其特点是射流扩散快，速度和动压力分布均匀。

② 非淹没式。射流从喷出到到达工件是在空气自然状态下。其特点是射程大，核心段长度长，但速度分布不均匀。

4．磨料水射流加工的应用

1）磨料水射流切割

磨料水射流切割几乎没有材料和厚度的限制。无论是金属类（如普通钢板、不锈钢、铜、钛、铝合金等）还是非金属类（如石材、陶瓷、玻璃、橡胶、纸张及复合材料等）均可切割。

2）磨料水射流铣削

通过控制磨料流加工参数，使射流束不穿透工件，只去除工件表层材料的加工方法。

3）磨料水射流钻削

磨料水射流钻削可分为套孔和钻孔。套孔是将材料沿圆周曲线切割，形成较大的孔；钻孔加工是在无孔条件下加工出直径较小的孔。

4）磨料水射流车削

磨料水射流车削加工与普通车床上用单刃刀具车削相似，是利用工件的旋转运动和切割头的直线或曲线运动来完成工件材料的去除，如图 4-34 所示。

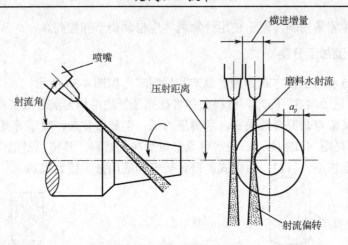

图 4-34　磨料水射流车削

5）磨料水射流抛光

磨料水射流抛光是利用由喷嘴小孔高速喷出的混有细小磨料粒子的抛光液作用于工件表面，通过磨料粒子的高速碰撞剪切作用达到磨削去除材料，通过控制抛光液喷射时的压力、角度及喷射时间等工艺参数来定量修正工件表面粗糙度的抛光加工工艺。

复习思考题

1．什么是电火花加工？试简述其加工过程。

2．为什么要及时排除电火花加工过程中产生的电蚀产物？

3．电火花线切割加工有何特点？

4．试简述电解加工的工作原理、特点及应用。

5．试简述电铸加工的基本原理及加工过程。

6．试简述电铸加工的特点及应用。

7．试简述激光束加工的基本原理、特点及应用。

8．什么是电子束加工？试简述电子束加工的基本原理。

9．试简述电子束加工的特点及应用。

10．试简述离子束加工的原理、特点及应用。

11．离子束加工工艺有哪些具体方式？

12．试简述水射流及磨料水射流加工技术的原理、特点及应用。

第 5 章 复合加工技术

5.1 概 述

随着科学技术的发展，各种新材料的应用领域不断扩大，国防、航空、尖端工业生产对制造方法和加工技术提出了新的更高要求，许多新兴材料的加工无法用一种加工手段来解决。因此，人们既不能一味地追求"以柔克刚"，发展某种特种加工方法，也不能排斥"以硬对柔"的某些特点，而应从加工的可行性、便捷性、经济性等因素综合考虑，努力探索新的加工方法。于是，复合加工（Combined Machining，CM）方法便逐步形成，并得到快速发展和应用。

近年来，复合加工一直是国际制造技术研究领域中受到特别重视的一个研究方向。研究重点在于深入揭示复合加工机理、加工设备的研制、加工控制策略的制定、复合加工新概念及新方法的探索等。

5.1.1 复合加工的概念及发展

复合加工是指在同一工位和环境条件下，两种或更多种不同原理的加工技术同时发生而复合形成的一种新的加工技术。

复合加工集多种能量组合的优点，扬长避短，具有加工质量好、效率高、经济性好等特点，已经成为制造业发展的主流技术。目前，复合加工主要朝着以下四个方向发展：

（1）探索新的复合加工方法。以满足工件加工尺寸精度、表面粗糙度或其他表面质量方面的要求为目的，去发展已有的加工方法，组合新的复合加工方式。

（2）扩大复合加工的应用领域。以提高生产率和扩大加工范围为目的发展复合加工。随着产品要求越来越高，各种新材料、新结构、形状复杂的精密机械大量涌现，迫切需要研究开发新的复合加工方法。

（3）开发环保型复合加工技术。环境问题、经济性问题也会限制一部分加工方法的使用，而具有"绿色"特征的复合加工技术会得到优先发展。以人为本的绿色复合加工技术是发展的必然趋势。

（4）复合加工技术的自动化、柔性化、集成化和智能化。信息科学、控制理论和自动化技术的快速发展及其与复合加工技术相结合，将带动和促进复合加工技术朝着自动化、柔性化、集成化和智能化的方向发展。

5.1.2 复合加工的方法及分类

复合加工是先进制造工艺的重要组成部分，它融合集成了多学科基础理论，涉及复杂的基础科学问题。在复合加工过程中，热、光、电、化学、电化学、机械等能量形式交互作用。由多种技术组分构成的复合加工中的每一技术组分有着各自的基础理论，而复合后的技术不仅沿袭着这些基础理论，而且产生了新的加工机理，引发出新的基础科学问题。

目前，复合加工技术大致分为两种形式：一是每一种技术组分都直接参与材料去除；二是一种技术组分承担去除材料的任务，而其他技术组分通过改变加工状态来辅助去除材料。大多数复合加工为两种技术的复合，其中某一种技术为主导技术，另一种技术为辅助技术。已经发展的复合加工形式主要有超声电解加工（Ultrasonic Assisted ECM，UAECM）、电解磨削（Electrochemical Grinding，ECG）、电解珩磨（Electrochemical Honing，ECH）、电化学电火花复合加工（Electrochemical EDM，ECEDM）、电火花磨削（Electro Discharge Grinding，EDG）、磁力研磨（Magnetic Abrasive Finishing，MAF）、超声辅助放电加工（Ultrasonic Assisted EDM，UAEDM）和化学机械抛光（Chemical Mechanical Polishing，CMP）等。

复合加工可按能量形式进行分类，如将电解磨削、电解珩磨等归为电化学机械加工；也可以按主导技术来确定复合加工技术的结构体系，如将基于电化学阳极溶解的各种复合加工技术归为一类。

目前，复合加工的分类还没有明确的规定，现根据加工时主要的作用形式和能量来源不同，对复合加工方法进行分类，如表 5-1 所示。

表 5-1　常用复合加工方法分类表

加 工 方 法	主要能量来源及形式	作 用 形 式	符　　号
复合切削加工	机械、声、磁、热能	切削	
复合电解加工	电化学、机械能	切蚀	
超声复合加工	声、电、热能	熔化、切蚀	
电解电火花磨削加工	电、热、机械能	离子转移、熔化、切削	MEEC
电化学腐蚀加工	化学、热能	熔化、汽化腐蚀	ECE
化学电弧加工	电化学能	熔化、汽化腐蚀	ECAM

此外，还可以按以传统加工方法为主与特种加工方法结合，以特种加工方法为主与传统加工方法结合，特种加工方法之间的结合来分类。

无论是以传统加工为主，还是以特种加工方法为主或特种加工方法之间的复合加工，只要其能量来源、作用形式不同，则其加工特点、应用范围也有所不同，每种复合加工都具有一定的特点。为了更好地应用和发挥各种复合加工的最佳功能和效果，必须依据材料、尺寸、形状、精度、生产率、经济性等条件做具体分析，合理选用复合加工的方法和方式。

5.2　振动切削技术

5.2.1　振动切削概述

1. 引言

（1）在普通切削中，自激振动对工艺系统的正常工作有很大的影响，但在一定条件下切削功率可降低 15%～30%，切屑收缩率也显著减小，有利于改善切屑的形成条件，得到碎断的切屑，即在不利的影响中包含着有利的因素。

（2）观察普通切削的切屑发现，切屑厚度及剪切间距是随时间变化的，表明刀尖相对工件的位置是变化的。高速摄影观察及沿切削方向对表面粗糙度的测量结果也证明了这一点。进一步研究表明，这一切削振动现象在任何切削过程都普遍存在，说明切屑形成过程是在随时变化的切削力下进行的。

将切削力波形近似地看成是 F_0 的直流成分和 $F\sin\omega t$ 的正弦波成分的叠加，如图 5-1 所示。这样很自然地就会想到，在切屑形成过程中，究竟是切削力的静力部分起作用，还是其变化部分的冲击力以动力方式起作用？

研究表明，在切削过程中，切屑不是根据刀尖与工件之间的静力学关系形成的，而是根据冲击性的动力学关系形成的。根据这一观点推断，普通切

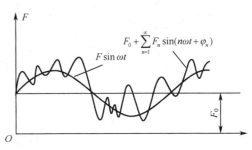

图 5-1　切削力波形

削中切削力的冲击成分较小，不能充分发挥切除切屑的作用，而较大的静力部分却产生了过多的发热现象。为了充分发挥冲击机理产生切屑，应对刀具或工件人为地施加某种特定的振动，使刀具与工件之间在最合理、有效的脉冲切削力作用下进行切削，以便获得更好的切削效果。

2．振动切削定义

所谓振动切削就是在普通切削过程中，给刀具或工件施加某种有规律、可控制的振动，使切削用量（v_c、s、a_p）按某种规律变化，形成一种脉冲切削，改变刀具与工件之间的时-空存在条件及切削机理，从而达到减小切削力、切削热，提高加工质量和加工效率的目的。

3．振动切削分类

（1）按振动性质可分为自激振动切削和强迫振动切削两种。自激振动切削是利用切削过程中产生的振动进行切削的，如火车和船舶所用柴油机缸套内孔的波纹形孔面的加工。这种加工方法是变有害的振动为有利，近年来还有逐渐扩大使用的趋势。强迫振动切削是利用专门设置的振动装置，使刀具或工件产生有某种规律的可控振动进行切削的方法。在此侧重介绍强迫振动切削（简称振动切削）的原理、切削特点、工艺效果及其应用。

（2）按振动频率可分为高频振动切削和低频振动切削两类。振动频率低于 200Hz 的振动切削称为低频振动切削，低频振动切削的振动主要靠机械装置来实现。高频振动切削是指振动频率在 16kHz 以上，利用超声波发生器、换能器、变幅杆来实现的振动切削。由于振动频率为 10kHz 的振动会产生可听见的噪声，一般不予采用。通常高频振动切削也称为超声振动切削。

（3）按振动方向可分为主运动方向振动切削、进给方向振动切削、切削深度方向振动切削及复合振动切削，如图 5-2 所示。一般应用时，主运动方向振动切削的工艺效果最好。

4．振动切削的特点

振动切削可以使切削力大幅降低，摩擦热减少，刀具寿命提高和已加工表面粗糙度值减小。

（1）在切削过程中，刀具前刀面不是始终与工件保持接触状态，而是有规律地接触、分离。

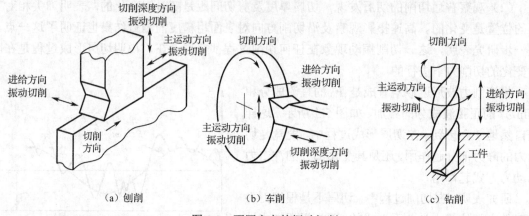

图 5-2 不同方向的振动切削

（2）有规律的脉冲冲击切削力取代了连续的切削力。

（3）刀具（或工件）有规律的强迫振动取代了刀具和工件无规律的自激振动。

（4）切削力大部分来自于刀具（或工件）的振动，刀具（或工件）的运动仅是为了满足工件加工几何形状而设置。

5.2.2 振动切削的工艺效果

1. 切削力小

超声振动切削时，在振动的影响下刀具与切屑之间的摩擦系数只有普通切削的 1/10 左右（见表 5-2），所以切削力可减小到普通切削的 1/2～1/10。例如：

表 5-2 振动条件下高速钢与不同材料的摩擦系数

材　　料	摩擦系数 μ	
	无　振　动	超　声　振　动
铝	0.18	0.02
黄铜	0.25	0.03
碳素钢	0.22	0.02

（1）当 v_c=0.1m/min，f=20kHz，a=15μm 时，刀具在一个振动周期的纯切削时间 t_c=10^{-6}s，在 t_c 时间内，刀具沿切削方向的切削长度 l_T=v_c/f=8×10^{-5}mm（0.08μm）。因此，超声振动切削是一个在极短时间内完成的微量切削过程，在一个切削循环过程中，刀具在很小位移上得到很大的瞬时速度（v_c=2πaf，v_{max}≈2m/s）和加速度（A=4$\pi^2 A f^2$，A=2.4×10^{7}cm/s^2≈2.4×10^{4}g，g 为重力加速度），在局部产生很大的能量。因此，被加工材料在局部微小体积内的物理、机械性能必将发生重大的变化。

（2）振动切削紫铜，当 f=20kHz，a=15～20μm 时，主切削力降低到普通切削的 1/8～1/10，径向切削力降低到普通切削的 1/50。这样对于精密切削或对刚度低、功率小的仪表机床具有重要的价值。

（3）用 f=100Hz，a =0.35mm 低频振动拉削时，齿升量增加到普通拉削的 6 倍（0.3mm），拉削仍能正常工作。用低频振动拉削一个宽 24mm、长 60mm 的键槽时，拉削力从普通拉削的 6000kg 降低到 1500kg，即降低了 75%。

2．切削温度低

振动切削时，被加工材料的弹、塑性变形，刀具各接触面的摩擦系数大幅度下降，且切削力和切削热都以脉冲形式出现，使切削热的平均值大幅下降。切屑的平均温度仅 40℃左右，完全没有氧化变色。振动切削时，切削热以脉冲形式变化，在极短的切屑形成过程中，热量来不及传到更深的金属内部，这样就可消除由于切削热带来的一系列问题，如热损伤、热变形、热应力等，像电火花加工、激光加工、电子束加工一样，从而实现高精密加工。

3．加工精度高，表面粗糙度低

振动切削时，切削力小，切削温度低，破坏了积屑瘤的形成条件，加工精度大幅度提高，表面粗糙度下降，与理论计算值相一致，这意味着根据刀具形状和切削参数即可预测表面粗糙度，为准确控制表面粗糙度提供了条件。如超声车削 45 钢时，表面粗糙度由普通车削的 Ra 6.3μm 降至 Ra 0.2μm；用宽刃刨刀超声刨削铝、铜、碳素钢时，表面粗糙度可达 Ra 0.05μm；用金刚石车刀超声振动车削淬火钢时，表面粗糙度可达 Ra 0.04μm。试验表明，超声振动切削，测得的圆度误差实际就是机床主轴的回转精度误差引起的误差，因此可认为振动切削是圆度误差、圆柱度误差、平行度误差等近似为零的精密切削方法。

4．刀具磨损减小，使用寿命提高

振动切削时，由于切削力小，切削温度低，冷却润滑充分，在参数匹配适当的情况下，刀具寿命可提高几倍到几十倍，对于难加工材料的效果更好。如用麻花钻低频轴向振动钻削不锈钢时，钻头磨损减小 40%～60%，刀具寿命提高 2～7 倍。

5．可控制切屑的形状和大小，改善排屑状况

随着自动化技术的发展，切屑处理尤为重要。超声振动切削时，可形成不发热、不变色和极薄的带状切屑，对单机和自动线加工都不会产生危害。低频振动切削时，只要振动参数（a、f）与切削用量参数（s、n）匹配适当，就可自主地控制切屑的形状和大小，保证断屑可靠、排屑顺畅。

图 5-3 所示为低频振动切削时切屑的形成过程示意图。

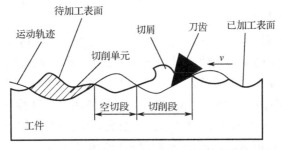

图 5-3　低频振动切削时切屑的形成过程示意图

6. 强化切削液的使用效果

普通切削时，切屑总是压在刀具前刀面上，形成一个高温高压区，对切削液来说是一个禁区。而振动切削时，切削过程是断续的，在刀具和工件分离时，切削液从四周进入切削区，包围刀尖，充分冷却润滑刀具。研究表明，超声振动切削时，会在切削液内产生"空化"作用，即使切削液均匀乳化，形成均匀一致的乳化液微粒；使切削液微粒获得很大的能量，更容易进入切削区，从而提高切削液的使用效果，减小刀-工和刀-屑接触界面之间的摩擦。

7. 提高加工表面耐磨性、耐蚀性

超声振动切削时，在一个周期内切削长度 l_T 很小。例如，当 v_c=0.1m/min，f=20kHz，a=15μm 时，$l_T=v_c/f$=8×10^{-5}mm，即 1mm 宽度内有上万条刀纹。刀具一般是按正弦规律振动的，在加工表面上形成的细小刀纹如同二次加工时形成的花格网状花纹，在工件工作时容易形成较强的油膜，有利于提高加工表面的耐磨性、耐蚀性。表 5-3 所示为不同加工方法的耐磨性和耐蚀性对比。

表 5-3　不同加工方法的耐磨性和耐蚀性对比

研磨时间 /min	金属去除量/mg			加工方法	腐蚀量/μm		
	普通切削	振动切削	磨削		10min	20min	30min
20	0.6	0.25	0.2	普通切削	2	3	3.8
40	0.9	0.4	0.3	振动切削	1	1.6	2.4
60	1.1	0.5	0.4	磨削	0.8	1.5	2

8. 其他工艺效果

1）难加工材料的切削加工

不锈钢、淬硬钢、高速钢、钛合金、高温合金、冷硬铸铁，以及陶瓷、玻璃、石材等非金属材料，由于力学、物理、化学等特性而难以加工，用超声振动切削则可化难为易。用硬质合金刀具，振动车削淬硬钢（35～45 HRC）外圆、端面、螺纹与镗孔时，不仅可提高平行度、垂直度与同心度，而且可达到"镜面"表面粗糙度，也可用金刚石刀具进行振动精密加工。钛合金历来只能以磨削和研磨作为精加工，用硬质合金刀具振动车削时，其端面表面粗糙度值可达 Ra 2～3μm，最佳时可达 Ra 0.5μm。用普通切削加工石墨与氧化铝等时，得不到平整的加工表面，用超声振动切削可产生微粒式的切削分离，得到平整的加工表面。

2）难加工零件的切削加工

对于易弯曲变形的细长轴类零件，小直径深孔、薄壁零件，薄盘类零件与小直径精密螺纹，以及形状复杂、加工精度与表面质量要求又较高的零件，用普通切削与磨削加工都很困难，而用振动切削既可提高加工质量，又可提高生产效率。例如，用硬质合金车刀超声振动精车细长的退火调质铝棒（ϕ7.2mm、长 220mm）的外圆，振动频率为 f=21.5kHz，振幅为 a=15μm，s=0.05mm/r，a_p=0.01mm，用油作为切削液，可获得工件直径精度为 4μm，表面粗糙度为 Ra 1μm。又如，超声振动精镗由特殊钢制成的薄壁圆筒（工件长 70mm、孔径ϕ15mm、壁厚 1mm），在镗过的 50mm 长度上可测出内孔精度为 4μm，表面粗糙度为 Ra 3μm。

5.2.3　有关振动切削机理的主要观点

振动切削的工艺效果已客观存在，这是大家都公认的，但对产生机理目前还没有公认的看法。

1．摩擦系数降低理论

大多数学者认为振动可以降低相互接触材料之间的摩擦系数。如在一个金属斜面上放置一个滑块，选择适当的倾斜角度 α，使滑块不会下滑或处于平衡位置，此时，无论从哪个方向一旦使其振动，滑块都会下滑。这方面的主要观点有：

（1）超声振动能使互相接触材料的动、静摩擦系数降低。在超声振动的影响下高速钢试件在铝、碳素钢、黄铜表面的滑动摩擦系数由 0.2～0.3 降低到 0.02～0.03（见表 5-2）。

（2）超声振动能使切削液充分发挥作用。在超声振动的影响下会在切削液内产生"空化"作用，使切削液更容易进入切削区，从而减小刀-工与刀-屑接触界面之间的摩擦。

（3）在前刀面上生成氧化膜从而降低摩擦系数。振动切削过程中，刀具在脱离切屑的瞬间即形成了一层极薄的氧化膜，从而减小刀-屑接触界面之间的摩擦，而且在氧化膜完全磨损前，刀具由于振动的原因已离开工件，又生成新的氧化膜。

2．剪切角增大理论

由切削理论可知，剪切角 ϕ 的大小决定金属变形范围的大小和程度，也影响切削力。振动切削时，刀具冲击材料产生的裂纹大于切削长度，使实际剪切角 ϕ 增大，如图 5-4 所示。振动切削时的实际剪切角 ϕ 为普通切削时的剪切角 ϕ' 与 η 之和。由于剪切面减短，塑性变形显著减小。切削力变化是剪切角变化和切屑与前刀面摩擦变化的综合作用，但剪切角变化对切削力变化起主要作用。

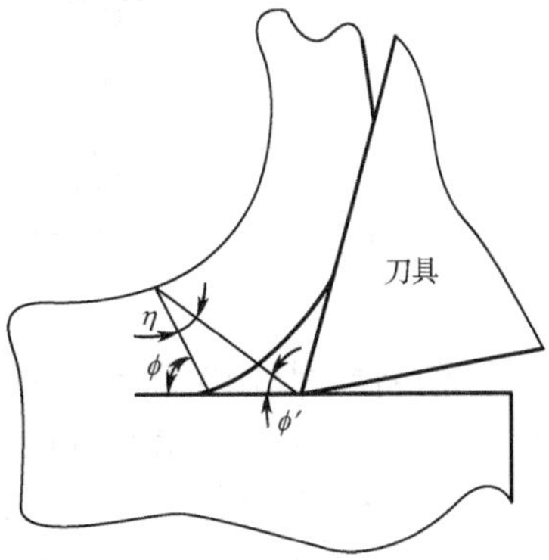

图 5-4　振动切削时的剪切角

3．工件刚性化理论

超声振动切削时，在稳态切削条件下，整个系统的等效弹性系数比原系统弹性系数一般增大 3～10 倍，因此采用振动切削能提高工件或刀具的刚性。

4．相对净切削时间的观点

超声振动切削时，其相对净切削时间 $t_c/T \approx 1/3 \sim 1/10$，即在每个周期内仅 1/3～1/10 的时间在切削，而振动切削时的切削力又小，因而测出的切削力平均值就小。切削热与此相似。

5．应力和传递能量集中的观点

超声振动切削时，使切削力集中在刀刃局部很小的范围，被切削材料受力范围很小，这样，材料原始晶格结构变化也很小，因此可以得到与母材近似的金相组织和物理特性。

6．切削速度对切削过程发生影响的观点

这方面有三种说法：

（1）振动切削实际上提高了切削速度，切削速度的提高有助于塑性金属趋向脆性状态及

减小塑性变形，从而改善切削状态。

（2）超声振动切削时，切削硬化层较浅，刀具切入未经硬化（或轻微硬化）的金属层内，所以一个振动周期内产生的平均接触压力比普通切削小，故有降低切削力、切削热的效果。

（3）英国学者认为，每一种材料都存在一个硬化范围，在这个范围内由于切削变形状态良好而得到最大的切削效率，这是超声振动钻孔效率高的原因。在超声振动钻削中，因为钻头冲击引起金属加工硬化，正好在钻头的切削作用之前满足上述条件，所以获得明显的效果。

5.2.4 超声振动切削

1. 超声振动切削的原理及特点

超声振动切削装置如图 5-5 所示。超声波发生器产生超声频电振荡，由换能器将其转变为超声频机械振动，机械振动的振幅很小，再通过变幅杆将振幅放大到 15μm 以上，而连接在变幅杆前端的刀具就能以相同的频率进行振动。换能器、变幅杆、刀杆与超声波发生器输出的超声频电振荡均处于谐振状态，形成一个谐振系统，其固定点都应在位移的节点上。

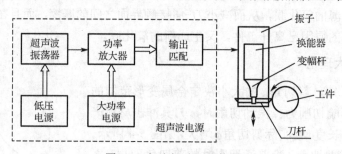

图 5-5 超声振动切削装置

超声振动切削实际上是利用刀具或工件的高频振动使连续的切削过程转化为分段的、间断的高速切削过程，其切削原理如图 5-6 所示。

由图 5-6 可以看出，刀具做过 O 点的近似简谐振动。若刀具在某一时刻向左振动，在 E 点与工件开始接触，经过 EFA 弧线形成切屑 1，产生脉冲力 F_p 和 F_c。刀具运动到 A 点时，由于刀具运动方向与工件运动方向相同，且刀具运动速度 v_d 大于工件运动速度 v_c，因而刀具在 A 点开始脱离工件，切削力为 0。刀具继续运动到下一定点开始再次改变运动方向，在 B 点与工件第二次接触，经 BGD 弧线形成切屑 2，同时产生脉冲力 F_p 和 F_c。刀具与工件的这种接触—切削—脱离的过程，不断形成切屑 $1,2,3,\cdots,m$，产生间断的脉冲力 F_p 和 F_c。

刀具位移为

$$y = a\sin\omega t = a\sin 2\pi ft \tag{5-1}$$

刀具速度为

$$v_d = \dot{y} = a\omega\cos\omega t = 2\pi af\cos 2\pi ft \tag{5-2}$$

刀具开始脱离工件的时间 t_1：

$$v_d = \dot{y} = a\omega\cos\omega t_1 = 2\pi af\cos 2\pi ft_1 = -v_c \tag{5-3}$$

$$t_1 = \frac{1}{2\pi f}\cos^{-1}\left(\frac{-v_c}{2\pi af}\right) \tag{5-4}$$

式中，a 为刀具振幅；f 为刀具振动频率；v_d 为刀具运动速度，负号表示刀具反向运动。

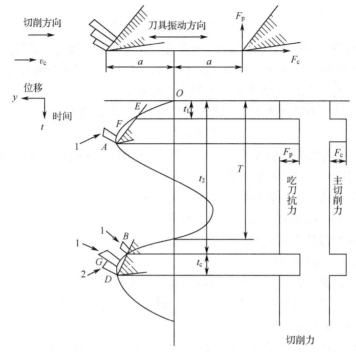

图 5-6　超声振动切削原理示意图

若 $v_c > 2\pi af$，则式（5-4）不成立，这意味着刀具不能脱离工件，因此，临界速度 $v_{cr} = 2\pi af$。可见，临界速度与工件材料、切削深度、刀具角度等无关。

刀具自 A 点脱离工件后，工件以切削速度 v_c 沿切削速度方向前进，刀具脱离工件向右运动，刀具脱离点在任意时刻的位置是

$$y = a\sin\omega t_1 - v_c(t - t_1) \tag{5-5}$$

到达 B 点与工件接触的时间 t_2：

$$a\sin\omega t_2 = a\sin\omega t_1 - v_c(t_2 - t_1) \tag{5-6}$$

由式（5-3）有

$$\frac{-v_c}{a} = \omega\cos\omega t_1 = \frac{2\pi}{T}\cos\left(2\pi - \frac{t_1}{T}\right) \tag{5-7}$$

式中，T 为振动周期。

由式（5-6）有

$$a\sin\omega t_1 + v_c t_1 = a\sin\omega t_2 + v_c t_2 \tag{5-8}$$

把式（5-8）变为

$$\sin\omega t_1 + \frac{v_c}{a}t_1 = \sin\omega t_2 + \frac{v_c}{a}t_2 \tag{5-9}$$

即 t_1、t_2 与 T 的关系为

$$\sin\left(2\pi\frac{t_1}{T}\right) - 2\pi\frac{t_1}{T}\cos\left(2\pi\frac{t_1}{T}\right) = \sin\left(2\pi\frac{t_2}{T}\right) - 2\pi\frac{t_2}{T}\cos\left(2\pi\frac{t_2}{T}\right) \tag{5-10}$$

净切削时间 t_c 为

$$t_c = T + t_1 - t_2 \tag{5-11}$$

相对净切削时间为

$$t_c / T = 1 + t_1 / T - t_2 / T \qquad (5\text{-}12)$$

t_c/T 值在振动切削中是一个重要参数。t_c/T 值小，说明每个周期中刀具的净切削时间占的比例小，平均切削力小。因此增大 f、a，或降低 v_c，可以达到减小切削力的目的。试验表明，当 v_c/v_{cr}=1/3 时，可兼顾振动切削效果和切削效率两方面。

刀具在刀具振动一周时间内所走过的距离为 v_cT，切削长度 l_T 为

$$l_T = v_c T = v_c / f \qquad (5\text{-}13)$$

l_T 的大小决定振动切削的切削性能。一般来说，v_c 越低，f 越高，则 l_T 越小，振动切削的效果越明显，当然有一个最佳值的问题。

超声振动切削对切削过程的影响大致可归纳如下：

（1）周期性改变实际切削速度 v_c 的大小和方向。

（2）周期性改变刀具工作角度的大小。

（3）周期性改变切削层厚度。

（4）改变所加载荷性质，使刀具静载荷变为动载荷。

（5）改变已加工表面的形成条件，改善表面质量，提高加工精度。

（6）改善切削液的使用效果。

（7）改变刀具工作表面的接触条件，减小切削变形，降低切削力。

（8）改变工艺系统的动态稳定性，从而得到振动切削特有的切削效果——消振效果。

（9）改变消耗在切削过程中的功率 N，使能量分布发生变化。$N_总 = N_机 + N_振$，由于 $N_机$ 大幅度降低，因而 $N_总$ 降低。

2. 超声振动切削的应用

超声振动切削已使切屑的形成机理产生了重要变化，主要用于改善被切削材料的可加工性，提高加工质量，延长刀具寿命，提高切削效率，扩大切削加工的应用范围，可广泛用于车削、刨削、铣削、磨削、螺纹加工和齿轮加工等方面。另外，超声振动切削在难加工材料和难加工零件或工序中的应用也越来越受到人们的重视。

1）在切削难加工金属材料中的应用

振动切削淬硬钢，可实现以车代磨。例如，在 C620 车床上，用 YT15 车刀车削淬硬钢（64 HRC）是无法进行的，采用 f=21.3kHz，a=15μm，v_c=10～68m/min，s=0.05mm/r，a_p= 0.06mm 的振动切削，即可获得表面粗糙度 Ra 0.4μm，切屑为未氧化变色的细丝状。又如，超声振动车削不锈钢 2Cr13（48 HRC），表面粗糙度可达 Ra 0.05μm（磨削时只得到 Ra≤0.4μm），切屑为未氧化细丝状，切削力随振幅 a 的增大而减小，当 a=5μm 时，切削力只有相同情况下传统切削的 1/5，且波动很小。

2）在陶瓷材料加工中的应用

隈部淳一郎教授在主运动方向上用超声振动与低频振动的复合振动切削法对工程陶瓷 ZrO_2 进行切削试验，表明在低速、低载条件下，复合振动切削陶瓷是目前机械加工中效率最高的陶瓷材料精密切削方法。超声振动参数为 f=29.5kHz，a=8μm；低频振动参数为 f=15Hz，a=0.165mm。

3）在难加工零件或工序中的应用

镗削小直径精密深孔时，即使提高转速，切削速度也达不到很高，不能形成理想的切削力波形。因此，刀刃产生没有规律的动态变化，使孔的尺寸和形状精度下降。采用超声振动切削即可获得良好的效果。如在碳素钢零件上振动镗削 $\phi12mm\times90mm$ 的孔，由于镗杆具有刚性化效果，在镗削过程中形成连续不发热的切屑、虹面花纹，所镗孔圆度误差为 $0.6\sim0.8\mu m$，圆柱度误差约为 $2\mu m$。这样的效果在普通磨床上都很难得到。

传统铰孔，特别是铰精密小孔与盲孔时，普遍存在孔的精度差、效率低和铰刀使用寿命低等问题。超声振动铰孔时，这些问题均可得到解决，而且基本与材料无关，无论对铝、碳素钢还是不锈钢，均可达到表面粗糙度 $Ra<0.4\mu m$，加工表面光滑、均匀、无毛刺、无划伤和无微裂纹，扭矩很小，仅为传统铰削的 $1/4\sim1/5$。

超声振动切削作为精密加工和难加工材料加工的一种新工艺技术，其切削效果已经得到世界各国的公认，它是传统切削加工技术的一个飞跃。但由于超声振动装置复杂，对切削加工条件要求苛刻，使其应用受到一定限制。

5.2.5　低频振动切削

1. 低频振动切削的原理及特点

低频振动频率一般为 $20\sim200Hz$，其驱动形式有电磁振动型、电气-液压型、机械-液压型和机械型等几种。其中机械振动切削装置的结构简单，造价低，使用、维护都比较方便，振动参数受负载影响较小，所以应用比较广泛。机械振动切削装置可形成独立机床部件，原机床不需要进行大的改装就可以与其配套，多用于钻孔、扩孔、铰孔、镗孔和螺纹加工中。图 5-7 所示为曲柄滑块式和四连杆机构振动切削装置的工作原理。图 5-8 所示为一种常用曲柄连杆振动攻螺纹装置的工作原理。此外，还有振动钻孔刀架、振动车削刀架及振动切断刀架等。

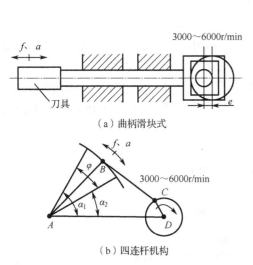

（a）曲柄滑块式

（b）四连杆机构

图 5-7　机械振动切削装置工作原理

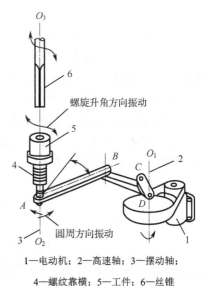

1—电动机；2—高速轴；3—摆动轴；
4—螺纹靠横；5—工件；6—丝锥

图 5-8　曲柄连杆振动攻螺纹装置工作原理

低频振动切削虽然在改善加工精度和表面粗糙度、提高切削效率等方面的工艺效果不及超声振动切削，但也具有振动切削的一些优点，尤其是可以很好地解决切削过程中的断屑、排屑问题，并可自主地控制切屑的形状和大小，确保排屑顺畅，改善切削条件，提高加工质量和加工效率，减小刀具磨损，延长刀具寿命，实现切削过程自动化等，因而得到广泛应用。

2. 低频振动切削的断屑分析

若所加进给方向振动按正弦规律变化，即

$$x = a\sin\omega t \tag{5-14}$$

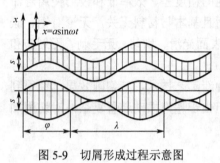

图 5-9　切屑形成过程示意图

则在切削过程中必然会形成波形切削表面。当进给方向振动频率 f 与刀具或工件转数 n 选择适当时，相邻两转的切削表面就会产生相位差 φ，使实际进给量 s_e 和切削厚度 a_{ce} 瞬时等于甚至小于零，从而形成断续切削，如图 5-9 所示。

设刀尖振动时所形成波形刀痕的波长为 λ，那么，只有当工件加工表面周长 πD 是 λ 的非整数倍时，因相邻两次进刀过程中形成实际切削厚度的明显变化，才可能形成断屑（见图 5-9），即

$$\pi D = (K+i)\lambda \tag{5-15}$$

式中，K 为一个周期内所包含的完整波长的个数，$K = 1, 2, \cdots, m$（正整数）；i 为余下的不足一个完整波长的小数部分，$0 < i < 1$。

若用周期来表示，则式（5-15）改写为

$$T_n = (K+i)T_f, \quad K+i = T_n / T_f = 60f/n, \quad i = 60f/n - K \tag{5-16}$$

对应的相位差 φ 为

$$\varphi = 2\pi i = 2\pi(60f/n - K) \tag{5-17}$$

式中，T_n、T_f 分别为工件转动的周期和刀具或工件振动的周期；n 为工件转速（r/min）；其他符号意义同前。

由式（5-16）可知，i 值的大小仅与振动频率 f、工件转速 n 有关。当改变 i 时，在其他条件不变的情况下，实际切削厚度就会发生变化，如图 5-10 所示。

由图 5-10 可以看出，当 $i = 1$（$\varphi = 0$ 或 2π）时，实际切削厚度是不变的，形成连续的切削过程。在这种情况下，无论怎样增大振幅和频率，理论上都是不能断屑的。

为了了解进给方向振动切削时的断屑规律，现分析任意瞬时实际进给量 s_e 和切削厚度 a_{ce} 随时间的变化规律。当 $f(\omega)$、n 不变，即 i 一定时，工件在第 0（即在第 1 转之前），1, 2, $\cdots$, m 转时，刀刃在进给方向的位移分别为

$$x_0 = snt + a\sin\omega t$$

$$x_1 = snt + s + a\sin(\omega t + 2\pi i)$$

$$\cdots$$

$$x_m = snt + ms + a\sin(\omega t + 2\pi mi)$$

相邻两转之间任意瞬时的实际进给量 s_e 和切削厚度 a_{ce} 为

$$s_e = x_m - x_{m-1} = s + 2a\sin\pi i \cdot \cos(\omega t + \pi i)$$

$$a_{ce} = a_c + 2a\sin\pi i \cdot \sin\kappa_r \cdot \cos(\omega t + \pi i) \tag{5-18}$$

式中，a_c 为普通切削时的切削厚度，认为它是一个常量；κ_r 为切削刃主偏角。

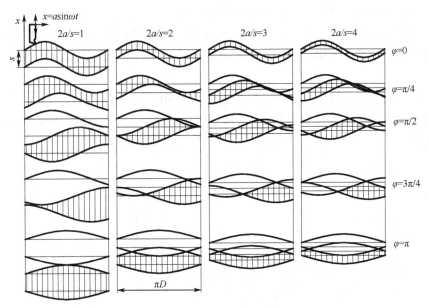

图 5-10　实际切削厚度与振幅和相位差（频转比）的关系

　　也就是说，振动切削时的实际切削厚度 a_{ce} 是以 $2a\sin\pi i$ 为振幅而周期性变化的。它的大小和 s、a 及频转比 f/n（相位差 $\varphi=2\pi i$）有关。

　　当 $\cos(\omega t+\pi i)=-1$ 时，$s_e \rightarrow s_{emin}$，$a_{ce} \rightarrow a_{cemin}$，即

$$s_{emin} = s - 2a\sin\pi i，\quad a_{cemin} = a_c - 2a\sin\pi i \cdot \sin\kappa_r$$

　　在不考虑切屑收缩系数的情况下，只有 $s_{emin} \le 0$，$a_{cemin} \le 0$ 时，才能形成断续切削条件。因此形成断续切削的最小振幅为

$$a_{min} = 0.5s / \sin\pi i$$

　　试验表明，对于一些韧性较好的材料，如不锈钢、钛合金、紫铜等，选用这样的振幅仍不能保证可靠断屑，常出现几个单元切屑连在一起，似断非断的现象，影响切屑的顺利排出。因此实际应用中为了保证可靠断屑，应使

$$a > \frac{0.5s}{\sin\pi i} = \frac{0.5s}{\sin(60f/n-K)\pi} \qquad （5-19）$$

或

$$\frac{2a}{s} > \frac{1}{\sin(60f/n-K)\pi} \qquad （5-20）$$

　　由式（5-20）可知，当 f/n 接近任意整数时，要使 $a_{cemin}=0$ 的 a 为无限大。也就说当 f/n 选择不当时，单靠增大振幅也是不能断屑的。因此，根据式（5-20）可以绘出理论断屑区域图，如图 5-11 所示。利用断屑区域图就可初步选择保证断屑的振幅和频率。

　　实际使用时，应在保证可靠断屑的情况下尽量减小振幅，以免切入时产生过大的冲击而影响刀具的正常切削过程。由图 5-11 可知，当 $f/n=0.5,1.5,2.5\cdots$ 时，断屑所需要

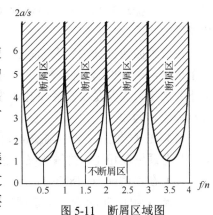

图 5-11　断屑区域图

的振幅最小，即 $a \geqslant 0.5s$。试验表明，当 $2a=(1.0\sim1.5)s$ 时，刀具寿命最高。

对于一般材料，在不考虑切屑收缩时，当 $2a=1.0s$ 时就能断屑，且由于刀具受动载荷的影响较小，切削液的使用效果增强，刀具与切屑之间的摩擦减小，刀具寿命比不加振动时可提高几倍。

另外，在振动切削过程中，刀具工作角度也是周期性变化的，如图 5-12 所示。为了避免在切削过程中出现零后角或负后角而增大刀具后刀面磨损，一方面应适当增大刀具的刃磨后角，如一般增大 2°～3°；另一方面应严格控制振动参数（a、f）的选取。

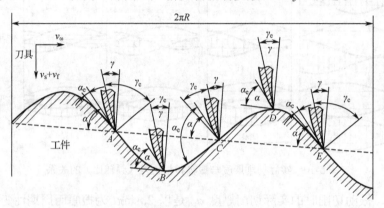

图 5-12　刀具工作角度变化示意图

振动参数选择的一般原则是：①频率 f 高时，应选小振幅 a；②频率 f 低时，可选较大振幅 a；③具体选取还需结合切屑控制，以及加工精度和表面粗糙度的要求等。

3. 低频振动切削的应用

低频振动切削技术目前已被广泛应用于孔加工（包括钻、扩、铰、镗和攻丝等）及外圆车削加工等领域，解决了许多实际加工过程中的技术难题，如切屑处理、改善切削加工性、提高加工质量和效率、延长刀具寿命等，同时在理论上也获得了很大的发展。

1）低频振动钻削

振动钻削就是在传统钻削方法的基础上，给钻头或工件加上某种有规律的振动，使钻头或工件一边振动一边钻孔，以形成脉冲切削，从而改变钻头与工件之间的时空存在条件及钻削机理，达到改善钻削条件，减小钻削力和钻削热，延长钻头寿命，提高加工质量和效率的钻削方法。振动钻削一般采用低频（200Hz 以下）轴向（进给方向）振动，激振方式一般采用机械方式。

由低频振动切削的断屑机理可知，振动钻削时只要振动参数（f、a）与钻削用量参数（n、s）匹配适当，不论加工何种材料，采用何种刀具角度和切削用量，都能很好地解决小孔（如 ϕ3mm 以下）加工，尤其是小直径深孔和难加工材料深孔加工中切屑处理的问题，使小孔钻削实现自动进给。例如：

（1）在 45 钢上干式钻削 ϕ3mm 的小孔，当 $n=1000$r/min，$s=0.06$mm/r，$f/n=2$，$a=0.06$mm 时，与普通钻削相比，排屑顺畅，钻头寿命可提高 8 倍左右，且孔的加工精度也有所改善。

（2）在不锈钢 1Cr18Ni9Ti 上钻削 ϕ1.5mm×8mm 的小孔，当 $v_c=13.2$m/min，$s=30$mm/min，$f=200$Hz，$a=0.015$mm 时，与普通钻孔相比，平均切削功率可降低 15%～30%，刀具寿命提高

2～2.5 倍，钻孔效率提高 1.5 倍。

（3）振动切削深孔加工系统，可改善钻头的工作条件，扩大内排屑钻头（如 BTA 钻、喷吸钻和 DF 钻）的应用范围，可以在更小直径（如 $\phi 6mm$）范围内使用内排屑钻头，钻头不需要开断屑槽（一般取前角 $\gamma=0°$），简化钻头刃磨，延长钻头使用寿命。同时，可根据孔径的大小控制切屑的形状和大小，减小钻头和钻杆的排屑空间，提高钻头和钻杆的刚性等。

2）低频振动攻丝

攻丝属于半封闭的多刃切削过程，比车削、铣削等加工条件更加恶劣，丝锥各切削刃及工件在其半径方向产生无规律的弹性振动，且切削液不能充分利用，排屑困难，发热量大，并有积屑瘤产生，这样刀刃形状不断变化，刀刃运动没有规律，加工出来的内螺纹牙形精度低、粗糙度大，造成产品质量低。采用振动攻丝，使丝锥在螺纹升角方向上振动，可以较好地解决传统攻丝中存在的问题，为难加工材料攻丝、小螺纹攻丝、盲孔攻丝，以及高精度螺纹攻丝提供一种新的有效的工艺手段。

采用低频振动攻丝，可以提高螺纹的加工精度，实现高精度、低粗糙度、高表面质量和高效率的内螺纹加工，延长丝锥的使用寿命，尤其在难加工材料上攻制精密螺纹时效果更加显著。例如，在碳素工具钢、黄铜和铝三种材料上攻制 M1×0.25 的内螺纹，当 $v_c=1.2m/min$，$f=100Hz$，$a=0.1mm$，用菜籽油冷却润滑时，结果表明，在三种材料上振动攻丝过程中从未发生丝锥被挤断现象，而普通攻丝只能在黄铜和铝上攻丝，且效率很低，在碳素工具钢上攻丝时则丝锥经常折断。表 5-4 所示为振动攻丝与普通攻丝时的扭矩对比。另外，振动攻丝排屑顺畅，丝锥寿命长，牙型精度高等。

表 5-4　振动攻丝与普通攻丝时的扭矩对比

工 件 材 料	碳素钢		黄铜		铝	
攻 丝 方 法	振动攻丝	普通攻丝	振动攻丝	普通攻丝	振动攻丝	普通攻丝
扭矩/mN·m	22	—	11	20	12	25

3）低频振动铰孔

铰孔是精密孔加工中不可缺少的工序，但普通铰孔普遍存在加工效率低、精度差、刀具寿命短等问题，严重地影响产品质量。采用振动铰孔，使铰刀在切削过程中沿刀刃切削方向产生扭转振动，即可较好地解决普通铰孔中存在的问题。振动频率一般为 50～100Hz，振幅一般为 0.2～0.3mm，激振方式一般采用机械方式。

低频振动铰孔与普通铰孔虽然有本质上的不同，但其铰削的线速度仍较低。为了进一步提高加工质量和效率，可采用超声振动铰孔的方法。

5.3 振动磨削技术

随着机械工业向着高精度、高效率的趋势发展，新型材料被广泛应用，使普通磨削中经常出现的砂轮堵塞和工件烧伤现象更加突出，其主要原因是磨削区温度高。如何有效地减小磨削力、降低磨削温度是延长砂轮寿命、减少工件烧伤、提高加工质量的一个主要着眼点。超声振动磨削、超声清洗砂轮、超声振动修整砂轮是近年来发展和完善的新工艺方法。它们在减小磨削力和降低磨削温度方面起到了积极的作用，尤其在难加工材料的磨削中，能较好地解决砂轮堵塞和烧伤问题。

5.3.1　超声振动磨削技术

1．概述

超声振动磨削就是在磨削过程中给砂轮或工件附加强迫振动进行磨削的一种工艺方法。超声振动磨削按砂轮或工件的振动方式可分为纵向振动磨削和扭转振动磨削两种，如图 5-13 所示。

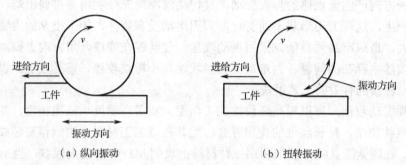

（a）纵向振动　　　　　　　　　　（b）扭转振动

图 5-13　振动磨削方式

1）纵向振动磨削

纵向振动磨削通常是指使砂轮（多数是工件）在进给方向产生振动进行磨削的方法。可直接利用换能器和变幅杆在超声波发生器作用下产生纵向振动（见图 5-14），常用于平面磨削。

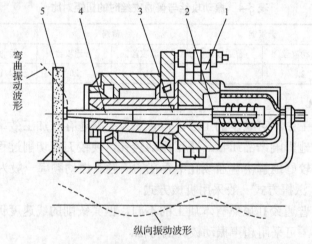

1—电刷；2—换能器；3—波导杆；4—变幅杆；5—砂轮

图 5-14　超声纵向振动磨头

2）扭转振动磨削

实现扭转振动的方法有两种：一种是用磁致伸缩换能器在超声波发生器作用下产生扭转振动，经变幅杆放大后再传给砂轮；另一种是用两个纵向变幅杆以相同的振动参数（频率和振幅）同时推动扭转变幅杆的大端而实现扭转振动，如图 5-15 所示。

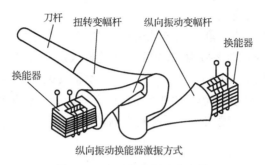

图 5-15　实现扭转振动的方法

2．超声振动磨削的优点

由于磨削和切削的基本原理有许多相同之处，所以超声振动切削的许多优良工艺效果在超声振动磨削中都能体现出来。

（1）磨削力小，仅为传统磨削的 1/3～1/10。

（2）磨削力和磨削热均以脉冲形式出现，磨削热大大减少。

（3）与超声振动切削一样，超声振动磨削中形成磨屑的磨削力不再是由机床电动机带动砂轮实现的，故可实现稳定的脉冲力波形并作用于工件，从而为提高加工精度创造条件。

（4）由于砂轮与工件是脉冲式接触与脱离，砂轮的散热条件大大改善，冷却液可大量进入磨削区，从而从根本上解决工件的烧伤问题。

（5）砂轮堵塞会因高频振动和磨削温度大大降低而得到明显减少甚至消除。

此外，由于振动磨削是利用另外设置的振动源，预先使砂轮以超声波范围内很高的振动频率产生振动，如果磨粒也随着振动的话，表面微细沟槽自成作用就会非常活跃（传统磨削时，砂轮外圆表面上的磨粒是直线前进的。而振动磨削时，砂轮不同位置上的磨粒切出的沟槽是互相交错的，形成将各磨粒的切削路程截短机理，从而使脉冲作用力作用在各个磨粒上，这就是振动磨削的表面微细沟槽自成机理），已无必要再让砂轮高速回转挤压工件，即可在低速回转、轻微接触压力作用下进行发热少的磨削加工。

由于磨削力小、磨削温度低，故可减小主电动机功率，也可实现大切深磨削和超精密磨削。

3．超声振动磨削的应用

超声振动磨削不仅可用于对金属与非金属材料的磨削加工，也可用于牙病治疗。

（1）振动磨削金属材料。用超声振动磨削耐热合金、淬硬高速钢和工具钢等，与传统磨削相比，砂轮寿命提高 1～2.5 倍，磨削效率提高 1 倍，并且表面质量提高，工件温度只有原来的 1/2 等。

（2）振动磨削陶瓷材料。大量研究和试验表明，超声振动磨削陶瓷，不仅能够大幅度提高磨削效率，而且能有效地改善陶瓷磨削表面质量，因此，超声振动磨削技术在结构陶瓷加工中具有广阔的应用前景。例如，用金刚石砂轮超声振动磨削高温结构陶瓷时，材料磨除速度 v_c 随加工压强 P 的增大而提高；另外，当达到某一临界压强 P_r 时，磨粒才具有切削作用（见图 5-16），上述磨削特点与使用普通砂轮磨削难加工材料时类似；由图 5-16 可见，超声振动磨削对结构陶瓷的磨削十分有效，不仅可大大降低开始形成切屑的临界压强 P_r，而且在同样的加工压强条件下超声振动磨削的材料磨除速度显著提高。另外，超声振动磨削的显著优点是可以减小或消除磨削表面裂纹。

图 5-17 所示为超声振动磨削不同结构陶瓷时加工压强与材料磨除速度 v_c 的关系。由图 5-17 可知几种结构陶瓷的临界压强 P_r 如下：碳化硅（反应烧结）为 2.4MPa，氮化硅（常压烧结）为 4.8MPa，氧化铝（92%）为 1.1MPa，氧化铝（99.5%）为 1MPa。因此，超声振动磨削陶瓷时的临界压强与被加工陶瓷的种类和材质有关。氧化铝和碳化硅陶瓷的磨除速度均很高，而氮化硅陶瓷的磨除速度相对前两种陶瓷则较低，但相对普通磨削还是高出很多。

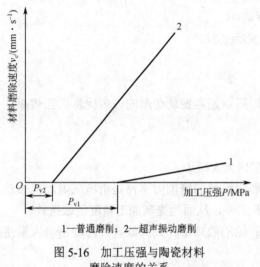

1—普通磨削；2—超声振动磨削

图 5-16　加工压强与陶瓷材料
磨除速度的关系

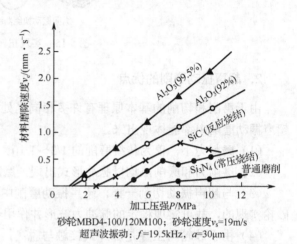

砂轮MBD4-100/120M100；砂轮速度v_s=19m/s
超声波振动：f=19.5kHz，a=30μm

图 5-17　加工不同结构陶瓷时加工压强与
材料磨除速度的关系

用于超声振动磨削结构陶瓷的磨床主轴刚性应较高，是普通磨床刚性的 5～10 倍，关键是要相对提高超声振动装置的振动系统及机械系统中各部件的刚性。

（3）振动磨削牙齿。磨头在做回转运动的同时，附加纵向或扭转振动，可收到以下效果：①可防止砂轮堵塞，始终保持磨粒切削刃锋利，减轻患者痛苦；②对牙齿形成脉冲作用力以产生神经的不敏感性效果，减轻疼痛；③可根据牙齿的实际情况，利用振动砂轮的等效硬度特性（砂轮硬度随振动频率和振幅变化而改变的特性）改变振幅，就等于用适当硬度的砂轮形成锋利的磨粒进行磨削，从而减轻疼痛。

5.3.2　超声振动清洗砂轮

超声振动清洗砂轮的工作原理如图 5-18 所示。工作时，磨削液在超声波的"空化"作用下会产生强大的冲击力，这种冲击力和强化作用使磨削液可以顺利达到磨削区甚至进入砂轮的结合剂和气孔中，有效地降低磨削温度，真正起到冷却作用，可避免在高温下形成氧化物，从而根除产生黏附堵塞的条件。例如，在磨削不锈钢时，与传统磨削相比，超声振动清洗砂轮磨削可大大减小砂轮磨损和加工表面粗糙度 Ra 值，如表 5-5 所示。

倾斜进给磨削是一种高效磨削方法，即使大量使用磨削液也难以避免在工件的肩角处产生磨削烧伤。而用超声振动清洗砂轮磨削就可完全消除烧伤现象，与传统磨削相比，单位功率消耗减少一半，砂轮寿命提高 4 倍，工件表面粗糙度 Ra 值减小 2～3 级。

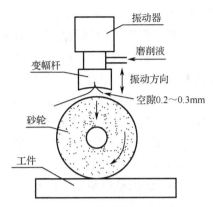

图 5-18　超声振动清洗砂轮工作原理

表 5-5　超声振动清洗砂轮磨削不锈钢的效果

加 工 方 法	磨削量/mm³	砂轮磨损/mm	Ra/μm
传统磨削	1.4	0.2	0.9
超声振动清洗磨削	2.7	0.04	0.2

5.3.3　超声振动修整砂轮

超声振动修整砂轮可用于平面磨削和外圆磨削，如图 5-19 所示。

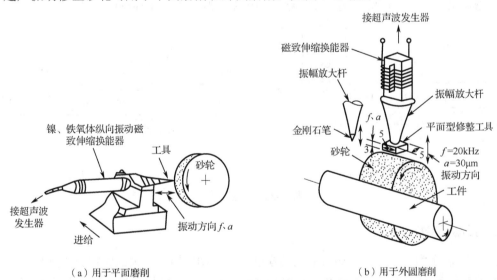

　　（a）用于平面磨削　　　　　　　　　　　　　　　（b）用于外圆磨削

图 5-19　超声振动修整砂轮示意图

　　传统修整砂轮时，金刚石笔在砂轮表面描绘的轨迹为一圆柱表面（进给量小于金刚笔宽度时），展开后为平面。而振动修整砂轮时，如金刚石笔为尖头，则其在砂轮表面形成的轨迹面展开后为一正弦曲面，实际上由于金刚笔很少为尖头，故其轨迹展开后为一波峰状表面。这样一来，砂轮表面波峰的形成就等于增大了容屑空间和磨粒切削刃之间的距离，使得单颗磨粒的切削厚度 a_c 增大，磨削过程中的滑擦和耕犁现象自然就减弱，使得临界烧伤的热通量

（热流密度）相对增加，从而延缓烧伤现象的出现，即提高了砂轮出现烧伤前的使用寿命，减少砂轮的修整次数。振动修整后砂轮表面形成波形切削刃，容屑空间增大，微小磨屑在较大的容屑空间内失去卡住和滞留的可能，极易脱离砂轮表面，从而有效地解决了砂轮堵塞的问题。如再附以挡风板，防止砂轮表面形成气体附着层，效果会更好。

例如，在下列条件下进行超声振动修整砂轮后的平面磨削试验。90°锥形金刚石笔，磨损宽度为 0.2mm；在 150mm×10mm 的 T10 工具钢（61 HRC）零件上磨平面；v_s=24m/s，修整进给速度为 290mm/min；a_p=0.05mm，切入式干磨削，v_f=1000mm/min；砂轮为 A46K320mm×40mm×127mm；振动参数为 f=19kHz，a=20μm。结果表明，经振动修整砂轮比传统修整砂轮的使用寿命提高 2 倍多；经振动修整砂轮在 a_p=0.2mm 时，仍未见烧伤现象；加工表面粗糙度从 Ra 0.8μm 减小到 Ra 0.2～0.1μm。

5.4 振动研磨与振动珩磨技术

5.4.1 振动研磨技术

1. 振动研磨定义

振动研磨是把振动能量附加在研具或工件上，使研具或工件以一定的频率和一定的振幅在研磨方向上做机械振动（见图 5-20），利用砂轮的等效硬度特性及表面微细沟槽自成机理进行超精密研磨加工，从而达到提高加工精度和效率、减小表面粗糙度的目的。

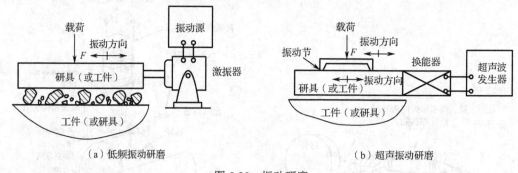

（a）低频振动研磨　　　　　　　　　　　（b）超声振动研磨

图 5-20　振动研磨

2. 振动研磨机理

图 5-21 所示为振动研磨时磨粒的运动模型。在振动作用下，大的磨粒在研具与工件之间产生高速旋转运动，而小的磨粒产生激烈的跳跃运动，大大加快研磨速度，从而提高研磨效率，研磨机理明显不同于普通研磨。

如果把振动研磨与普通研磨形象化，普通研磨相当于普通的刨削加工（见图 5-22（a）），而振动研磨相当于铣削加工（见图 5-22（b））。刨削和铣削时的主切削力 F_c、背向力 F_p 与转速 n 的关系如图 5-23 所示。不难看出，铣削时 F_c、F_p 均随着转速 n 的增大而减小，F_p 的减小就意味着在定载荷下研磨效率提高，研磨时间缩短。这是由于振动研磨时，一方面在振动的作用下较大的磨粒高速旋转，并受到小磨粒的冲击而迅速破碎，使研磨剂的磨粒很快趋于一致，因此可以很快获得无深刻痕、均匀平滑的加工表面；另一方面所形成的均匀一致的细小刻痕远多于普通研磨，这种细小刻痕的频频产生使得切削力减小，即研磨效率提高。

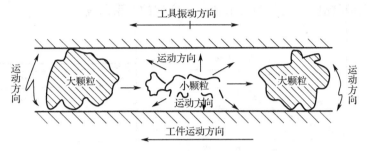

图 5-21　振动研磨时磨粒的运动模型

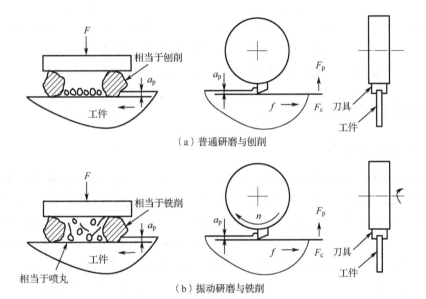

（a）普通研磨与刨削

（b）振动研磨与铣削

图 5-22　普通研磨与振动研磨对比

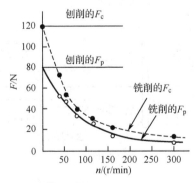

工件：45钢，1mm×50mm
刀具：$\gamma_o=10°$，$\alpha_o=5°$
刃宽：10mm
切削用量：$a_p=0.1mm$，$v_s=20mm/min$

图 5-23　F_c、F_p 与 n 之间的关系

此外，由于小磨粒的激烈跳动，具有一定喷丸强化的效果，同时对表面微细沟槽的自成作用、粗糙表面的平滑及残余压应力的产生都有促进作用。图 5-24 所示为振动研磨与普通研磨时加工量、表面粗糙度 R_{max} 值与加工时间 t_m 之间的关系曲线。

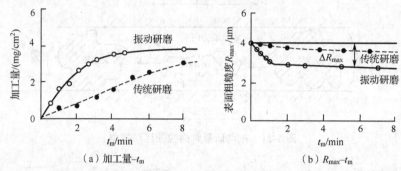

（a）加工量-t_m　　　　　　　　（b）R_{max}-t_m

工件：45 钢；磨料：A400#；磨料浓度：50%（wt）；研磨液：煤油；供料方法：一次供给一定量；

研磨速度：1.6m/min；研磨压力：1.5N/cm²；振动参数：f=20kHz，a=0.5μm

图 5-24　振动研磨与普通研磨时加工量、R_{max} 与 t_m 之间的关系曲线

5.4.2　超声振动珩磨技术

1．超声振动珩磨原理

超声振动珩磨就是使珩磨头在不断旋转并上下往复运动的同时附加超声振动进行脉冲珩磨，加之超声振动在珩磨液中的空化作用，从而达到提高加工精度和加工效率的目的。

根据油石的振动方向，超声振动珩磨可分为纵向振动珩磨、径向振动珩磨和扭转振动珩磨三种，由于受超声换能器的限制，目前多采用超声纵向振动珩磨。图 5-25 所示为超声纵向振动珩磨原理示意图。超声波发生器通电后，产生超声频电振荡，通过换能器转换成超声机械振动。变幅杆将纵向振动振幅放大并传给振动圆盘，挠性杆接收振动圆盘的弯曲振动，变成沿挠性杆的轴向振动，再传给油石座，油石座带动油石在珩磨头体中以预先调定的频率做超声纵向振动。

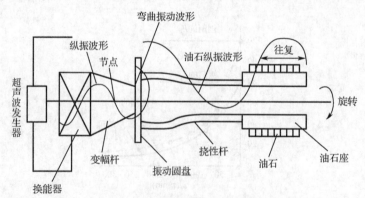

图 5-25　超声纵向振动珩磨原理示意图

2．超声振动珩磨的特点

（1）使磨粒变得锋利，有利于提高珩磨效率。

（2）可增大切削深度，提高切削效率。若保持切削深度不变，则可降低磨具上的压力，减小珩磨力及工艺系统的变形等。

（3）提高了实际的切削速度，并以动态冲击力作用于工件，从而可获得较大的波前剪应力，有助于塑性金属趋于脆性状态，减小塑性变形，有利于切削。

（4）油石自砺性很强，不易堵塞气孔，可提高生产效率，降低加工工件的表面形状误差。

3．超声振动珩磨油石的等效硬度特性

油石的硬度是反映在珩磨力作用下，磨粒从油石表面脱落的难易程度。油石硬，即表示磨粒难以脱落；油石软，即表示磨粒容易脱落。若油石硬度选得太高，会使磨钝了的磨粒不能及时脱落，而产生大量磨削热，造成工件表面热损伤。但若油石的硬度选择太低，会使磨粒脱落得太快而不能充分发挥其切削作用。在超声振动珩磨中，由于极大的瞬时加速度使得对超声振动珩磨油石硬度的选择不同于对普通珩磨油石的选择，欲做到合适的选择，就必须了解超声振动珩磨油石的等效硬度特性。

所谓超声振动珩磨油石的等效硬度特性，是指油石的硬度在超声振动作用下随其振动频率和振幅而变化的特性。而硬度的变化实质上是由于油石内部在高频振动下所产生的应力对砂轮硬度产生了影响。

油石的等效硬度 H_{eq} 与振幅之间的关系可用下式表达：

$$H_{eq} = ae^{-bH} \tag{5-21}$$

式中，a 为振幅；H 为油石硬度；b 为常数。

根据超声振动珩磨油石和等效硬度特性可知，超声振动珩磨油石的硬度低于普通珩磨油石的硬度，表明磨粒易脱落，即自砺性好，经常可保持磨粒的锋利状态，因而加工中可减小磨削力和降低磨削热的产生，这一特性也是超声振动珩磨获得优良工艺效果的原因之一。

此外，从等效硬度特性还可以看出，油石粒度越细，油石硬度越低一些，可使油石不易堵塞。同时，利用超声振动珩磨由不同材料组成的复合材料时，用同一个油石，只要改变超声波发生器输出功率以控制油石的振幅，就可以迅速选择适合于磨削不同材料所要求的不同油石硬度；也可以对一种材料在不更换油石的条件下，通过改变振幅来选择适于粗珩和精珩所需油石的硬度，即可获得与使用多种油石时相同的珩磨效果。

5.5 磁化切削技术

5.5.1 磁化切削的概念

所谓磁化切削（Magnetic Cutting），是一种基本不需要增加投资，尽可能利用原有的机床和一般的切削刀具，仅将工件或刀具或两者同时处于被磁化条件下进行切削加工的方法。实践证明，磁化切削简单易行，可提高刀具寿命，工艺效果明显。因此，带磁切削也是难加工材料切削加工中提高刀具寿命和生产效率、保证加工质量的有效方法之一。

5.5.2 磁化切削的形式和工作原理

磁化切削的形式较多，通常按磁化对象、性质及是否加磁性材料分为四类。

（1）磁化对象可分为刀具磁化、工件磁化及刀具-工件一体磁化三种形式。

图 5-26（a）所示为刀具磁化。此方法的优点是切削区磁场大，通用性好，应用范围广，但刀具伸出较长会影响刀具切削时的动刚度。图 5-26（b）所示为工件磁化。此方法的缺点是耗电较多，不方便，影响工件的动刚度，应用较少。图 5-26（c）所示为刀具-工件一体磁化。

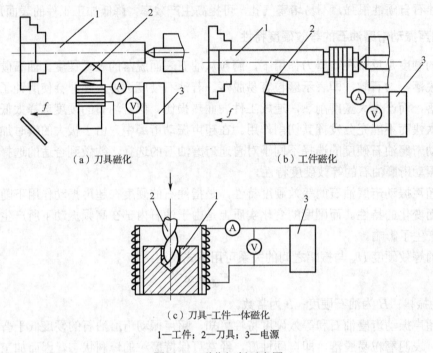

（a）刀具磁化　　　　　　　　　　　（b）工件磁化

（c）刀具-工件一体磁化

1—工件；2—刀具；3—电源

图 5-26　磁化切削示意图

（2）磁化与切削加工的关系可分为机外磁化和在机磁化两种形式。图 5-27 所示为机外磁化。将刀具预先在磁化装置上处理后，再进行切削比较方便。通常，整体高速钢刀具机外磁化效果较好，一次性磁化即可；而焊接式、机夹式硬质合金刀具往往需要增加磁化数次。在机磁化是指在切削过程中对刀具、工件两者同时磁化，可以通过改变电流大小、线圈匝数来控制磁感强度。其优点是有利于磁场稳定；缺点是安装复杂，易吸附切屑。

（3）按磁化时所用电源的不同可分为直流磁化、交流磁化和脉冲磁化。直流磁化控制方便，应用较广，但磁化时间长，耗电量大（见图 5-28）；交流磁化电路简单，成本低，但因有涡流损耗，耗电量也较大；而脉冲磁化耗电少，磁化时间短，但结构复杂，成本高。

（4）按是否加磁性材料还可以分为装置磁化和固有磁化。

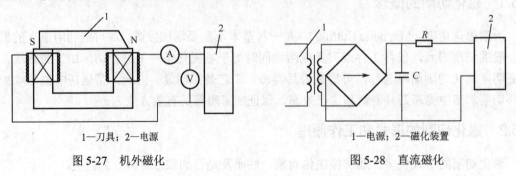

1—刀具；2—电源　　　　　　　　　　　　　　　1—电源；2—磁化装置

图 5-27　机外磁化　　　　　　　　　　　　　　图 5-28　直流磁化

5.5.3　磁化切削的工艺效果

国内外的试验研究和应用表明，磁化切削具有以下工艺效果：

（1）减小切削力与功率消耗。试验表明，磁化切削比普通切削可减少电流消耗量 25%；用高速钢刨刀加工 45 钢零件，当进给量与切削深度相同，切削速度分别为 17.9m/min 和 36.5m/min 时，磁化切削功率分别减小 33%和 32%。

（2）刀具寿命长。采用磁化切削，可明显降低切削温度，减少刀具磨损，根据被加工材料不同，可提高刀具寿命 2～5 倍，提高加工效率 10 倍左右。

（3）降低工件表面粗糙度值和提高加工精度。在相同的刨削条件下，传统刨削的工件表面粗糙，且有毛刺，而磁化刨削则表面光滑无毛刺。如用高速钢刨刀加工方钢（170 HB）时，一般可使其表面粗糙度值由 Ra 12.5～25μm 降到 Ra 3.2～6.3μm。试验表明，加工时工件受到磁场引力作用，此引力方向相反于径向切削力 F_y，从而减小或消除 F_y 力所产生的变形。当车削细长轴、磨削细长轴时，相当于安装了"磁力跟刀架"，有利于消除或减小此类加工引起的鼓形误差。

（4）装置简单，安全可靠，成本低。通常切削加工时刀具的磁场强度仅为 10^{-2}T，对机床、工件、操作者均无不良影响。

5.5.4　磁化切削机理探讨

有关磁化切削加工可显著提高刀具寿命和降低切削功率的机理，目前尚无成熟的理论，现有文献的观点也不尽一致，在此仅介绍一些看法与观点。

1．刀具材料强化的观点

这种观点认为，磁化强度无论是大于还是小于高速钢的磁饱和强度极限，都能使高速钢刀具材料得到强化，从而提高刀具寿命。其原因在于当磁化强度小于高超钢刀具材料的磁饱和强度极限时，剩余磁场的作用会使刀具的黏结磨损减小；当大于高速钢刀具材料的磁饱和强度极限时，强磁场会使刀具材料得到磁致伸缩的亚结构强化。

2．刀具材料表面硬度提高的观点

由试验可知，磁化刃磨过的高速钢刀具表面硬度均有提高。由于硬度的提高，从而使得刀具耐磨性提高。据资料介绍，磁化刃磨后的高速钢刀具表面硬度可达 927HV，而传统刃磨的刀具表面硬度只有 908HV；还有报道称，磁化后的高速钢刀具表面硬度由 62.97HRC 提高到 64.9HRC。

3．刀具表面粗糙度减小的观点

磁化刃磨后的刀具表面粗糙度由传统刃磨的 Ra 0.466μm 减小到 Ra 0.242μm，使得刀-屑、刀-工表面之间的摩擦系数减小，从而使刀具寿命提高。

4．刀具材料金相组织改善的观点

据报道，磁化后刀具材料的金相组织更细化，晶粒更加球状化，分布更加均匀，这种碳化物的球状化是在磁场冲击波作用下形成的。这意味着材料基体界面处的表面能降低，破坏

晶格原子间结合力的激活能增加，导致高速钢刀具材料的强度与硬度提高。

5. 切削温度明显降低的观点

由于刀具被磁化，刀具材料内部微观粒子间的磁矩取向及相互作用发生了一定变化，用 X 射线衍射法测得磁化后高速钢刀具材料马氏体的晶格常数有所减小，铁磁物质还有磁阻及热磁效应，这意味着磁化后的刀具切削热电势可能不同于相同切削条件下未磁化刀具的切削热电势，其中包括磁化产生的附加热电势，故此时已不能用自然热电偶法测磁化切削时的切削温度，必须用特殊方法测量和标定。测量结果表明，磁化切削时的切削温度均低于传统切削，且 N 极磁化刀具的切削温度比传统切削时要降低 30%～48%，这可能就是磁化切削刀具寿命提高的重要原因。

另据资料介绍，硬质合金刀具也可进行磁化，磁化后的刀具进行切削时也有一定效果。

5.6　加热切削技术

5.6.1　加热切削的概念

加热切削是指在加工过程中，通过各种方式对工件材料进行加热，使切削区、表层或整体达到一个合适的温度后再进行切削加工的一种新的加工技术。其目的是通过加热来软化工件材料，使工件材料的硬度、强度等性能有所下降，易于产生塑性变形、减小切削力、提高刀具寿命和生产效率、抑制积屑瘤的产生、改变切屑形态、减小振动、减小表面粗糙度。加热切削是克服加工困难问题的特种加工技术中最有效的方法之一，它为难加工材料的切削加工开辟了一条新的途径，已用于航宇、兵器、机械、车辆、化工、微电子及医疗工业。当前，加热切削技术及其发展在制造技术领域很受关注。

5.6.2　加热切削的发展

早在 1890 年就出现了对材料进行通电的加热切削，并获美国和德国专利。20 世纪 40 年代，加热切削在美国、德国开始进入工业应用实践，证明高温能使"不可能"加工的金属提高加工性能，并取得经济效益。但这个时期的加热切削尚处于发展的初步阶段，加工质量难以保证，基本上没有应用到生产实际中。20 世纪 60 年代以后，日本学者上原邦雄等利用刀具与工件构成回路通以低电压、大电流，实现了导电加热切削（Electric Hot Machining，EHM），使切削能顺利进行，是一种很有发展潜力和前途的方法。缺点是不适于非导电材料和刀具材料，以及断续切削加工。20 世纪 70 年代初，英国生产工程研究会 PERA 研制成功了一种有效的等离子弧加热切削（Plasma Arc Aided Machining，PAAM）。后来英国、美国、日本和苏联等也对 PAAM 进行了许多研究，表明加工难加工材料时，可提高加工效率 5～20 倍。20 世纪 80 年代，PAAM 已用于精细陶瓷材料的加工。20 世纪 80 年代以后，美国和意大利学者开发了激光加热切削，由于激光束能快速进行局部加热，较好地满足了加热切削的要求，因而提高了加热切削技术的实用价值。

5.6.3 加热切削机理探讨

1938 年有人通过实验证明，在室温下用高速钢刀具进行切削试验，刀具寿命与刀-屑接触面的摄氏温度的 20 次方成反比。但现已证明，高温并不一定降低刀具寿命，现在有两种方法可达到相同的目的，一种是冷却刀具，提高刀具寿命；另一种是加热工件，使材料软化和易于切削，因而提高刀具寿命。

高温切削原理如图 5-29 所示，在高温作用下，刀具材料的硬度比工件材料下降的要缓慢，并且在高于一定温度后，二者的硬度差更大，这当然对切削有利。

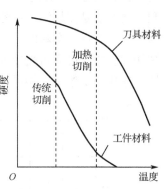

图 5-29　高温切削原理图

1. 加热温度使刀具与工件的硬度（强度）比值变大

切削时，在切削温度作用下，工件材料和刀具材料的机械性能都将发生变化。众所周知，随加热温度的升高，工件材料的硬度和强度降低，但塑性提高，如图 5-30 所示。随着加热温度的升高，钛合金的强度 σ_b（抗拉强度极限）及 σ_{be}（实际抗拉强度）均降低，而塑性增大。同样，随着加热温度的升高，刀具材料的硬度也有明显下降，如图 5-31 所示，但抗弯强度 σ_b 下降不多，如表 5-6 所示。

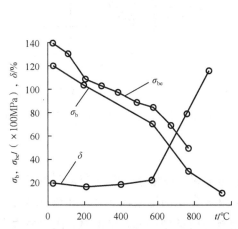

图 5-30　加热温度对 BT3-1 钛合金性能的影响

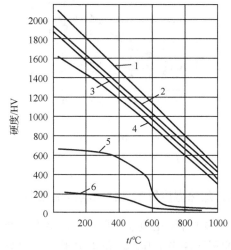

1—YT30；2—YT15；3—YT14；4—YT5；5—高速钢；6—碳素工具钢

图 5-31　加热温度对刀具材料硬度的影响

表 5-6　加热温度对硬质合金抗弯强度的影响

硬质合金牌号	σ_{be}/GPa				
	300℃	500℃	700℃	800℃	1000℃
YT15	1.04	1.04	0.98	0.89	0.74
YT30	0.82	0.74	0.80	0.81	0.81

以上情况只是说明刀具和工件材料的硬度与强度等均受加热温度的影响，但还不能说明

对切削有利。唯有刀具材料与工件材料的硬度比 H_t/H_w、强度比 σ_{bt}/σ_{bw} 才与切削加工有直接关系。如以强度和硬度都不高的金属锌作为刀具则能切削金属铅，因为两者的硬度比为 7 左右。一般来说，当刀具和加工材料之间的强度比 σ_{bt}/σ_{bw} 和硬度比 H_t/H_w 大于 1.5 左右就能进行切削加工，且这个比值越大，则刀刃形状的保持能力越强，加工表面的精度越高。

由图 5-32 和图 5-33 可以看出，硬度比 H_t/H_w 和强度比 σ_{bt}/σ_{bw} 均随着温度的升高而提高。切削试验也证明，硬度比 H_t/H_w 和强度比 σ_{bt}/σ_{bw} 提高的幅度越大，对工件材料的切削加工越有利，表面粗糙度越低。从图 5-33 所示几种材料来看，强度比或硬度比都随加热温度的增加而增加，一般有一个峰值，出现在 600～700℃之间。这些事实充分说明，在切削过程中，提高被切削层的温度有可能提高切削刃形状的保持能力，即提高刀具寿命或改善加工材料的加工性。在加热切削中，如果在刀具和加工材料的硬度比为最大值的温度附近进行切削，则切削性能最好。

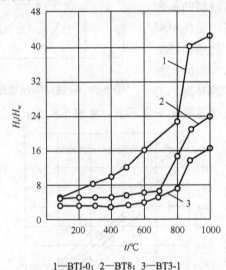

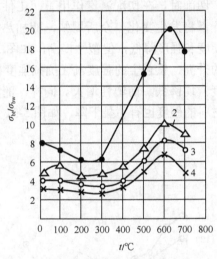

1—BTI-0；2—BT8；3—BT3-1

1—纯铁；2—30 钢；3—50 钢；4—高碳钢（C-0.9%）

图 5-32　加热温度对硬质合金-钛合金硬度比的影响　　图 5-33　加热温度对高速钢-碳钢强度比的影响

2. 加热温度影响工件材料的加工硬化

金属材料经受塑性变形后一般会产生硬化，这是由金属的晶格结构发生变化而造成的。材料的塑性决定于其晶胞可能的滑移方位数，铁素体-珠光体钢的结晶组是具有 8 个滑移方位的体心立方晶胞，而奥氏体钢的晶胞则是具有 20 个滑移方位的面心立方体形状，因而后者有较大的可塑性和加工硬化趋势。在切削加工中，始终存在着被切削材料的强化（加工硬化）和弱化（高温软化）的矛盾。被切削材料在切削刃的推挤作用下经受强烈的塑性变形，因而强度、硬度都会提高；另一方面，塑性变形产生的高温又会使材料的强度和硬度下降。在切削过程中，材料的强化和弱化谁占优势，会因切削温度的高低、材料应变速度大小和材料高温硬度的不同而有所不同。如果切削温度很高，材料的弱化占优势，则表现出切削力有所下降，如图 5-34 所示。但当切削温度较低时，材料的软化作用不明显，被加工材料则会出现加工硬化现象。当人为地提高切削区温度后，加工表层的硬化会削弱，同时温度越高，作用时间越长，材料越容易软化。图 5-35 所示为加热切削与传统切削 ZGMn13 时表层加工硬化的情况。显然，加热切削时不论是表层硬度值，还是硬化层深度都比传统切削时小，这说明加热切削时，工件材料的加工硬化减轻。根据加热辅助切削的这一特点，正好用来切削加工硬化严重的高锰钢、奥氏体不锈钢和高温合金等难加工材料。

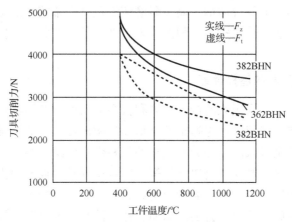

材料：17-4PH；BHN：布氏硬度

图 5-34　加热切削的切削力变化

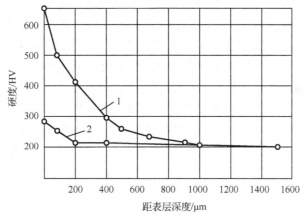

1—传统切削；2—加热切削

图 5-35　加热切削与传统切削 ZGMn13 时表层加工硬化情况

3．加热温度影响刀具和工件材料的导热性能

在加热切削中，材料的一些物理性能（如导热性、电阻率等）会影响材料的加工性。切削时，工件和刀具材料的导热性好坏将影响切削热的分布。在切削温度较低时，刀具的导热性差，可增加相对传到切屑和工件的热量，这对切削加工是有利的，因为切屑会因较热而软化。但是，对某些难加工材料，如不锈钢、耐热合金钢、钛合金等，切削时应使用导热性好的钨钴（YG）类硬质合金，以防止刀具过热而损坏。

在加热切削时，为了使加热效果显著，当然是希望工件材料的导热系数小些好，而对于刀具材料，导热系数大显然是有利的。金属材料的电阻率取决于材料的化学成分、组织等，一般高碳钢的电阻率较低碳钢大，合金钢的电阻率比碳素钢要大，同时，一般金属都具有正的电阻温度系数。在导电加热切削时，工件材料的电阻率大则加热效果较好，为了减少刀具内的发热，应选用电阻率低的刀具材料，同时要注意由于温度升高而造成的刀具电阻增加，且加热温度影响工件材料的导热性能。一般纯金属，以及铁素体、珠光体组织钢材的导热系数随温度的升高而减小，但奥氏体钢、高铬耐磨铸铁及钛合金等难加工材料的导热系数却随着温度的升高而增大，从而使更多的切削热传入工件内部，有利于降低切削温度，减少刀具磨损。

4. 加热温度影响刀具的磨损性能

在切削过程中，刀具承受极大的接触应力和极高的温度，在刀具切削部分表面产生复杂而且不均衡的应力状态，使刀具产生弹塑性变形和显微破坏。一般情况下，刀具磨损是一个复杂的过程，磨损经常是机械的、热的和化学的三种作用的综合结果，可以产生磨料磨损、黏结磨损、扩散磨损、氧化磨损及电热磨损等。磨料磨损是摩擦表面由于凸起不平的机械咬合和被加工材料中的硬质点在刀具表面刻出沟纹造成的。加热切削时，这种磨损会减小，因为与刀具相接触的切屑底层的材料会因高温而软化，同时由于温度增加了材料的塑性而使摩擦接触面积增大而减小了各个凸起部分和硬质点对刀具的刻划、擦伤作用。切削时，刀具与被加工材料之间由于很大压力和强烈的摩擦会不断发生冷焊、黏结。通常冷焊结的破坏发生在工件或切屑这一方。提高切削温度固然会使这些冷焊结容易破坏，但刀具和被加工材料微粒质点分子间的作用力有可能增大，从而强化了黏结过程。扩散磨损出现在较高的温度和高的接触紧密度的情况下，当到达引起工件和刀具材料发生化学相互作用的临界温度时，扩散就开始了，而且扩散助长了磨料磨损和黏结磨损的程度。若温度再增加，磨损将迅速加剧，所以出现扩散磨损的温度就是加热切削时允许的最高温度。

在加热切削中，当处在刀具与被加工材料的硬度比为最大的温度时，由于材料的相对软化，使刀-屑接触面的磨料磨损和黏结磨损的作用减弱，但如果继续提高接触面的温度就会发生急剧的黏结磨损和扩散磨损。

图 5-36 所示为刀具寿命随切削温度的变化曲线。可见，刀-屑接触面存在一个使刀具寿命最大的最佳温度。值得指出的是，这个最佳温度一般难以单靠选择切削用量和刀具几何角度参数而获得，因为用提高切削速度来增加刀-屑接触面温度会伴随变形速度的提高，因而产生严重的加工硬化而又来不及弱化，结果使刀具寿命明显下降。相反，也不能用极低的切削速度而仅借助人工加热来满足最佳接触温度的条件，因为这样会明显降低生产效率。由此可见，在加热切削时，存在一个加热温度和切削用量优化的问题。

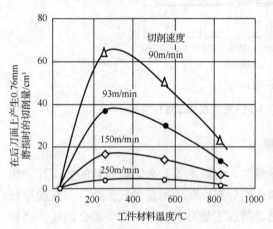

图 5-36 刀具寿命随切削温度的变化曲线

5.6.4 加热切削的关键技术与工艺

1. 加热切削的关键技术

加热切削的关键技术在于加热。目前，一般的目标是加热到难加工材料熔化前处于软化的温度。需要在难加工材料组织相变理论、金属切削原理和热学传导的基础上，着重分析和寻找温度、材料组织形态的变化以及与切削力之间的关系，摸索切削规律，确定改善材料可切削性的对策，进而从根本上解决难加工材料的切削问题。笼统地讲，由于切削过程本身的发热，材料在到达切削刃之前均有一个温升过程，由切削热所引起的加热作用可称为自加热。该加热作用显著时，称为红热切削或红硬切削。另一种加热形式是由外部热源提供热流引起材料的性质发生改变，如激光加热、等离子加热、电加热。所谓的加热切削是指后一种加热形式。

1）热源

加热切削主要通过引入高密度外部能量，使切削点处的材料性能发生改变，从而降低切削力和刀具磨损，延长刀具寿命，提高加工速度，提高效益。需要解决加热扩散影响加工质量，功率消耗多，温度控制困难，热源装置不理想，价格昂贵等问题。研究开发如激光和等离子弧这类热梯度很陡的热源，使加热温度能在几毫秒内达到需要值，并且容易控制和调节温度的高低。

2）材料的相变超塑性能力及变化规律

金属材料超塑性状态的特点，是在一定条件下呈黏性或半黏性，没有或只有很小的应变硬化现象，流动性和填充性很好，超塑性变形为宏观均匀变形，变形后表面光滑，没有起皱、凹陷、微裂及滑移痕迹等。加热切削是在材料加热软化的基础上进行的，材料在超塑性状态下切削时的超塑性能力及其变化规律对提高难加工材料的切削效果具有重要的意义。

3）加热温度的影响因素及控制方法

金属材料的相变超塑性对温度有苛刻的要求，在温度循环中的应变、应变速度、作用应力及加热速度等都会对温度产生影响。激光辐射材料时，其光能被材料吸收并转换为热能。如激光加热的热传导是一个非常复杂的过程，激光以很高的速度穿透表面进入材料深处，其初始速度可达 $5\sim20\mathrm{cm/s}$。热量在材料中传导扩散，造成一定的温度场，对各主要参数做出精确的预测，对加热切削的研究是非常重要的，也是取得良好效果的有力保证。加热切削的机理不仅在于材料在高温下硬度和强度的降低，而且局部瞬变高温在材料内部引起切削时应力场的改变；材料在高温下与介质发生物理化学反应，使材料的切削性发生改变。在高温下性质发生改变的局部材料随后被切除。从刀具寿命考虑，高温对其是不利的。因此，实际的最佳加热点距切削点应有一定距离，既使材料经过加热切削性得到改善，也应使刀具切削刃前的温度不致过高。

4）加热切削的加热方式

加热方式主要有用于毛坯预加工的整体加热和用于粗加工的等离子弧感应加热，以及用于半精加工、精加工的导电加热和激光加热。

加热切削所用热源，如通电加热、焊炬加热、整体加热、火焰和感应局部加热，以及导电加热，通称为一般热源。这些热源都能对被加工材料加热，对加热切削技术的出现和发展起了重要作用，但它们存在加热区域过大、热效率低、温控困难、加工质量难以保证等问题，切削效果不理想，难以甚至未能应用到生产实际中去。等离子弧及激光热源的出现，大大推动了加热切削技术的发展，国内外已进行了大量卓有成效的研究工作。

加热切削能否用于生产的关键在于加热方法。但无论何种加热方法，都必须满足以下基本条件：①尽可能只对工件的剪切变形区加热，其余部分应不被加热或少加热，以防工件的热变形及金相组织改变；②能提供足够热量并保持温度恒定；③加热装置结构简单，安装、调整及维护方便，使用安全可靠，成本低等。

2．主要加热切削工艺

1）电加热切削

电加热是在刀具与工件之间通一大电流（120～180A），借助刀具与工件之间的接触电阻发热，软化切削点的材料，改善工件材料的切削性。采用通电加热辅助切削进行车削试验时，切削点温度可达 1100℃。工件表面切削区域的温度由通过的电流大小和工件刀具的接触状态来决定。通电加热可改善工件的表面粗糙度，抑制积屑瘤和鳞刺的生成，材料的加工硬化和残余应力减小。电加热也称电接触加热，其工作原理如图 5-37 所示。

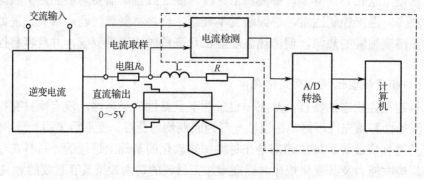

图 5-37　电加热切削原理图

加热温度可近似为

$$加热温度 \approx \frac{加热电流}{切削速度} \approx \frac{电流强度}{v_c \cdot s \cdot a_p} = \frac{I}{v_c \cdot s \cdot a_p}$$

由此可知，加工效率和质量与加热电流的大小有着密切的关系。在电加热切削时，为了获得最佳表面质量，对于每一组确定的切削条件，都存在最佳加热电流。试验表明，对于给定的刀具和工件材料，最佳加热电流随切削速度的增大而减小，随进给量和切削深度的增大而增大。为了使电加热切削技术实用化，需建立最佳加热电流数据库，对切削条件与加热电流等数据进行管理。

2）激光加热辅助切削技术

激光加热辅助切削技术（Laser Assisted Machining，LAM）是 20 世纪 80 年代发展起来的一种先进的切削加工技术。它是在切削过程中以激光束为热源，对工件进行局部加热，使加热部位材料的强度和硬度下降，再用刀具进行切削，从而达到提高难加工材料加工效率、刀具寿命和加工表面质量的目的。其优点是热量集中，升温迅速；热量由表及里逐渐渗透，刀具与工件交界面的热量较低；激光束可照射到工件的任何加工部位并形成聚焦点，便于实现可控局部加热。图 5-38 所示为激光加热辅助切削原理。

研究结果表明，激光加热切削可使切削力下降 20%～50%，显著提高刀具寿命，还能有效地改善工件的表面粗糙度。存在的主要问题是大功率激光器价格昂贵，能量转换效率低，金属材料对激光吸收能力差，吸收率一般只有 15%～20%，经"黑化"处理后，吸收能力可提高到 80%～90%，但经济可行性差，这是这种加热方法难以推广应用的原因之一。目前，美国通用汽车公司已研制成功低功率激光器和片状激光器，为激光加热切削装置的经济性和小型化创造了条件。

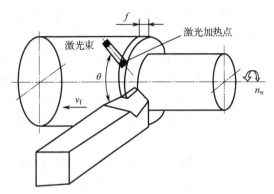

图 5-38　激光加热辅助切削原理图

3）等离子弧加热切削

等离子弧加热切削是一种机械切削和等离子弧的复合加工方法，如图 5-39 所示。在切削过程中，用等离子弧对工件待加工表面进行加热，使工件材料变软，强度降低，从而使切削加工刀具有切削力小、效率高、刀具寿命长等优点，已用于车削、开槽、刨削中。等离子弧加热切削与电弧加热切削类似，即用由等离子弧发生器所产生的等离子弧对工件进行加热。等离子弧发生器是这种加热方法的关键。用等离子弧喷枪中的钨作为阴极，工件材料作为阳极，通电后形成高温的等离子弧。

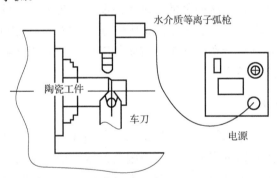

图 5-39　等离子弧加热切削示意图

将等离子弧发生器安装于切削刀具前的合适位置，并始终与刀具同步运动，在适当电参数及切削用量等条件的配合下，不断使待切削材料层预先加热至高温，达到易于切削的目的。此方法的优点是：允许切削速度高、效果好，用陶瓷刀具更能提高切削效果，加热温度高，能量集中，可对难加工材料进行高效切削加工。在加热切削冷硬铸铁和高锰钢等难加工材料时，切削速度高达 100～150m/min，刀具寿命可提高 1～4 倍。这种方法存在的问题是加热点必须与刀具有一定距离，加热效果难以控制；加工条件恶劣，需要采用防护装置。

5.6.5　加热切削的应用

使金属处于一定组织形态的加热切削有着广阔的应用前景：

（1）实现难加工材料的切削加工，并提高切削质量，这是其主要的应用领域。

（2）对于低碳钢、纯金属等材料的切削加工，可有效地改善加工表面粗糙度。

（3）对于常用金属材料，如 45 钢的切削加工，因为切削力降低，可节省能源消耗。

（4）可有效地解决机修工业中高硬度堆焊层的难切削加工难题。

（5）在航宇工业等尖端科学的制造技术研究工作中具有独特的作用。

加热切削技术除应用于难加工金属材料外，对陶瓷等非金属硬脆材料的加热切削近年来也得到了发展。用乙炔火焰把陶瓷材料加热到 1000℃ 以上再进行切削，可得到如同切削金属一样的效果，切屑为连续形态，由于消除了积屑瘤和鳞刺，加工表面光亮，切削力下降且波动减小，加工过程平稳，刀具寿命得到提高。但与加工金属材料相反，在高温下刀具磨损随着加热温度的升高而下降。

加热切削能有效地改善难加工材料的加工性，降低切削力，提高刀具寿命，减小加工表面粗糙度。但加热切削很难推广普及应用，主要原因是：①一般来说，在实际生产中，加热会引起加工精度难以控制；②加热装置复杂，增加生产费用；③通常难以进行操作，需要采用保护设施。

5.7　低温切削技术

5.7.1　低温切削的概念

低温切削是指在切削加工过程中，采用低温液体（如液氮-186℃、液体 CO_2-76℃ 等）及其他冷却方法冷却刀具或工件，从而降低切削区温度，改变工件材料的物理力学性能，以保证切削过程的顺利进行。这种切削方法可有效减小刀具磨损，提高刀具寿命，提高加工精度、表面质量和生产效率。特别适合切削加工一些难加工材料，如钛合金、低合金钢、低碳钢和一些塑性及韧性特别大的材料等。

5.7.2　低温切削的发展

切削过程中的切削热是伴随材料切削加工的一种物理现象，它对加工质量、刀具寿命等有重要的影响。低速切削时刀具磨损的主要原因是机械磨损，而高速切削时切削高温直接导致刀具磨损，磨损机理也由机械磨损为主转化为以扩散磨损、相变磨损和氧化磨损为主，同时还会引发刀具表面黏结磨损。另外，由于刀具和工件在切削过程中受热膨胀，刀具后刀面的摩擦磨损加剧，引起工件表面粗糙度上升。所以超精加工工艺特别强调及时、有效地控制切削热在工件及刀具内的传导，减少热变形的产生。因此，控制刀具及工件的温升对提高加工精度、延长刀具寿命具有十分重要的意义。

要控制金属的切削热及刀具、工件的温升，最直接的措施是利用各种冷却介质迅速带走刀具和工件上的切削热量，降低它们的温度，采用的办法就是喷射制冷气体或液体到刀具和加工表面，或者通过直接浸入冷却剂，保持加工过程处在低温环境下。

从 20 世纪 50 年代开始，国外就有人研究低温切削技术。1953 年，E. W. Barlte 首先将低温切削技术应用于切削加工，他使用 CO_2 作为冷却液。后来，Uehara 与 Kumagai 采用液氮作为冷却液，发现可使切削力降低，刀具寿命延长，并使加工表面粗糙度得到改善。Fillippi 与 Ippalito 将低温切削技术用于端面铣削时效果良好。低温切削技术在国内外得到快速发展。

20 世纪 80 年代末,哈尔滨工业大学就用液氮冷却金刚石刀具进行了钛合金和钢的低温切削试验,取得了减小刀具磨损、提高刀具寿命的效果。美国林肯大学加工研究中心的 Rajurk 和 Wang 博士采用液氮直接喷淋切削区进行了钛合金(Ti-6Al-4V)、反应烧结 Si_3N_4(RBSN)等难加工材料低温车削研究。结果表明,采用液氮低温冷却技术可降低切削温度约 30%,硬质合金刀具的温度从 960℃ 降至 734℃。此外,在低温条件下可改善材料的切削加工性,提高刀具寿命、表面质量和加工效率。美国哥伦比亚大学的 Shane Y. Hong 等对钛合金低温车削时的切削力和刀具与工件的摩擦系数进行了研究。结果表明,低温切削钛合金时,由于低温时钛合金的硬度提高,切削力有所增加,但刀-屑与刀-工之间的摩擦系数明显减小,使得刀具寿命得到提高。

低温切削的关键技术是低温技术,必须开发出制冷量大、温度低、冷却速度快的制冷设备。另外,对在低温切削条件下的刀具几何参数、切削用量等进行优选,确定出最佳参数。

5.7.3　低温切削的特点

低温切削技术主要有两大特点,一是可改善难加工材料的切削加工性;二是能提高零件的加工精度及表面质量。国内外的实验研究与生产应用表明,低温切削具有以下工艺效果:

1. 减小切削力

由于低温切削降低了切削区温度,使被切削材料的塑性和韧性降低,切削时变形减小,因而切削力有所降低,与传统车削相比,背向力和进给力分别减小 20% 和 30%,磨削力可减小 60%。但切削某些特殊材料或冷却温度过低时,会使被切削材料的硬度明显增高,可能会使切削力有所增大,因此在特殊条件下,切削力的变化趋势要由低温切削的工艺条件来决定。

2. 降低切削温度

切削点的温升对刀具寿命的影响很大。采用冷却方法,可使切削钢时切削温度降低 300～400℃,切削铁合金时降低 200～300℃。切削点低温化,不仅使工件材料局部变脆,有利于切屑的断裂和降低切削负荷,同时也可防止刀具自身软化,减少与工件之间的摩擦、黏结和扩散,以及相变磨损,使刀具寿命提高,尤其适合钛、镁、钼、铝、不锈钢等难切削材料和薄壁材料的加工。当使用低温流体作为冷却液时,根据工件材料与切削用量,一般可将切削温度降低至 400～600℃。加工耐热合金时,刀具与工件接触面温度一般可达 1000℃ 以上,因此采用低温切削可得到良好的切削效果。

3. 提高刀具寿命和加工效率

低温切削的本质与一般室温情况下的切削基本相同,其特点是刀具与工件接触面温度低,从而使刀具磨损过程中的热化学过程大为削弱,分子间吸附及扩散作用降低,提高刀具寿命。在相同的切削条件下,由于低温切削的切削力小、切削温度低,刀具材料的硬度降低较小,刀具磨损减小,故可采用较大的切削用量,提高加工效率。例如,低温切削耐热钢时,可提高刀具寿命 2 倍以上;用液氮冷却铣削不锈钢时,可使铣刀寿命提高 3～5 倍;用 YG 类硬质合金,低温粗、精车削和镗削高镍高铬钨系合金钢时,可提高加工效率 2 倍以上;低温钻削铬钼钢时,可提高加工效率 1 倍以上;用 CO_2 低温车削高强度耐热模具钢时,可提高刀具寿命 3 倍左右。

4. 降低加工表面粗糙度，提高加工精度

低温切削的另一个特点是可降低加工表面粗糙度和提高加工精度。低温切削韧性大的金属材料时，加工表面不产生鳞刺与犁沟等表面缺陷，从而提高加工表面质量。在金属切削过程中，工件温度的高低对加工表面尺寸的稳定性影响很大。传统切削时，用金刚石刀具切削钢料（如 45 钢、T8A 和 GCr15 等）不到 1min，切削刃便明显磨损，加工表面粗糙度明显增大。而低温切削时，切削 10～20min 后，肉眼仍难以看出刀具磨损，加工表面粗糙度也无明显变化。有资料介绍，工件温度在-20℃时，积屑瘤基本被抑制，低于-20℃不仅积屑瘤消失，而且在加工表面上可清晰地观察到切削刃原形的刻印痕迹，大大减小表面粗糙度，改善被加工表面变质层情况，容易达到所要求的加工精度。实验证明，低温切削时，工件和刀具的温升降低，切削阻力减小，刀具磨损减小，且切削点的温度相对平稳，加工表面残余应力小，加工质量容易保证。

5.7.4　低温切削的分类

低温切削的分类方法很多，一般按下述方法进行分类。

（1）根据冷却对象可分为冷却刀具（见图 5-40（a））的低温切削和冷却工件（见图 5-40（b））的低温切削两类。

（2）根据冷却方式可分为外冷式切削（见图 5-40（c））和内冷式切削（见图 5-40（d））。外冷式只是使工件或刀具的表面温度降低，内部温度仍较高；内冷式可使整个工件或刀具温度一致，切削效果比外冷式好。

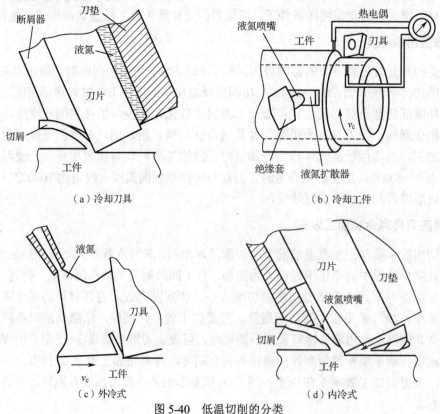

图 5-40　低温切削的分类

　　另外，还有其他分类方法，如根据低温介质和使用方法的不同，可将低温切削分为低温区（0～-30℃）、超低温区（-50℃以下）及亚常温区（2～6℃）。一般认为，在低温区切削效果比较明显。-50℃以下的低温切削使金属在低温脆性温度下进行切削加工，此时，不易产生积屑瘤，工件的切削加工性提高，切削力下降，刀具寿命提高。

　　根据冷却的连续性不同可分为连续冷却和间断冷却低温切削。连续冷却是使整个工件进行连续不断的冷却，冷却效果好；间断冷却只冷却切削区，对工件来讲是局部冷却，因而冷却效果较差。

　　以-150℃为界限分类，低于此温度下的切削加工为冷冻切削，此温度以上的切削为低温切削。

5.7.5　低温切削的应用

　　（1）难加工材料的低温切削。试验证明，低温切削钛合金、不锈钢、高强度钢和耐磨铸铁等难加工材料均可获得良好效果。难加工材料采用低温切削工艺的经济性和必要性取决于工件本身的价值和常温传统切削加工成本，还要考虑难加工材料是否有其他有效易行的切削加工方法，总之要综合考虑采用低温切削是否经济可行。

　　（2）黑色金属的超精密切削。一般认为，金刚石刀具不能用来切削钢铁类黑色金属材料，原因就在于高温下金刚石会碳化并与铁发生化学反应，从而加速刀具磨损。如采用低温切削，则能有效地控制切削温度，不使金刚石碳化，金刚石刀具就可以发挥其切削性能。哈尔滨工业大学等对钛合金、纯镍和钢等材料进行了金刚石刀具低温超精密切削试验，效果较好。因此，低温切削可为金刚石刀具开辟新的应用领域。

　　（3）冷风干式切削。把除去水分的干燥空气经空气冷却器冷却至-30℃，再经由尽可能靠近切削点的风嘴把冷风送至切削区，可使切削区的温度大大降低，同时引发被加工材料的低温脆性，使切削过程较为容易，并改善刀具的磨损状况。由于冷风无润滑作用，一般需同时向切削点喷射少量对人体无害的植物油。低温冷风切削技术具有如下优点：①几乎无污染，改善生产条件；②节约切削液采购费用，降低加工成本；③切屑可以直接回收，增加经济效益；④没有切削液干扰，有利于操作、检测和监控等；⑤有利于钛、镁、镍铬合金等难切削材料的切削加工。但空气冷却装置耗能量大和风嘴噪声大。

　　（4）对高弹性材料的切削加工。塑料、橡胶等材料由于弹性高，切削加工时既不易夹持，又不易施加切削力，因而在常温下的切削加工很难进行。若采用低温切削加工，先用冷冻剂使之冷却变硬，再进行加工，这类问题便可迎刃而解。

　　（5）对薄壁件的精密加工。对薄壁件加工的效果好、工艺简单，其厚度可加工到 0.35mm以下。实现低温断屑后，常温下连在一起的带状切屑在低温下便成了碎屑。

　　（6）有些工件在切削加工后需要进行冷处理和深冷处理来提高工件材料的机械性能，如采用低温切削加工则相当于对工件进行了一次冷处理，这样既可避免采用价格昂贵的冷处理设备，又可节约工时和能源。

　　（7）利用电子冷冻卡盘夹持工件进行切削与磨削加工时，既可消除加工变形，还可进行精密加工，因此特别适合于加工薄壁易变形的零件。

　　（8）其他低温切削法——冷冻切削法。冷冻切削法是把冷冻加工技术应用于切削加工的方法。原理与低温切削大体相同，只不过制冷源是采用半导体、电子设备或冷泵系统。冷冻切削是借助冷冻液把被切削零件或刀具冻结在特制的夹具上以完成工件装夹，再用制冷技术降低切削液温度，从而提高切削液的冷却效果。冷冻切削法具有如下特点：①由于采用液膜对工件冷冻紧固，夹紧（结合）力均匀一致且不会夹伤工件；②应用范围广，不仅适用于金属材料的切削加工，还适用于非金属材料的切削加工，不仅适用于车削、铣削，也适用于磨削；③特别适用于刚性差、薄壁件的装夹，可防止装夹变形；④可避免磨削烧伤，保证加工表面质量；⑤可避免切削粉尘引起的环境污染，便于操作，改善劳动条件；⑥巧妙地把机械加工和工件冷处理结合为一体，可缩短工艺流程，降低生产成本，保证加工精度和表面质量，经济效益显著。

5.8 电解机械复合加工技术

电解机械复合加工是利用电解作用与机械切削或磨削作用相结合而进行的复合加工。它比电解加工容易获得较好的加工精度和表面粗糙度，比机械切削（磨削）加工容易获得较高的生产率。近年来电解复合加工方面的研究一直比较活跃，而且比较成熟，目前常用于生产的主要有电解磨削、电解珩磨和电解研磨光整加工等。

5.8.1 电解磨削技术

电解磨削是将电解与磨削加工复合而形成的一种新的加工工艺方法。电解是主要的，所要去除的材料都要进行电解加工，而磨削则主要是在电解中起活化作用，其主要作用是把被腐蚀而又不能及时溶解的材料去除掉。

1. 电解磨削的基本原理

电解磨削所用的阴极工具是含有磨粒的导电砂轮，在电解磨削过程中，金属材料主要是靠电化学作用腐蚀去除，导电砂轮起磨去电解产物阳极钝化膜和整平工件表面的作用。图 5-41 所示为电解磨削原理图。导电砂轮与直流电源的阴极相连，工件（硬质合金车刀）接阳极。它在一定的压力下与导电砂轮相接触，加工区域中送入电解液，在电解和机械磨削的双重作用下，完成车刀后刀面的加工。

图 5-42 所示为电解磨削加工过程示意图。电流从工件通过电解液而流向砂轮，形成通路，于是工件（阳极）表面的金属在电流和电解液的作用下发生电解作用（电化学腐蚀），被氧化成为一层极薄的氧化物或氢氧化物薄膜（阳极薄膜）。但阳极薄膜迅速被导电砂轮中的磨粒刮除，在阳极工件上又露出新的金属表面并被继续电解。这样电解作用和刮除薄膜的磨削作用交替进行，工件被连续加工，直至达到要求的尺寸精度和表面粗糙度。

2. 电解磨削的特点

电解磨削与机械磨削及电解加工相比，具有以下特点：

（1）加工范围广，加工效率高。由于主要是电解作用，和工程材料的力学性能关系不大，因此，只要选择合适的电解液，就可以用来加工任何高硬度、高韧性的金属材料。加工硬质合金时，与普通金刚石砂轮磨削相比，电解磨削的加工效率高 3～5 倍。

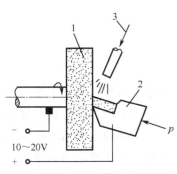

1—导电砂轮；2—工件；3—电解液

图 5-41　电解磨削原理图

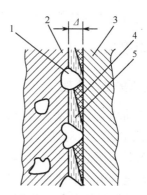

1—磨粒；2—结合剂；3—工件；4—阳极薄膜；5—电极间隙及电解液

图 5-42　电解磨削加工过程示意图

（2）工件的加工精度和表面质量高。由于砂轮只起刮除阳极薄膜的作用，磨削力和磨削热都很小，不会产生磨削裂纹和烧伤现象，因而能提高加工表面质量和加工精度，一般表面粗糙度值可低于 Ra 0.16μm。

（3）砂轮的磨损量小。普通刃磨时，碳化硅砂轮磨削硬质合金的磨损量为硬质合金切除量的 4～6 倍，电解磨削时仅为硬质合金切除量的 50%～100%；与普通金刚石砂轮磨削相比，电解磨削砂轮的损耗速度仅为 1/10～1/5，可显著降低成本。

（4）对机床、工具腐蚀相对较小。由于电解磨削是靠砂轮磨粒来刮除具有一定硬度和黏度的阳极钝化膜，因此电解液中不能含有活化能力很强的活性离子（如 Cl^{-1}），一般使用腐蚀能力较弱的 $NaNO_3$、$NaNO_2$ 等为主的电解液，以提高电解成形精度和有利于机床、工具的防锈和防蚀。

3．电解磨削的应用

电解磨削由于集中了电解加工和机械磨削的优点，生产中经常用来磨削一些高硬度材料的零件。如各种硬质合金刀具、量具、挤压拉丝模、轧辊，以及普通磨削难以加工的小孔、深孔、薄壁筒、细长杆件等。

用氧化铝导电砂轮电解磨削硬质合金车刀和铣刀，刃口半径可小于 0.02mm，表面粗糙度可达 Ra 1.6～0.1μm，且平直度也比普通砂轮磨削效果好。

用金刚石导电砂轮磨削加工精密丝杠用的硬质合金成形车刀，刃口非常锋利，表面粗糙度可达 Ra 0.016μm。所用电解液为亚硝酸钠（9.6%）、硝酸钠（0.3%）、磷酸氢二钠（0.3%）的水溶液（均为质量分数）。加入少量的甘油可以改善表面粗糙度。工作电压为 6.8V，加工时的压力为 0.1MPa。实践证明，采用电解磨削的加工效率不仅比单纯用金刚石砂轮磨削提高 2～3 倍，而且可大大节省金刚石砂轮，一个金刚石导电砂轮可使用 5～6 年。

图 5-43 所示为一硬质合金轧辊零件。采用金刚石导电砂轮进行电解成形磨削，轧辊的型槽精度为±0.02mm，型槽位置精度为±0.01mm，表面粗糙度为 Ra 0.2μm，工件表面不会产生微裂纹，无残余应力，加工效率高，并可大大提高金刚石砂轮的使用寿命，其

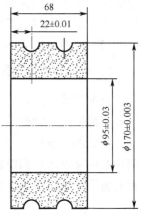

图 5-43　硬质合金轧辊

磨削比（磨削量与磨轮损耗量之比）可达 138。

5.8.2　电解珩磨技术

1．电解珩磨的基本原理

电解珩磨是将电解与珩磨复合而形成的一种新的加工工艺方法。所用的阴极工具是导电的珩磨条（或珩磨轮），可对普通珩磨机床及珩磨头稍加改装，增设电解液循环系统和直流电源，用电解液代替珩磨液，工件接电源阳极，珩磨条（或珩磨轮）接阴极，形成电解加工回路，即构成复合电解珩磨加工系统，如图 5-44 所示。加工时，珩磨头和工件之间的运动关系仍保持原珩磨机的运动，其加工原理同上节电解磨削所述。

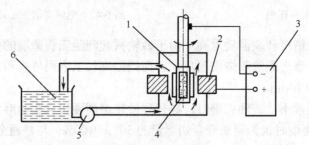

1—珩磨头；2—工件；3—直流电源；4—珩磨条；5—泵；6—电解液

图 5-44　复合电解珩磨原理示意图

2．电解珩磨的特点

电解珩磨与普通珩磨相比，具有以下特点：

（1）加工效率高，是普通珩磨加工的 3.5 倍。

（2）加工精度高，表面粗糙度可小于 $Ra\,0.1\mu m$。

（3）电参数调节范围大。为了获得良好的加工质量，除正确选择电参数外，还应选择电解能力较弱、非线性特性较好、能产生较厚钝化膜的电解液。

（4）珩磨头既是磨削工具，又是电解加工的工具电极，必须保证其导电能力（可制成导电砂条或砂条与金属基体间隔制作）。在珩磨头与工件之间充满电解液和具有一定极间电压的情况下，形成电解加工回路，才能产生电解珩磨的效果。

（5）珩磨条损耗小，排屑容易，冷却性能好，热应力小，加工工件无毛刺。

3．电解珩磨的应用

电解珩磨主要用于加工普通珩磨难以加工的高硬度、高强度材料，以及高精度的小孔、深孔、薄壁筒、齿轮等零件。图 5-45 所示为电解珩磨加工深孔示意图。

齿轮的电解珩磨已在生产中得到应用，其生产率比机械珩齿高，珩轮的磨损量小。电解珩轮是由金属齿片和珩轮齿片相间而组成的，如图 5-46 所示。金属齿片的齿形略小于珩轮齿片的齿形，从而使其保持一定的加工间隙。

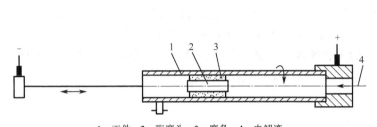

1—工件；2—珩磨头；3—磨条；4—电解液

图 5-45　电解珩磨加工深孔示意图

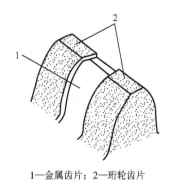

1—金属齿片；2—珩轮齿片

图 5-46　电解珩齿用电解珩轮

5.8.3　电解研磨复合光整加工技术

电解研磨复合光整加工技术在 20 世纪 80 年代已广泛用于三维型面的光整加工，国内也将此技术用于大型轧辊、化工容器型腔等零件的加工。

1. 电解研磨抛光（电解研磨复合抛光）

1）电解研磨抛光的基本原理

电解研磨抛光是把电解加工与机械研磨结合构成的一种新的加工工艺方法，如图 5-47 所示。电解研磨抛光采用钝化型电解液。由于工件的加工表面高低不平，电解研磨抛光时高处的钝化膜首先被磨粒刮除，露出的金属表面又会重新被电解溶解，溶解的同时又产生了新的钝化膜。低处的金属钝化膜因磨粒刮削不到而得以保留，这样就保护了低处的金属不被电解。这个过程不断循环进行，使得工件表面整平效率迅速提高，表面粗糙度值迅速降低。

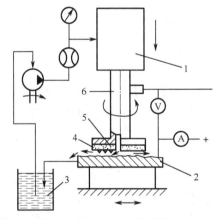

1—回转装置；2—工件；3—电解液；4—珩磨材料；5—工具电极；6—主轴

图 5-47　电解研磨抛光（固结磨料）

2）电解研磨抛光分类

电解研磨按磨料是否黏固在弹性合成无纺布上可分为固定磨粒加工和流动磨粒加工两类。

（1）固定磨粒加工是将磨粒黏结在无纺布上之后包覆于工具阴极上，无纺布的厚度即为电解间隙。当工具阴极与工件表面充满电解液并具有相对运动时，工件表面将依次被电解，形成钝化膜，同时，受到磨粒的研磨作用，实现复合加工。

（2）流动磨粒电解研磨加工时的工具阴极只包覆弹性无纺布，极细的磨粒则悬浮在电解液中。因此，磨粒研磨轨迹就更加杂乱而无规律，这正是获得镜面的主要原因。

图 5-48 所示为不同加工方式下，磨料粒度与表面粗糙度的关系。

电解研磨抛光比单纯的电解加工和单纯的机械研磨质量都好，而且研磨速度快，整平加工过程时间短。图 5-49 所示为几种加工技术的加工效果比较。

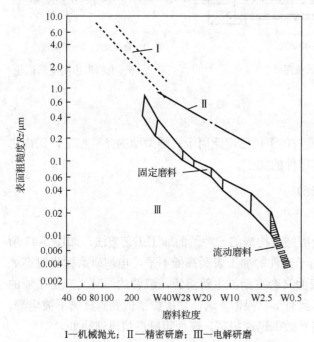

I—机械抛光；II—精密研磨；III—电解研磨

图 5-48　加工方式、磨料粒度与表面粗糙度的关系

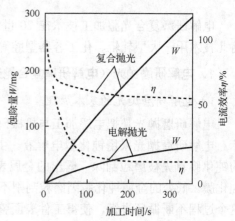

图 5-49　几种加工技术的加工效果比较

3）影响电解研磨抛光效果的因素

影响电解研磨抛光效果的因素主要有电解液、加工电压、无纺布厚度、黏结的磨粒尺寸及磨粒含量，以及抛光头的工艺参数等。其中，决定表面粗糙度的主要因素是磨粒的大小及机械研磨状态，而决定研磨抛光效率的主要因素是电解作用。只有两者匹配适当，才能有效地进行电解研磨复合抛光。

4）电解研磨抛光的应用

电解研磨抛光可以对碳钢、合金钢、不锈钢等进行抛光加工。一般选用质量分数为 20% 的 $NaNO_3$ 作为电解液，电解间隙为 1～2mm，电流密度一般为 1～2A/cm²。这种加工方法目前已应用于金属冷轧轧辊、大型船用柴油机轴类零件、大型不锈钢化工容器内壁，以及不锈钢太阳能电池基板的镜面加工。

喷丝板是喷丝头上的重要零件，材料为铁基不锈钢，厚度为 1.5mm，圆盘外径为 $\phi 250mm$，内径为 $\phi 100mm$。在内外圆中间部位用数控机床钻 4000 多个孔，有关尺寸如图 5-50 所示，加工后表面粗糙度要求为 $Ra\ 0.09\mu m$，并去除孔口两端毛刺。喷丝板材料韧性好，用机械方法去除毛刺不但费时，且不易去除干净。用电解研磨复合抛光加工只需 10min 左右，不仅使表面粗糙度可达 $Ra\ 0.08\mu m$，且毛刺去除得非常干净。

在模具加工行业，为了提高最终模具表面的光整度，以及去除电火花终加工后留下的表面变质层及拉应力，常采用人工操作的电解研磨抛光装置，如图 5-51 所示。

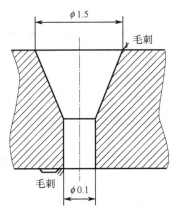

图 5-50　喷丝板上的小喷丝孔

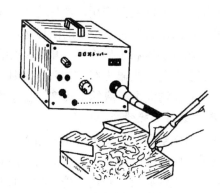

图 5-51　手动电解研磨抛光

2. 磁性磨料研磨加工和磁性磨料电解研磨加工

磁性磨料研磨加工又称磁力研磨或磁磨料加工，它和磁性磨料电解研磨加工是近十年来才发展起来的光整加工工艺技术，在精密仪器制造业中已得到广泛应用。

1）基本原理

磁性磨料研磨的原理在本质上和机械研磨相同，只是磨料是导磁的（或增加阳极溶解作用），磨料作用于工件表面的磁磨力是由磁场形成的，如图 5-52 所示。

磁性磨料电解研磨是将磁性磨料研磨光整加工和电解加工的阳极溶解作用复合的一种加工工艺方法，其目的是加速阴极工件表面的整平过程，提高工艺效果。其工作原理如图 5-53 所示，工件接直流电源的正极，阴极接直流电源的负极，电解液经阴极通孔流到工件表面，在垂直于工件轴线且与电力线成 90° 的方向，与磁性磨料研磨一样加上直流电源强磁场，使其在磁极与工件之间形成的强磁场中沿磁力线方向排列成一定柔性的"磨料刷"。

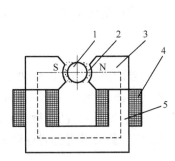

1—工件；2—磁性磨料；3—磁极；4—励磁线圈；5—铁芯

图 5-52　磁性磨料研磨加工原理图

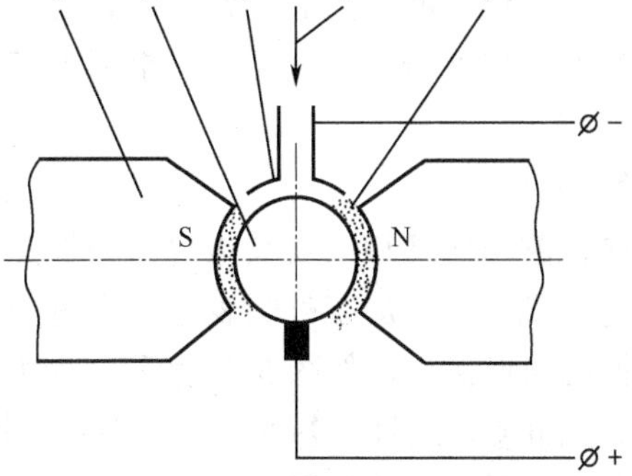

1—磁极；2—工件；3—阴极及喷嘴；4—电解液；5—磁性磨料

图 5-53　磁性磨料电解研磨加工原理图

2）影响磁性磨料电解研磨表面光整加工效果的主要因素

磁性磨料电解研磨的表面光整加工效果主要由以下三重因素作用决定：

（1）化学阳极溶解作用。阳极工件表面的金属原子在电场及电解液的作用下失去电子成为金属离子，溶入电解液或在金属表面形成氧化膜或氢氧化膜，即钝化膜，微凸处的这一氧化过程比凹处更为显著。

（2）磁性磨料的刮削作用。实际上主要是刮除工件表面的金属钝化膜，而不是刮除金属本身，使露出的新的金属原子不断阳极溶解。

（3）磁场的加速和强化作用。电解液中的正、负离子在磁场中受到洛仑兹力作用，使离子运动轨迹复杂化。当磁力线方向和电力线方向垂直时，离子按螺旋线轨迹运动，使得运动长度增长，从而增大电解液的电离度，促进电化学反应，降低浓度差的变化。

3）磁性磨料电解研磨的特点

磁性磨料电解研磨加工中的阳极溶解作用和前述电解复合加工基本一样，而在此复合加工中的机械作用是采用磁力光整加工的，因此具有以下特点：

（1）由于磁性磨料在磁场中能根据工件形状自动形成加工磨具，故可加工任意复杂形状的表面，具有良好的适应性。

（2）通过改变磁感应强度来控制作用力，因此加工具有很好的可控性，尤其是可根据需要调节磁性磨料的保持力。

（3）由于磁力光整加工属于柔性加工，且磁极与工件表面之间的间隙可在几毫米范围内调节，因此该工艺方法所使用的装置可由普通低精度或已用过的机床进行改造，大大降低加工所需设备的成本。

4）设备和工具

一般都是用台钻、立钻或车床等改装或者设计专用夹具装置。小型零件的磁力系统可采用永磁材料，以节省电能消耗；大中型零件的磁力系统则用导磁性较好的软钢、低碳钢或硅钢片制成磁极、铁芯回路，外加励磁线圈，并通以直流电，即形成电磁铁。

磁性磨料是将铁粉或铁合金（如硼铁、锰铁或硅铁）粉与磨料（如氧化铝或碳化硅、碳化钨等）加入黏结剂搅拌均匀后加压烧结，再经粉碎而成。也可将铁粉和磨料混合后用环氧树脂等黏结成块，然后粉碎、筛选成不同粒度。磨料在研磨过程中始终吸附在磁极间，一般不会流失，但研磨日久后磨粒会破碎变钝，且磨料中混有大量金属微屑变脏而需要更换。至于磁性磨料电解研磨，则还应有电解加工用的低压直流电源和相应的电解液及泵、箱等循环浇注系统。

5）应用

磁性磨料研磨加工及其电解研磨加工，适用于导磁材料的表面光整加工、棱边倒角和去毛刺等。既可用于加工外圆表面，也可用于平面或内孔表面甚至齿轮齿面、螺纹和钻头等复杂表面的研磨抛光，如图 5-54 所示。对发动机的摩擦副零件，包括曲轴、凸轮轴、活塞、活塞销、汽缸套、连杆、各种齿轮、轴瓦、摇臂轴、进排气门、气门弹簧等进行磁性研磨加工，即可获得明显的工艺效果。

实际应用时，工件转速一般取 200～2000r/min，可根据工件直径大小进行调整，工件轴向振动频率可达 10～100Hz，振幅可在 0.5～5mm 之间，可结合工件大小和光整加工要求而定。

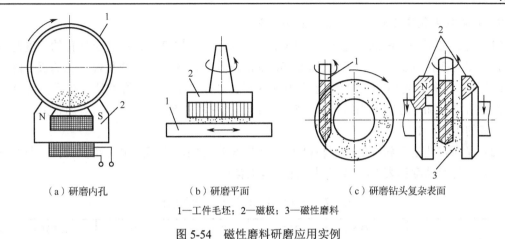

（a）研磨内孔　　　　　　（b）研磨平面　　　　　　（c）研磨钻头复杂表面

1—工件毛坯；2—磁极；3—磁性磨料

图 5-54　磁性磨料研磨应用实例

5.9　超声电火花（电解）复合加工技术

超声加工的加工精度和表面粗糙度都比电火花、电解加工好，甚至一些经过电火花加工后的淬火钢、硬质合金冲模，最后还常用超声抛磨进行光整加工，但其生产率低。如果将超声和电火花或电解等加工方法相结合进行复合加工，将会有效地解决硬质合金、耐热合金等超硬金属材料超声加工速度低、工具损耗大等问题。

5.9.1　超声电火花复合加工技术

超声电火花复合加工是指辅以超声振动的复合放电加工。目前，实用的主要有超声电火花复合打孔和超声电火花复合抛光，多用于小孔、窄缝、异形孔及表面的光整加工。

1．超声电火花复合打孔

1）超声电火花复合打孔的加工原理

超声与电火花复合加工小孔、窄缝及精微异形孔是将超声声学部件夹持在电火花加工机床主轴头下部，电火花加工用的方波脉冲电源（RC 线路脉冲电源也可）加到工具和工件上（精加工时工件接正极），加工时主轴做伺服进给，工具端面做超声振动。当不加超声时，电火花精加工的放电脉冲利用率仅为 3%～5%，加上超声振荡后，电火花精加工时的有效放电脉冲利用率可提高到 50% 以上，从而提高生产率 2～20 倍，越是小面积、小用量加工，相对生产率提高的倍数越多。随着加工面积和加工用量（脉宽、峰值电流、峰值电压）的增大，工艺效果逐渐不明显，与不加超声时的指标相接近。图 5-55 所示为超声放电加工原理图。

超声电火花复合微细加工时，超声振动振幅不宜大于 1μm，否则将引起工具端面和工件瞬时接触频繁短路，导致电弧放电。

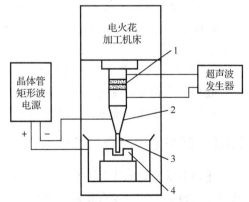

1—压电陶瓷；2—变幅杆；3—工具电极；4—工件

图 5-55　超声放电加工原理图

2）超声电火花复合打孔的工艺与应用效果

（1）提高加工深度和加工速度。在同样条件下打孔，超声电火花复合打孔的深度是电火花打孔深度的 3 倍以上。如加工直径 ϕ 0.25mm 的微孔时，超声电火花复合打孔的极限深度为 10mm 以上，深径比可达 40 以上。超声电火花复合打孔与电火花打孔相比，当孔深为 0.4mm 时，前者所需的加工时间仅为后者的 1/5～1/4；当孔深增加到 1mm 时，前者所需的加工时间仅为后者的 1/12～1/10。

（2）提高打孔精度和降低表面粗糙度。由表 5-7 可知，用超声电火花复合打孔所得孔的尺寸精度、几何精度和表面粗糙度明显优于电火花打孔。

表 5-7　不同打孔方法加工质量的对比

加 工 方 法	尺寸精度/mm	圆度/mm	同轴度/mm	垂直度/mm	表面粗糙度 Ra /μm
电火花打孔	±0.01～±0.02	0.01	0.05	1	3.2～0.2
超声电火花复合打孔	±0.01	0.005	0.03	<1	0.8～0.10

（3）超声电火花复合打孔已广泛用于微细孔加工，可加工孔径为 ϕ 0.05～0.4mm，深度为 0.5～10mm，尺寸精度为 ±0.005～±0.01mm，表面粗糙度为 Ra 3.2～0.10μm 的微细孔。

2. 超声电火花复合抛光

1）超声电火花复合抛光的工作原理

超声电火花复合抛光完全不同于传统的机械抛光。它依靠超声抛磨和火花放电的综合效应来达到光整工件表面的目的。抛光时，工件接电源正极，工具头接电源负极，在工具和工件之间通以乳化液，如图 5-56 所示。抛光过程中工具对工件表面的抛磨和放电腐蚀连续交错地进行。超声抛磨的"空化"效应使工件表面软化并加速分离剥落；同时促使电火花放电的分散性大大增加，其结果是进一步加快工件表面的均匀蚀除。此外，"空化"作用还会增强介质液体的搅动作用，及时排除抛光产物，从而减少金属产物放电的机会，提高放电能量的利用率。

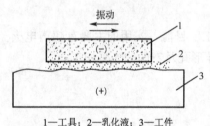

1—工具；2—乳化液；3—工件

图 5-56　超声电火花复合抛光

2）影响超声电火花复合抛光效果的因素

影响超声电火花复合抛光效果的主要因素有工作液、工作电压、工作压力和工具振动频率等。

3）超声电火花复合抛光的应用

超声电火花复合抛光技术的最大特点是加工效率高，抛光效率比超声机械抛光高 3 倍以上，主要用于小孔、窄缝、小型精密表面的微细加工，工件表面粗糙度值可低于 Ra 0.16μm。

5.9.2　超声电解复合加工技术

超声电解复合加工是指辅以超声振动的复合电解加工，目前多用于难加工材料的深小孔及表面光整加工，主要有超声电解复合加工和超声电解复合抛光。

1．超声电解复合加工

图 5-57 所示为超声电解复合加工小孔的示意图。工件接直流电源的正极，工具（钢丝、钨丝或铜丝）接负极，工件与工具之间施加 6～18V 的直流电压，采用钝化性电解液混合磨粒作为电解液，被加工表面在电解液中产生阳极溶解，电解产物阳极钝化膜被超声频振动的工具和磨粒破坏，由于超声振动引起的"空化"作用可加速钝化膜的蚀除和磨粒电解液的循环更新，促进阳极溶解过程的进行，从而使加工质量显著提高。

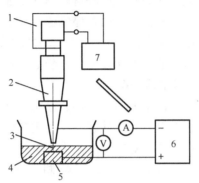

1—换能器；2—变幅杆；3—工具；4—电解液和磨料；5—工件；6—直流电源；7—超声发生器

图 5-57 超声电解复合加工小孔的示意图

2．超声电解复合抛光

1）超声电解复合抛光的工作原理

在光整加工中，利用导电油石或镶嵌金刚石颗粒的导电工具，对工件表面进行超声电解复合抛光加工，更有利于改善表面粗糙度。如图 5-58 所示，用一套声学部件使工具头产生超声振动，并在超声变幅杆上接直流电源的阴极，在被加工工件上接直流电源的阳极。电解液由外部导管导入工作区，也可以由变幅杆内的导管流入工作区。于是在工具和工件之间产生电解反应，工件表面发生电化学阳极溶解，电解产物和阳极钝化膜不断地被高频振动的工具头刮除，并被电解液冲走。这种方法由于有超声波作用，使油石的自砺性好，电解液在超声波作用下的"空化"作用使工件表面的钝化膜去除加快，这相当于增加了金属表面活性，使金属表面凸起部分优先溶解，从而达到光整的效果。

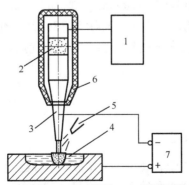

1—超声发生器；2—换能器；3—变幅杆；4—导电油石；5—电解液喷嘴；6—工具手柄；7—直流电源

图 5-58 超声电解复合抛光

2）影响超声电解复合抛光效果的因素

（1）电解液。电解液是影响抛光速度和抛光质量的主要因素，因此，必须根据工件材料进行优选。一般超声电解复合抛光主要用于高合金钢和模具型腔的加工。工作时可选择具有抛光质量好、无毒、性能稳定的钝性电解液，即 $NaNO_3$ 水溶性电解液，其质量分数选 20%左右。为了改善抛光质量，应加入合适的添加剂。

（2）工作电压。工作电压是指加工时的电源电压，它直接影响工件的表面质量。通常工件表面原始粗糙度值高，工作电压应高些，以获得高的加工速度；精抛时工作电压应尽量取低些，以便容易得到高的加工质量和低的表面粗糙度值。目前，超声电解复合抛光表面粗糙度可达 Ra 0.1～0.05μm。工作电压粗抛时选 6～15V，精抛时选 5V 左右。工作电压过高，工件表面容易出现点蚀；工作电压过低，抛光效率低，表面质量差。此外，选择工作电压时还应考虑电解液的浓度、工具对工件的压力等。

（3）输出功率。选择输出功率，主要考虑工件表面粗糙度、工具对工件的压力、抛光时工具与工件的接触面积、抛光速度等。当工件表面原始粗糙度值高、抛光阻力大时，则输出功率要大些，以提高加工效率；当工具对工件的压力一定时，工具对工件的接触面积增大，抛光阻力势必增大，则需相应地增加输出功率，否则难以正常抛光。

（4）工具材料的成分及品质。超声电解复合抛光工具常用的是导电锉和导电油石。导电锉是在金属基体上镀一层磨料制成的，为了延长工具的使用寿命，通常镀的都是金刚石磨料。导电油石是磨料用金属胶粘剂制成的，常用磨料有 SiC 和 Al_2O_3。在精密超声电解复合抛光时，使用的磨料要进行严格选择，要保证磨粒均匀，不能混入大颗粒的磨料，否则会在工件表面出现不均匀的条纹，破坏表面的完整性。导电油石不能有微细裂纹，否则在高频振动下会因为产生应力集中而断裂。

导电锉使用的磨粒要严格处理，以保证镀层均匀又不含大颗粒磨料。为了保证镀层牢固，需要将磨料进行化学处理。实践证明，磨料粒度的大小与加工表面粗糙度有关。磨料颗粒大，工件加工表面粗糙度值大。要获得 Ra 0.09μm 以下的表面粗糙度，必须选用 F1000 以上的磨料。

5.10　电解电火花磨削加工技术

电解电火花磨削加工是国外 20 世纪 80 年代中期开发成功，并用于生产的一种复合加工新工艺。它是由机械磨削（Mechanical Grinding）、电解加工（Electrolysis）、电火花加工（Electrical Dischare）复合（Combined）的加工方法，又称 MEEC 法。通过求最佳加工条件，对工件施加最佳加工能量，以最大限度地发挥被复合加工方法的优点。近年来对 MEEC 法又做了重大改进，派生出新的 MEEC 法。

5.10.1　MEEC 法

1. MEEC 法磨削的基本原理

MEEC 法所用装置由加工电源、磨轮、工作液、主轴经绝缘处置的各种研磨机床等组成。磨轮由导电和不导电两部分用树脂黏结而成。不导电部分与一般砂轮相同，如图 5-59 所示。工作液是具有导电性的质量分数为 0.5%～1%的电解液。加工时，工件接电源的正极，使用

25～50V 的直流电源；当磨轮转动，不导电部分与工件接触时，磨粒对工件产生机械磨削作用，而导电部件与工件接近时，被喷射到砂轮和工件间的磨削液便产生电解作用。导电部分离开工件的瞬间会发生火花放电而产生电火花加工作用。通过磨轮反复不停地旋转，在磨削、电解、电火花三者交替作用下，使加工质量和加工效率大幅度提高。

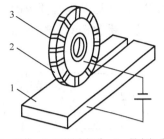

1—工件；2—不导电部分；3—导电部分

图 5-59　MEEC 法磨削的基本原理

2．MEEC 法的特点与应用

（1）MEEC 法的电源有两种加工方式，可根据不同的工作状态进行选择。在每种加工方式下可设定工件的加工条件（直流、交流，最大电压、电流等），还可以进行通电、输出水平的微调。

（2）MEEC 的工作液应为低浓度的特殊电解液，可发挥电解、放电、机械磨削时的润滑作用，且对机床无腐蚀。

（3）具有高速、高精度的加工效果，对硬脆、难切削加工材料也能如此。

（4）工件被加工后，无机械损伤，不产生材料物理力学性能降低的变质层。

MEEC 可用于切割、成形研磨、平面研磨、圆柱研磨及用薄片砂轮切割窄槽。除加工各种钢铁外，还可以加工铁硅铝磁性合金、硬质合金、聚晶金刚石、CBN 烧结体、玻璃、导电或不导电陶瓷等难切削加工材料。

5.10.2　新 MEEC 法

1．新 MEEC 法的基本原理和特点

新 MEEC 法是在 MEEC 法的基础上对 MEEC 装置做了重大改进的成果。主要改进有：一是增设修整砂轮用的电极；二是改用可分别调节砂轮与工件用电极间，以及砂轮与修整砂轮用电极间输出波形和参数的新电源；三是将砂轮的结构按工件材料的导电与否分成两类。

图 5-60 所示为用于磨削导电材料的砂轮及 MEEC 磨削装置示意图，像早期所用的砂轮一样，其外圆上的各导电部分都只有数毫米宽。图 5-61 所示为用于磨削不导电材料的砂轮及 MEEC 磨削装置示意图。由于工件不导电，因此在磨削区附近设置了电极，甚至以喷嘴作为电极，借以通过电解液形成放电回路。至于砂轮，其外圆上的大部分是导电部分，以延长加工过程中的电解作用时间。正因为新的 MEEC 磨削装置增设了修整砂轮用电极，且对于砂轮来说是负极，因此它能在加工过程中通过由电解液形成的放电回路，持续产生火花放电和阳极溶解作用，不断去除附着在砂轮上的碎屑，从而更有利于保持砂轮的锋利性。

由于新 MEEC 法在加工中持续不断地对砂轮进行修整，使磨轮磨粒对工件表面有适当的凸出，也使磨轮中的导电部分对工件表面的间隔有一适当值进行电解和放电加工，从而充分发挥了机械磨削、电解和放电的复合作用。

2．新 MEEC 法的应用

经过上述改进，再加上对专用磨削液的改良，新 MEEC 法的工艺效果更为显著。图 5-62 和图 5-63 分别对比了用新的 MEEC 法和早期的 MEEC 法，以及单纯的机械磨削方法，在氮化硅（Si_3N_4）上切割 0.5mm 窄槽时的切割速度和主电动机的负载功率。应用结果表明，用

MEEC 法比通常同等要求的磨削可提高效率 60%，用新 MEEC 法则可提高 400%。而磨轮的磨耗比，新 MEEC 法仅比 MEEC 法大 30%。可见，新 MEEC 法是行之有效的。

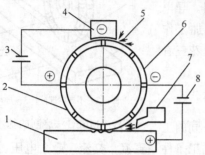

1—工件；2—导电部分；3—修整砂轮用电源；
4—修整砂轮用电极；5、7—喷嘴；
6—不导电部分；8—加工电源

图 5-60　用于磨削导电材料的砂轮及
MEEC 磨削装置示意图

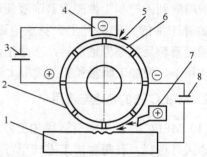

1—工件；2—不导电部分；3—修整砂轮用电源；
4—修整砂轮用电极；5、7—喷嘴；
6—导电部分；8—加工电源

图 5-61　用于磨削不导电材料的砂轮及
MEEC 磨削装置示意图

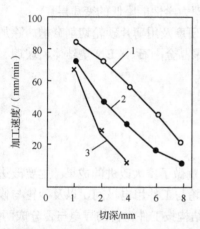

1—机械磨削；2—MEEC 法加工；3—MEEC 法加工并修整

图 5-62　割槽时的切割速度对比

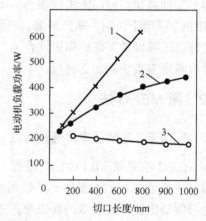

1—MEEC 法加工并修整；2—MEEC 法加工；3—机械磨削

图 5-63　割槽时的主电动机负载功率对比

　　伴随着特种加工技术的发展，在计算机技术、电力电子技术、网络技术，以及航天、航空、模具制造等高新技术的推动下，复合加工技术正在向更深更广的层次、领域发展，国内外在复合加工方面已做了或正在进行许多方面的研究，例如：

　　（1）微细电火花磨削（铣削）加工，可以加工出 $\phi 2.5\mu m$ 的微细轴和 $\phi 5\mu m$ 的微细孔。

　　（2）用新 MEEC 法加工的特点，研究非导电材料的超声波（充气）和电化学、电火花的复合加工，如图 5-64 和图 5-65 所示。

　　（3）微细旋转超声加工，可以加工出 $\phi 5\mu m$ 的微孔。

　　（4）三维摇动电解刮削技术，如图 5-66 所示。

　　（5）激光束辅助电解液流加工，如图 5-67 所示。

　　此外，模糊控制、数控控制、网络技术正在渗透和推动已有和未来的复合加工；电火花、电化学、超声、磁、机械加工等多种能量的复合加工技术正成为新的研究热点，具有广阔的应用前景。

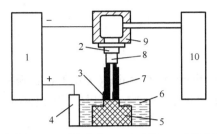

1—脉冲电源；2—电极夹头；3—气体膜；4—辅助电极；

5—工件；6—电解液；7—绝缘层；8—工具电极；

9—充气气室；10—充气装置

图 5-64　充气、电化学、电火花复合加工

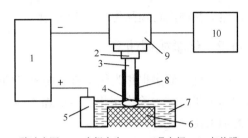

1—脉冲电源；2—电极夹头；3—工具电极；4—气体膜；

5—辅助电极；6—工件；7—电解液；8—绝缘层；

9—超声波振动头；10—超声波发生器

图 5-65　超声、电化学、电火花复合加工

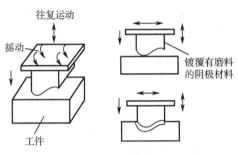

图 5-66　三维摇动电解刮削技术

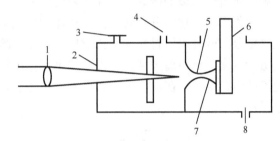

1—光学系统；2—石英窗口；3—空气搅拌；4—电解液入口；

5—喷嘴；6—工件夹具；7—电解液流（激光）；

8—到电解液系统

图 5-67　激光束辅助电解液流加工

5.11　其他复合加工方法简介

5.11.1　电火花磨削

电火花磨削加工时，工件与电极的运动方式与普通磨削加工时工件与砂轮的运动方式类似。电火花磨削加工依靠火花放电的能量来实现，不存在机械切削作用。

按成形运动和功用不同，电火花磨削常可分为电火花平面磨削、电火花内圆磨削、电火花成形磨削和电火花小孔磨削等。平面或成形电火花磨削如图 5-68 所示。

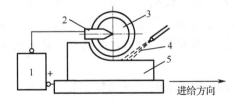

1—脉冲电源；2—电刷；3—磨轮；4—工作液；5—工件

图 5-68　平面或成形电火花磨削

电火花磨削主要用于硬质合金、高温合金和双金属复合材料的磨削加工。与机械磨削相

比，电火花磨削可提高生产率 1~2 倍。

5.11.2　化学机械研磨

化学机械研磨也称为化学机械抛光（Chemical Mechanical Polishing，CMP），它是将化学腐蚀作用和机械去除作用相结合的加工技术，是目前机械加工中唯一可以实现表面全局平坦化的加工技术。

1. 化学机械抛光的工作原理

化学机械抛光的工作原理如图 5-69 所示，将硅片固定在抛光头的最下面，将抛光垫放置在研磨盘上，抛光时，旋转的抛光头以一定的压力压在旋转的抛光垫上，由亚微米或纳米磨粒和化学溶液组成的研磨液在硅片表面和抛光垫之间流动，然后研磨液在抛光垫的传输和离心力的作用下，均匀分布其上，在硅片和抛光垫之间形成一层研磨液液体薄膜。研磨液中的化学成分与硅片表面材料发生化学反应，将不溶的物质转化为易溶物质，或者将硬度高的物质进行软化，然后通过磨粒的微机械摩擦作用将这些化学反应物从硅片表面去除，溶入流动的液体中带走，即在化学去膜和机械去膜的交替过程中实现平坦化的目的。其反应分为两个过程：

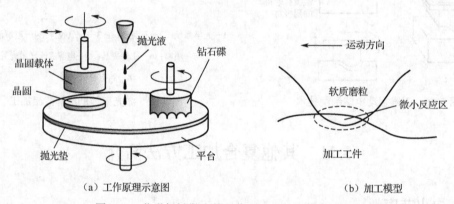

（a）工作原理示意图　　　　　　　　　　（b）加工模型

图 5-69　化学机械抛光的工作原理及加工模型示意图

化学过程：研磨液中的化学品和硅片表面发生化学反应，生成比较容易去除的物质。

物理过程：研磨液中的磨粒和硅片表面材料发生机械物理摩擦，去除化学反应生成的物质。

2. 化学机械抛光的特点及应用

（1）单纯的化学研磨，表面精度较高，损伤低，完整性好，不易出现表面/亚表面损伤，但研磨速率较慢，材料去除效率较低，不能修正表面型面精度，研磨一致性较差；单纯的机械研磨，研磨一致性好，表面平整度高，研磨效率高，但易出现表面层/亚表面层损伤，表面粗糙度值较大。

（2）可以在保证材料去除效率的同时，获得较完美的表面，得到的平整度比单纯使用这两种研磨要高出 1~2 个数量级，可以实现纳米级到原子级的表面粗糙度。

（3）通过磨粒-工件-加工环境之间的机械、化学作用，实现对工件材料的微量去除，能获得超光滑、少/无损伤的加工表面。

（4）加工轨迹呈现多方向性，有利于提高加工表面的均匀一致性。

（5）加工过程遵循"进化"的原则，不需要精度很高的加工设备。

（6）能够提供超大规模集成电路制造所需全面平坦化（这是其他技术不可比拟的），已经成为半导体工业中的主导技术之一，并在不断地扩展到其他应用领域，如应用于各种功能陶瓷、工程陶瓷及金属材料表面的精加工。

5.11.3　超声数控分层仿铣加工技术

对于三维曲面的型腔，采用成形工具进行超声成形加工时，由于工具损耗严重，加工间隙中悬浮磨料不均匀，从而影响复杂型面的加工精度，而采用超声旋转加工只能加工圆形孔和简单型腔。为此，国内外学者开展了三维轮廓型面精密旋转超声加工技术的研究。

最近，出现了借鉴快速成形技术中分层制造思想和利用数控铣削运动的超声数控分层仿铣加工方法（Ultrasonic CNC Layered Milling Machining），简称超声仿铣加工。

利用简单工具超声分层仿铣加工三维陶瓷工件的加工装置如图 5-70 所示。该装置采用截面为圆形、方形、管状等简单形状的金属或石墨工具，像铣刀一样在数控机床上实现三维型腔的超声旋转铣削加工。机床本体采用数控立式铣床的框架结构，X、Y 轴都采用交流伺服电动机驱动，精密滚珠丝杠螺母传动，X、Y 轴联动使工作台带动工件完成 X、Y 平面的加工轨迹。另一台交流电动机驱动换能器、变幅杆、工具头做整体旋转运动，Z 轴伺服电动机驱动旋转电动机、换能器、变幅杆、工具头一起做 Z 向进给运动。X、Y、Z 三轴伺服电动机由计算机控制。借助压力传感器实时检测工具和工件间的加工压力，并以压力信号实现对 Z 轴恒定加工压力的伺服控制。伺服电动机光电编码器反馈的位置信号与压力传感器反馈的信号，使整个系统构成双闭环控制。通过循环的压力反馈、数值比较及控制进给实现 Z 轴的在线补偿，从而保证加工精度。

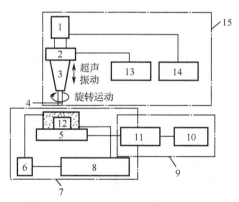

1—电动机；2—换能器；3—变幅杆；4—工具；5—工作台；6—泵；7—工作液系统；8—磨料工作液槽；

9—控制系统；10—计算机；11—驱动卡；12—工件；13—发生器；14—驱动器；15—超声旋转装置

图 5-70　超声分层仿铣加工装置

数控仿铣采用以下的加工模式和工具补偿策略：

（1）采用工具端面加工方式，使工具损耗只发生在端面。

（2）采用类似快速成形的分层加工模式，使工具的损耗补偿在每层内进行。

（3）合理优化加工路径，使工具端面损耗均匀一致，完成每一层加工后，保持平面形状。

超声数控分层仿铣采用简单工具分层加工，由于每层厚度很小，使工具磨损只发生在端面，极大地简化了工艺过程，使工艺规律的建模简单可行。同时由于工具损耗的补偿是在每一平面层的加工过程中进行的，简化了数控工具补偿的难度，从而能保证加工过程的可控性及被加工工件的精度。这种加工技术的研究成功，将会有效地解决超声成形加工由于工具损耗严重、加工间隙中悬浮磨料不均匀，从而影响复杂型面的加工精度问题，因此，可以用于那些传统成形加工有困难，甚至无法加工的工件，特别是具有三维型腔的零件，为陶瓷等硬脆材料的推广应用提供有力的技术支持，将是硬脆材料加工的新发展方向。

5.11.4　断续磨削-机械脉冲放电复合加工技术

通过图 5-71 所示的设备可以有效地把金刚石砂轮的断续磨削加工和机械脉冲放电加工结合起来，实现断续磨削-机械脉冲放电复合加工。

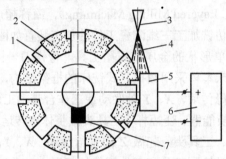

1—工具电极；2—金刚石磨块；3—喷嘴；4—工作液；5—工件；6—直流电源；7—电刷

图 5-71　断续磨削-机械脉冲放电复合加工

断续磨削-机械脉冲放电复合加工中，电源为直流电源，其正、负两极分别与工件和特制工具相连接，特制工具的圆周（或端面）上均匀相间地分布着不导电的金刚石磨块和导电的工具电极。在复合加工时，特制工具旋转，金刚石磨块对工件进行断续磨削，导电工具电极和工件之间进行脉冲放电，实现旋转工具电极机械脉冲放电加工。特制工具不断旋转，断续磨削和放电加工不断交替进行，实现断续磨削-机械脉冲放电复合加工。

断续磨削-机械脉冲放电复合加工导电的工程陶瓷材料具有加工效率较高、工件加工表面质量较好、磨削比较大等优点。该复合加工技术综合了放电加工和开槽金刚石砂轮断续磨削加工的特点，在加工过程中放电加工和断续磨削加工互为有利条件，保证了加工过程的稳定性。

在复合加工过程中，特制工具上的工具电极对陶瓷工件进行放电加工，以液相、气相和效应力破碎的方式蚀除陶瓷材料（工具电极的旋转运动带动了极间液体介质做运动，减少了处于熔化、汽化状态下工件材料的重新冷凝量），减小了后续磨块的磨削量，使磨削力减小，磨削比增大。

放电加工作用后，放电点凹坑底部和边沿残留有部分从熔融状态重新冷凝的工件材料，这部分材料组织较疏松或因冷凝收缩形成表面微细裂纹，其硬度和强度明显低于基体工件材料，因此有利于后续磨块的磨削加工。放电加工产生的微观热裂纹削弱了工件表层材料的强度，有利于后续磨块的磨削加工，并可阻止断续磨削产生的裂纹向工件基体深处扩展，使工件加工表面质量得以提高。磨块将放电加工产生的热影响层磨除，并把电蚀产物从加工区全部排出，为后续电极对工件材料的放电加工创造有利条件，防止放电点的集中，使放电点得以正常转移，提高了电脉冲的利用率。

5.11.5　超声振动辅助气中放电加工

一般认为，绝缘性的工作液介质（如煤油等）是电火花加工不可缺少的，在加工过程中起着压缩放电通道、冷却、排屑等作用。但煤油等矿物油具有挥发性，对操作工人的健康不利，对环境有害。此外，由于是可燃性液体，如果操作不当容易发生火灾，存在安全隐患。在放电加工过程中，煤油等矿物油发生热分解，析出有害气体和碳微粒，污染环境并影响加工过程的稳定性。

在工作液介质方面，近年来的研究热点是如何提高加工效率和加工质量，并减少对环境的污染。在提高加工效率方面，主要采取工作液介质中通入氧气等方式，大大提高了加工效率。在提高加工表面质量方面，主要采取在工作液介质中混粉等方式来实现镜面加工。在减少对环境的污染方面，主要采用酒精、液氮等为工作液介质，使环境污染的状况得到明显改善，但设备复杂、操作不便等问题难以解决。

M. Kunieda 等对高压气体介质中的电火花脉冲放电加工技术进行了开创性的研究，采用管状工具电极，以高压气体为介质。工作时，管状电极旋转，高压气体从管状电极中喷出进行电火花加工。气体介质电火花加工安全，不污染环境，电极损耗率非常低，选择合适的气体时，加工表面再凝固层非常小，为电火花脉冲放电加工技术开辟了一条新的途径。

图 5-72 所示为超声振动辅助气中放电加工。固定在主轴头上的工具电极与固定在工作台上的工件分别与高频脉冲电源两个输出端相连接。放电加工时，主轴头带动中空薄壁管状的工具电极高速旋转，同时在电极中间通以高压气体介质。工作台固定在超声变幅杆的端部，工件随着工作台一起进行超声振动。放电产生的瞬时高温使工件和工具电极表面材料局部熔化和汽化，高速流动的气体将加工碎屑带走。

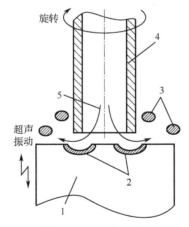

1—工件；2—局部熔化区；3—碎屑；4—工具电极；5—气体流

图 5-72　超声振动辅助气中放电加工

随着科学技术的发展，各种新的复合加工技术不断涌现，其应用将会产生良好的经济效益和社会效益。

复习思考题

1. 什么是复合加工？常见的复合加工方法有哪些？
2. 什么是振动切削？振动切削有哪些特点？振动在切削过程中的作用是什么？
3. 什么是低频振动切削？低频振动切削在工程中有哪些应用？
4. 什么是超声振动切削？超声振动切削在工程中有哪些应用？
5. 简述超声振动磨削的特点和应用。
6. 简述超声振动珩磨和研磨的作用机理、特点和应用。
7. 简述磁化切削加工的作用机理、特点和应用。
8. 什么是加热切削？对其加热方法有哪些基本要求？
9. 简述加热切削加工的机理、特点和应用。
10. 什么是低温切削？试简述低温切削的特点和分类。
11. 简述电解磨削和珩磨的作用机理、特点和应用。
12. 简述电解复合光整加工的基本原理、特点和应用。
13. 简述超声电火花复合加工的作用机理、特点和应用。
14. 简述超声电解加工的作用机理、特点和应用。
15. 简述 MEEC 法及新 MEEC 法的作用机理、特点和应用。
16. 简述化学机械研磨的作用机理、特点和应用。

第 6 章　微细加工技术

微细加工技术是精密加工技术的一个分支。面向微细加工的电加工技术、激光微孔加工技术、水射流微细切割技术等，在发展国民经济、振兴我国国防事业等方面都有非常重要的意义。这一领域的发展对未来的国民经济、科学技术等将产生巨大的影响，先进国家纷纷将之列为未来的关键技术之一，并扩大投资和加强基础研究与开发。

6.1　概　　述

6.1.1　微细加工的概念

微细加工技术是指加工微小尺寸零件的生产加工技术。从广义的角度来讲，微细加工包括各种传统精密加工方法和与传统精密加工方法完全不同的方法，如切削加工、磨料加工、电火花加工、电解加工、化学加工、超声波加工、微波加工、等离子体加工、外延生产、激光加工、电子束加工、离子束加工、光刻加工、电铸加工技术等。从狭义的角度来讲，微细加工主要是指半导体集成电路制造技术。因为微细加工和超微细加工是在半导体集成电路制造技术的基础上发展的，特别是大规模集成电路和计算机技术的技术基础，是信息时代、微电子时代、光电子时代的关键技术之一。因此，其加工方法多偏重于指集成电路制造中的一些工艺技术，如化学气相沉积、热氧化、光刻、离子束溅射、真空蒸发及整体微细加工技术。整体微细加工技术是指用各种微细加工方法在集成电路基片上制造出各种微型运动机械，即微型机械和微型机电系统。微小尺寸加工与一般尺寸加工的不同点如下：

1. 精度的表示方法

一般尺寸加工时，精度用其加工误差与加工尺寸的比值（即精度比率）来表示，如现行公差标准中，公差单位是计算标准公差的基本单位，它是基本尺寸的函数，基本尺寸越大，公差越大，因此，属于同一公差等级的公差，对不同的基本尺寸，其数值就不同，但认为具有同等级的精度程度，所以公差等级就是确定尺寸精度程度的等级。

在微小尺寸加工时，由于加工尺寸很小，精度就必须用尺寸的绝对值来表示，即用去除的一块材料的大小来表示，从而引入加工单位尺寸（简称加工单位）的概念。加工单位就是去除的一块材料的尺寸。当微细加工 0.01mm 尺寸的零件时，必须采用微米加工单位进行加工；当微细加工微米尺寸的零件时，必须采用亚微米（$0.1\mu m$）加工单位进行加工，当今的超微细加工已采用纳米加工单位。

2. 微观机理

以切削加工为例，从工件的角度来讲，一般加工和微细加工的最大区别是切屑的大小不同。一般加工时，由于工件较大，允许的切削深度 a_p 较大。微细加工时，从强度和刚度来说都不允许大的切削深度 a_p，因此切屑很小。当切削深度 a_p 小于材料晶粒的直径时，切削就在晶粒内进行，这时晶粒就作为一个一个的不连续体来进行切削。一般金属材料由微细晶粒组成，晶粒直径为数微米到数百微米。一般加工时，切削深度 a_p 较大，可以忽略晶粒的大小，而作为一个连续体来看待。可见一般加工和微细加工的机理完全不同。

3．加工特征

一般加工时，多以尺寸、形状、位置精度为加工特征。精密和超精密加工也是如此，所用加工方法偏重于能够形成工件的一定形状和尺寸。微细加工和超微细加工却以分离或结合原子、分子为加工对象，以电子束、激光束、离子束为加工基础，采用沉积、刻蚀、溅射、蒸镀等手段进行各种处理。这是因为它们各自所加工的对象不同而造成的。

6.1.2 微细加工的特点

1）微细加工和超微细加工是一个多学科的制造系统工程

微细加工和超微细加工与精密加工和超精密加工一样，已不再是一种孤立的加工方法和单纯的工艺过程，它涉及超微量分离、结合技术、高质量的材料、高稳定性和高净化的加工环境、高精度的计量技术，以及高可靠性的监控和质量控制等。

2）微细加工和超微细加工是一门多学科的综合高新技术

微细加工和超微细加工技术的涉及面极广，其加工方法包括分离、结合、变形三大类，遍及传统加工工艺和非传统加工工艺范围。

3）平面工艺是微细加工的工艺基础

平面工艺是制作半导体基片、电子元件和电子线路及其连线、封装等一整套制造工艺技术，它主要围绕集成电路的制作，现已在发展立体工艺技术。

4）微细加工和超微细加工与自动化技术联系紧密

为了保证加工质量及其稳定性，必须采用自动化技术来进行加工。

5）微细加工检测一体化

微细加工的检验、测试配置十分重要，没有相应的检验、测试手段是不行的，在位和在线检测的研究非常必要。

6）微细加工技术与精密加工技术互补

微细加工属于精密加工范畴，但其自身特点十分显著，两者相互渗透、相互补充。

6.2 微细加工机理

6.2.1 微细切削去除机理

微细切削去除时，为保证工件尺寸精度要求，其最后一次的表面切除厚度必须小于尺寸精度值。同时，由于工件尺寸小，从材料的强度和刚度考虑，切屑必须很小，切削深度可能小于材料的晶粒大小，切削就在晶粒内进行，这时称为微细切削去除。

1．切削厚度与材料剪切应力的关系

微细切削去除时，切削往往在晶粒内进行，因此，切削力一定要超过晶体内部的分子、原子结合力，其单位面积的切削阻力（N/mm²）将急剧增大，这样一来，刀刃上所承受的剪切应力很大，热量很大，使刀刃尖端局部区域的温度极高，因此要求采用耐热性高、高温硬度高、耐磨性强、高温强度好的刀具材料，即超硬刀具材料，最常用的是金刚石等。

2．材料缺陷分布的影响

材料微观缺陷分布或材质不均匀性可以归纳为以下几种情况：

（1）晶格原子（～10^{-6}mm）。在晶格原子空间的破坏就是把原子一个一个地去除。

（2）点缺陷（10^{-6}～10^{-4}mm）。点缺陷就是在晶格结构中存在着空位和填隙原子。点缺陷的破坏就是以点缺陷为起点来增加晶格缺陷的破坏。晶体中存在的杂质也是一种点缺陷。

（3）位错缺陷（10^{-4}～10^{-2}mm）。位错缺陷就是晶格位移和微裂纹，它在晶体中呈连续的线状分布，故又称线缺陷。位错就是有一列或若干列原子发生了有规律的错排现象。位错缺陷空间的破坏是通过位错线的滑移或微裂纹引起晶体内的滑移变形。在晶体内部，一般情况下大约 1μm 的间隙内就有一个位错缺陷。

（4）晶界、空隙、裂纹（10^{-2}～1mm）。它们的破坏是以缺陷面为基础的晶粒破坏。

（5）缺口（1mm 以上）。缺口空间的破坏是由于应力集中而引起的破坏。

微细切削去除时，当应力作用的区域在某个缺陷空间范围内时，则将以与该区域相对应的破坏方式而破坏。各种破坏方式所需的加工能量也不同。图 6-1 所示为材料微观缺陷分布情况。表 6-1 所示为典型微细去除加工时材料各种微观缺陷空隙的加工能量。

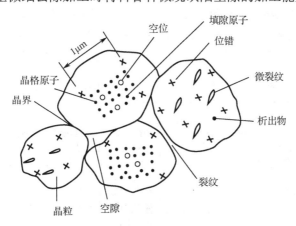

图 6-1　材料微观缺陷分布情况

表 6-1　典型加工能量密度

（J/cm³）

加工单位 /mm	10^{-7}	10^{-6}	10^{-4}	10^{-2}	1
材料微观缺陷 加工机理	晶格原子	点缺陷	位错缺陷、微裂纹	晶界、空隙裂纹	
化学分界、电解	10^{4}～10^{3}				
脆性破坏			10^{4}～10^{2}		
塑性变形（微量切削、抛光）			10^{3}～1		

加工机理＼材料微观缺陷	晶格原子	点缺陷	位错缺陷、微裂纹	晶界、空隙裂纹
熔化去除	$10^4 \sim 10^3$			
蒸发去除	$10^5 \sim 10^4$			
离子溅射去除、电子刻蚀去除	$10^5 \sim 10^4$			

　　加工能量可用临界加工能量密度 δ（J/cm^3）表示，它是当应力超过材料弹性极限时，在去除相应的空间内，由于材料微观缺陷而产生破坏的加工能量密度。加工能量还可用单位体积切削能量 ω（J/cm^3）表示，它是指在产生该加工单位切屑时，消耗在单位体积上的加工能量。在以原子、分子为加工单位的情况下，通常把两者看成大致相等。以原子、分子为加工单位时的微细加工，就是把原子、分子一个一个地去除，这时不管用什么加工方法，其所需临界加工能量密度都相当于材料的结合能与活化能量的总和，大致相等。但对于蒸发和溅射去除，尚需加一定的动能，故其加工能量需要多一个数量级。

6.2.2　原子、分子加工单位的微细加工机理

　　微细加工方法很多，方法不同，加工机理各异。目前，微细加工主要指 1mm 以下的微细尺寸零件，加工精度为 0.01～0.001mm 的加工，即微细度 0.1mm 级（亚毫米级）的微细尺寸零件加工。超微细加工主要指 1μm 以下的超微细尺寸零件，加工精度为 0.1～0.01μm 的加工，即微细度 0.1μm 级（亚微米级）的超微细尺寸零件加工。今后的发展方向是微细度为 1nm 以下的纳米级的超微细加工。

　　要进行微细度为纳米级的超微细加工，就需要用比它小一个数量级的尺寸作为加工单位，即要用加工单位为 0.1nm 的微细加工方法来进行加工。显然，这就是原子、分子加工单位的微细加工方法。表 6-2 所示为原子、分子加工单位的微细加工方法机理。

表 6-2　原子、分子加工单位的微细加工方法机理

加工机理		加工方法
分离加工 （去除加工）	化学分解（气体、液体、固体）	刻蚀（曝光）、化学抛光、软质粒子机械化学抛光
	电解（液体）	电解加工、电解抛光
	蒸发（真空、气体）	电子束加工、激光束加工、热射线加工
	扩散（固体）	扩散去除加工
	熔化（液体）	熔化去除加工
	溅射（真空）	离子束溅射去除加工、等离子体加工
结合加工 （附着加工）	化学附着	化学镀、气相镀
	化学结合	氧化、氮化
	电化学附着	电镀、电铸
	电化学结合	阳极氧化
	热附着	蒸镀、晶体生长、分子束外延
	扩散结合	烧结、掺杂、渗碳
	熔化结合	浸镀、熔化镀
	物理附着	溅射沉积、离子沉积（离子镀）
	注入	离子溅射注入加工
变形加工 （流动加工）	热表面流动	热流动加工（气体火焰、高频电流、电子束、激光）
	黏着性流动	液体、气体流动加工（压铸、挤压、喷射、浇注）
	摩擦流动	微粒子流动加工

6.3 微细加工方法

6.3.1 微细加工方法的分类

微细加工方法和精密加工方法一样，可分为切削加工、磨料加工、特种加工和复合加工四类。从方法上来说，微细加工方法和精密加工方法有许多方法是共同的，没有什么分界，如金刚石刀具切削，在精密加工中为金刚石刀具精密切削或超精密切削，在微细加工中则为金刚石刀具微细切削或超微细切削。同一种加工方法，既是精密加工方法，也是微细加工方法。但有一些加工方法主要用于微细加工，如光刻、镀膜、注入等。

表 6-3 列出了一些常用微细加工方法。对于微细加工，由于加工对象与集成电路关系密切，因此按照分离加工（将材料的某一部分分离出去的加工方式，如分解、蒸发、溅射、切削、破碎等）、结合加工（同种或不同材料的附着加工或相互结合加工，如蒸镀、沉积、掺入、生长、黏结等）、变形加工（使材料形状发生改变的加工方式，如塑性变形加工、流体变形加工等）的机理来分类。

表 6-3 常用微细加工方法

分 类		加 工 方 法	精度/μm	表面粗糙度 Ra/μm	可加工材料	应用
分离加工	切削加工	等离子体切割			各种材料	
		微细切削	1～0.1	0.05～0.008	有色金属及其合金	
		微细钻孔	20～10	0.2	低碳钢、铜、铝	
	磨料加工	微细磨削	5～0.5	0.05～0.008	黑色金属、硬脆材料	
		研磨	1～0.1	0.025～0.008	金属、半导体、玻璃	
		抛光	1～0.1	0.025～0.008	金属、半导体、玻璃	
		砂带研抛	1～0.1	0.01～0.008	金属、非金属	
		弹性发射加工	0.1～0.001	0.025～0.008	金属、非金属	
		喷射加工	5	0.01～0.02	金属、玻璃、石英、橡胶	
	特种加工	电火花成形加工	50～1	2.5～0.02	导电金属、非金属	
		电火花线切割	20～3	2.5～0.16	导电金属	
		电解加工	100～3	1.25～0.06	金属、非金属	
		超声波加工	30～5	2.5～0.04	硬脆金属、非金属	
		微波加工	10	6.3～0.12	绝缘材料、半导体	
		电子束加工	10～1	6.3～0.12	各种材料	
		离子束加工	0.01～0.001	0.02～0.01	各种材料	
		激光束加工	10～1	6.3～0.12	各种材料	
		光刻激光	0.1	2.5～0.2	金属、非金属、半导体	
	复合加工	电解磨削	20～1	0.08～0.01	各种材料	
		电解抛光	10～1	0.05～0.008	金属、半导体	
		化学抛光	0.01	0.01	金属、半导体	

续表

分　类		加 工 方 法	精度/μm	表面粗糙度 Ra/μm	可加工材料	应用
结合加工	附着加工	蒸镀			金属	
		分子束镀膜			金属	
		分子束外延生长			金属	
		离子束镀膜			金属、非金属	
		电镀（电化学镀）			金属	
		电铸			金属	
		喷镀			金属、非金属	
	注入加工	离子束注入			金属、非金属	
		氧化、阳极氧化			金属	
		扩散			金属、半导体	
		激光表面处理			金属	
	接合加工	电子束焊接			金属	
		超声波焊接			金属	
		激光焊接			金属、非金属	
变形加工		压力加工			金属	
		铸造			金属、非金属	

（1）分离加工是指将材料的某一部分分离出去的加工方式，如切削、分解、刻蚀、溅射等。与精密加工相同，又可分为切削加工、磨料加工、特种加工和复合加工。

（2）结合加工是指同种或不同材料的附着加工或相互结合加工，如蒸镀、沉积、生长、掺入等。又可分为附着、注入、接合三类。附着加工是指附加一层材料；注入加工是指表层经处理后产生物理、化学、力学性质变化，可统称为表面改性；接合加工是指焊接、粘接等。

（3）变形加工是指使材料形状发生改变的加工方式，如塑性变形加工、流体变形加工等。

6.3.2　微细加工的基础技术

微细加工中许多加工方法都与电子束、离子束、激光束（三束）加工技术有关，它们是细微加工的基础（详见第 4 章特种加工技术）。

6.3.3　硅微细加工技术

硅是地球上储量最多的固态元素。单晶硅是 MEMS 和微系统采用最广泛的材料。纯净的单晶硅外观为浅灰色。硅有许多特点。

（1）硅具有良好的传感性能，如光电效应、压阻效应、霍尔效应等。

（2）单晶硅具有许多与金属相近，甚至更为优良的特性，如其杨氏模量、硬度和抗拉强度与不锈钢非常相近，但其质量密度与铝相仿；它非常脆，会像玻璃一样断裂破碎，不能像金属一样产生塑性变形。

（3）其热膨胀系数小，熔点较高，在高温情况下可保持尺寸的稳定。

（4）硅材料是各向异性的，在各个方向上的特性相对独立。

表 6-4 所示为硅与其他材料的特性对比。

表 6-4　硅与其他材料的特性对比

材料	屈服强度 /×10⁹N·m⁻²	普氏硬度 /kg·mm⁻²	杨氏模量 /GPa	密度 /g·cm⁻³	热导率 /W·cm⁻¹·K⁻¹	热膨胀系数 /×10⁻⁶K⁻¹
Si	7	850	190	2.3	1.57	2.33
W	4	485	410	19.3	1.78	4.5
不锈钢	2.1	660	200	7.9	0.329	17.3
Mo	2.1	275	343	10.3	1.38	5
Al	0.17	130	70	2.7	2.36	25

　　目前，MEMS 衬底材料必须采用单晶硅。在自然界中，硅主要以石英砂的形式存在。将硅原材料加热熔化，用种晶与熔化的硅接触并缓慢拉伸，形成单晶硅棒，将其切割成薄片进行化学机械抛光（CMP），即制成硅晶片。目前，市场上销售的硅晶片直径为 $\phi 100 \sim 300\text{mm}$，厚度为 $0.5 \sim 1.0\text{mm}$。

6.3.4　光刻加工技术

1．光刻加工的原理及工艺流程

　　光刻加工又称光刻蚀加工或刻蚀加工，简称刻蚀。它是加工制造集成电路图形结构及微结构的关键工艺之一。光刻工艺就是利用光敏的抗蚀剂涂层发生化学反应，结合腐蚀方法在各种薄膜或硅片上制备出合乎要求的图形，以实现制作各种电路元件、选择掺杂、形成金属电极和布线或表面钝化的目的。其主要过程为：首先紫外光通过掩模版照射到附有一层光刻胶薄膜的基片表面，引起曝光区域的光刻胶发生化学反应；再通过显影技术溶解去除曝光区域或未曝光区域的光刻胶（前者称正性光刻胶，后者称负性光刻胶），使掩模版上的图形被复制到光刻胶薄膜上；最后利用刻蚀技术将图形转移到基片上。图 6-2 所示为光刻加工的主要工艺流程。

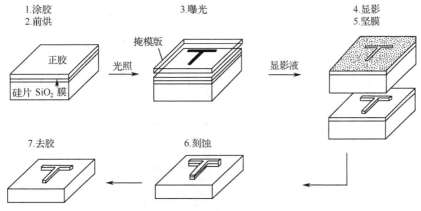

图 6-2　光刻加工的主要工艺流程

　　（1）原图制作。按照产品图纸的技术要求，采用 CAD 等技术对加工图案进行图形设计，并按工艺要求生成图形加工 NC 文件。

　　（2）光刻制母版。通过数据绘图机，利用激光光源按 NC 程序直接对照相底片曝光制作原图。为提高制版精度，常以单色绿光（λ=546nm）作为透射光源对原图进行缩版，制成母版。

（3）预处理基底（多为硅片）或被加工材料表面，通过脱脂、抛光、酸洗、水洗的方法使被加工表面得以净化，使其干燥，以利于光刻胶与硅片表面有良好的黏着力。

（4）涂覆光刻胶层。在待光刻的硅片表面均匀涂上一层黏附性好、厚度适当的光刻胶。

（5）前烘。使光刻胶膜干燥，以增加胶膜与硅片表面的黏附性和胶膜的耐磨性，同时使曝光时能进行充分的光化学反应。

（6）曝光。在涂好光刻胶的硅片表面覆盖掩模版，或将掩模置于光源与光刻胶之间，利用紫外光等透过掩模对光刻胶进行选择性照射。在受到光照的地方，光刻胶发生光化学反应，从而改变了感光部分的胶的性质。曝光时准确定位和严格控制曝光强度与时间是其关键。

（7）显影及检查。显影的目的在于使曝光过的硅片表面的光刻胶膜呈现与掩模相同（正性光刻胶）或相反（负性光刻胶）的图形。为保证质量，显影后的硅片要进行严格检查。

（8）坚膜。使胶膜与膜片之间紧密黏附，防止胶层脱落，并增强胶膜本身的抗蚀能力。

（9）腐蚀。以坚膜后的光刻胶作为掩蔽层，对衬底进行干法或湿法腐蚀，得到期望的图形。

（10）去胶。用干法或湿法去除光刻胶膜。

2．光刻加工的关键技术

光刻加工中的关键技术主要包括掩模制作、曝光技术、刻蚀技术等。

1）掩模制作

掩模的基本功能是当光束照在掩模上时，图形区和非图形区对光有不同的吸收和透过能力。理想的情况是图形区可让光完全透射过去，非图形区则将光完全吸收，或与之完全相反。掩模制造工艺可分为版图设计、掩模原版制造、主掩模版制造和工作掩模版制造四个主要阶段，如图6-3所示。

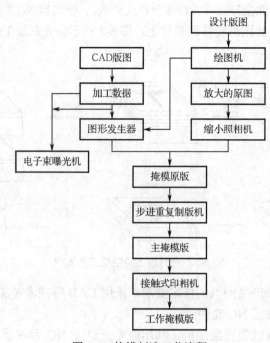

图 6-3　掩模制造工艺流程

设计图形用绘图机制成标准的掩模放大图形，经缩小照相机得到比实际掩模图形放大的掩模原版图形，最后通过步进重复制版机可形成主掩模版（光刻掩模）图形。目前较先进的制版技术一般由计算机辅助设计 CAD 版图，然后在计算机控制下经电子束曝光机直接制作主掩模版，或计算机控制光学图形发生器制版。为提高掩模精度，当前绘图机→图形发生器→电子束曝光的流程正成为制造工艺向前发展的主流。

2）曝光技术

曝光技术可以从曝光能量束、掩模处于不同空间位置等来分类考察。在此仅从前者的角度进行阐述。从能量束角度看，目前微细加工光刻采用的主要技术有远紫外曝光技术、电子束曝光技术、离子束曝光技术、X 射线曝光技术。其中，离子束曝光技术具有最高的分辨率；电子束则代表了最成熟的亚微米级曝光技术；紫外准分子激光曝光技术则具有最佳的经济性，是近年来发展极快且实用性较强的曝光技术，已在大批量生产中处于主导地位。几种曝光技术的比较如表 6-5 所示。

表 6-5　几种曝光技术的比较

指　　　标	电　子　束	离　子　束	X　射　线	准分子激光
目前达到的曝光尺寸	0.01μm（实验） 0.1μm（生产）	0.012μm（实验） 0.1μm（生产）	0.2μm（实验） 0.3μm（生产）	0.3μm（实验） 0.5μm（生产）
技术经济性比较	曝光缓慢，设备昂贵，生产效率较差，用于产品研制和小批量生产	最高的分辨率，较高的曝光速度，掩模选材难，可用于生产	设备庞大，成本昂贵，掩模制造困难，生产应用受到限制	曝光速度快，质量较好，可进行高效率加工，实用性强

3）刻蚀技术

刻蚀技术是独立于光刻的一类重要的微细加工技术，但刻蚀技术经常需要曝光技术形成特定的抗蚀剂膜。而光刻之后一般也要靠刻蚀得到基体上的微细图形或结构，所以刻蚀技术经常与光刻技术配对出现。

6.4　LIGA 技术及准 LIGA 技术

LIGA 是德文的制版术 Lithographie、电铸成形 Galvanoformung 和注塑 Abformung 的缩写。自 20 世纪 80 年代德国卡尔斯鲁厄原子核研究所为制造微喷嘴创立 LIGA 技术以来，对其感兴趣的国家日益增多，德国、日本、美国等相继投入巨资进行开发研究。该技术被认为是最有前途的三维微细加工方法，具有广阔的应用前景。

6.4.1　LIGA 技术原理

1. LIGA 技术的原理及特点

LIGA 技术是一种利用同步辐射 X 射线制造三维微器件的先进制造技术，它包括涂光刻胶、X 光曝光、显影、微电铸、去除光刻胶、去除隔离层，以及制造微塑铸模具、微塑铸和第二次微电铸等多道工序，用此技术可以进行微器件的大批量生产。

与传统微细加工方法相比，用 LIGA 技术进行超微细加工具有以下特点：

（1）可制造有较大深宽比、准确度高的微结构，所加工的图形准确度小于 0.5μm，表面

粗糙度仅为 Ra 10nm，侧壁垂直度>89.9°，纵向高度可达 500μm 以上。

（2）取材广泛，可以是金属、陶瓷、聚合物、玻璃等。

（3）可制作任意复杂图形结构，加工精度高。

（4）可重复复制，符合工业上大批量生产要求，成本低。

不足之处是成本昂贵（X 光源需要昂贵的加速器）；用于 X 光光刻的掩模版本身就是 3D 微结构，结构复杂，周期长。

LIGA 技术主要包括深层同步 X 射线光刻、电铸成形和注塑三个工艺过程，如图 6-4 所示。

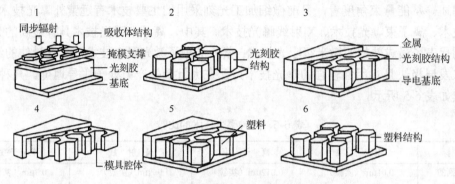

图 6-4　LIGA 技术的主要工艺流程

图 6-4 中的步骤 1 和 2 分别是光刻环节的曝光和刻蚀，采用波长为 0.2～0.6nm 典型值的同步辐射 X 射线作为光刻光源，通过掩模照射涂覆在金属基板上的光刻胶，将掩模上的图形转移到数十到数百微米厚的光刻胶上，经显影形成光刻胶微结构。曝光光源对于微结构的深宽比非常重要，若要获得高深宽比微结构，必须要有高的穿透能力。X 射线作为光刻光源是由于其波长短、穿透能力强。在 LIGA 中使用的 X 射线由同步加速辐射产生，可以获得 100∶1，甚至更高的深宽比。步骤 3 和 4 是电铸成形环节中的金属电化学沉积及金属微结构分离，用光刻胶微结构与金属基板的组合体作为铸模进行电铸，将光刻胶微结构中所有间隙部位用金属离子"填满"。金属沉积层与光刻胶微结构脱模分离后即得到金属微结构件，这个金属微结构件可以是最终的产品，也可以作为下一步微注塑成形的模板，进行批量生产。步骤 5 和 6 是树脂材料注塑填充和成形零件脱模。

2．深层同步 X 射线光刻

利用同步辐射 X 射线透过掩模对固定于金属基底上的厚度可高达几百微米的 X 射线抗蚀剂层进行曝光，然后将其显影制成初级模板。由于被曝光过的抗蚀剂将被显影除去，所以该模板即为掩模覆盖下的未曝光部分的抗蚀剂层，它具有与掩模图形相同的平面几何图形。

X 射线的特性决定了 X 射线光刻掩模技术与普通光学光刻掩模的情况完全不同，所用掩模应具有对 X 射线足够高的反差，即其透光区与不透光区的透射率之比应大于 10。有两个重要的物理事实使 X 射线光刻掩模的制作比光学光刻掩模的制作困难得多。其一是目前找不到这样一种材料，使之可像光学掩模上的 Cr 层吸收光一样，在很薄时就能完全吸收 X 射线；同时，也找不到像光学掩模上光学玻璃一样的材料，使之在比较厚时能对 X 射线有很高的透过率。其二是 X 射线光学还未能实现一个 X 射线聚光镜系统，使曝光面得到均匀照射。因此，X 射线光刻掩模通常是由低原子序的轻元素材料形成的薄模衬基底及在其上面用高原子序的重元素材料制成的吸收体图形构成的。在材料的选用上应保证有尽量大的反差。

3．电铸成形

在 LIGA 技术中，把初级模板（抗蚀剂结构）模腔底面上利用电镀法形成一层镍或其他金属层，形成金属基底作为阴极，所要成形的微结构金属的供应材料（如 Ni、Cu、Ag）作为阳极进行电铸，直到电铸形成的结构刚好把抗蚀剂模板的型腔填满。而后将它们整个浸入剥离溶剂中，对抗蚀剂形成的初级模板进行腐蚀剥离，剩下的金属结构即为所需求的微结构件。

4．注塑

将电铸制成的金属微结构作为二级模板，将塑性材料注入二级模板的模腔，形成微结构塑性件，从金属模中提出。也可用形成的塑性件作为模板再进行电铸，利用 LIGA 技术进行三维微结构件的批量生产。

6.4.2　准 LIGA 技术

由于 LIGA 技术需要昂贵的深度同步辐射 X 射线光源和制作复杂的 X 光掩模，所以 LIGA 技术推广应用并不容易，而且与集成电路（Integrated Circuit，IC）工艺不兼容。1993 年 Allen 提出用光敏聚酰亚胺实现准 LIGA 技术。

准 LIGA 的工艺过程除了所用光刻光源和掩模外，其余与 LIGA 工艺基本相同。采用常规光刻机上的深紫外光作为光源代替同步辐射 X 光，对厚胶或光敏聚酰亚胺进行光刻，然后结合电铸、化学镀或牺牲层技术，可以获得固定的或可转动的金属微结构。利用后续的微电铸和微复制工艺，同样可实现微器件的批量生产。用准 LIGA 技术，既可制造高深宽比的微结构，又不需要昂贵的同步辐射 X 射线源和特制的 LIGA 掩模，对设备的要求低得多，而且它与集成电路工艺的兼容性也要好得多。目前，准 LIGA 技术所能获得的深宽比等某些指标与 LIGA 相比还有差距，但是已经可以满足微机械制作中的许多需要。近些年来准 LIGA 技术得到了很大发展和广泛应用，如能开发高能量紫外光源及深紫外光刻胶，则将对准 LIGA 技术的研究工作起很大的推动作用。

准 LIGA 技术与 LIGA 技术的特点对比如表 6-6 所示。

表 6-6　LIGA 技术与准 LIGA 技术的特点对比

特　　点	LIGA 技术	准 LIGA 技术
光源	同步辐射 X 光（波长 0.1～1nm）	常规紫外光（波长 350～456nm）
掩模	以 Au 为吸收体的 X 射线掩模	标准 Cr 掩模
光刻胶	常用聚甲基丙烯酸甲酯（PMMA）	聚酰亚胺、正性和负性光刻胶
高宽比	一般小于 100，最高可达 500	一般小于 10，最高可达 30
胶层厚度	几十微米至 1000μm	几微米至几十微米，最厚可达 300μm
生产成本	高	较低，约为 LIGA 技术的 1/100
生产周期	较长	较短
侧壁垂直度	大于 89.9°	可达 88°
最小尺寸	亚微米	数微米
加工温度	常温至 50℃左右	常温至 50℃左右
加工材料	多种金属、陶瓷及塑料等材料	多种金属、陶瓷及塑料等材料

图 6-5 所示为准 LIGA 技术的主要工艺流程，首先在基片上沉积电铸用的种子金属层，再在其上涂光敏聚酰亚胺，然后用紫外光源光刻形成铸模，再电铸上金属，去掉聚酰亚胺，形成金属结构。为了实现较厚的结构，可实施涂胶、软烘，再涂胶、软烘……的重复涂胶法。利用准 LIGA 工艺可以制成镍、铜、金、银、铁、铁镍合金等金属结构，厚度可达 150μm；也可与牺牲层腐蚀技术结合，释放金属结构，制成可动构件，如微齿轮、微电机等。

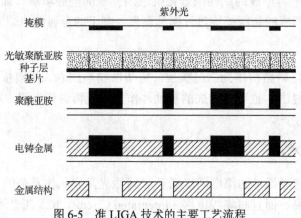

图 6-5　准 LIGA 技术的主要工艺流程

6.4.3　LIGA 技术及准 LIGA 技术的应用

LIGA 技术从首次报导（1982 年）至今，已经过了 30 多年的发展，引起人们极大的关注，发达国家纷纷投入人力、物力、财力开展研究，目前已研制成功或正在研制的 LIGA 产品有微传感器、微电机、微执行器、微机械零件和微光学元件、微型医疗器械和装置、微流体元件、纳米尺度元件及系统等。为了制造含有叠状、斜面、曲面等结构特征的三维微小元器件，通常采用多掩模套刻、光刻时在线规律性移动掩模版、倾斜/移动承片台、背面倾斜光刻等措施来实现。

目前，国内新兴发展起来的使用 SU-8 负型胶代替 PMMA 正胶作为光敏材料，以减少曝光时间和提高加工效率，是 LIGA 技术新的发展动向。这是由于 LIGA 技术需要极其昂贵的 X 射线光源和制作复杂的掩模版，使其工艺成本非常高，限制了该技术在工业上的推广应用。于是出现了一类应用低成本光刻光源和掩模制造工艺而制造性能与 LIGA 技术相当的新的加工技术，通称为准 LIGA 技术或 LIGA-like 技术。如用紫外光源曝光的 UV-LIGA 技术、准分子激光光源的 Laser-LIGA 技术和用微细电火花加工技术制作掩模的 MicroEDM-LIGA 技术、用 DRIE（深反应离子蚀刻）工艺制作掩模的 DEM 技术等。其中，以 SU-8 光刻胶为光敏材料、紫外光为曝光源的 UV-LIGA 技术因有诸多优点而被广泛采用。

6.5　微细加工技术应用

1. 激光微细加工

激光微细加工系统可对塑料、玻璃、陶瓷及金属薄膜等多种材料进行加工，精度可以做到微米级。其产品广泛应用于半导体及微电子加工、生物医疗器械生产、计算机制造业、MEMS

（微机电系统）、MST（微系统）、电子通信等各个领域。

2．准分子激光微细加工

准分子激光气体为惰性气体（如 He、Ne、Ar、Kr 等）与化学性质较活泼的卤素气体（如 F、Cl、Br 等）的混合物，它受到外来能量的激发出现一系列物理及化学反应，形成转瞬即逝的分子，其寿命仅为几十纳秒，可发出高功率的紫外光。之所以称为准分子，是因为它不是稳定的分子，在激发态下才会结合为分子，而在正常的基态会迅速离解。

准分子激光波长很短，在 157～353nm 范围。聚焦光斑直径可小至 1μm，功率密度高达 10^8～10^{10}W/cm^2，且具有频率高（达 5kHz）、效率高（达 4%）、光束质量好（发散角 0.3mrad、波长线宽 1pm 以下）、工作寿命长、光束截面大等优点，是很有潜力的工业激光源。

准分子激光是一种超紫外线光波，其加工机理比较复杂，通常的解释是依靠"激光消融"来蚀除材料。激光消融是建立在光化学作用的基础上进行的，即由于紫外光子能量比材料分子原子间的连接键能量大，材料吸收后（吸收率很高），破坏了原有的键连接，当破坏达到一定程度后，碎片材料就自行剥落。每个脉冲可去除亚微米厚的材料，如此逐层蚀除材料，达到加工目的。这种依靠破坏所照射部位材料化学键的方式，不同于传统激光加工的熔化、汽化过程，热影响区很小，因此准分子激光加工又被认为是冷加工过程，在微细加工方面具有很大优势。

对于微细孔、划片微调、切割、焊接及刻印等加工，准分子激光表现优异。加工精度高，无论钻孔、切割还是刻划都是直壁尖角，而且基本上没有热影响区。材料对紫外波吸收率高，准分子激光脉宽窄，因而功率密度非常高。

准分子激光直写被认为是一种重要的微细加工手段，它将激光技术与 CAD/CAM 技术和数控技术有机地结合起来。计算机对于给定图形进行造型，并为加工系统加载图形结构信息和加工指令，控制准分子激光束扫描路径、激光束的通断状态、激光器的工作参数等在工件表面进行直接刻写。准分子激光直写加工方式灵活方便、可控性好、准备周期短，可以制造较为复杂的三维微细结构。

准分子激光的脉冲波作用时间极短，聚焦光斑小，很适合用于医疗手术。准分子激光已经很广泛地用于眼角膜的切割手术，包括屈光性角膜切割手术和治疗性角膜切割手术。在切割区大小、病人手术前近视程度、激光脉冲数量等参数设定后，手术可在数十秒内自动完成，效果良好，对周边组织的伤害以及导致的疤痕都非常轻微。准分子激光也用于直接制造各种微型元件，如用在显微外科手术中的"梳形"元件、传感元件和控制元件等。由聚酯薄片制造的外科手术"梳形"元件的外形只有 0.75mm×1.1mm×0.075mm。准分子激光还可在类似于发丝的材料上切割、穿孔或刻印，包括成形图形加工。用准分子激光或固体激光可在敷铜板上穿出 $\phi25\mu m$ 的小孔，生产率达每分钟 1 万个。从穿孔成本的对比也可看出，对于小于 $\phi0.2mm$ 的孔，机械钻孔的成本迅速增加。当孔径小到 $\phi25\mu m$ 时，机械钻孔成本是 YAG 激光穿孔的 40 倍。

一直以来，准分子激光器在紫外"冷加工"应用领域中占有主导地位，但是，准分子技术有许多固有的缺点：所有的准分子激光器都要使用有毒气体，而特殊气体的更换、存储和调整过程非常麻烦；同时，它们的体积庞大、价格昂贵、操作和维修费用高。

3. 飞秒激光超微细加工

飞秒（femtosecond）也叫毫微微秒，1飞秒只有1秒的一千万亿分之一（10^{-15}s）。飞秒激光具有以下特点：①它是人类目前在实验条件下能够获得的最短脉冲，精确度是±5μm；②具有非常高的瞬间功率，可达百万亿瓦，比全世界的发电总功率还要多出上百倍；③物质在飞秒激光的作用下会产生非常奇特的现象，气态、液态、固态的物质瞬间都会变成等离子体；④具有精确的靶向聚焦定位特点，能够聚焦到比头发丝直径还要小得多的超细微空间区域；⑤用飞秒激光进行手术，没有热效应和冲击波，在整个过程中都不会有组织损伤。

与传统连续激光及长脉宽（纳秒、皮秒激光）相比，飞秒激光在加工方面具有如下特点：

1）可加工的材料范围广泛

当脉冲持续时间足够短、峰值足够高时，飞秒激光可实现对任何材料的精细加工、修复和处理，而与材料的种类和特性无关。

2）非热熔性加工

这是飞秒激光的最重要特征。激光在极短的时间和极小的空间内与物质相互作用，作用区域内的温度在瞬间急剧上升，并以等离子体向外喷发的形式得到去除。严格避免了热熔化的存在，大大减弱和消除了传统加工中热效应带来的诸多负面影响。图6-6所示为纳秒脉冲和飞秒脉冲加工效果的对比。

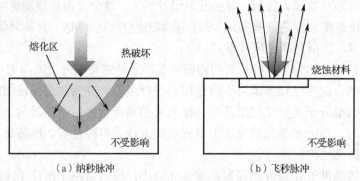

（a）纳秒脉冲　　　　　　　　　（b）飞秒脉冲

图6-6　纳秒脉冲和飞秒脉冲加工效果的对比

3）加工过程准确

每一个激光脉冲与物质相互作用的持续期内避免了热扩散的存在，在根本上消除了类似于长脉冲加工过程中的熔融区、热影响区、冲击波等多种效应对周围材料造成的影响和热损伤，将加工过程所涉及的空间范围大大缩小，从而提高了激光加工的准确程度，即运用飞秒加工绝不会"伤及无辜"。图6-7所示为长脉冲激光与飞秒激光加工过程比较。

4）加工尺寸的亚微米特性和3D空间分辨性

飞秒加工可以突破光束衍射极限的限制，实现尺寸小于波长的亚微米或纳米操作。只有在材料的聚焦点才能获得较高的功率密度，从而使得飞秒加工过程具有严格的空间定位选择能力。

5）加工能耗低

脉冲持续时间非常短，能量在时间上高度集中，如用10fs脉冲宽度的激光，0.3mJ能量就可以在直径为2lm（光束单位）的焦点达到1018W/cm²峰值功率密度；而用脉宽宽度为10ns

的长脉冲激光，则要 300 J 的能量才能达到同样的峰值功率密度。因此，飞秒激光加工所需的脉冲能量阈值一般为毫焦耳或微焦耳级，较传统激光加工消耗的光能量大大降低。

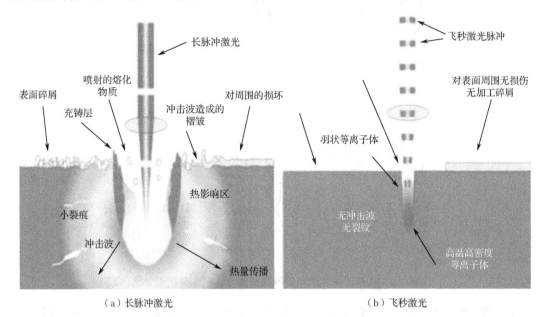

（a）长脉冲激光　　　　　　　　　　　　（b）飞秒激光

图 6-7　长脉冲激光与飞秒激光加工过程比较

飞秒激光以其独特的超短持续时间和超强峰值功率正在打破以往传统的激光加工方法，开创了材料超细、低损伤及 3D 加工和处理的新领域。在微加工领域，由于其对材料周围影响极小，能安全地切割、打孔、雕刻，甚至应用于集成电路的光刻工艺中。在国防领域，飞秒激光应用在安全切割高爆炸药、拆除废旧退役的火箭、炮弹等。在医学领域，飞秒激光像一把精密的手术刀，用于治疗近视、美容等方面。在生物学领域，飞秒激光轰击细胞 DNA，使其发生突变，用于研究基因变化的各种影响。在环境领域，飞秒激光 LIBS（激光诱导击穿光谱）技术测量大气污染成分，检测环境污染水平。在科研领域，飞秒激光更是无处不在。随着飞秒激光技术的发展，飞秒激光能在更多领域获得更多的应用。

图 6-8 所示为飞秒、皮秒、纳秒激光打孔对比。图 6-9 所示为飞秒激光制作角膜瓣与传统方式制作角膜瓣对比。

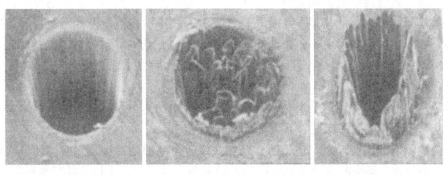

（a）飞秒（10^{-15}s）　　　　（b）皮秒（10^{-12}s）　　　　（c）纳秒（10^{-9}s）

图 6-8　飞秒、皮秒、纳秒激光打孔对比

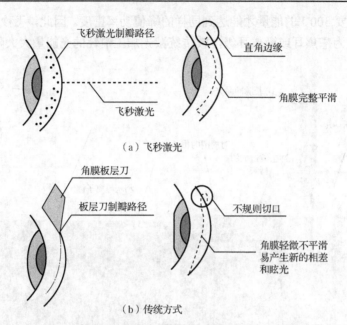

（a）飞秒激光

（b）传统方式

图 6-9　飞秒激光制作角膜瓣与传统方式制作角膜瓣对比

从光和物质相互作用的角度来看，飞秒激光加工涉及的主要是多光子电离的过程，在机理上不同于传统激光加工。飞秒激光进行微加工有固定的加工阈值，加工和不加工有着明显的区分，因此加工过程重复性好。飞秒激光超微细加工中的"加工"二字具有广义性。它可以是对物质在原子、分子水平上的操纵，或者是对物质在微小区域内某些重要属性的改变与处理，而并非只是通常人们所理解的"机械加工"。

4. 基因芯片技术

基因芯片技术是近年来快速发展的高新技术领域的前沿热门课题。基因芯片又称 DNA 芯片或 DNA 微阵列。

1）基因芯片的工作原理

基因芯片是将加入标记的待测样品，进行多元杂交，通过杂交信号的强弱及分布，来分析目的分子的有无、数量及序列，从而获得受检样品的遗传信息。采用光导原位合成或显微印刷等方法将大量特定序列的探针分子密集、有序地固定于经过相应处理的硅片、玻璃片、硝酸纤维素膜等载体上。通俗地说，就是通过微加工技术，将数以万计乃至百万计的特定序列的 DNA 片段（基因探针），有规律地排列固定于 $2cm^2$ 的硅片、玻璃片等支持物上，构成一个二维 DNA 探针阵列，与计算机的电子芯片十分相似，所以被称为基因芯片。

2）基因芯片的应用

基因芯片技术可广泛应用于疾病诊断和治疗、药物筛选、农作物的优育优选、司法鉴定、食品卫生监督、环境检测、国防、航天等领域。

（1）药物筛选和新药开发。由于所有药物（或兽药）都是直接或间接地通过修饰、改变人类（或相关动物）基因的表达及表达产物的功能而生效，而芯片技术具有高通量、大规模、平行性地分析基因表达或蛋白质状况（蛋白质芯片）的能力，在药物筛选方面具有巨大的优势。

（2）疾病诊断。基因芯片作为一种先进的、大规模、高通量检测技术，可应用于疾病的诊断。

（3）环境保护。一方面可以快速检测污染微生物或有机化合物对环境、人体、动植物的污染和危害，同时也能够通过大规模的筛选寻找保护基因，制备防治危害的基因工程药品或能够治理污染源的基因产品。

（4）司法鉴定。通过 DNA 指纹对比来鉴定罪犯，未来可以建立全国甚至全世界的 DNA 指纹库，到那时可以直接在犯罪现场对可能是嫌疑犯留下来的头发、唾液、血液、精液等进行分析，并立刻与 DNA 罪犯指纹库系统存储的 DNA "指纹" 进行比较，以便尽快、准确地破案。目前，科学家正着手于将生物芯片技术应用于亲子鉴定中，应用生物芯片后，鉴定精度将大幅度提高。

6.6　生物加工技术

在众多种类微生物的生命活动中存在着各种各样的材料加工机能，以获得维持其生命和繁殖所需的能量与营养物质。微生物对固体材料的作用形式有：合成生物体材料富集、浸出、材料腐蚀。如果能利用微生物对工程材料的加工作用来对工件表面预定部分进行预定量的去除或沉积，那么它将可以作为一种微小的 "工具"（大部分微生物的大小只有 $0.1\sim0.5\mu m$）进行微细加工，从而形成一种新的加工方法——生物加工法（Biological Processing Technology）。

6.6.1　生物加工简介

生物加工是目前物理与化学形式加工方法之外的第三种加工形式，属加工技术的新分支。1996 年北京航空航天大学提出 "生物加工"。在国外，近年来也有大量的学者和研究机构进行这方面的研究。采用微生物进行加工具有许多优点：①加工工件的材料种类非常广泛、不受限制，既可以是金属也可以是非金属，只要找到合适的菌种就可以加工；②采用微生物进行加工的设备简单、低廉；③这种加工方法对环境没有太大的污染，基本属于绿色加工；④材料加工的精度可以很高，其中光刻工艺的精度越高，加工出的工件质量也就越高。

6.6.2　生物加工分类

生物加工可分为生物去除加工、生物沉积加工和生物成形加工三大类。

1．生物去除加工

生物去除加工是利用微生物代谢过程中一些复杂的生物化学反应来去除材料的一种生物加工方法。

2．生物沉积加工

生物沉积加工是用化学沉积方法制备具有一定强度和外形的空心金属化菌体，并以此作为构形单体构造微结构或功能材料。也有学者称其为生物约束成形加工方法。

目前已发现的微生物中大部分细菌直径只有 $1\mu m$ 左右，最小的病毒和纳米微生物直径为 50nm。菌体有各种各样的标准几何外形，如球状、杆状、丝状、螺旋状、管状、轮状、玉米状、香蕉状、刺猬状等，用现有任何加工手段都很难加工出这么微小的标准三维形状。这些不同种类菌体的金属化将有以下微/纳米尺度的用途：

（1）构造微管道、微电极、微导线等。

（2）菌体排序与固定，构造蜂窝结构、复合材料、多孔材料、磁性功能材料等。

（3）去除蜂窝结构表面，构造微孔过滤膜、光学衍射孔等。

3. 生物成形加工

又可称为生物生长成形加工。生命是物质的最高形式，有生命的生物体和生物分子与其他无生命的物质相比，具有繁殖、代谢、生长、遗传、重组等特点。随着人类对基因组计划的不断实施和深入研究，人工控制细胞团的生长外形和生理功能已逐渐变为现实。

6.6.3 生物加工的特点

1）自组织性

生物加工具有自组织的结构，不管系统的规模和复杂性如何，由独立的个体都可以很容易地组成整体。

2）生物型 AI 技术

基于规则的人工智能（AI）系统在搜索规则 {A～B，B～C} 时，为了确定 A 而对所有规则的先决条件进行彻底的搜索，从中选择一条规则用于 A～B，其结论 B 又作为新的事实，这个过程将重复许多次。在生物加工中，每条规则是自治的，对规则的操作是并行的，分别进行检验和激活事实，以确定其（规则）是否被选中。由于规则的操作是自激的，因此规则的形式有很高的自由度。生物型智能系统有可能为人工智能技术打开一个新的世界。

3）真正的分布式系统

人们常说，自治分布式系统将代替集中式系统，但自治分布式系统的实现并不那么简单，至今所标榜的一些"自治分布式"系统，其系统单元的自治度并不高。因为提高了系统单元的自治度，系统功能的内聚将消失。虽然"协调"可以弥补，但还没有一种有效的信息融合的协调方法。真正的自治分布式系统的实现依赖于系统的自组织机制。生物加工是实现自组织的一种方法。

4）生物模型

生物加工的基础是激励-响应的联系主义模型。生物的功能是由酶和其他生物化学物质的激励-响应链所引起的。在信息系统中，对这些由生物单元的网络组成的输入/输出链的结构进行抽象化，得到生物加工的基本模型。神经网络就是生物系统的一种最简单模型。如果采用生物模型代替至今所使用的微分方程模型，那么能信息化的对象将大大增加。

5）动态稳定性

生物体中存在各种节律，这种节律保持着生物体的稳定性。在生物加工中也将具有这种节律和循环，将循环的稳定状态作为系统的目标。

6）基因化

生物体的所有信息都浓缩在其基因中，生物加工也将以稳定的方式用基因武装自己，当然这需要很长的时间来做到这点。

复习思考题

1．什么是微细加工？简述微细加工的分类。

2．试简述硅微细加工的特点。

3．试简述硅体加工技术和面加工技术的定义及分类。

4．什么是光刻加工？试简述光刻加工的原理及其工艺流程。

5．试简述光刻掩模制作的工艺流程。

6．试简述微机械加工中常用刻蚀法的分类、特点及其应用。

7．试简述 LIGA 技术的原理、特点及主要工艺。

8．试简述准 LIGA 技术的原理及分类。

9．LIGA 技术和准 LIGA 技术的区别是什么？LIGA 技术和准 LIGA 技术的应用有哪些？

10．什么是生物加工？试简述生物加工的特点及分类。

第7章　纳米加工技术

7.1　概　　述

7.1.1　基本概念

纳米（nm）是十亿分之一米（10^{-9}m），大约等于十个氢原子并列一行的长度。形象地讲，1nm 的物体放在乒乓球台上，就像一个乒乓球放在地球上一样。一般人类头发丝的直径为 70～100μm，即 $7×10^4$～$10×10^4$nm。氢原子的直径为 0.1nm，一般金属原子直径为 0.3～0.4nm。

纳米技术也称毫微技术，是 20 世纪 80 年代末期兴起的新技术，其基本含义是在纳米尺度范围内认识和改造自然，通过直接操纵和安排原子、分子而达到创新的目的。纳米技术一般是指纳米级（0.1～100nm）的材料、设计、制造、测量、控制和产品技术。

纳米技术就其科学方向而言，它既不是化学，也不是物理学和生物学，而是一门多学科交叉渗透和综合的高新技术学科。就其应用而言，它包括纳米生物学、纳米电子学、纳米化学、纳米材料学和纳米机械学等新兴学科。就其研究领域而言，是人类过去很少涉及的非宏观、非微观的中间领域，即从宏观到微观世界的过渡区——纳米世界。

纳米技术的概念分为三种：

（1）1986 年美国科学家德雷克斯勒博士在《创造的机器》一书中提出的分子纳米技术。根据这一概念，可以使组合分子的机器实用化，从而可以任意组合所有种类的分子，可以制造出任何种类的分子结构。这种概念的纳米技术还未取得重大进展。

（2）把纳米技术定位为微加工技术的极限。也就是通过纳米精度"加工"来人工形成纳米大小结构的技术。这种纳米级加工技术，也使半导体微型化即将达到极限。现有技术即使发展下去，从理论上讲终将会达到限度。这是因为如果把电路的线宽逐渐变小，将使构成电路的绝缘膜变得极薄，这样将破坏绝缘效果。此外，还有发热和晃动等问题。为了解决这些问题，正在研究新型的纳米技术。

（3）从生物的角度出发而提出的纳米技术的概念。本来，生物在细胞和生物膜内就存在纳米级的结构。DNA 分子计算机、细胞生物计算机的开发，成为纳米生物技术的重要内容。

纳米技术是一门交叉性很强的综合学科，研究内容涉及现代科技的广阔领域。内容包括纳米物理学、纳米化学、纳米材料学、纳米生物学、纳米电子学、纳米加工学、纳米力学等，涉及机械、电子、材料、物理、化学、生物、医学等领域。

7.1.2　纳米材料

人们发现，在 0.1～100nm 的空间尺度内，物质存在许多奇异的性质。这种既不同于原来组成的原子、分子，也不同于宏观物质的特殊性能构成的材料，即为纳米材料。如果仅仅是尺度达到纳米，而没有特殊性能的材料，也不能叫纳米材料。

在达到纳米层次后,绝非几何上的"相似缩小",而出现一系列新现象和规律。尺寸效应、表面效应、量子尺寸效应、宏观量子隧道效应等不可忽视,甚至成为主导因素。

1. 小尺寸效应(体积效应)

当微粒分割到一定程度时,其性质会发生根本性变化。对超微颗粒而言,尺寸变小,同时其比表面能(产生单位表面积所需的能量)也显著增加,从而产生如下一系列新奇的性质。

1)光学性质 —— 光的吸收和散射

当黄金被细分到小于光波波长时,即失去了原有的富贵光泽而呈黑色。事实上,所有金属在超微颗粒状态都呈现为黑色。尺寸越小,颜色越黑,银白色的铂(白金)变成铂黑,金属铬变成铬黑。可见,金属超微颗粒对光的反射率很低,通常可低于1%,大约几微米的厚度就能完全消光。利用这个特性可以作为高效率的光热、光电等转换材料,可以高效率地将太阳能转变为热能、电能,可应用于红外敏感元件、红外隐身技术等。

2)热学性质 —— 熔点

固态物质在其形态为大尺寸时,其熔点是固定的,超细微化后却发现其熔点将显著降低,当颗粒小于10nm量级时尤为显著。如金的常规熔点为1064℃,当颗粒尺寸减小到2nm时,熔点仅为500℃左右,如图7-1所示。又如银的常规熔点为960.3℃,而超细微银颗粒的熔点可低于100℃。因此,超细银粉制成的导电浆料可以进行低温烧结,此时元件的基片不必采用耐高温的陶瓷材料,甚至可用塑料。采用超细银粉浆料,可使膜厚均匀,覆盖面积大,既省料又具有高质量。

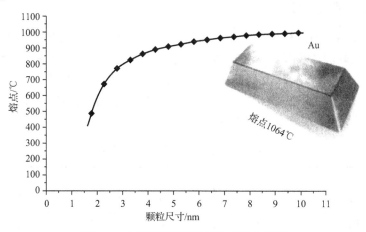

图 7-1　金纳米微粒的粒径与熔点的关系

超微颗粒熔点下降的性质对粉末冶金工业具有一定的吸引力。如在钨颗粒中附加0.1%~0.5%重量比的超微镍颗粒后,可使烧结温度从3000℃降到1200~1300℃,以至于可在较低的温度下烧制成大功率半导体管的基片。金属纳米颗粒表面的原子十分活泼,实验发现,如果将金属铜或铝制作成纳米颗粒,遇到空气就会激烈燃烧,发生爆炸。可用纳米颗粒的粉体作为固体火箭的燃料、催化剂。如在火箭的固体燃料推进剂添加1%重量的超微铝或镍颗粒,每克燃料的燃烧热可增加1倍。

3)磁学性质 —— 超顺磁效应

人们发现鸽子、海豚、蝴蝶、蜜蜂,以及生活在水中的趋磁细菌等生物体中存在超微的磁性颗粒，使这类生物在地磁场导航下能辨别方向，具有回归的本领。磁性超微颗粒实质上就是一个生物磁罗盘，生活在水中的趋磁细菌依靠它游向营养丰富的水底。利用磁性超微颗粒具有高矫顽力的特性，已制作成高储存密度的磁记录磁粉，大量应用于磁带、磁盘、磁卡及磁性钥匙等。利用超顺磁性，人们已将磁性超微颗粒制成用途广泛的磁性液体。

4）力学性质 —— 黏结力、韧性

陶瓷材料在通常情况下呈脆性，然而由纳米超微颗粒压制成的纳米陶瓷材料却具有良好的韧性。美国学者报道氟化钙 CaF_2 纳米材料在室温下可以大幅度地弯曲而不断裂。人的牙齿之所以具有很高的强度，是因为它是由磷酸钙等纳米材料构成的。呈纳米晶粒的金属要比传统的粗晶粒金属硬 3～5 倍，金属-陶瓷等复合纳米材料则可在更大的范围内改变材料的力学性质，在军事上作为高强度抗穿甲防护材料，以及在特种武器上作为应用材料和民用作为抗摩擦材料等方面的应用前景十分广阔。

超塑性从现象学上定义为，在一定应力拉伸时，产生极大的伸长量，其 $\Delta l / l \geqslant 100\%$。某些纳米陶瓷材料具有超塑性，如氧化铝和羟基磷灰石及复相陶瓷 ZrO_2/Al_2O_3 等。研究表明，陶瓷材料出现超塑性的临界颗粒尺寸范围为 200～500nm。

一般而言，当界面中原子的扩散速率大于形变速率时，界面表现为塑性，反之界面表现为脆性。纳米材料中界面原子的高扩散性有利于其超塑性。

金属纳米颗粒粉体制成块状金属材料，会变得十分结实，强度比一般金属高十几倍，同时又可以像橡胶一样富有弹性。

2．表面效应（界面效应）

表面效应是指纳米超微粒子的表面原子数与总原子数之比，随着纳米粒子尺寸的减小而大幅增加，粒子的表面能及表面张力也随之增加，从而引起纳米粒子性能的变化。如粒径为 10nm，比表面积为 $90m^2/g$；粒径为 5nm，比表面积为 $180m^2/g$；粒径下降到 2nm，比表面积猛增到 $450m^2/g$。这样高的比表面积，使处于表面的原子数越来越多，同时表面能迅速增加。表 7-1 所示为粒子大小与表面原子数的关系。

表 7-1　粒子大小与表面原子数的关系

直径/nm	1	5	10	100
原子总数/个	30	4000	30000	300000
表面原子数百分比/%	99	40	20	2

纳米粒子的表面原子所处的晶体场环境及结合能与内部原子有所不同，存在许多悬空键，并具有不饱和性，因而极易与其他原子相结合而趋于稳定，所以具有很高的化学活性，在空气中金属颗粒会迅速氧化而燃烧。利用表面活性，金属超微颗粒可望成为新一代的高效催化剂和储气材料，以及低熔点材料。如果将金属铜或铝做成几个纳米的颗粒，一遇到空气就会产生激烈的燃烧，发生爆炸。如要防止自燃，可采用表面包覆或控制氧化速度，使其缓慢氧化成一层极薄而致密的氧化层，确保表面稳定化。用纳米颗粒的粉体做成火箭的固体燃料将会有更大的推力，可以用作新型火箭的固体燃料，也可以用作烈性炸药。

3．量子尺寸效应

量子尺寸效应是指纳米粒子尺寸下降到一定值时，费米能级附近的电子能级由准连续变为分散能级的现象。早在 20 世纪 60 年代 Kubo 就采用电子模型给出了决定能级间距的著名公式：

$$\delta = \frac{3}{4} \frac{E_F}{N} \tag{7-1}$$

式中，δ 为能级间距；E_F 为费米能级；N 为总电子数。

对于常规物体，因包含有无限多个原子（即所含电子数 $N \rightarrow \infty$），故常规材料的能级间距几乎为零（$\delta \rightarrow 0$）；而对于纳米粒子，因其含原子数有限，δ 有一定的数值，即能级发生了分裂。当能级的间距大于热能、磁能、光子能量、超导态的凝聚能等典型能量值时，必然会因量子效应导致纳米微粒的光、热、电、磁、声等特性与常规材料有显著的不同，如特异的光催化性、高光学非线性及电学特性等。例如，对于 TiO_2，实验研究表明，当 TiO_2 粒径小于 10nm 时，显示明显的量子尺寸效应，光催化反应的量子产率迅速提高；锐钛矿相 TiO_2 的粒径为 3.8nm 时，其量子产率是粒径为 53nm 时的 27.2 倍。又如，导电的金属在纳米颗粒时可以变成绝缘体，磁矩的大小与颗粒中电子是奇数还是偶数有关，比热也会反常变化；纳米 Ag 微粒在热力学温度为 1K 时即由导体变为绝缘体，其临界尺寸为 20nm。

4．宏观量子隧道效应

微观粒子具有贯穿势垒的能力，称为隧道效应。近年来，人们发现一些宏观量子，如微颗粒的磁化强度、量子相干器件中的磁通量等也具有隧道效应，称为宏观量子效应。量子尺寸效应、宏观量子隧道效应将会是未来微电子器件的基础，或者可以说它确立了现有微电子器件进一步微型化的极限。

科学研究表明，当微粒尺寸小于 100nm 时，由于以上所说的特性，物质的很多性能将发生质的变化，从而呈现出既不同于宏观物体，又不同于单个独立原子的奇异现象，如熔点降低，蒸汽压升高，活性增大，声、光、电、磁、热、力学等物理性能出现异常。

7.1.3　纳米加工

1．纳米加工机理

纳米加工的物理实质和传统的切削、磨削加工有很大的不同，一些传统的切削、磨削加工方法和规律已经不能用在纳米级加工领域。

欲达到 1nm 的加工精度，加工的最小单位必然在亚微米级。由于原子间的距离为 0.1～0.3nm，纳米级加工实际上已达到加工精度的极限。纳米级加工的物理实质就是要切断原子间的结合，实现原子或分子的去除。各种物质是以共价键、金属键、离子键或分子结构形式结合的，要切断这种结合所需的能量，必然要求超过该物质的原子或分子间的结合能，因此所需能量密度很大。

表 7-2 所示是不同材料的原子间结合能密度。在机械加工中工具材料的原子间结合能必须大于被加工材料的原子间结合能。

表 7-2　不同材料的原子间结合能密度

材　料	结合能/（J/cm³）	备　注	材　料	结合能/（J/cm³）	备　注
Fe	2.6×10^3	拉伸	SiC	7.5×10^5	拉伸
SiO_2	5×10^2	剪切	B_4C	2.09×10^6	拉伸
Al	3.34×10^2	剪切	CBN	2.26×10^8	拉伸
Al_2O_3	6.2×10^5	拉伸	金刚石	$5.64 \times 10^8 \sim 1.02 \times 10^9$	晶体各向异性

在纳米级加工中需要切断原子间结合，故需要很大的能量密度，为 $10^5 \sim 10^6 J/cm^3$。传统切削、磨削加工消耗的能量密度较小，实际上是利用原子、分子或晶格连接处的缺陷来进行加工的。用传统的切削、磨削加工方法进行纳米加工，要切断原子间的结合就相当困难了。因此，直接利用光子、电子、离子等基本能子的加工，必然是纳米加工的主要方向和主要方法。但纳米级加工要求达到极高的精度，使用基本能子进行加工时，如何有效地控制以达到原子级的去除，是实现原子级加工的关键。

2．纳米加工精度

纳米加工精度包括：纳米级尺寸精度、纳米级几何形状精度和纳米级表面质量。

1）纳米级尺寸精度

（1）较大尺寸的绝对精度很难达到纳米级。零件材料的稳定性、内应力、本身重量造成的变形等内部因素和环境的温度变化、气压变化、测量误差等都将产生尺寸误差。因此现在的长度基准不采用标准尺为基准，而采用光速和时间作为长度基准。1m 长的实用基准尺，精度达到绝对长度误差 $0.1 \mu m$ 已非常不易。

（2）较大尺寸的相对精度或重复精度指标达到纳米级，这在某些超精密加工中会遇到，如特高精度孔与轴的配合；精密零件的个别关键尺寸；超大规模集成电路制造过程中的重复定位精度等。现在使用激光干涉测量和 X 射线干涉测量法都可以达到原子级的测量分辨率和重复精度，可以保证部分加工精度的要求。

（3）微小尺寸加工达到纳米级精度，这是精密机械、微型机械和超微型机械中遇到的问题，无论是加工还是测量都需要继续研究和发展。

表 7-3 所示为几种不同加工方法可达到的尺寸精度。

表 7-3　几种不同加工方法可达到的尺寸精度

加 工 方 法	可达到的水平
精密电火花加工	约 $1 \mu m$
金刚石刀具超精密切削	$Ra\ 0.02 \sim 0.002 \mu m$ 的镜面，可切削 1nm 的切屑
精密研磨、抛光	$Ra\ 0.02 \sim 0.002 \mu m$ 的镜面，用于量块、光学平晶、集成电路硅基加工
电子束刻蚀	$0.1 \mu m$ 线宽
离子束加工	纳米级
紫外线光刻	$0.35 \mu m$
LIGA 技术	$0.1 \mu m$
扫描隧道显微（STM）加工和原子力显微（AFM）加工	$0.1 \mu m$

2）纳米级几何形状精度

如精密孔与轴的圆度、圆柱度；精密球，如陀螺球、计量用标准球的球度；单晶硅基片的平面度；光学、激光、X 射线的透镜和反射镜，要求非常高的平面度或曲面形状等。这些精密零件的几何形状直接影响其工作性能和效果。

3）纳米级表面质量

表面质量不仅指它的表面粗糙度，且包含其内在的表层物理状态。如制造大规模集成电路的单晶硅基片，不仅要求很高的平面度、很小的表面粗糙度和无划伤，而且要求无表面变质层（或极小的变质层）、无表面残余应力、无组织缺陷。高精度反射镜的表面粗糙度、变质层影响其反射效率。微型机械和超微型机械的零件对其表面质量也有严格的要求。

3．纳米加工分类

纳米加工技术包括切削加工、化学腐蚀、能量束加工、复合加工、扫描隧道显微技术加工等多种方法。纳米加工技术近年来有了突破性进展，现已成为现实的、有广阔发展前景的全新加工领域。

7.1.4　纳米加工的关键技术

1．检测技术

常规的机电测量仪在纳米级检测中，一方面受分辨率和测量精度的局限，达不到预期精度；另一方面还会损伤被检测元件表面，因此必须采用其他技术。现在纳米级测量技术主要有两个发展方向：

（1）光干涉测量技术。如双频激光干涉测量、激光外差干涉测量、X 射线干涉测量、衍射光栅尺测量。

（2）扫描显微测量技术。如扫描隧道显微镜（STM）、原子力显微镜（AFM）、磁力显微镜（MFM）、激光力显微镜（LFM）、静电力显微镜（EFM）、光子扫描隧道显微镜（PSTM）等。

2．环境条件控制

纳米加工对环境的要求较高，必须在恒温、恒湿、防振、超净环境下进行。空气中的尘埃可能会划伤被加工表面，从而达不到预期效果，因此要进行空气洁净处理。振动对加工表面质量影响也很大。在纳米加工中，振源一般来自两方面：一是机床等加工设备产生的振动；二是来自加工设备外部由地基传入的振动。这就要求加工设备必须安装在带防振沟和隔振器的防振地基上，这样对高频振动可以起到较好的隔离作用，但对于低频振动则难以隔离。因此，在安放机床时必须对周围的低频振源给予足够重视。

3．机床及工具

纳米加工时对机床的基本要求有：

（1）高精度。要求机床有高精度的进给系统，实现无爬行的纳米级进给；有回转运动时保证有纳米级的回转精度。

（2）高刚度。要求机床具有足够高的刚度，以保证工件和加工工具之间相对位置不受外力作用而改变。

（3）高稳定性。要求设备在使用过程中能长时间保持高精度，抗干扰，抗振动，有良好的耐磨性，稳定工作。

对于加工工具来说，如果具有固定形状，则要求工具必须具有纳米级的表面粗糙度和极小的刀尖圆弧半径，否则必须采用高能密度的束流。

7.1.5　纳米技术的应用前景

1．纳米技术在现代科技和工业领域有着广泛的应用前景

在信息技术领域，据估计，再有 10 年左右的时间，现在普遍使用的数据处理和存储技术将达到最终极限。为获得更强大的信息处理能力，人们正在开发 DNA 计算机和量子计算机，而制造这两种计算机都需要有控制单个分子和原子的技术能力。

2．传感器是纳米技术应用的一个重要领域

随着纳米技术的进步，造价更低、功能更强的微型传感器将广泛应用于社会生活的各个方面。

（1）将微型传感器装在包装箱内，可通过全球定位系统对贵重物品的运输过程实施跟踪监督。

（2）将微型传感器装在汽车轮胎中，可制造出智能轮胎，这种轮胎会告诉司机轮胎何时需要更换或充气。

（3）可承受恶劣环境的微型传感器可放在发动机汽缸内，对发动机的工作性能进行监视。

（4）在食品工业领域，这种微型传感器可用来监测食物是否变质，如把它安装在酒瓶盖上就可判断酒的状况等。

3．在医药技术领域，纳米技术也有着广泛的应用前景

（1）用纳米技术制造的微型机器人，可让它安全地进入人体内对健康状况进行检测，必要时还可用它直接进行治疗。

（2）用纳米技术制造的"芯片实验室"可对血液和病毒进行检测，几分钟即可获得检测结果。

（3）可用纳米材料开发出一种新型药物输送系统，这种输送系统是由一种内含药物的纳米球组成的，这种纳米球外面有一种保护性涂层，可在血液中循环而不会受到人体免疫系统的攻击。如果使其具备识别癌细胞的能力，它就可直接将药物送到癌变部位，而不会对健康组织造成损害。

4．纳米科技的发展，促进人类对客观世界认知的革命

（1）人类在宏观和微观理论充分完善之后，在介观尺度上有许多新现象、新规律有待发现，这也是新技术发展的源头。

（2）纳米科技是多学科交叉融合性质的集中体现，而现代科技的发展几乎都是在交叉和边缘领域取得创新性突破的，正是这样，纳米科技充满了原始创新的机会。

（3）对于还比较陌生的纳米世界中尚待解决的科学问题，科学家有着极大的好奇心和探索欲望。

（4）一旦在这一领域探索过程中形成的理论和概念在生产、生活中得到广泛的应用，那么它将极大地丰富我们的认知世界，并给人类社会带来观念上的变革。

5．纳米科技推动产品微型化、高性能化和与环境友好化

（1）极大地节约资源和能源，减少人类对它们的过分依赖，并促进生态环境的改善。

（2）在新的层次上为人类可持续发展提供物质和技术保证。

美国《商业周刊》将纳米科技列为 21 世纪可能取得重要突破的三个领域之一（其他两个为生命科学和生物技术、从外星球获得能源）。从 1999 年开始，美国政府就决定把纳米科技研究列为 21 世纪前 10 年 11 个关键领域之一。

7.2　基于 SPM 的纳米切削加工

纳米切削研究的目的是实现人为地控制被加工材料表面的剥落，以达到纳米尺度的加工精度。典型的纳米切削工艺是采用金刚石单点刀具，结合扫描探针显微镜（Scanning Probe Microscope，SPM）技术，切削速度通常在 1～100m/s 之间。它已能够实现几十纳米尺度的切削加工。

7.2.1　扫描探针显微镜的工作原理

1．扫描隧道显微镜的工作原理

扫描隧道显微镜（STM）的原理是基于量子理论中的隧道效应得出的。若将极细的探针和被研究物质表面作为两个电极，当探针与样品之间的距离非常接近时，在外加电场作用下，电子会穿过两个电极间的绝缘层从一极流向另一极，产生与两电极间距离和表面性质有关的隧道电流。这种效应是电子波动性的直接结果，是一种典型的量子效应。

对于简单的由金属、绝缘体组成的一个平面的隧道结来说，产生的隧道电流强度 I 可以用一维的简化公式来表示，即

$$I \propto V_b \exp(-A\phi^{1/2}S) \tag{7-2}$$

式中，I 为隧道电流强度；V_b 为针尖与样品之间所加的偏压；A 为常数，在真空条件下近似为 1；ϕ 为针尖与样品之间的平均功函数；S 为针尖与样品之间的距离。

由式（7-2）可以看出，产生的电流强度 I 与两个电极之间的距离 S 成指数关系，电极距离每减小 0.1nm，产生的隧道电流将增加一个数量级，所以隧道电流的大小与两电极间的距离密切相关。当控制电极与样品表面隧道电流恒定不变时，针尖、样品之间的距离就不会改变，在扫描过程中，针尖将随着表面的起伏而上下运动，此时探针在垂直方向上的高低变化就反映了样品表面的起伏，其工作原理如图 7-2 所示。

2．原子力显微镜的工作原理及特点

原子力显微镜（AFM）是在 STM 的基础上发展起来的。它通过原子之间非常微弱的相互作用力来检测样品表面。用一个三角形的微悬臂，长约几微米，顶部有个锥形体做针尖。这种悬臂像弹簧一样对作用力很敏感。当这个针尖向表面逼近时，针尖的尖端与样品表面原子相互作用，两者接近到一定距离就会产生原子间的排斥力。这个排斥力一般是其他几种作用

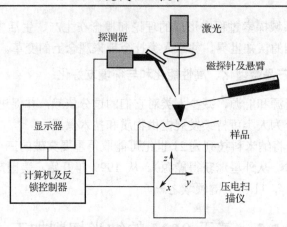

图 7-2　扫描隧道显微镜的工作原理

力的综合。排斥力会使针尖往上翘，当受到的作用力大时，就翘得高一些。探测时把一束激光打在这个微悬臂的背面，激光的反射通过一个位置探测器和光电二极管接收下来。当这个微悬臂由于针尖和样品之间相互作用发生偏移或者弯曲时，这个形变就会通过位置探测器详细记录下来，从而能计算出针尖在这个方向的移动量。同样，在 x、y 方向扫描（实际上是样品扫描）可得到表面形貌，这个检测方法的最大特点是不要求样品具有导电性。

3. 其他类型的扫描探针显微镜

基于 STM 的基本原理，随后又发展起来一系列扫描探针显微镜，如扫描力显微镜（Scanning Force Microscope，SFM）、弹道电子发射显微镜（Ballistic Electron Emission Microscope，BEEM）、扫描近场光学显微镜（Scanning Near-field Optical Microscope，SNOM）等。这些新型显微技术都是利用探针与样品的不同相互作用，如电的相互作用、磁的相互作用、力的相互作用等，来探测表面或界面在纳米尺度上表现出的物理性质和化学性质。各种扫描探针显微镜比较如表 7-4 所示。

表 7-4　各种扫描探针显微镜比较

名　称	相互作用（检测信号）	横向分辨率	特　点
扫描隧道显微镜（STM）	隧道电流	0.1nm	导电性试样表面凹凸三维像
原子力显微镜（AFM）	原子间力	0.1nm	（非）导电性试样表面凹凸三维像
扫描隧道谱分光（STS）	隧道电流	0.1nm	导电试样表面及表面物理像（$I-V$ 特性、工作函数、状态密度等）
磁力显微镜（MFM）	磁力	25nm	磁性表面的磁分布像
摩擦力显微镜（FFM）	摩擦力	—	试件表面横向力分布像
扫描电容显微镜（SCM）	静电容量	25nm	试件表面的静电容量分布像
扫描近场光学显微镜（SNOM）	衰减光	50nm	用光纤探头探测样品表面光学性质的亮度面像
扫描近场超声波显微镜（SNAM）	超声波	0.1μm	试样内部的声波相互作用像
扫描离子传导显微镜（SICM）	离子电流	0.2μm	溶液中离子浓度，溶液中试件表面的凹凸像
扫描隧道电位计（STP）	电位	10μv	试样表面的电位分布像

名　　称	相互作用 （检测信号）	横向分辨率	特　　点
扫描热轮廓仪（STHP）	热传导	100nm（10^4℃）	试样表面的温度分布像
光子扫描隧道显微镜（PSTM）	光	亚波长级	试样表面的光相互作用像
弹道电子发射显微镜（BEEM）	弹道电子	1nm	表面形貌的获取同 STM
激光力显微镜（LFM）	范德华吸引力	5nm	测量的表面性质对受迫振动的微悬臂所产生的影响而成像
静电力显微镜（EFM）	静电力	100nm	使用带电荷的探针在其共振频率附近受迫振动，测量静电力而成像

7.2.2　扫描探针显微技术的关键技术和特点

1）扫描探针显微技术的关键技术

以上几种扫描探针显微技术从原理上讲比较简单，但实验并不容易，需要解决一些关键技术。

（1）振动的影响。一般情况下地面振动是在微米量级，可是要产生稳定的隧道电流，针尖和样品间距必须小于 1nm。微小的振动就会使针尖撞上样品，甚至难以严格控制它在精细位置上的扫描，所以要尽量减小振动。

（2）噪声的影响。因为产生的电流是纳安级，要取得原子分辨率（约为 0.01nm），必须控制针尖以实现扫描，这就要求仪器本身稳定，隔绝电子噪声。

（3）针尖的要求。如果针尖很钝，就不可能探测到单个的原子，达不到原子分辨率，所以针尖必须很尖。一般要求具有纳米尺度，这就要求极高的微细加工技术。

（4）样品的要求。扫描隧道显微镜（STM）工作时需要产生隧道电流，所以要求样品必须是导体或半导体，否则就不能用 STM 直接观察。对不导电的样品虽然可以在表面上覆盖一层导电膜，如镀金膜、镀碳膜，但是金膜和碳膜的粒度和均匀性等问题均限制了图像对真实表面的分辨率。而原子力显微镜可检测非导体，但要求样品黏度不能过大，否则针尖扫描时就会抱着样品一起动，达不到高的分辨率。

2）扫描探针显微技术的特点

扫描探针显微技术具有以下几个特点：

（1）扫描探针显微镜可以在各种条件，如真空、大气、常温、低温、高温、熔温下和在纳米尺度上对表面进行加工。

（2）STM 是目前能提供具有纳米尺度的低能电子束的唯一手段，在控制和研究诸如迁移、化学反应等过程中有着显而易见的重要性，为人们提供了在微观甚至在原子、分子领域进行观察、研究、操作的技术手段。

结合 SPM 技术和刀具加工的诸多优点，传统的机械加工方法有望在纳米技术领域得以延伸。

7.2.3　扫描探针显微技术用于纳米切削加工

在纳米切削加工中，刀具对材料进行纳米量级的去除加工，刀具本身的精度和材料可加工性等因素会对加工精度有影响，但最本质和重要的部分是提供刀具相对于加工材料的稳定、可靠和纳米精度的运动，这种运动还应有抵御外部干扰的刚性。如上所述 SPM 原理和技术为产生这样的机械运动提供了基础。利用压电体的电致伸缩现象，即通过施加一电压于压电体上使之产生某一方向的微小变形，可以实现纳米级精度的加工运动，并且这种方式的运动具有高的动态刚性和动态响应能力，从而能够使纳米加工系统具有足够的稳定性和可靠性。

图 7-3 所示为 SPM 用于切削加工的原理示意图，图中的 SPM 工作于 AFM 测试模式。在这种模式下，针尖与试样表面间的原子相互作用力通过探针的微小变形被检测器检测到。这些代表试样表面轮廓信息的信号被检测器转换为电信号并输入信息处理系统和控制系统。另外，依靠扫描器的输出，试样相对探针做扫描运动。如图 7-3 所示，在 AFM 测试系统中置入加工机构，并将试样和金刚石刀具分别置于试样台和工作台上，调整试样台或工作台来粗调刀具和试样的相对加工位置后，即可进行纳米加工和测试实验。纳米切削进给或微动可以通过两种途径获得：一种是工作台由电致伸缩器件构成；另一种是直接利用 AFM 扫描器的位移输出来实现。加工过程中材料变形和切屑形成的微观细节可直接在 AFM 上进行扫描观察，同时可以在光学显微镜监控下进行。

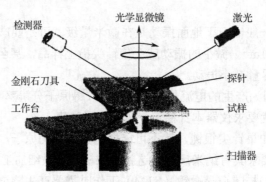

图 7-3 SPM 用于切削加工的原理示意图

7.3 纳米器件与 DNA 单分子加工

7.3.1 原子排列

扫描隧道显微镜不仅可以在样品表面上进行直接刻写、诱导沉积和刻蚀，还可以对吸附在表面上的吸附物质，如金属颗粒、原子团及单个原子和分子进行操作，使它们从表面某处移向另一处，或改变它们的性质，从而为微型器件的构造提供了研究手段。单原子和单分子操纵还可以用来在纳米尺度上研究粒子和粒子之间或粒子与基底之间的相互作用。

这方面的开创性工作已经有了良好的开端，科学家们研究了金属镍表面上吸附的氙原子。选择该体系的原因在于氙原子易于在表面上移动。为了减小热扰动对氙原子运动的影响，实验在超高真空和极低温度下进行。在经过一定程度的氙气暴露后，在镍表面上吸附了氙原子，在低偏压和小隧道电流的情况下，针尖和单个氙原子间的作用力非常弱，因此在成像过程中原子基本不移动。为了移动一个原子，必须增加针尖与原子间的作用力。

具体实验方法是：当针尖扫描至该原子上方时停止移动，然后增大参考电流，此时 STM

的反馈控制系统驱动针尖向这个氙原子移动，以增大隧道电流，最后达到新的稳定状态。此时针尖与该原子间的作用力增大了，在移动针尖时，这个原子就被针尖拉动并随之移动到新的位置。当停止移动针尖，并将其恢复到原来的高度时，由于作用力降低，对应的氙原子将停止在新的位置，不再随针尖运动而发生移动。此后，针尖可以移向别的原子进行重复操作。图 7-4 所示是采用这个方法成功地排列出 IBM 图样，其中每个字母的长度为 5nm。

研究人员采用同样的方法，把 48 个铁原子在铜表面上一个接一个地排列，最终形成一个圆环形的项链，如图 7-5 所示。铁原子间的距离为 0.9nm，是基底铜原子最近距离 0.225nm 的 3.7 倍，这是因为原子间的排斥力使它们不能排列得更紧密。铜基底上的吸附位是六角网格对称的，理论计算表明，在这种吸附位上能达到的最佳圆环形的铁原子间距正好是 0.9nm。

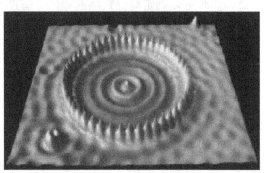

图 7-4　STM 针尖操纵氙原子排列成有序结构　　　　图 7-5　48 个铁原子在铜表面上排列成的圆环

前述单原子操纵都是在低温和超高真空条件下进行的，苛刻的实验条件限制了这种方法应用的范围，因而许多科学家致力于开发其他种类的原子和分子级的操作方法。有人通过在金针尖上加一个短时脉冲的方法，将金蒸发到基底金表面上，使金表面在空气中实现了有序金原子簇的沉积。采用类似的方法，德国科学家首次实现了在电解质溶液中的分子转化。他们利用一个粘有铜原子簇的 STM 针尖，在铜离子溶液中与基底金发生电化学反应所生成的铜原子簇高度在 2~4 个铜原子之间。

7.3.2　分子排列与分子开关

1．分子排列

运用同样的方法，在表面上移动单个小分子也是可能的。图 7-6 所示是利用吸附在金属铂表面上的一氧化碳分子所排列成的小人图案。实验中发现，一氧化碳分子是直立在表面上的，氧原子在上面，碳原子在下面，并和金属相连接。图案中相邻一氧化碳分子的间距约为 0.5nm，分子小人从头到脚的高度为 5nm。移动分子同样是依靠增加针尖和分子之间的隧道电流，增大针尖和分子之间的作用力，从而使分子随针尖的移动而移动。近年来，人们不仅对一氧化碳这样的小分子进行移动，对更大、更复杂的分子也已实现了按需移动和排列，这进一步显示了单分子操纵的应用前景。

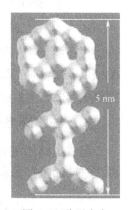

图 7-6　分子小人

2. 分子开关

在电子器件小型化研究中，利用单个原子和分子所具有的特定功能可以制成非常有用的装置。一个原子装置的例子，是采用扫描隧道显微镜运行的可逆开关。美国研究者已证明，氧分子在金属铂表面上的吸附有可能用于未来的分子开关，使针尖的隧道电流诱导单个吸附态氧分子。在三种等价取向间进行可逆旋转，施加不同的电流能够冻结分子的任何特定取向。

用 STM 给针尖下方的氧分子施加电压脉冲时，如果隧道电子的能量大于旋转势垒，分子将发生旋转，隧道电流同时减小。重新扫描同一区域表明，分子已处于另外的取向。从这个实验中人们还发现，可以通过控制单分子旋转获得分子势能面、电子振动、电子和核运动的信息，同时可以确定局部缺陷的效应，有助于了解表面上的基本化学过程。

7.3.3　纳米器件

1. 纳米算盘

一些科学家报道了使用扫描隧道显微镜对 C60 分子进行操纵的非常有趣的例子。他们首先将 C60 分子蒸发到原子级清洁的铜表面，用 STM 找到一个有 C60 的单原子台阶。然后将多余的 C60 分子推走，使得每一行正好有 10 个分子吸附在较低的台阶面上。因为只采用 STM 针尖，很难控制单个分子在平坦面上的一维运动。而台阶可以作为轨道，使 C60 只在一个方向上运动。这样，科学家将布基球一次一个地推到另一边，正如通常的算盘一样代表从 0~10 的数字，如图 7-7 所示。

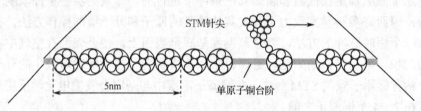

图 7-7　STM 针尖操纵 C60 分子形成纳米算盘的示意图

2. 纳米曲棍球

有人研究了室温下在原子级平整的石墨表面上对纳米粒子的操纵。研究中最大的障碍是成像过程中针尖扫描对结合不紧密粒子的扰动。这种扰动导致被成像的粒子常常处于表面上的缺陷（如台阶）处。然而，当采用非接触模式成像，用计算机控制针尖移动特定粒子时，就能够精确控制单个粒子的位置，从而形成一定的排列方式，非常类似于球棍推动曲棍球的运动。

3. 有机纳米电子器件

集成电路的集成度越高，要求图形的尺寸就越小，一般用最小线宽来表示。目前世界上最先进的加工技术水平为：生产中 80nm，实验室中 30nm，真正进入了"纳米电子器件"的时代。

有机纳米电子器件研制中难度大、问题多，主要问题表现在以下四个方面：

（1）基板问题，即器件做在何种材料上。单晶硅片的表面是清洁、平整而有序的，而如果用塑料就会发生一个问题：塑料的结构实际上是无序的。这种表面如果用超倍的显微镜来看则是凹凸不平的，无法把纳米器件做上去。所以首先要解决的便是平整有序的塑料表面。到目前为止，解决的最好办法就是用 STM 来完成。在 STM 针尖上所加的电压并不大，一般为 1V 数量级，但因为针尖和样品靠得非常近，在 1nm 左右，因此电场强度很高，达到每米 10 亿伏以上，所以 STM 针尖又是一个提供强电场的工具。

如果用某种有机单体滴在石墨表面上，然后放到这个针尖提供的强电场下去扫描，它可以在空气中、室温下没有任何催化剂或引发剂的情况下自动聚合为塑料薄膜。更为奇怪的是，这种薄膜如果继续受到强电场的扫描，结构就会逐渐有序化，最后成为一种具有十分规整图案的结构，类似于无机材料的单品薄膜。

（2）运算器问题。在这一方面，塑料半导体材料原则上无问题，而且由于纳米电子器件的沟道比一般的集成电路窄得多，所以在这里使用现有的塑料半导体就可达到更高的效率，可用其所长。在工艺设计方面则还要借助于计算机控制的 STM。

（3）存储器问题。可利用 STM 和电双稳材料制备特大容量的电盘存储器。常用光盘存储器的容量最终取决于"写入"和"读出"用激光斑的作用范围，直径在 100nm 量级。但如用 STM 针尖在电双稳薄膜表面逐个"写入"和"读出"信息，则作用范围容易做到直径为 5～10nm，因此存储密度更大。但是，由于目前所有的商品 STM 用的都是利用电致伸缩的直角坐标扫描器，扫描面积过小（平方微米级），总存储量不大。然而，如把 STM 的传动机构改为用一种特殊方式实现的极坐标扫描装置，就可构成一种电盘存储器，其存储容量可高达数百吉（Gb），相当于数十张 DVD。缺点是存储的信息不能擦除重写，因此只适于用作写入一次的非易失性存储器或电编程只读存储器。

（4）纳米宽度的导线问题。这种导线的制作有一个非常特殊的问题，金属导线在间距小于 100nm 时，将因金属原子的表面徙动而形成导线之间短路。为此，人们一直致力于研究不含金属原子的"导电聚合物"来克服这一缺点。

一种新的制备纳米宽度有机导线的方法是工作基质采用电双稳材料，在真空中蒸发到绝缘基板上，使之成为均匀薄膜，然后把基板放入大气中的 STM 工作室，在选定的区域上，用人工和计算机操纵 STM 针尖位置，使它在带电状态下扫描。扫描的范围可以是直线、曲线或者其他图形。选择合适的针尖电压和扫描速度，针尖电场就会使扫描过的部分发生跃迁，即原来为绝缘态的材料变为导电态，从而在绝缘基板上获得真正的纳米有机导线或导电图形。这种方法是我国在 1996 年首先提出来的。然而由于制备导线用的电双稳材料不能含有金属，即使是金属有机络合物也是不适用的，因此必须用全有机络合物。但只要求能一次性"写入"，无须擦除重写，这种全有机络合物也是我国首先发现的。我国研究人员还首次发现某些单纯的有机材料（非络合物或聚合物）在室温时也具有双稳态，这也是出乎意料的。优点是它们的单一成分使导线基质薄膜的制备工艺更为简单。

4. 纳米计算机与分子器件

根据穆尔定律，基于硅的微电子技术于 2010 年达到其物理极限，制造"更快、更小、更冷"的纳米计算机是纳米科技发展的重要推动力。从现有的研究分类，纳米计算机主要有四个层次：

（1）仍继承现在计算机的冯·诺依曼结构及其信息存储和处理的基本概念。如前所述，自下而上，采用纳米加工技术和新的物理原理研制纳米计算机，充分利用微电子技术和纳电子技术的研究成果，将量子效应的影响考虑到集成电路的设计中。在这种计算机中，可采用单电子晶体管、纳米光电子器件来缩小体积，克服热力学障碍。

（2）采用量子特性作为信息存储和处理的基本单元研制全新概念的纳米计算机，这种计算机也称为量子计算机。量子计算机的原理和构造与传统计算机截然不同，科学家几乎是从零开始量子计算机的研究工作。目前演示的方法需要绝对低温并对单原子进行测控，有较大难度。量子计算机的设计是直接针对某一特定运算程序，虽不能代替传统计算机的功能，但在大量数据查询和复杂加密领域显示神威，运算速度是现有计算机的几亿倍。

（3）核酸分子计算机。1994 年南加州大学的 Adleman 和威斯康星大学的 Corn 尝试用 DNA 分子（脱氧核糖核酸）进行数字运算，并成功地解决了一个数学问题。目前来说，这种核酸分子计算机只处在实验阶段，且只能解决特定的问题，但它的巨大潜力、功能却是现在的电子计算机不可比拟的。它的运算速度极快，"分子算法"是在每一单个的分子上并行工作的，这就意味着它能在瞬间同时进行数千万亿次的运算，其几天的运算量就相当于计算机问世以来世界上所有计算机的总运算量；它的存储容量非常大，$1dm^3$ 的 DNA 溶液可以存储 1 万亿亿位二进制的数据，超过目前所有计算机的存储容量；它的能量消耗只有一台普通计算机的十亿分之一。如此优越的计算机是激动人心的，但它离开发和实际应用还有相当大的距离，尚存在很多现实性的技术难题需要解决。

生物分子计算机并不是要与电子计算机竞争，分子计算机的观念拓宽了人们对自然计算现象的理解，特别是对生物学基本算法的理解。核酸分子计算机的观念向现代计算机科学和数学提出了挑战，它所蕴含的理念可能使计算方式发生进化，有助于寻找并学习人脑这种奇妙生物计算机的工作原理。

（4）完全采用分子器件的分子计算机。这种计算机的基础是制造出单个的分子，其功能与三极管、二极管及今天的微电子电路的其他重要部件完全相同或相似，但目前面临的一个问题是制造能够像晶体管一样工作的分子器件。

从目前的研究结果来看，与目前基于硅的传统微电子器件相比，分子器件至少具有以下优点：

① 突破硅电路的物理极限，体积最小，因而符合未来计算机"更小、更快、更冷"的要求。

② 硅片是一种集合的功能，要依靠后加工，即光刻、掺杂等工艺，否则它不具备工作特性。而有机分子器件的功能则是与生俱来的，大块材料切小到纳米尺寸，以至于小到 1 个分子，仍具有原来的特性。

③ 目前研究的分子开关元件，通过两种不同状态的电流流动所测得的开/关比远大于 1000，相比之下，固态器件中相类似的元件（即谐振隧道二极管）却只具有 100 左右的开/关比。

④ 分子存储单元保持所存储的比特（电荷）的时间几乎达到了 10min。而普通的硅动态随机存取存储部件（DRAM）只能保留比特几毫秒的时间（为保持数据，必须由外部电路频繁地刷新硅 DRAM）。

5. 纳米光电子器件

硅是微电子器件的主要材料，它具有其他半导体材料无可比拟的优越性。但硅又是一种间接带隙的半导体，它的发光效率极低。纳米硅发光现象，为在硅片上实现光电集成打开了一个新的思路，因为用光互联代替目前所采用的电互联，将大大改善集成电路的性能，提高计算机的速度。因此硅纳米结构已经成为复兴硅大规模集成技术的最有兴趣和挑战性的研究方向。

事实上，今天的半导体光电子器件几乎都是基于在一个方向上具有纳米尺寸结构（量子阱）的基础上的。原因是量子阱结构为光电子器件，特别是为激光器带来了更好的性能。

目前最重要的研究方向是 GaN 纳米结构及其发光器件、自组装量子点结构、纳米光子器件、硅基纳米结构、相干光电子器件和单分子、图簇场致发射器件等。这些领域的突破有可能带来新一代的照明光源、支撑未来信息网络的高性能光电和光子器件，以及未来与微电子相兼容的新型光电器件。

我国科学家几乎与国际上同步开展了基于纳米结构的光电研究，在自组装量子点结构及其器件应用、固体微腔、硅基纳米人工改性等领域与国际水平相当。

6. 纳米生物器件

生物系统虽很小，但它们异常复杂，又格外活跃。1977 年麻省理工学院德雷克斯勒（K. Eric Drexler）提出了制造分子机器的设想，他认为将一些分子"装配"起来，模拟生物细胞中的分子活动，就能构成像微型机器人一样的分子机器。

生物分子器件的优点是它们能够自我组装。分子自我组装就是在平衡条件下，分子自发组合而成为一种稳定的、结构确定的、非共价键连接的聚集体。分子自组装在生命系统中普遍存在，而且是各种复杂生物结构形成的基础。细胞本身就是"纳米技术大师"，它们在微观世界里能极其精确地引导生化反应，将原子逐个地构建成复杂的结构，并能自我组装、自我复制、制造物质，而这正是科学家梦想的通过纳米技术实现制造特定功能产品的希望所在。

科学家构想的第一代分子机器将是生物系统和机械系统的有机结合体，这种分子机器可注入人体的各部位，做全身健康检查，并能疏通血管，治疗心脏血管疾病，杀死癌细胞；第二代生物分子机器是直接由原子、分子装配成的有各种特定功能的纳米尺度装置；第三代分子机器将是含有生物计算机，可人机对话，并有自身复制能力的纳米装置。

尽管这些还都是科学家的设想，有些可能要等到几十年后才能实现，但毫无疑问，利用纳米技术、生物传感器和新型成像技术的发展，能使医生对癌症和其他疾病进行早期检测和预警。新型纳米分析工具的发展，将会促进细胞生物学和病理学的基础研究。根据已有知识，科学家希望在以下几个方向首先取得进展：纳米化工厂、生物传感器、生物分子计算机元件、生物分子纳米机器人、纳米分子马达等。

纳米器件的研发将在一定的时间内沿着两条路线进行：其一，是目前微电子技术不断缩小加工尺寸所可能导致的一些新的系统，如系统集成芯片（System On a Chip，SOC），为此需要发展新的功能材料及设计技术；其二，是量子效应纳米器件，包括分子器件等。一定时间后，两条路线可能将会合，形成纳米集成电路及纳米计算机。

7. 我国纳米器件的研究现状

在量子电子器件研究方面，我国科学家研究了室温单电子隧穿效应、单原子单电子隧道结、超高真空 STM、室温库仑阻塞效应和高性能光电探测器，以及原子夹层型超微量子器件等。清华大学已研制出 100nm 级 MOS（Metal Oxide Semiconductor）器件，一系列硅微集成传感器、硅微麦克风、硅微马达、集成微型泵等器件，以及基于微纳米三维加工的新技术与新方法的微系统。中国科学院半导体所研制了量子阱红外探测器（13～15μm）和半导体量子点激光器（0.7～2.0μm）。中科院物理所已经研制出可在室温下工作的单电子原型器件。西安交通大学制作了碳纳米管场致发射显示器样机，已连续工作 3800h。在有机超高密度信息存储器件的基础研究方面，中国科学院北京真空物理实验室、中国科学院化学所和北京大学等单位的研究人员，在有机单体薄膜 NBPDA（N-（3-nitrbenzylidene)-p-phenylenediamine）上做出点阵。1997 年，点径为 1.3nm；1998 年，点径为 0.7nm；2000 年，点径为 0.6nm。信息点直径较国外报道的研究结果小近一个数量级，是现已实用化的光盘信息存储密度的近百万倍。北京大学采用双组分复合材料 TEA/TCNQ 作为超高密度信息存储器件材料，得到信息点为 8nm 的大面积信息点阵 3μm×3μm。复旦大学成功制备了高速高密度存储器用双稳态薄膜，并已经初步选择合成出几种具有自主知识产权的有机单分子材料作为有机纳米集成电路的基础材料。

7.3.4　DNA 单分子操纵

分子运动论和热力学定理的发展奠定了整个分子科学的基础，但这些理论和研究均是利用统计的处理方法，只能给出整个体系中所有分子的平均行为，而不能直接跟踪单个分子的运动或解释其运动规律。单分子的研究立足于研究许多分子分别单独作用的信息。单分子科学研究常用的一些设备有：扫描隧道显微镜、原子力显微镜、光学镊子、近场光学显微镜和分子有序膜的自组装等。

生命是由细胞组成的，核酸是细胞中的一小部分，但却具有决定生命延续的重要功能。最重要的核酸是脱氧核糖核酸（简称 DNA），它是生命活动的主要遗传物质，在整个生命科学研究中处于核心位置。对 DNA 单分子进行操纵可以应用于杂交探针的制备、特异性文库和精细物理图谱的构建等方面，而且在临床遗传诊断和致病基因的定位克隆中有特别的应用价值。

1．DNA 单分子的拉伸

一般我们可以将单根高分子的一端连接在固体基体上，然后采用黏滞拖拉、电泳作用和光学镊子等来对单分子进行拉伸。下面介绍一种由法国科学家发明的分子梳技术。

首先，在玻璃基体上通过自组装形成硅烷化的单分子层，暴露出末端的乙烯基团（该表面的特点是对 DNA 末端具有很高的亲和力，同时还具有结合蛋白质的能力）。将一滴 DNA 溶液滴到修饰后的表面上，再将一个未经修饰的玻璃片漂浮在液滴上，强迫液滴铺展成液膜，5min 后用双蒸水淋洗玻璃表面并吹干，溶液蒸发时，后退的气液界面将分子链拉直。最后留在干燥的表面上，而那些未结合的分子被移动的界面带走。DNA 分子可以两端锚定，也可以一端锚定，利用分子梳方法拉直的 DNA 分子结合在被修饰的基体表面上，并且通过 DNA 链上的毛细力将单个分子完全拉直，且不破坏 DNA 分子。这种方法因为毛细力不受分子长度的影响，所以在整个分子链上具有均匀分布的特点。用这种方法还可以灵敏地检测出溶液中的 DNA 分子。

2．DNA 单分子的剪切

对 DNA 单分子的剪切是基于原子力显微镜的 interleave 扫描来完成的，其主要原理是通过开关 interleave 扫描来改变压电陶瓷的扫描方式，当打开 interleave 扫描时，在每次主扫描后都跟随一次 interleave 扫描。如果关掉主扫描，就来回执行单线 interleave 扫描。在主扫描获取 DNA 样品高度信息后，通过执行提升模式（lift mode）可以逐渐改变针尖与样品之间的距离。切割 DNA 时，首先通过原子力显微镜轻敲模式（tapping mode）对拉直的 DNA 分子进行成像，并选取要分离的 DNA 片段所在的区域。待原子力显微镜针尖再次扫描到预定目标位置后，激活提升模式，开始执行单线扫描（oneline scan），并且以接触模式（contact mode）来实现对 DNA 单分子的纳米切割。切割 DNA 时施加在原子力显微镜探针上的力大约为 20nN。方法为：关闭系统的反馈，同时增大针尖对样品的扫描力，使 DNA 链上的特定部位所受的横向剪切力大大加强，从而完成对 DNA 单分子的定点剪切。DNA 长度越短，越容易被切断，而且在丙醇和水混合的溶液中比在纯水中更容易切断。对 DNA 分子进行定点切割，把所得到的片段进行扩增放大，再进行生化分析，这种方法可用在基因治疗上。

3．DNA 单分子的迁移

研究表明，可以把一个预先选定的单根 DNA 分子用光学镊子连接到硅片表面上。首先将 DNA 分子在水中连接在一个微米尺度的小球上，然后采用激光镊子找到并且抓住一个连接有 DNA 分子的小球，使原子力显微镜针尖（硅片）与小球相接触，这时激光的热量将它们焊接在一起。这种结合激光镊子和原子力显微镜的方法，使得对 DNA 的操作变得更为灵活，而且在保持 DNA 生物学功能的同时，提供了研究 DNA 与蛋白质相互作用的方法。例如，可以将已知序列的 DNA 链连接在一个规则排列的硅片上，形成由 DNA 组成的生物芯片，用于高效率的基因分析和疾病诊断。

7.4　碳纳米管

1991 年，日本科学家 S. Iijima 在直流电弧放电后沉积的炭黑中，意外地发现了碳纳米管。它是一种新型的碳结构，是由碳原子形成的石墨烯片层卷成的无缝、中空的管体。这些管体在高分辨电子显微镜下呈现为多层的中空的管状结构，如图 7-8（a）所示，即所谓的多壁碳纳米管，其层数从 2～50 不等，层间距为 $0.34\pm0.01nm$，与石墨层间距（0.34nm）相当。多壁碳纳米管的典型直径和长度分别为 2～30nm 和 0.1～50μm。如果碳纳米管仅由一层石墨卷曲而成，即为单壁碳纳米管，又称富勒管，如图 7-8（b）所示。单壁碳纳米管的典型直径和长度分别为 0.75～3nm 和 0.1～50μm。

碳纳米管具有独特的拓扑结构、良好的导电性能、极高的机械强度等优异的光学、电学和机械性能，从而呈现出广泛的应用前景。

7.4.1　单根碳纳米管的操纵

纳米级微操纵技术可能成为纳米制造和研究的有效方式，根据纳米器件对碳纳米管形状、尺寸等的要求，需要对碳纳米管进行搬迁、弯曲、拉直、移位、旋转和剪切等微操作。根据不同的操纵对象、环境和设备，纳米级微操纵技术可分为接触式操纵（以原子力显微镜 AFM 为代表的纳米操纵仪）、非接触式操纵（扫描隧道显微镜 STM、光钳等）。

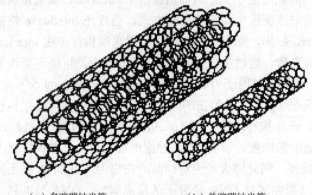

（a）多壁碳纳米管　　　　　　（b）单壁碳纳米管

图 7-8　碳纳米管结构示意图

1．单相碳纳米管的搬迁

在对碳纳米管进行力学特性的研究时，应对碳纳米管进行操纵。方法为：将碳纳米管的悬浮液和光刻胶溶液相混合，将混合液铺展在基体上，制成薄膜，然后用光刻方法在薄膜上刻画出许多规则的天窗，此时，天窗上将伸出大量的碳纳米管，一端在未被腐蚀的墙上，另一端悬空。找到一根碳纳米管，利用 AFM 对横向力敏感的特点，用针尖从远端向根部拨动碳纳米管，同时记录反射光斑位置的改变，直到碳纳米管发生断裂为止，这样就得到与距离有关的弹性分布，这时的碳纳米管就像一根一端固定的机械梁，可以按照静力学的方法求出其弹性模量。

2．单根碳纳米管的弯曲

在对碳纳米管进行弯曲前，需使它在基体上得到一定程度的固定，这样才能对其进行可控操作，否则，它就会在针尖的作用下发生移动，或被吸附到针尖上。然后用原子力显微镜观察基体上碳纳米管的形貌相，在形貌相的基础上选择好合适的区域进行纳米操纵。操纵时，把反馈关闭，再减小针尖与样品间的距离以增加针尖的压力，按预先确定的操纵方向进行扫描。扫描结束后，把反馈和针尖的压力恢复到原来水平，重新扫描，再观察操纵后碳纳米管的形貌相。

3．单根碳纳米管的剪切

直接生成的碳纳米管一般很长，然而中等长度的碳纳米管的应用更为重要。另外，直接生成的碳纳米管上有晶格缺陷，这都需要将碳纳米管进行剪切，从而得到长度适中、管径分布均匀、晶格较完整的纳米材料。利用原子力显微镜，可以完成对单根碳纳米管的剪切，但这种方法效率较低。有人采取化学方法对大量制备的单壁碳纳米管进行切割。方法如下：首先除去单壁碳纳米管中的球形和无定形碳，将高度缠绕的很长的分子放入浓硫酸和硝酸混合液中，通过超声振荡进行切割。超声产生的微观气泡在破裂时产生局部高温，在单壁碳纳米管的表面留下开口，随后氧化性的酸将进攻缺口，使管子完全断开。利用这种方法切开的碳纳米管的末端具有大量的羧基功能团，可以通过化学反应将这些功能团与金纳米粒子连接在一起。采用这种方法很容易将碳纳米管直接组装到分子器件中去。

7.4.2 碳纳米管的机械特性

机械特性主要取决于力学性能，碳纳米管具有很好的力学性能。碳纳米管的基本结构主要由六边形碳环组成，此外还有一些五边形/七边形碳环，特别是在管身弯曲的碳纳米管上，有更多的五边形/七边形碳环，集中于碳纳米管的弯曲部位，并使两端封闭。在多壁碳纳米管的片层之间还存在一定角度的扭曲，称为螺旋角。碳纳米管 C-C 共价键是自然界最稳定的键，所以使得碳纳米管具有非常高的力学性能。由于碳纳米管的纳米尺度，直接测量其力学性能非常困难，研究人员不仅通过各种各样的实验来发现和证明碳纳米管的奇异特性，还通过一些模拟方法对碳纳米管的一些性质进行预测，最常用的是分子动力学模拟。

1．碳纳米管的弹性模量

杨氏模量是材料力学性能的基本参数之一，与固体中的原子结合力直接有关。在对碳纳米管的杨氏模量等弹性性质进行计算时，大量采用经验势函数。弹性模量的大小与碳纳米管的壁厚有关，若取壁厚等于 0.34nm 时（与石墨之间的层间距相同），计算得到的杨氏模量在 1TPa（10^{12}Pa）左右；多壁碳纳米管的弹性模量还与管径有关，直径越小，弹性模量越大。单壁碳纳米管易形成束状结构，束状碳纳米管的杨氏模量在有限长度内与金刚石的相当。若采用经典的力常数模型，计算碳纳米管及碳纳米管束的弹性性质，得到其杨氏模量大约为 1TPa，剪切模量大约为 0.5TPa，结果还表明碳纳米管的这些性质和碳纳米管的直径、螺旋角、层数等几何结构无关。单壁碳纳米管束的弹性性质具有独特的各向异性，在基面方向比较柔软，而在轴向具有很高的模量，是一种高强度、轻质和柔韧的材料。

2．碳纳米管的 Stone-Wales 形变

在超出弹性变形以后，碳纳米管呈现出较为特殊的塑性变形来改变形状以消除应力，即通过 Stone-Wales 形变来完成。Stone-Wales 形变在碳纳米管释放应力过程中，是产生较大塑性变形的原因。拉伸实验结果表明，碳纳米管的强度为碳纤维的数倍以上。碳纳米管不仅具有很高的强度，而且具有特别好的塑性。在透射电子显微镜观察中，可发现具有很大弯曲程度的碳纳米管，尽管在其截面上发生了极大的扭曲变形，但仍未断裂，说明碳纳米管具有极大的柔韧性，能够通过网格的结构变化来释放应力，不仅可以发生弹性变形，而且可以发生一定的塑性变形，同时保持相当的强度而不断裂，这种特性使之特别适合于作为高级复合材料的增强材料。表 7-5 所示为单壁碳纳米管的特性。

表 7-5 单壁碳纳米管的特性

特　　　性	单壁碳纳米管	比　　　　较
尺寸	直径通常分布在 0.6～1.8nm 间	电子束刻蚀可产生 50nm 宽、几 nm 厚的线
密度	1.33～1.40g/cm³	铝的密度为 2.9g/cm³
抗拉强度	45GPa	高强度钢为 2GPa 断裂
抗弯强度	可以大角度弯曲不变形，回复原状	金属和碳纤维在晶界处断裂
载流容量	估计 1GA/cm²	铜线在 1000kA/cm² 时即烧毁

特　性	单壁碳纳米管	比　较
场发射	电极间隔 1μm 时，在 1～3V 可以激发荧光	钼尖端发光需要 50～100V/μm，且发光时间有限
热传导	室温下有望达到 6000W/mK	金刚石为 6000W/mK
温度稳定性	真空中可稳定至 2800℃，空气中可稳定至 750℃	微芯片上的金属导线在 600～1000℃时熔化

7.4.3　碳纳米管的应用

碳纳米管具有很多独特的性能，它的潜在应用主要在以下几个方面：

1．作为扫描探针显微镜的探针

碳纳米管作为探针型电子显微镜的探针，是碳纳米管最接近商业化的应用之一。用碳纳米管作为扫描隧道显微镜和原子力显微镜的探针，可以极大地提高显微镜的分辨率；而且碳纳米管具有高弹性，在承受较大的负载时，不易发生脆断，可与被观察物体进行软接触；若为单壁碳纳米管，还可以进入物体不光滑表面的凹坑处，能更好地显现物体的表面形态。用碳纳米管作为探针，扩展了原子力显微镜等探针型显微镜在蛋白质、生物大分子结构的观察和表征中的应用。

2．在复合材料中的应用

碳纳米管具有非常大的长径比，是复合材料中理想的增强型纤维。碳纳米管的尺寸很小，可以很方便地流过现有的树脂制造设备，从而制造出任何复杂形状的零件。传统的连续纤维增强型材料刚性和强度比较好，并且密度也较低，但是制造成本过于昂贵，而且只能够制造简单形状的工件，也无法制造出高强度材料，从而在应用上受到了极大的限制。而碳纳米管的长径比很容易达到 1000 以上，从理论上讲完全可以制造出更高强度、更高密度、低成本的复合材料。

3．制备纳米电子器件

为了进一步缩小微电子电路，需要分子电子器件。单壁碳纳米管最长可达 20cm，定向多壁碳纳米管的长度也可达到几毫米，所以碳纳米管可作为导线、开关及记忆元件，应用于微电子器件。在分子水平上对其进行设计和操作，可推动传统器件的微型化。金属/半导体型碳纳米管结构具有二极管的特性，可以作为最小的半导体。

4．用于微型传感器

碳纳米管具有一定的吸附特性，由于吸附的气体分子与碳纳米管发生相互作用、改变其费米能级而引起其宏观电阻发生较大改变，通过检测其电阻变化可检测气体成分，因此半导体性单壁碳纳米管可用作气体分子传感器。与固体传感器相比，单壁碳纳米管化学传感器具有尺寸小、反应更快和灵敏度较高等特性，并且单壁碳纳米管置于新环境或者通过加热后重新使用。这类气体分子传感器可用于环境监控、化学反应控制、农业、医药等领域。

5．碳纳米管电动机械装置

将碳纳米管浸泡于电解质中，随着外加电压的变化其长度会发生规律性伸展或收缩，这些动作肉眼都可以观察到。迄今为止,没有任何材料具有如此优良的伸缩特性,而且在电压较低时就可以产生较大的机械拉伸。利用这种特性,可用碳纳米管制造人造肌肉纤维,用于人类的移植和修复手术,还有可能作为未来机器人的运动构件,或者作为高灵敏度传感器材料。

6. 制备场致发射平板显示器和冷发射阴极射线管

碳纳米管是一种优异的场致发射材料,它能够在相对较低的电压下长时间地发射电子,故可用于高分辨率电子束器件。碳纳米管能够提供高度相干的电子光束,收集到所观察的物体的电子序列全息照片,其图像质量比原子尺度的尖端发射所得到的照片还清晰。碳纳米管发射冷阴极具有更高的相干性,能够提供更狭窄的电子束,这必将在诸如各种显示器设备的制造等方面引起重大变革。新一代平板显示器是采用真空微电子技术,利用碳纳米管场致发射原理制作的矩阵寻址、高分辨率、高效率、长寿命的场致发射平板显示器,可以进一步用于军用飞机的数字仪表面板、宇宙飞船、空间工作站上的各种数字、图像显示面板系统,直升机驾驶员用头盔式瞄准器和坦克、自动火炮等的瞄准与显示系统。另外,碳纳米管的场发射性能还可用于微波放大器、真空电源开关、场发射电子枪、制版等技术中。

7. 储氢

氢气具有储量丰富、洁净无污染、可存储和运输等特点,使之可成为 21 世纪的新型主导能源。但如何有效地存储和运输氢气,对于氢气能源的实用化具有十分重要的意义。最近的研究表明,碳纳米管非常适于作为储氢材料。理论上讲,单壁碳纳米管的中空管内腔和管束内的间隙孔,以及多壁碳纳米管的中空管和管壁层间间隙都可允许氢进入,并作为储氢的吸附位。碳纳米管具有较高的比表面积、丰富的纳米尺度孔隙,相对于常用的吸附剂活性炭而言,具有更大的氢气吸附能力,有可能储存更多的氢。但关于碳纳米管储氢的研究尚处于初期阶段,材料的制备、结构和性能等方面均有待探索与发展,储氢机制尚待进一步揭示。

8. 作为锂离子电池的负极材料

锂离子电池是在锂电池的基础上发展起来的一种新型高能电池。它具有工作电压高、质量轻、比能量大、自放电小、循环寿命长、无记忆效应、无环境污染、安全性好等优点,是目前常温下比能量最高的一种二次电池。它的性能与电极材料的性能有关,高性能电解材料是获得高性能锂离子电池的基础。碳纳米管的管径为纳米级尺寸,管与管之间相互交错的缝隙也是纳米数量级。这种特殊的微观结构,具有优越的嵌锂特性,使锂离子不仅可以嵌入到管内而且可以嵌入到管缝之中,为锂离子提供大量的嵌入空间。此外,碳纳米管的化学稳定性好、机械强度高、弹性模量大、宏观体积密度小,且以相互交织的网状结构存在于电极中,能吸收充放电过程中因电极体积变化而产生的应力,因而电极稳定性好,不易破损,循环性能优于一般碳质电极;另外,碳纳米管具有良好的宏观导电、导热性,可以避免由于电极材料导电性差而导致的欧姆极化及其对电池性能的不利影响。因此,采用碳纳米管作为负极材料有利于提高锂离子电池的放电容量和循环寿命,改善电池的动力学性能。

9. 在电化学电容器上的应用

碳纳米管具有独特的中空结构、良好的导电性、大的比表面积、适合电解质中离子移动的孔隙,以及交互缠绕可形成纳米尺度的网状结构,作为电极材料使用时,碳纳米管中基本为孔，孔的利用率较高。同时，碳纳米管管壁具有很好的晶体结构，可以看作由石墨卷绕而成，在比表面积相同时，碳纳米管电极比活性炭电极的电容量高。碳纳米管中孔的面积随着温度的升高几乎不变，在用黏合剂制备复合电极时受温度和时间影响较小，工艺适应性强。碳纳米管的特殊结构使得它可以通过一定处理开口、活化提高比表面积，从而得到更高的电容量。另外，碳纳米管电容器的等效串联电阻、漏电流、频率响应、功率特性等电容器主要指标均优于活性炭电容器。因此，碳纳米管被认为可能是电化学电容器的理想电极材料。

10．在医学上的应用

碳纳米管的体积可以小到 $10^{-5}mm^3$，医生可以向人体血液里注射碳纳米管潜艇式机器人，用于治疗心脏病。一个皮下注射器能够装入上百个这样的机器人。用碳纳米管制作的给药系统，配有传感器、储药囊和微型泵，进入人体后能在需要的部位释放出适当的药量。微型机器人可以使外科手术变得更为简单，不必用传统的开刀法，只需在人体的某部位上开一个小孔，放入一个极小的器械即可。纳米钳技术对于外科手术是十分重要的，用它可修复目前技术无法治愈的微细血管。比光纤导管细得多的纳米探针插入细胞组织后，能够拍摄人体内部的超声波图像。灵敏度很高的碳纳米管选分仪器可以对单个细胞进行分离和计数，可显著提高精度。

以上列举了碳纳米管的一些应用，现对它的可能应用领域做一归纳，如表 7-6 所示。

表 7-6　碳纳米管的可能应用领域

尺寸范围	领　域	应　　用
纳米技术	纳米制造技术	扫描探针显微镜的探针、纳米类材料的模板、纳米泵、纳米管道、纳米钳、纳米齿轮及纳米机械的部件等
	电子材料和器件	纳米晶体管、纳米导线、分子级开关、存储器、微电池电极等
	生物技术	注射器、生物传感器
	医药	胶囊（生物包在其中并在有机体内运输和放出）
	化学	纳米化学、纳米反应器、化学传感器等
宏观材料	复合材料	增强树脂、金属、陶瓷和炭的复合材料，导电性复合材料，电磁屏蔽材料，吸波材料等
	电极材料	电双层电容、锂离子电池电极等
	电子源	场发射型电子源、平板显示器、高压荧光灯
	能源	气态或电化学储氢的材料
	化学	催化剂及其载体、有机化学原料

复习思考题

1．试简述纳米科技的发展简史。

2．试简述纳米加工的机理、分类及关键技术。

3．试简述扫描隧道显微镜和原子力显微镜的工作原理。

4．试举出八种以上扫描探针显微镜，并进行比较。

5．举例说明采用 SPM 技术的纳米切削加工。

6. 试简述我国纳米器件的研究现状。
7. 对 DNA 单分子进行操纵时，一般需要哪些工具？
8. 什么是碳纳米管？试简述碳纳米管分类。
9. 试简述碳纳米管优良的机械特性及其可应用领域。

第8章　绿色加工技术

生产加工技术的发展为促进世界经济发展和提高人民生活质量做出了重要贡献，但也给环境带来了相当大的负面影响。人类已经尝到了工业高速发展所结的苦果——地球生态环境以前所未有的速度在急剧恶化。20世纪90年代，各国的环保战略开始经历一场新的转折，全球的产业结构调整呈现出新的绿色战略，资源利用合理化、废物产生少量化、对环境无污染或少污染成为制造业新的发展要求，绿色加工技术（Green Manufacturing）的概念随之诞生。本章主要阐述绿色加工技术的基本概念，重点介绍绿色加工的基本特征、基本程序、评价体系等；要求掌握干式切削（磨削）加工技术、微量冷却润滑切削（磨削）加工技术、高压水射流加工技术等的特点及应用。

8.1　概　　述

8.1.1　绿色加工的定义及分类

1．绿色加工的定义

绿色加工是指在不牺牲产品的质量、成本、可靠性、功能和能量利用率的前提下，充分利用资源，尽量减轻加工过程对环境产生有害影响的程度，其内涵是指在加工过程中实现优质、低耗、高效及清洁化。

为何需要绿色加工？①环境污染、人身健康、能源危机；②可持续发展的观点。

2．绿色加工的分类

绿色加工技术根据不同的划分标准有着不同的分类。

（1）根据绿色加工的追求目标，可将绿色加工分为三种类型：节约资源的加工技术、节约能源的加工技术和环保型加工技术。

① 节约资源的加工技术。是指在加工工程中简化加工系统的组成，节省材料消耗的加工技术。如通过优化毛坯形状，减小加工余量，降低刀具材料的消耗；减小或取消切削液的使用，简化加工系统的组成要素等。

② 节省能源的加工技术。加工过程中要消耗大量的能量，这些能量一部分转化为有用功，而大部分则转化为其他能量形式而消耗。这些能量转化为热能、噪声和振动，影响加工精度，降低机床可靠性，对操作者和环境造成不同程度的影响。目前采用的主要节省能源的加工方法有减摩、降耗和低能耗工艺。

③ 环保型加工技术。就是通过一定的工艺手段减少或完全消除废液、废气、废渣和噪声等，提高加工系统的运行效率。

在实际生产中，往往不是追求单一的目标，所以往往在一种加工方法中包含这几类技术，只不过是偏重哪一点而已。

（2）根据采用的加工介质不同，可分为自然绿色加工和辅助绿色加工。

① 自然绿色加工。是指在机械加工时，除自然环境冷却外不使用任何其他附加的介质（如冷风、水、植物油等），如干式切（磨）削技术。

② 辅助绿色加工。是指把无污染的冷却介质（或润滑油）输入到切削区域，起到冷却或润滑等作用。根据介质的形态目前有两种：射流加工和喷雾加工。

8.1.2　绿色加工的研究内容

在加工过程中，伴随着加工的进行，产生大量的废液、废气、固体废弃物、粉尘污染和相当大的噪声污染。这些无论是对加工者本身还是对环境，从长远来看，都造成了相当大的伤害。针对以上问题，绿色加工主要是通过改进工艺（如采用无切削液加工、真空吸尘加工等）、改进工具（合理实用的刀具和机床等）、改进加工环境（采用噪声主动抑制等）等方法来实现。

绿色加工的研究主要从以下三方面着手：

（1）节省资源的加工方法的研究，即从加工过程中的物质流方面考察加工的绿色性。

主要是：①原材料的选择，从原材料的来源上看是不是绿色的材料，生成的加工废物是否容易回收再利用；②加工工具（包括机床和刀具）的选择，主要是考察在绿色加工条件下能否完成加工及刀具磨损后的废物与切屑是否容易分离（提高切屑回收的容易程度）；③加工辅助材料的选择，即润滑、冷却物质的选择（如切削液等），主要从这些辅助物质的回收性、污染性等方面来考察；④毛坯成形方法的选择，使加工过程中的材料去除率降低，提高资源的利用率。

（2）节省能源的加工方法的研究，即从加工过程的能量流方面考察加工的绿色性。

加工过程就是一个能量转化的过程，输入的电能转化为机械能、变形能、热能、声能及光能等。从整个加工过程考虑，提高能量的利用率，即提高对材料去除起作用部分能量的比率。这样带来的好处是降低了其他能量的比率，如声能、光能等，从而降低噪声、减少光污染。提高能量利用率主要是对加工机理进行研究，考虑如何降低切削力（如高速切削）、减少切削振动等。

（3）少、无污染加工方法的研究，即从环保的角度来考察加工的绿色性。

加工过程中不可避免地会产生一些废液、废气、固体废弃物，以及光、声、电磁等污染。这些污染中，有些是可以回收再利用的，有些是不可回收的。那些不可回收的，不仅造成资源消耗，而且还破坏环境，对整个社会造成很大的危害。少、无污染的加工方法主要是从改进工艺（如使用清洁的能源代替传统能源）、采用先进的加工设备、采用绿色的加工辅助材料（采用风冷、水冷等无污染冷却介质）、改善加工环境（采取隔音减震措施）、在加工末端采取治理技术等方法来实现。

8.1.3　绿色加工的发展

1. 发展历程

绿色加工技术是从绿色制造中细化出来的。1996 年，美国制造工程师学会（SME）发表了关于绿色制造的专门蓝皮书 *Green Manufacturing*，提出绿色制造的概念，并对其内涵和作用等问题进行了较系统的介绍。绿色制造又称环境意识制造（Environmentally Conscious Manufacturing）、面向环境的制造（Manufacturing For Environment）等。它是一个综合考虑环境影响和资源效益的现代化制造模式，其目标是使产品从设计、制造、包装、运输、使用到报废处理的整个产品生命周期中，对环境的影响（负作用）最小，资源利用率最高，并使企业经济效益和社会效益协调优化。绿色制造这种现代化制造模式，是人类可持续发展战略在现代制造业中的体现。1998 年，SME 又在国际互联网上发表了"绿色制造的发展趋势"的网上主题报告；美国 Berkeley 加州大学不仅设立了关于环境意识设计和制造的研究机构，而且还在国际互联网上建立了可系统查询的绿色制造专门网页 Greenmfg；国际生产工程学会（CIRP）近年来发表了不少关于环境意识制造和多生命周期工程的研究论文；美国 AT & T（American Telephone & Telegraph，美国电话电报公司）和许多企业也以企业行为投入大量研究。香港生产力促进局则打出了"绿色生产力"的口号，正在积极推行 ISO14000 国际环境管理认证体系、绿色产品标志及绿色奖励计划，培训清洁生产人才等目标的实施。此外，德国、加拿大、英国等在拆卸技术及方法、回收工艺及方法等方面已展开了大量的研究。特别是近年来，国际标准化组织（ISO）提出了关于环境管理的 14000 系列标准后，推动着绿色制造研究的发展。可以毫不夸张地说，绿色制造研究的强大绿色浪潮正在全球兴起。国内这方面的研究正在急起直追。近年来，对绿色制造及其相关的资源问题和能源问题进行了较多的研究。绿色制造的研究虽然已在迅速开展，但是由于"绿色制造"本身的提出和研究历史较短，现有的研究大多还停留在概念研究、认识研究的阶段，许多问题还有待进一步深入。特别是绿色制造需要从系统的角度、集成的角度来考虑和处理有关问题。

随着绿色制造理论的深入研究，绿色加工技术的研究也日益深化。首先进行的是干式切削和少切削液的切削技术的研究。目前，干式切削和干式磨削已经是较为成熟的绿色加工技术。2003 年德国制造业已有 20% 以上采用干式切削技术，使总制造成本降低 1.6%。对其他风冷和喷雾冷却技术也进行了深入的研究，并在实际生产中得到推广应用。另外，还有人进行与切削相反的加工方法即长成技术（如激光快速成形）的研究，目前已经可以用激光烧结出异形石墨电极并达到很高的精度。

2. 绿色加工带来的变革

绿色加工的实施将带来 21 世纪制造业的一系列重要变革和创新，主要包括：

1）制造企业追求目标变革

绿色加工的实施要求企业既要考虑经济效益，更要考虑社会效益。于是企业从追求单一的经济效益优化变革到经济效益和社会效益协调优化。

2）制造系统决策属性变革

无论绿色加工还是传统加工均存在复杂的决策问题。在绿色加工中决策属性由传统加工的产品市场响应时间 T、质量 Q、成本 C，增加到 T、Q、C、环境影响 E（Environment）、资源消耗 R（Resource）。

3）制造体系结构创新

绿色加工在生产方式上与常规加工具有很大区别，这种区别必将引起与加工相配套的其他环节（如机床、刀具、工艺等）的变革，从而导致整个制造体系结构的变革和创新。

3．绿色加工的发展趋势

绿色加工技术是近年来才发展起来的新兴技术，虽然取得了一些进展，但要完全取代传统加工技术还有很长的路要走。当前绿色加工技术正沿着最优化、集成化、并行化、柔性化的方向发展。

1）最优化

绿色机械加工是最小的资源消耗和无环境污染。它是从整个企业和社会的综合成本考虑，对于不同的材料、零部件及设备，经过综合分析，对冷却方式、冷却介质用量及加工参数进行优化处理，选择一个最合理的加工方案，使加工时间少，效益高，对环境无污染，综合成本最低（这是对整个企业乃至于整个社会来讲，不是仅单纯地指具体加工成本最低）。也就是从系统的观点出发，综合考虑各方面的因素，追求企业甚至社会整体最优。

2）集成化

加工过程不应是一个孤立的单独的加工过程，而应是考虑到各种因素的集成系统。通过网络和数据库把其他系统，如管理信息系统（Management Information System，MIS）、绿色设计系统、质量保证系统、物能资源系统等和设备互联起来，实现加工过程中的数据交换和信息共享，从而融入整个企业集成制造系统里，以便决策。

3）并行化

通过 Internet 可以将 CAD/CAM/CAPP、MIS、企业资源计划（Enterprise Resource Planning，ERP）、物料需求计划（Material Requirement Planning，MRP）等相连，使得生产产品的每一个步骤当中都考虑到产品整个生命周期的所有因素，如质量、成本、进度计划、用户需求、环境影响、资源消耗状况等，这是一个并行的加工过程。

4）柔性化

企业必须对市场多样化需求和外界环境变化做出动态响应，生产出多样化的产品，因而底层加工系统的柔性应比较好，可以根据不同的材料、不同的工件、不同的设备更换不同的方法，同时综合成本也最低。

8.2　绿色加工基本理论

8.2.1　绿色加工的基本特征

在企业生产力构成中，制造技术的作用约占 60%。作为制造业的基础环节，加工能否实现"绿色化"，对于实现绿色制造、清洁生产和可持续发展起着举足轻重的作用。

绿色加工是在企业内部贯彻可持续发展战略和实施绿色制造的微观体现，它是在保证产品功能、质量的前提下，实现整个加工过程的优质、高效、低耗及清洁化，使企业效益与社会效益协调优化。实施绿色加工可提高资源利用率，降低对环境的危害和负面影响，改善加工时的人-机友善性，提高加工生产率，提高产品质量，降低制造成本，改善加工柔性，实现加工整体最优化。

绿色加工的基本特征如下：

1）绿色加工的技术先进性

技术先进性是绿色加工的实施前提。在加工过程中采用先进的技术，以保证可靠地实施加工工艺。需要强调的是，技术先进性并不是指不切实际、不计成本地使用最新技术，而是应选择满足绿色加工要求，并符合本厂生产实际的工艺技术。

2）绿色加工的绿色性

资源消耗少、环境污染小、能耗低是绿色加工的最显著特征。加工过程中资源消耗和环境污染的减少不仅能减少对社会环境的危害，同时也有利于劳动者的安全和身体健康。能耗低有利于生产者降低成本。

3）绿色加工的经济性

经济性是绿色加工必不可少的条件。一个产品若不具备用户可以接受的价格，就不能走向市场。加工成本是影响产品成本的最重要因素之一，因此实施绿色加工同样必须考虑成本。

8.2.2 绿色加工的基本程序

实施绿色加工通常有五个基本程序：预审→加工过程评审→绿色加工方案优选→方案实施→持续绿色加工。其核心内容是加工过程评审和绿色加工方案优选两个基本环节，如图8-1所示。

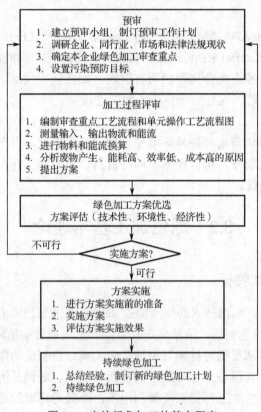

图 8-1　实施绿色加工的基本程序

1. 绿色加工过程评审

绿色加工过程评审是对加工过程的现状及物流、能流等进行调查了解、诊断认识的过程。评审时，根据加工系统的特点及其投入、产出关系，确定企业加工过程及加工系统中存在的

"非绿色部位"。通过对加工过程及加工系统进行深入、客观的现状审核、分析研究，以及对物料平衡和能流分析，阐明加工过程及各加工单元的功能状态和特性，特别是有关加工过程中资源利用转化、能源物料消耗、废物产生排放的现状及差距。

针对系统中存在的差距，围绕加工过程中原材料投入、加工工艺及设备、生产运行管理、产品和废物内部循环等环节，对可能的节能、降耗、减污部位进行分析，寻找并确定可削减废物、提高能效、提高效率、降低成本的潜在因素。这些潜在因素包括：①原材料替代和复用（或综合利用）；②实施技术革新，对工艺流程设备进行改造；③加强运行与维护管理；④调整产品结构；⑤产品报废回收及再生。

上述各因素仅表示对加工过程进行优化的一种可能性，是制定绿色加工方案时需要考虑的一个方面，因此，并不等同于实施绿色加工的具体措施。

2. 绿色加工方案优选

绿色加工方案的优选是按照绿色加工的评价方法，对加工方案的技术性、经济性和环境性进行评估。绿色加工评价体系的结构模型如图 8-2 所示。

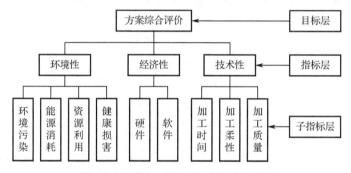

图 8-2　绿色加工评价体系的结构模型

加工方案的技术性主要包括加工时间、加工质量和加工柔性。其中加工时间是指产品加工时间要短，效率要高；加工质量是指加工过程中产品所能达到的精度；加工柔性是指加工系统适应外部和内部环境变化的能力，加工柔性越高越好。

加工方案的经济性包括硬件和软件两方面。硬件包括基础设施、设备、原材料、能耗、劳动力、切削液，以及废物处理费用等；软件包括员工培训、保健费用及各种应用软件。经济性是产品生产过程中必须考虑的重要因素，一个加工方案若不具备企业可接受的成本水平，就不具备实际可行性，从而不可能给企业带来效益。

加工方案的环境性主要包括节能、降耗、环保、劳保四方面内容。节能是指在生产过程中能源消耗最少；降耗是指在生产过程中资源利用率最高，废物排放量最少；环保是指在生产过程中产生的环境污染最小；劳保是指在生产过程中确保生产者安全，对人体健康损害最小。

根据对方案技术性、经济性、环境性的评估结果，即可推荐可具体实施的加工方案。要求所推荐的方案与国内外同类方案相比具有先进性，并在本企业生产中具有适用性和可实施性，可获得显著的环境效益和经济效益。对于推荐方案应编制可行性分析报告，供主管单位组织专家论证。如在评估过程中未找到可行方案，就必须返回重新进行预审、评审程序。当确定的方案实施完毕后，应及时总结经验，找出缺陷与不足，然后再开始新一轮的绿色加工改进，即实现持续绿色加工。

8.2.3　评价指标体系

对加工工艺而言，工艺规划的主要内容包括加工方法选择、加工设备选择、加工参数优化及加工方案制定等。以上内容实际上是根据加工要求和目标而进行的一系列决策过程。传统加工的目标主要是追求更短的加工时间 T、更好的加工质量 Q 和更低的加工成本 C。对绿色加工而言，只考虑上述三个目标显然是不够的，而应该把资源消耗 R 和环境影响 E 作为重要因素加以考虑。绿色加工在追求 T、Q、C 的基础上，强调尽可能少地消耗资源 R（这里的 R 主要指物料、设备资源和能源）和尽可能少地影响环境 E，即形成绿色加工规划的 T、Q、C、R、E 的评价目标，如图 8-3 所示。

图 8-3 中各目标变量旁边的箭头表示追求的目标变量的变化方向，即希望时间 T 越小越好，质量 Q 越高越好，成本 C 越低越好，资源消耗 R 越少越好，环境影响 E 越小越好。以上五个目标之间存在着密切的联系，绿色加工中任何一个评价和决策问题都与上述五个目标变量中的某些或全部有关。由于各目标本身包括复杂的组成部分，如环境问题包括废弃物污染、噪声污染、粉尘污染、废气污染等，因此绿色加工各目标的组成可以用一个向量组表示：

$$T(t_1, t_2, \cdots, t_t)$$
$$Q(q_1, q_2, \cdots, q_q)$$
$$C(c_1, c_2, \cdots, c_c)$$
$$R(r_1, r_2, \cdots, r_r)$$
$$E(e_1, e_2, \cdots, e_e)$$

绿色加工包括五大方面的目标，而每一个目标又包含多个指标，通过对加工工艺的分析研究，可以得出绿色加工的评价指标体系，如图 8-4 所示。

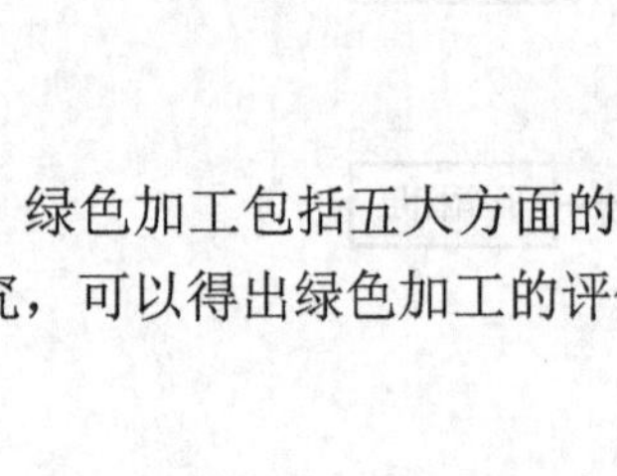

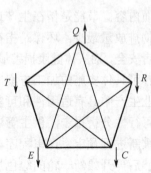

图 8-3　绿色加工的评价目标

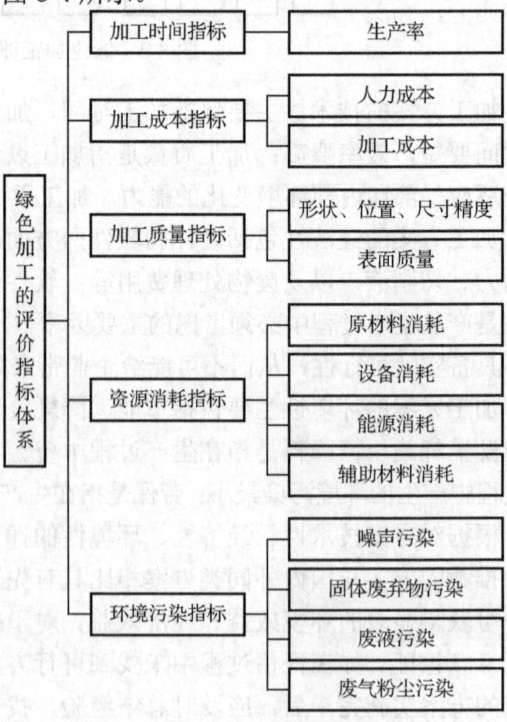

图 8-4　绿色加工的评价指标体系

8.3　干式切削技术

在切削与磨削加工中切削液对保证加工精度、提高表面质量和生产效率具有重要的作用。

（1）吸收和带走大量的切削热，使传入刀具和工件的切削热非常少。

（2）在刀-工及刀-屑接触界面形成润滑膜，既减小摩擦又抑制切屑黏结到刀具上。

（3）把切屑迅速冲走。

（4）防锈、清洗作用等。

但是随着人们对环境保护意识的增强及环保法规的要求日趋严格，切削液的负面影响越来越受到人们的重视。主要表现在：

（1）加工过程中产生的高温使切削液形成雾状挥发，污染环境，并威胁操作者的健康。

（2）某些切削液及黏带该切削液的切屑必须作为有毒有害材料进行处理，处理费用非常高。

（3）切削液的渗漏、溢出对安全生产有很大的影响。

（4）切削液的添加剂（如硫、氯等）会给操作者的健康造成危害，并影响加工质量。

（5）增大制造成本等。

研究表明，由于切削液的供给、保养、处理设备的折旧等费用，以及切削加工中采用切削液所引起环保的相关费用，占零件制造成本的 12%～17%（见图 8-5）；磨削加工中切削液的费用甚至高达制造成本的 30%左右。

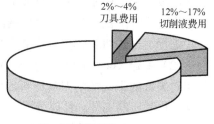

图 8-5　传统加工中的费用组成

可见，切削液的负面问题显然和可持续发展思想格格不入，许多国家已制定了严格的工业排放标准，限制切削液的使用。

8.3.1　干式切削的特点

干式切削就是在切削（或磨削）过程中不使用切削液的加工工艺方法。干式切削并不是简单地停止使用切削液，而是要在停止使用切削液的同时，保证高的产品质量、高的加工效率、高的刀具寿命及切削过程的可靠性，这就需要用性能优良的干式切削刀具、机床，以及辅助设施替代传统切削中切削液的作用，来实现真正意义上的干式切削。由于不使用切削液，干式切削具有以下优点：

（1）切屑干净、清洁、无污染，易于回收和处理。

（2）可省去切削液传输、回收、过滤等装置及相应费用，有利于简化生产系统，降低生产成本。

（3）可省去切削液与切屑的分离装置及相应的电气设备，机床结构紧凑，占地面积减小。

（4）不会产生环境污染。

（5）不会产生与切削液有关的安全事故及质量事故。

但由于不使用切削液，切削液的冷却、润滑等作用丧失，干式切削又存在以下不足：

（1）切削加工能耗增大，切削温度升高。

（2）刀-屑接触区的摩擦状态及磨损机理发生了改变，刀具磨损加快。

（3）切屑因较高的热塑性而难以折断和控制，切屑的收集和排除较为困难。

（4）加工表面质量易于恶化等。

因此，如何在不使用切削液的条件下创造出与湿式切削相同或相近的切削条件成为干式切削技术研究的主要课题。

8.3.2　干式切削的实施条件

1．干式切削的刀具技术

干式切削在无切削液的条件下进行，这就对刀具提出了更高的要求：刀具应具有优异的耐热性能（高温硬度）与耐磨性能；刀-屑间的摩擦系数应尽可能小；刀具应具有较高的强度和抗冲击韧性；刀具的槽型应保证排屑顺畅、易于散热；减少对切削液排屑作用的依赖等。为了满足干式切削对刀具的这些性能要求，目前主要采取以下措施。

1）采用新型的刀具材料

（1）金属陶瓷（cermet 或 ceramet）。金属陶瓷是由陶瓷（ceramic）硬质相与金属（metal）或合金黏结相组成的复合材料，能承受较高的切削温度，可用于干式切削。不过，其耐冲击性差，故多用于精加工和半精加工。美国 Kennametal 公司涂有 TiAlN 的金属陶瓷刀片 HT7，就是为干式铣削合金钢和高合金钢而开发的。合肥工业大学用 TiN 纳米粉体改性的金属陶瓷刀片进行了干式切削试验，效果较好。

（2）陶瓷（ceramic）。陶瓷具有硬度高、化学稳定性和抗黏结性好、摩擦系数低等优点，是相对廉价的干式切削刀具材料，但其强度、韧性和抗冲击性能差，为此加入各种增韧补强相并改进其压制工艺。目前可用 Si_3N_4 基陶瓷刀片干式切削灰铸铁，可用 Al_2O_3 基陶瓷刀片干式切削淬硬钢和冷硬铸铁。

（3）金刚石。PCD（聚晶金刚石）和 CVD 金刚石涂层刀片具有很高的硬度和热导率，适合高速干式切削各种有色金属和耐磨的高性能非金属材料，但不能加工黑色金属。

（4）立方氮化硼。PCBN（聚晶立方氮化硼）的硬度和耐磨性仅次于金刚石，具有优良的红硬性、化学稳定性和低摩擦系数，是高速干式切削 50HRC 以上淬硬钢和冷硬铸铁等黑色金属的理想刀具材料。

表 8-1 所示为加工常见工件材料的干式切削刀具材料。

表 8-1　加工常见工件材料的干式切削刀具材料

工 件 材 料	刀 具 材 料	
	粗 加 工	精 加 工
轧制铝合金	K10、K20	PCD、金刚石涂层
铸造铝合金	K10、Si_3N_4	PCD、Si_3N_4、金刚石涂层
铜合金	K10、K20 涂层硬质合金，金属陶瓷	PCD、Si_3N_4
结构钢	金属陶瓷，PVD 涂层刀具，高 TiC 添加 Ta、Nb 的硬质合金	CBN、陶瓷
高强度钢、淬火钢	高 TiC 添加 Ta、Nb 的硬质合金	CBN、陶瓷
不锈钢、高温合金、钛合金	超细晶粒添加 Ta、Nb 的 P 类硬质合金	细晶粒及超细晶粒添加 Ta、Nb 的 P 类硬质合金
纤维强化复合材料	K 类硬质合金	PCD
铸铁	金属陶瓷、K 类硬质合金	CBN、Si_3N_4

2）采用涂层技术

除了选择适宜的刀具材料外，刀具表面涂层对于切削来讲是非常重要的。切削刀具表面涂层技术是近几十年发展起来的材料表面改性技术。涂层刀具最适宜于干式切削加工，因为适宜的刀具涂层既可承受高的切削温度，降低刀-屑及刀-工表面之间的摩擦系数，减小刀具磨损和产生的热量，还可使刀具具有强韧的基体及满足切削要求的切削刃或工作表面。因此，涂层技术与刀具材料、切削加工工艺一起并称为切削刀具制造领域的三大关键技术。

涂层在干式切削加工中的主要功能表现在以下几个方面：①分隔刀具和切削材料；②降低刀具接触区及刀槽内的摩擦；③为刀具隔热，保护刀具不受切屑影响。涂层刀具的基体材料主要有硬质合金和高速钢，其中硬质合金应用最多。

涂层刀具整体性能的优劣与基体材料及涂层本身的性能密切相关。涂层材料主要有 TiC、TiN、TiCN、TiAlN、Al_2O_3、MoS_2、金刚石等，涂层方式有单涂层及多涂层。涂层厚度通常在 $2\sim18\mu m$ 之间。较薄的涂层比厚涂层在冲击切削条件下，经受温度变化的性能要好，这是因为薄的涂层应力较小，不易产生裂纹。在快速冷却和加热时，厚涂层就像玻璃杯极快地加热、冷却一样，容易产生碎裂，用薄涂层刀片进行干式切削可以使刀具寿命提高 40%。表 8-2 所示是常见涂层的物理力学性能。表 8-3 所示是常见用于干式切削加工刀具的涂层。

表 8-2　常见涂层的物理力学性能

涂层种类	硬度/HV	密度/（g/cm³）	弹性模量/×10⁵MPa	热导率/×418.68 W/（m·K）	热膨胀系数/×10⁻⁶/℃	摩擦系数	氧化温度/℃
TiC	2900~3800	4.9	3.2~4.6	0.04~0.06	7.4~7.8	0.25	1100
TiN	1800~2800	5.4	2.6	0.05~0.07	8.3~9.5	0.49	1200
TiCN	2800~3000	5.1	5.1	0.07~0.08	8.1~9.4	0.34	
TiAlN	2300~3500	4.0	4.0		6.5~7.0	0.50	
Al_2O_3	2300~2700	4.0	4.0	0.07	6~9	0.15	稳定

表 8-3　常见用于干式切削加工刀具的涂层

	涂层种类	涂层厚度/μm	显微硬度/HV₀.₀₅	耐热性/℃	摩擦系数
硬涂层	TiN	1~5	2100~2600	450~600	≈0.4
	TiCN	1~5	2800~3200	350~400	0.25~0.4
	TiAlN	1~5	2600~3000	700~800	0.3~0.4
	TiAlCrYN	1~5	2600~3000	≈900	0.3~0.4
软涂层	MoS_2	0.2~0.5	—	—	<0.2

超硬材料（如金刚石、类金刚石、C_3N_4）涂层、软硬复合涂层及纳米涂层等高性能涂层刀具在干式切削加工中具有更优异的切削性能，例如：

（1）用金刚石涂层刀具干式切削加工硅铝合金和铜合金等有色金属、玻璃纤维和碳纤维等工程复合材料，以及石墨和未烧结的陶瓷与硬质合金等制品，其切削性能和耐磨性与 PCD 刀具大致相当，刀具寿命是普通硬质合金刀具的 $50\sim100$ 倍。金刚石涂层刀具硬度和热导率比 PCD 刀具更高，摩擦系数更小，化学稳定性更好，可采用比 PCD 刀具更高的切削速度，而其价格又比同类 PCD 刀具要低，且易于沉积到各种复杂型面和几何形状的刀具上。

（2）加入适当原子的类金刚石涂层 DLC（Diamond-Like Carbon）刀具可以用来干式切削加工钢材。通常碳和铁发生相互作用，但这类金刚石涂层没有这种趋势，因为掺杂物可使类金刚石碳的原子结构稳定性增加，这样就可以加工钢和铁材料，其寿命是 TiN 涂层的 2 倍。特别是在高速钻削和加工钢件螺纹时，其寿命大约是非涂层刀具的 17 倍。

（3）用直径 ϕ 6.3mm 的 C_3H_4 涂层高速钢麻花钻，干式钻削高强度钢 38CrNiMo3VA（36～40HRC），钻头寿命可提高约 10 倍。

（4）为了减少切削过程中的摩擦与黏附，往往又在硬涂层之上再加 MoS_2、WC/C 等起润滑作用的软涂层，使其将硬涂层硬度高、热稳定性好和软涂层摩擦系数低、自润滑性好的优点集于一身。试验证明，涂层特别是兼有软硬涂层的刀具性能更好，如在合金钢上干式钻削深径比为 4 的盲孔时，无涂层钻头干式钻孔 1 个即损坏，TiAlN 硬涂层钻头干式钻孔 85 个失效，而 TiAlN+WC/C 软硬复合涂层钻头则可钻孔 108 个。

（5）纳米涂层可采用多种涂层材料的不同组合，如金属/金属组合、金属/陶瓷组合、陶瓷/陶瓷组合、固体润滑剂/金属组合等，以满足不同的功能和性能要求。设计合理的纳米涂层可使刀具的硬度和韧性显著增加，使其具有优异的抗摩擦磨损及自润滑性能，非常适合于干式切削加工。

从摩擦、润滑和磨损的观点来看，硬质合金刀具的多层纳米涂层可分为四类：

① 硬/硬组合，如碳化物、硼化物、氮化物、氧化物之间的组合，可为刀具提供高温氧化保护。常见的有 B_4C/SiC、B_4C/HfC、TiC/TiB_2、TiN/TiB_2、TiC/TiN 等。

② 硬/软组合，如碳化物/金属组合，如 B_4C/W、SiC/Al、SiC/W、SiC/Ti 等。

③ 软/软组合，如金属/金属组合，常见的有 Ni/Cu 等。

④ 具有润滑性能的软/软组合，如固体润滑剂/金属组合，常见的有 MoS_2/Mo、WS_2/W、TaS_2/Ta、MoS_2/Al-Mo 等。这些复合涂层每层由两种材料组合而成，厚度仅几个纳米。根据切削性能需要及涂层特性，可交互叠加上百层，总厚度可达 2～5μm。如用固体润滑剂多层纳米涂层（MoS_2/Mo 双材料涂层，共 400 层，总厚度 3.2μm，每层厚 80nm）的 HSS 钻头（ϕ 9.5mm）对 Ti-6Al-4V 合金进行干式钻孔，旋转速度为 2200r/min。结果表明，钻削过程中，未涂层钻头的钻削力急剧增大，最后导致钻头卡入工件中。而多层纳米涂层钻头的钻削力减小约 33%，未发生钻头卡住现象或其他故障，钻削性能显著优于未涂层钻头。

无论哪种涂层，实际上都起到了类似于切削液的冷却作用，它产生一层隔热层，使切削热不会或很少传入刀具。在高速干式切削中，涂层还保持刀具材料不受化学反应的作用，从而保证刀具的切削性能。据有关资料报道，厚膜 Al_2O_3 涂层还有保持刀具材料化学稳定性的作用。可见，涂层技术是干式切削成功应用的一项关键技术，各种涂层的化学稳定性和耐磨性如图 8-6 所示。

3）采用合理的刀具结构

与普通切削加工一样，加工方法的多样性对于切削刀具结构也提出了多种多样的要求。干式切削加工刀具结构设计准则包括：

（1）热扩散是干式切削加工中的基本问题之一。因此，刀具结构设计必须考虑使加工过程中产生的热量尽可能少，也就是说刀具结构应力求做到低切削力及低摩擦。

（2）用于深孔加工的钻头通常必须考虑排屑问题。因此，深孔加工刀具的设计必须确保具有特别好的排屑效果。例如，德国 TITEX 公司为干式切削加工而专门研制的 ALPHA 22 型深孔钻头，很好地遵循了上述设计准则。这种钻头可以在不进行润滑和冷却的情况下，钻削深径比达 7～8 的孔。它采用特殊的 40° 螺旋角结构，结合较高钴含量的微晶粒硬质合金，实现较大的螺旋角和较大的前角，同时在使用过程中具有较高的可靠性。

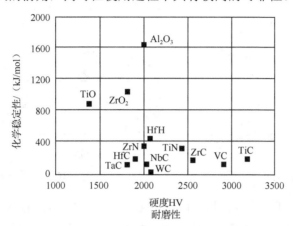

图 8-6　各种涂层的化学稳定性和耐磨性

（3）干式切削刀具设计应力求遵循"低切削力"的设计原则，即要求刀具具有较大的前角，并配合有适宜的切削刃形状。例如，TITEX PLUS 刀具可以通过较窄的钻心和较大的倒锥实现比较低的摩擦，而且刀具特有的槽形轮廓，可以实现良好排屑，保证低摩擦切屑的流动。

在干式切削加工中，刀具几何形状的优化非常重要。标准刀具不适宜干式切削，因此，干式切削加工应选择优化的刀具几何形状，以减小刀-屑间的摩擦。刀具几何形状优化应做到：第一，减小刀-工表面间的接触面积，如增大钻头的倒锥量和螺旋角；第二，考虑刀具表面的最大润滑性，防止积屑瘤的产生。尽管近年来在新型刀具材料的制备与开发上取得了很大的进步，但用金属陶瓷、陶瓷、CBN 和 PCBN 制造的刀具仍然比硬质合金要脆得多，不能经受太大的压力，因此，用这些材料制造的刀具必须结合其特点进行设计，即对它加强支撑、分散压力。为了加强刀具刃口强度，通常可采用以下刃口强化措施：

① T 形刃带。T 形刃带就是一个倒棱——在刃口磨出窄的平面，以取代较脆弱而锋利的刀刃。用此法进行刀具设计时，一个重要的任务就是要找出最佳的平面宽度和能赋予刃口适当强度和寿命的角度，这是因为大的宽度和加大刀片的角度无疑会增加切削力。

② 强化。强化就是圆整锋利的刃口。虽然强化刀具不像 T 形刃那样有棱有角，但是强化对于精加工用的先进刀片材料效果很好。这些强化刀具用于切削时，应该采用小背吃刀量、低速进给，并保持切削压力最小。

此外，在干式切削加工时，细颗粒优质硬质合金刀具和金刚石刀具的切削刃口可做轻微的小钝化，以其自身基体的强度来保持刃口的锋利，达到降低切削温度的目的。这不但可保持刀具的高性能，而且还可保持刀具的最佳使用寿命。

图 8-7 所示为干式铣削刀片的几何形状，由于具有大的前角和后角，因而可大大减小刀-屑间的接触面积，使切屑带走大量热量。图 8-8 所示为干式车削和普通车削的加工过程示意图。可见，当切屑流过普通车削刀片的前刀面时，由于接触面积大，传入刀具的热量多，从而产生月牙洼磨损，降低刀具寿命；而采用图 8-8（b）所示刀片，刀具前刀面上有加强棱，刀-屑间的接触面积大大减小，大部分热量被切屑带走，切削温度可比普通刀片降低约 400℃，同时

也增大了剪切角，使刀具寿命显著提高，并允许采用高的切削速度，可提高生产效率，若保持普通的切削速度，则刀具寿命可提高 3～4 倍。

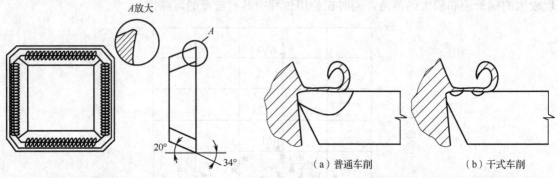

图 8-7　干式铣削刀片的几何形状　　　　图 8-8　干式车削和普通车削的加工过程示意图

此外，减小切屑与工件表面的接触区，也可以减少传入工件的热量。采用图 8-9 所示的可转位刀片，可以在接触区形成鳞状切削面，切屑朝侧向弯曲，可控制其流出方向，使排屑非常容易，这对干式切削非常重要。如采用图 8-10 所示具有大前角和大刃倾角的干式铣削刀片，实验证明，可大大减小刀具与切屑间的接触面积，使切屑带走大量热量。

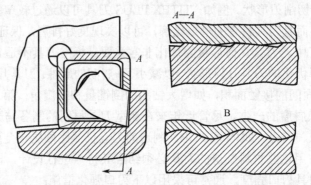

图 8-9　最小接触面摩擦的断屑几何形状（B 为普通断屑几何形状）

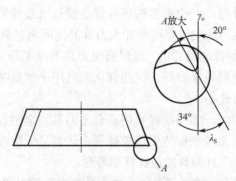

图 8-10　具有大前角和大刃倾角的干式铣削刀片

对于陶瓷刀具，由于其脆性较大，因此可以选用 T 形或双 T 形棱面，或者研磨，或几种方法组合。例如，美国 Valenite 公司推荐将 0.5×30° 的 T 形棱面用于 Al_2O_3+TiC 刀具，干式切削加工淬硬钢，并尽量采用小的主偏角。常用的刀片几何形状是正方形、三角形和 80° 菱形。

对 CBN 刀具，倒棱太大，加工淬硬钢时，刀具与工件接触处温度过高，使刃口很快磨损，因此，一般不采用大倒棱，刃口可采用斜面或倒圆及负前角。

除选择合理的刀具材料及采取适宜的涂层外，干式切削还需根据不同的加工条件，选用合适的刀具结构及几何参数。如可采用回旋型刀具、热管式刀具和特殊几何形状的新型刀片等，以获得更理想的干式切削效果。

日本三菱金属公司开发出一种适于干式切削的"回转型车刀"（见图 8-11），该刀具采用圆形超硬刀片，刀片的支持部分装有轴承，在加工中刀片能自动回转，使切削刃始终保持锋利，具有加工效率高、加工质量好、刀具寿命长等特点。

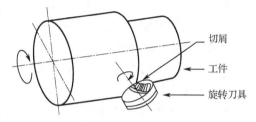

图 8-11　回转型车刀工作原理

图 8-12 所示为一种热管式车刀。其结构与普通车刀基本相同，所不同的是在刀杆体内部制成了热管。热管内的工作介质一般为丙酮、乙醇和蒸馏水三种。热管是一种高效的传热元件，它利用的是沸腾吸热和冷凝放热这两个最强的传热机理，热管的热导率相当于银、铜棒的几百倍。它是一种自冷却刀具，故无须再从外部浇注切削液，在加工过程中，前刀面温度仅为普通刀具的 2/3，温度可降低 50～60℃，刀具寿命可提高 2～3 倍，尤其适于在数控机床、加工中心和自动生产线上应用。

开发易于排屑的刀具结构也是干式切削刀具的一个发展方向。国外已开发出利用冷风、真空原理等的刀具，用这种刀具进行切削加工，对环境不会造成任何污染，而且排屑效果非常好。图 8-13 所示为吸引式车刀原理图，它利用真空原理，在切削区形成负压，通过管道将切屑吸走。

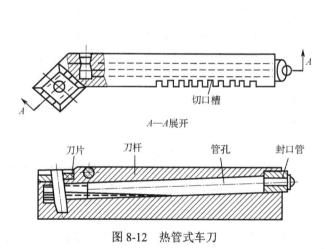

图 8-12　热管式车刀

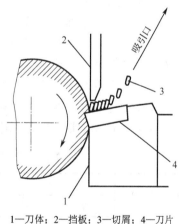

1—刀体；2—挡板；3—切屑；4—刀片

图 8-13　吸引式车刀原理图

2. 干式切削的机床技术

干式切削不但对刀具要求很高，也对机床的排屑、防尘和热特性提出较高的要求。干式切削机床最好采用立式布局，至少床身应是倾斜的，理想的加工方式是工件在上，刀具在下，并在一些滑动导轨副上方设置可伸缩角形盖板，工作台上的倾斜盖板可用绝热材料制成，总的原则是尽可能依靠重力排屑。干式切削易出现金属悬浮颗粒，故机床常加装真空吸尘装置和对关键部位进行密封。干式切削机床的基础大件要采用热对称结构并尽量由热膨胀系数小的材料制成，必要时还应进一步采取热平衡和热补偿等措施。

3．干式切削的工艺技术

与湿式切削相比，干式切削时切削区的温度明显提高，所以在不少情况下干式切削加工采用更小的切削用量。不过，在高速切削条件下，95%的切削热被切屑带走，切削力可降低30%，所以高速切削也是干式和准干式切削的发展方向之一。当然，干式和准干式切削采用的切削用量还要根据具体加工条件进行优选。

在高速干式切削方面，美国 Makino 公司提出"红月牙"（red crescent）干式切削工艺。其机理是由于切削速度很高，产生的热量聚集于刀具前部，使切削区附近工件材料达到红热状态，导致屈服强度明显下降，从而提高材料去除率。实现"红月牙"干式切削工艺的关键在于刀具，目前主要采用 PCBN 和陶瓷等刀具来实现这种工艺，如用 PCBN 刀具干式车削铸铁时切削速度已可达 1000m/min。

当然，选用什么刀具材料还要视工件材料而定。虽然上述 PCBN 很适合进行高速干式切削，但主要是对高硬度黑色金属和表面热喷涂的硬质工件材料进行干式切削，由于 PCBN 中的氮和硼可以溶入铁素体中（氮与硼易与铁素体反应），形成间隙固溶体，切削时产生的高温高压会使 PCBN 颗粒产生扩散磨损，故不宜用于低硬度（45HRC 以下）工件的加工。又如，金刚石刀具的碳与铁元素有很强的化学亲和力，在通常条件下不能用来加工黑色金属。

干式切削的难易程度与加工方法和工件材料的组合密切相关。从实际情况看，车削、铣削、滚齿等加工应用干式切削较多，因为这些加工方法切削刃外露，切屑能很快离开切削区。而封闭式的钻削、铰削等加工，干式切削就相对困难一些，不过目前已有不少此类孔加工刀具出售，如德国 TITEX 公司可提供适用于干式切削的特殊钻头 ALPHA 22，其深径比 L/D 可达 $7\sim8$。就工件材料而言，铸铁由于熔点高和热扩散系数小，最适合进行干式切削；钢的干式切削特别是高合金钢的干式切削较困难，这方面曾进行大量试验研究并已取得重大进展。铝及铝合金虽然是难于进行干式切削的材料，但通过采用 MQL 润滑的准干式高速切削，在解决切屑与刀具粘连及铝件热变形方面获得突破，实际生产中已有加工铝合金零件的准干式切削生产线在运行。对于难加工材料，则有使用激光辅助进行干式切削的。

表 8-4 所示为可实施干式切削的工件材料与加工方法的组合。

表 8-4　可实施干式切削的工件材料与加工方法的组合

工 件 材 料	加 工 方 法				
	车　削	铣　削	铰　削	钻　孔	攻　丝
铸铁					
钢		难于干式切削	难于干式切削		难于干式切削
铝合金		难于干式切削			难于干式切削
复合材料					
高硬材料	难于干式切削	难于干式切削	难于干式切削	难于干式切削	难于干式切削

4．可靠的刀具监测装置

干式切削使刀具处于一个更加恶劣的加工环境，温度升高、切削力增大等，同时使刀具破损、磨损失效的概率增大。因此，刀具监测装置将成为干式切削可靠性和安全性，以及加工质量的有力保证。目前随着传感器、数字信号处理技术的发展，以及神经网络、人工智能在刀具监测领域的应用，各种性能稳定、可靠性高的刀具监测装置都能在市场找到，选择主要取决于对其性能的要求和经济角度的考虑。

8.3.3　实施干式切削的方法

干式切削是对传统生产方式的重大创新，是一种崭新的绿色制造技术，虽然从其出现至今只有很短的历史，但它是新世纪的前沿制造技术，对实施人类可持续发展战略有着重要意义。干式切削又是一项庞大的系统工程，不可能一下子就能实施。主要难点在于：干式切削时，切削液应有的主要功能——润滑、冷却和排屑功能不复存在，切削热就会急剧增加，机床加工区的温度就会明显上升，刀具寿命就会大大降低，工件的加工精度和表面质量也难以保证。因此必须找出可能替代切削液上述功能的方法，才能保证干式切削得以正常顺利地进行。试验表明，在某些特殊气体氛围中进行干式切削，有利于减小刀具磨损，从而发展成为干式切削技术的另一分支。

1. 风冷干式切削技术

风冷却系统一般由压缩空气供给源、空气除湿器、空气冷却器、绝热管、微量供油装置、风嘴、吸尘管和集尘器等组成，如图 8-14 所示。来自压缩空气供给源的空气经过除湿器去除水分后，送入空气冷却器冷却至-45℃左右，再经绝热管由风嘴将冷风送至需要冷却的部位，必要时喷入少量植物油以防锈，并兼有一定润滑作用。在风嘴的对面设有集尘装置用于收集尘屑，再经过集尘器内的过滤器滤去切屑。

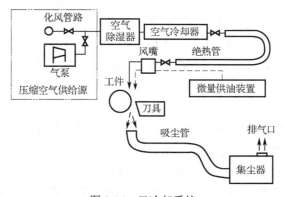

图 8-14　风冷却系统

实现空气冷却的方法较多，根据制冷原理可分为以下四种：低沸点液体汽化间接制冷、制冷剂压缩机循环间接制冷、空气绝热膨胀直接制冷和涡流管直接制冷。表 8-5 所示为四种制冷方法性能的比较。

表 8-5　四种制冷方法性能的比较

制 冷 方 法	装置复杂程度	初始成本	运行成本	可控性	可靠性	综合评价
低沸点液体汽化间接制冷	简单	低	高	好	最好	差
制冷剂压缩机循环间接制冷	较复杂	较高	较低	最好	最好	最好

续表

制 冷 方 法	装置复杂程度	初始成本	运行成本	可控性	可靠性	综合评价
空气绝热膨胀直接制冷	较简单	高	低	中	好	好
涡流管直接制冷	简单	低	较高	差	最好	中

风冷却虽可进行干式切削，但也存在一些尚需解决的问题，如切屑的收集问题、纯风冷却时刀具的润滑问题、纯风冷却时工件的防锈问题和冷风的噪声问题等。

2. 液氮冷却干式切削技术

液氮冷却干式切削是利用液氮使工件、刀具或切削区处于低温冷却状态进行切削加工的方法。氮气占空气的 79%，吹氮加工使用的氮气可借助氮气生成装置除去空气中的氧、水分和 CO_2 而获得，然后经由喷嘴吹向切削区。氮气是不燃性气体，如果切削加工在氮气氛围中进行自然不会起火，这对于切削加工具有易燃性的镁合金很有意义（湿式切削加工时镁屑处理是个难题）。更重要的是氮气氛围抑制刀具的氧化磨损，可保护刀具涂层和防止切屑粘连到刀具，提高刀具寿命。液氮冷却的应用有两种方式。

（1）直接应用。是将液氮作为切削液直接喷射到切削区。一般来说，由于刀具磨损严重，金刚石刀具不能用来加工黑色金属。而美国一学者采用液氮冷却系统用金刚石刀具对不锈钢进行车削加工，由于低温抑制了碳原子的扩散和石墨化，大大减少了刀具磨损，并取得了极好的加工质量，其表面粗糙度达到 $Ra\,25\mu m$。

磨削加工时会因磨削区高温常常对工件表面造成热损伤，如烧伤、微裂纹等。为了有效地解决这些问题，印度工学院 S. Paul 用液氮超低温冷却磨削五种常用钢材，结果表明正确合理地使用液氮冷却，可有效控制磨削区温度，使磨削温度保持在材料发生相变温度之下而不发生磨削烧伤，并且在材料塑性增大和较大进给量情况下，这种效果更加显著。

对于非金属材料和复合材料的液氮冷却切削加工，国外也开展了广泛研究。如 FRP（Fiberglass Reinforced Plastics）是一种高强度/重量比、耐疲劳的复合材料，用传统切削方法加工非常困难，因而限制了这种材料的使用。新西兰学者对其进行超低温冷却加工，使用液氮不间断冷却（0.4～0.5L/min），极大地改善了这种材料的切削加工性，不但获得了满意的加工表面质量，还在很大程度上延长了刀具寿命。采用低温切削加工热固性塑料、合成树脂、石墨、橡胶和玻璃纤维等材料时也均显示出良好的切削性能。

（2）间接应用。主要是冷却刀具，即在切削过程中不断地冷却刀具，使切削热快速从刀具上，特别是刀尖处被带走，刀尖始终保持在低温状态下。其装置如图 8-15 所示。

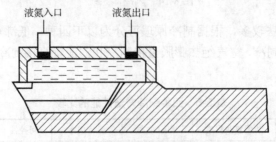

图 8-15　液氮冷却干式切削装置

美国林肯大学的学者利用一种配备新型冷却系统的 PCBN 刀具进行了试验研究。这种刀具是在车刀上部的方盒内储存液氮，由进口输入，从出口流出。试验表明，使用液氮冷却时，车刀寿命提高 10 倍，磨损降低 1/4，并可获得较低的表面粗糙度。

还有一种特殊的间接应用方法为喷气冷却。日本一些学者研制出喷气冷却系统。该系统使用的冷却气体是由液氮在热交换器中冷却过的，其温度低于-50℃冷却气体直接喷射于磨削点。实验发现，磨削后工件材料的残余压应力比使用磨削液磨削时要大，残余压应力的分布区域也变宽了。而残余压应力可提高零件的抗疲劳寿命，这对一些零件，如飞机零件等十分重要。日本人曾经做过液氮冷却切削和其他加工方式端铣碳钢的对比试验，发现液氮冷却切削的刀具磨损，特别是后刀面磨损比采用其他加工方式时低得多。

3. 静电冷却干式切削技术

静电冷却干式切削技术（Static Cooling of Dry Cutting Technology）是苏联学者在 20 世纪 80 年代发明的干式切削技术，其基本原理是通过电离器将压缩空气离子化、臭氧化（所消耗的功率不超过 25W），然后经由喷嘴送至切削区，在切削点周围形成特殊气体氛围。

1）静电冷却在切削过程中的作用

静电冷却在切削过程中具有冷却、润滑、表面钝化、清洁、切屑断裂和导出等作用。

（1）润滑作用。主要取决于切削过程中存在着臭氧和离子被摩擦表面所吸收，并同其化学键结合而形成为边界薄膜。薄膜厚度介于数百到数千纳米之间，其抗剪强度略高于流体动力润滑油，但远低于金属。

（2）冷却作用。空气流的直接冷却和被加工材料遭受破坏所需能量减少时产生的间接温升下降。在温升下降的后一种情况下出现列宾捷尔效应，即在导致表面性能降低，以及强度也相应降低的固体表面物理-化学过程作用下，固体机械性能发生变化。向切削区域输送空气的温度介于-10～-20℃之间，当空气流直接冷却和被加工材料遭受破坏所需能量减少时，产生温度下降。在温度下降时会出现列宾捷尔效应。在高速切削和相应的高温情况下，这一方法的冷却效果更加突出。

（3）表面钝化作用。由于物理-化学等离子体活性组分发生反应的结果，而切削区域的物理-化学等离子体是在高温分解转化过程中，在伴随有氧气以及存在高剪切应力和外激电子发射条件下出现的。因为臭氧、氧和各种成分的带电离子有足够高的浓度，钝化过程可以更高速度进行。

（4）改善切削性能作用。切削性能是指促进被加工材料发生断裂的性能。塑性化性能是指促进材料塑性变形的性能。这些性能导致可发挥润滑材料作用的软化层的形成。切削层，尤其是塑性化层的基本原理是列宾捷尔效应。

（5）清洁作用。是指零件被加工表面和刀具清除切削区域碎屑、碳化物和非金属夹杂物的能力。静电冷却的清洁作用相当显著。

（6）切屑断裂和导出作用。使用静电冷却干式切削时，对切屑形成过程的控制，不仅可通过改变切削参数和刀具几何角度来实现，也可通过改变静电冷却装置的工作规范和该装置喷嘴相对于刀具和工件的位置来实现。在许多情况下，静电冷却装置的空气流能够控制切屑导出过程。但调整喷嘴位置时，要兼顾刀具寿命和切屑导出两种效果。

2）静电冷却对切削刀具材料的要求

工业应用和测试结果证明，使用硬质合金、高速钢及 CBN 刀具切削时静电冷却都能获得很好的效果。在使用适用于其他冷却方法进行切削加工的刀具时，静电冷却干式切削也是有效的，而且不要求使用特殊的材料和涂层。

3）静电冷却对刀具几何角度和结构的要求

切削刀具不应挡住进入切削区的空气流，应使喷嘴的布置距切削区不超过 100mm。

4）静电冷却对机床结构的要求

机床应保证静电冷却装置的元件布置靠近切削区。在许多情况下必须安装防护装置，以便导出切屑和避免切屑落入机床内部。

5）静电冷却切削加工应用

俄罗斯罗士技术公司曾对此做了大量试验，发现在多数情况下，采用静电冷却干式切削时，刀具寿命接近甚至超过湿式切削。据介绍，目前在俄罗斯的国防和汽车企业中，大约已有 5000 台使用此项技术的机床。

8.4　准（亚）干式切削技术

干式切削是理想的绿色加工工艺技术，但在同样工艺条件下干式切削会使切削过程产生一些特殊问题，例如：①使第Ⅱ变形区的摩擦状态和刀具磨损机理发生变化，刀具磨损加快；②由于工件材料本身的热塑性增加使得切屑的折断、控制及处理困难；③加工表面质量不稳定等。因此，纯粹的干式切削有时实施起来是困难的，故西欧国家的一些专家提出了介于干式切削与湿式切削之间的微量润滑（Minimal Quantity Lubrication，MQL）切削技术。

8.4.1　微量润滑切削技术

1. MQL 切削原理

大量的试验表明，切削液在金属切削中主要起冷却、润滑刀具和排出切屑的作用。切削液能否充分发挥冷却润滑作用，其渗透能力强弱是一个重要的因素。传统浇注式切削液在切削加工过程中以液体渗透和气体渗透两种方式进行，液体的渗透效率较低，尤其是切削速度较高时更低；气体渗透是由于浇注在切削区的液体随着切削温度的上升发生汽化而向刀具前刀面渗透。浇注式切削液渗透能力不强，能够被汽化的液体量很少，因而冷却润滑效果受到限制。

图 8-16　MQL 切削原理图

MQL 切削是将压缩空气与少量的切削液混合后，以气液两相流的形式喷射到切削区（见图 8-16），对刀-屑及刀-工接触界面进行冷却润滑，以便减小摩擦，降低切削温度，防止切屑黏结，加速切屑排出，从而改善刀具的切削条件及切削性能，减小刀具磨损，提高加工质量。由于气液两相流的喷射速度较高，动能较大，因而渗透能力大大增强。另外，气液两相射流中微量液体的尺寸很小，遇到温度较高的金属时极易汽化，可从多个方位向刀具切削区渗透。虽然两相流中液体的量很少，但被汽化的部分却远多于连续浇注时液体的量，所以润滑效果较好。

MQL 切削技术由于切削液用量极少，一般每小时的用量只有十几到几十毫升，仅为传统湿式切削的几万分之一，且多使用植物油或油脂，不会对人体健康和环境造成污染。加工后刀具、工件和切屑都保持清洁干燥，切屑无须处理即可回收利用，故又被称为"准干式切削（Near-Dry Cutting）"。

2. MQL 切削的特点

1）MQL 切削的优点

（1）MQL 切削所使用的润滑液用量非常少，一般为 0.03～0.2L/h，而一台典型的加工中心在进行湿式切削时，切削液用量高达 20～100L/min。

（2）加工后的刀具、工件和切屑都是干燥的，避免了后期的处理。

（3）清洁和干净的切屑经过压缩后可直接回炉熔炼，免除许多费用支出。

（4）在切削刃上形成润滑油膜，切屑不黏刀、刃口和工件直接接触及摩擦降到最小，刀具在切削加工过程中基本保持室温，刀具寿命延长 2～3 倍以上，降低刀具费用支出。

（5）加工效率提高 50%以上，切削速度和进给量可大幅提高。

（6）环保安全，对人体无害。

2）MQL 切削的缺点及避免措施

MQL 切削在实际应用中存在的一个问题就是对切削热的有效冷却。需要有关温度分布的知识及应有的处理。①需预先对刀具、夹具等进行温度控制；②采用有润滑剂导管的非标刀具，以及高性能涂层和耐热材料。

对于热量释放巨大的切削加工，可采用油水混合型喷嘴，将两相流体的组成从空气+油改成空气+油+水，并增大油和水的配比，以期达到强大的冷却效果。有时也可采用多喷嘴方案。另外，用 MQL 高速切削难加工材料时，由于切削区温度过高而会使刀具表面的润滑油膜丧失润滑作用，若能大幅度降低压缩空气的温度，则一方面可以提高切削区的换热强度，改善换热效果；另一方面换热效果的提高又可使润滑液滴在刀具表面形成的润滑油膜进一步保持润滑能力，从而提高刀具寿命。如将 MQL 与氮气或冷风结合形成低温微量润滑（CMQL）切削，即可获得更好的切削性能和加工效果。

3. MQL 切削技术实施的关键问题

实施 MQL 切削技术的关键问题有两个：一是如何保证微量切削液顺利进入切削区；二是如何确定切削液的用量。目前，解决第一个问题有两种方法：一种是"外喷法"，即将液-气混合物从外部喷向切削区（见图 8-17（a））。该方法简单易行，但所消耗的切削液用量大，尤其对半封闭、封闭状态的切削加工，如钻削、铰削、拉削等的效果并不理想；另一种是"内喷法"，即在刀具中开出液-气通道，让液-气混合物经此通道喷向切削区（见图 8-17（b））。该方法切削液用量少，冷却润滑较为充分，特别适于半封闭、封闭状态加工，但刀具和机床主轴结构较复杂，且当主轴转速过高时，受离心力作用的影响，切削液易黏附在主轴和刀具的内孔壁上，不易达到切削区，因此，主轴转速一般不宜超过 20000～30000r/min。

4. MQL 切削技术的应用

用直径ϕ10mm 的硬质合金端铣刀，以 60m/min 的切削速度铣削碳钢时，比较干式切削、吹高压空气、湿式切削（250L/h 切削液）和 MQL 切削（20mL/h 切削油）四种加工方式下的刀具磨损。尽管 MQL 切削所使用的切削液不及湿式切削的万分之一，但铣刀后刀面的磨损不仅远低于干式切削，且与湿式切削时相近甚至略低。另外，MQL 切削技术与刀具涂层技术结合可获得最好的切削效果。例如：

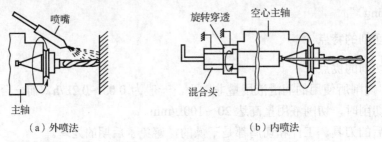

（a）外喷法　　　　　　　　　　　　（b）内喷法

图 8-17　MQL 的供液方式

（1）用 TiAlN+MoS$_2$ 涂层钻头加工铝合金工件时，干式切削只能钻孔 16 个，切屑就黏结在钻头的容屑槽中，使钻头无法继续使用；而用 MQL 切削时，钻孔数达 320 个后，钻头还没有明显的磨损和黏结，且孔加工质量满足图纸要求。

（2）用 TiAlN 涂层钻头加工 X90CrMoV18（DIN 牌号，相当于 9Cr18MoV）合金钢时，干式钻削只能加工 3.5m，钻头便损坏；而用 TiAlN+MoS$_2$ 涂层钻头，采用 MQL 切削时，钻削长度可达 115m，钻头寿命可提高约 32 倍。

8.4.2　其他准（亚）干切削技术

其他准（亚）干式切削技术还包括用水蒸气作为冷却润滑剂的切削技术、射流注液切削技术和喷雾冷却切削技术等。

1. 用水蒸气作为冷却润滑剂的切削技术

俄罗斯专家 1998 年首次提出用水蒸气作为冷却润滑剂的切削加工方法，这种方法后来又获得了专利。用水蒸气作为冷却润滑剂可大大加强冷却润滑剂的潜入能力，取消液相的渗入阶段；当冷却润滑剂的成分与浇注法相同时，水蒸气在很大程度上保持着自己的效果；水蒸气冷却润滑剂保证冷却均匀，特别在硬质合金刀具断续切削时效果更好；用水蒸气作为冷却润滑剂能够提高硬质合金刀具的使用寿命，车削 45 钢、不锈钢和灰铸铁时可提高 1～1.5 倍，铣削时可提高 1～3 倍。

前苏联专家认为切削液的效果不能单纯归结为对流热迁移，而应是润滑效应造成的间接冷却。

可以这样重新理解金属切削时摩擦过程的实质，即过去认为传统切削液的润滑作用主要是通过表面的毛细管动力网，将切削液渗透到切屑与刀具界面上产生的。它由两个阶段组成，即先是液相的渗入、蒸发，然后是蒸发、充填、挥发。试验表明，传统冷却曲线上试样的温度有一段保持恒定，这证明冷却试样的表面被一层蒸气膜覆盖着，新的切削液难以再进入蒸气膜内，从而阻碍了冷却效果。而采用水蒸气冷却没有成膜阶段，只有蒸气的充填、挥发，这样就不会阻碍新切削液进入冷却区。试验也证明，此时试样的温度下降均匀，无曲线平段的出现。

2. 射流注液切削技术

日本学者采用高压注液法精加工 Ni 基高温合金 Inconel 718 等材料时，后刀面磨损值与切削温度存在一种定量关系，切削温度的升高会加快后刀面磨损。用 K20、涂层 P40 刀具，与浇注冷却相比，随着射流速度的提高，后刀面磨损减小。如刀具磨损值一定，在一定切削条件下用射流冷却比浇注法可提高切削速度 2～2.5 倍，刀具使用寿命延长 5 倍左右。

8.5　干式磨削技术

磨削加工是一种高效的加工方法，加工精度高，能加工高硬度零件，有时是其他切削加工方法所不能替代的。由于加工时需要在砂轮和工件表面之间加入磨削液来起冷却、润滑和消尘作用，但大量使用磨削液污染环境，因此在磨削加工中如何减少或不用磨削液，同时减少粉尘对环境的污染，以求绿色的磨削加工是加工制造业努力的方向。

磨屑和磨料粉尘细小，易使周围空气尘化，为防止空气尘化要用磨削液；同时为了防止工件烧伤、裂纹，要冷却降温，冷却降温也要用磨削液，从而带来废液污染环境的问题。

由于常规的磨削加工产生一些环境问题，因此世界各国都在进行有利于环保的磨削加工的研究，其基本的思路是不使用或少使用磨削液，于是就产生了干式磨削技术。

8.5.1　干式磨削的特点

干式磨削就是不使用磨削液的磨削加工技术。但因为干式磨削不使用磨削液就失去了磨削液的作用，因此，通常很少使用。如果使用热传导性良好的 CBN 砂轮进行低效率磨削，或用金刚石砂轮进行点式磨削，以及采用具有合适散热方式的冷风磨削，仍可使用干式磨削。

干式磨削形成的磨屑容易回收处理，且可节省涉及磨削液保存、回收处理等方面的装备及费用，既节约生产成本，又不会造成环境污染。但实现起来比较困难，这是因为原来由冷却液承担的任务，如磨削区润滑、工件冷却及磨屑排除，都需要另外的方法来完成。

8.5.2　干式磨削的实施条件

在干式磨削时，要解决的关键问题是如何降低磨削热的产生或使产生的磨削热很快地散发出去，为此可采取以下措施：

（1）选择导热性好或能承受较高磨削温度的砂轮，降低磨削对冷却的依赖程度。磨具的发展已为此提供了可能性，如具有良好导热性的 CBN 砂轮可用于干式磨削。

（2）减少同时参加磨削的磨粒数量，以降低磨削热的产生，如点式磨削。

（3）减小砂轮圆周速度 v_s 与工件速度 v_w 的比值（$q=v_s/v_w$），这样可使磨削热源快速地在工件表面移动，热量不容易进入工件内部。

（4）提高砂轮的圆周速度，以减小单颗磨粒的切削厚度。同时为了保持上述的速比 q 不变，应等量地提高工件的速度。

（5）用新型冷却方式，如采用强冷风磨削。

8.5.3　强冷风干式磨削

强冷风磨削是日本最近开发成功的一项新技术。它是通过热交换器，把压缩空气用液氮冷却到-110℃，然后经喷嘴喷射到磨削点上，将磨削加工所产生的热量带走。同时，由于压缩空气温度很低，产生热量少，所以在磨削点上很少有火花出现，工件热变形极小。

实施强冷风磨削最理想的条件是与 CBN 砂轮结合使用，可充分发挥 CBN 的优越性。这是因为 CBN 磨粒的导热率是传统砂轮磨粒 Al$_2$O$_3$、SiC 及钢铁材料的 15 倍。如果用传统砂轮磨削，加工点上产生的热量不易从工件上散出，工件的温度会上升到 1000℃左右；如果用 CBN 砂轮磨削，加工点上产生的热量可经导热率大的 CBN 磨粒传递出去，工件温度在 300℃左右。因此，使用 CBN 砂轮进行干式磨削时，再对磨削点实行强冷风吹冷，可得到良好的效果。

强冷风磨削也为被加工材料的再生利用开辟了道路，设置在磨削点下方的真空泵吸走磨削产生的磨屑，这些磨屑粉末纯度很高，几乎没有混入磨料和黏结剂颗粒。这是因为 Al$_2$O$_3$ 砂轮的磨削比（工件的材料磨除量与砂轮磨损量之比）是 600，而 CBN 砂轮的磨削比约为 30000。CBN 砂轮几乎不磨损，磨屑中没有砂轮的粉末，因此，磨屑粉末熔化后再生材料的成分几乎没有发生变化。

8.5.4　点磨削

点磨削是另一种形式的干式磨削，它是由德国容克（Junker）公司首先发展起来的一种超硬磨料高效磨削新工艺，是利用小面积接触磨削与连续轨迹数控磨削的快速点磨削新技术，如图 8-18 所示。目前在我国汽车工业中已得到应用。该工艺具有极高的金属去除率和很高的加工柔性，在一次装夹中可以完成工件上所有外形的磨削，同时产生的热量少，散热条件好。

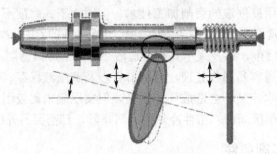

图 8-18　点磨削原理示意图

点磨削是利用超高线速度（120～250m/s）的单层 CBN 薄砂轮（宽度 4～6mm）来实现的。其主要特点如下：

（1）生产效率高。由于单位时间内作用的磨粒数增加，使材料磨除率成倍增加，最高可达 2000mm^3/mm·s，比普通磨削可提高 30%～100%。

（2）砂轮使用寿命长。由于每颗磨粒的负荷减小，磨粒磨削时间相应延长，提高了砂轮使用寿命。磨削力一定时，200m/s 磨削砂轮的寿命是 80m/s 磨削砂轮的 2 倍；磨削效率一定时，200m/s 磨削砂轮的寿命则是 80m/s 磨削砂轮的 7.8 倍。这非常有利于实现磨削自动化。

（3）磨削表面粗糙度值低。超高速磨削单个磨粒的切削厚度变小，磨削划痕浅，表面塑性隆起高度减小，表面粗糙度数值降低；同时由于超高速磨削材料的极高应变率（可达 10^{-4}～10^{-6}/s），磨屑在绝热剪切状态下形成，材料去除机制发生转变，因此可实现对脆性和难加工材料的高性能加工。

（4）磨削力和工件受力变形小，工件加工精度高。由于切削厚度小，法向磨削力 F_n 相应减小，从而有利于刚度较差工件加工精度的提高。在切削深度相同时，以磨削速度 250m/s 磨削时的磨削力仅为以磨削速度 180m/s 磨削时的磨削力的一半。

（5）磨削温度低。超高速磨削中磨削热传入工件的比率减小，使工件表面磨削温度降低，能越过容易发生热损伤的区域，受力受热变质层减薄，具有更好的表面完整性。使用 CBN 砂轮 200m/s 高速磨削钢件的表面残余应力层深度不足 1μm，从而极大地扩展了磨削工艺参数的应用范围。

（6）充分利用和发挥超硬磨料高硬度和高耐磨性的优异性能。电镀和钎焊单层超硬磨料砂轮是高速磨削首选磨具。特别是高温钎焊金属结合剂砂轮，磨削力及温度更低，是目前高速磨削新型砂轮。

（7）具有巨大的经济效应和社会效应，并具有广阔的绿色特性。高速磨削加工能有效地缩短加工时间，提高劳动生产率，减少能源的消耗和噪声的污染。在高速磨削加工中，砂轮磨损减小，使用寿命长，使加工成本降低，资源得到有效利用。由于高速磨削效率高，可取消或替代刨削、铣削、车削加工，从而减少加工工序、设备和人员的投入，减少资源、能源和人员的消耗，实现制造工艺的绿色特性。因高速磨削热的 70%被磨屑所带走，所以加工表面的温度相对低，所需磨削液的流量和压力可相对减少，使冷却液的需求量减少，能量需求减少，污染减少。

8.6　准干式磨削技术

由于不使用磨削液又很难进行磨削加工，因此如何尽量减少磨削液的使用是当前研究的重点，即准干式磨削。准干式磨削首先是采用合适的供给方法，使磨削液有效地送到磨削区，增强冷却效果；其次是不断探索磨削液的最佳流量，实现用量微量化。

准干式磨削就是在磨削过程中施加微量磨削液，并采取一定的措施，使这些磨削液全部消耗在磨削区并大部分被蒸发，没有多余的磨削液污染环境。经常使用的射流冷却磨削就是一种准干式磨削。

射流冷却是一种比较经济的冷却方法。它把冷却介质直接强行送入磨削区，用较少的冷却介质达到大量浇注的效果，同时减少对环境的污染。射流冷却磨削系统原理图如图 8-19 所示。

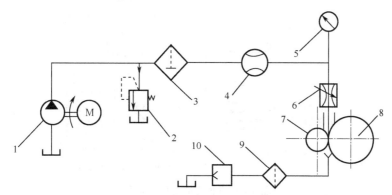

1—压缩机；2—安全阀；3—主过滤器；4—流量计；5—压力表；6—节流阀；7—工件；8—砂轮；9—过滤器；10—真空泵

图 8-19　射流冷却磨削系统原理图

依照射流介质不同，可分为液体射流、气体射流、混合射流三种。从环境角度讲，三者相比，气体射流冷却是一种比较好的冷却方式。选择一定的气压，通过各种控制元件将介质送到射流口，以冲刷加工区，加强磨削区与周围的热交换，改善磨削区的散热条件。射流冷却着重针对磨削区，比其他冷却方法更能使冷却介质进入磨削区，冷却的针对性强，效果显著。射流的冲刷作用使磨削时产生的磨屑粉末不易黏附在砂轮上，有利于加工质量的提高。

8.7　快速成型技术

快速成型技术（Rapid Prototyping，RP）又称快速原型制造（Rapid Prototyping Manufacturing，RPM）技术，诞生于 20 世纪 80 年代后期，是基于材料堆积法的一种高新制造技术，被认为是制造领域的一个重大成果。它集机械工程、CAD、逆向工程技术、分层制造技术、数控技术、材料科学、激光技术于一身，可以自动、直接、快速、精确地将设计思想转变为具有一定功能的原型或直接制造零件，从而为零件原型制作、新设计思想的校验等方面提供一种高效低成本的实现手段。即快速成型技术就是利用三维 CAD 的数据，通过快速成型机，将一层层的材料堆积成实体原型。

8.7.1　概述

1．快速成型技术的原理

RP 技术的基本原理如图 8-20 所示。它是将计算机内的三维数据模型进行分层切片得到各层截面的轮廓数据，计算机根据此信息控制激光器（或喷嘴）有选择性地烧结一层一层的粉末材料（或固化一层一层的液态光敏树脂，或切割一层一层的片状材料，或喷射一层一层的热熔材料或黏合剂），形成一系列具有一个微小厚度的片状实体，再采用熔结、聚合、黏结等手段使其逐层堆积成一体，便可以制造出所设计的新产品样件、模型或模具。它将一个复杂的三维加工简化成一系列二维加工的组合，与传统加工形成鲜明对照，两者的区别如图 8-21 所示。

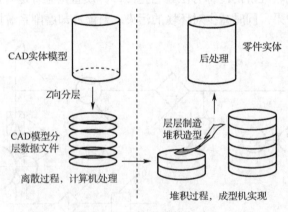

CAD实体模型

Z向分层

CAD模型分层数据文件

离散过程，计算机处理

层层制造堆积造型

后处理　　零件实体

堆积过程，成型机实现

图 8-20　RP 技术的基本原理

2．快速成型技术的特点

与传统材料加工技术相比，快速成型技术具有以下特点：

1）制造过程高度柔性

快速成型技术的最突出特点就是柔性好，它取消了专用工具，在计算机管理和控制下可以制造出任意复杂形状的零件，它可重编程、重组，将连续改变的生产装备用信息方式集成到一个制造系统中。

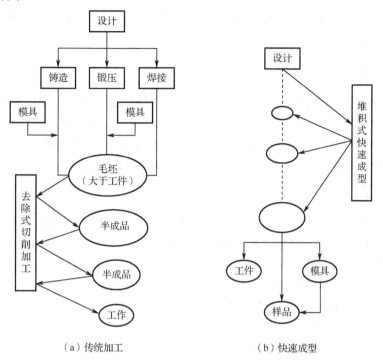

（a）传统加工　　　　　　　　　（b）快速成型

图 8-21　传统加工与快速成型

2）技术的高度集成

快速成型技术是计算机技术、数控技术、激光技术与材料技术的综合集成。在成型概念上，它以离散/堆积为指导，在控制上以计算机和数控为基础，以最大的柔性为目标。因此只有在计算机技术、数控技术高度发展的今天，快速成型技术才有可能进入实用阶段。

3）制造速度快

快速成型技术的一个重要特点就是其速度快。从产品 CAD 或从实体反求获得数据到制造原型，一般只需几小时到几十小时，远快于传统成型加工方法，特别适合于新产品的开发与管理。

4）自由成型制造

快速成型技术的这一特点是基于自由形状制造的思想。可以根据原型或零件的形状，自由地制造不同材料复合的任意复杂形状的原型和零件，实现自由成型制造，无须使用工具、模具，且不受零件形状复杂程度的限制。

5）加工适应性强，可选材料广泛

在快速成型领域中，由于各种快速成型工艺的成型方式不同，因而材料的使用也各不相同。可采用树脂类、塑料类、纸类、石蜡类原料，也可采用复合材料、金属材料或陶瓷材料的粉末、箔、丝、块等，也可是涂覆黏结剂的颗粒、板、薄膜等材料。

6）成本低，开发、制造周期短

加工过程没有从 CAD 模型到 CAM 实现的工艺分析过程，可快速实现零件从 CAD 设计模型到实体模型的制作，实现产品开发的快速闭环反馈，从而缩短产品的开发周期，特别适于小批量、复杂产品的直接生产，大大降低成本，缩短制造周期，减小投资风险。

7）绿色环保

采用非接触加工的方式，产品无残余应力，加工过程无刀具磨损，无切割、噪声和振动，节省材料，绿色环保。

8.7.2　快速成型的工艺方法

快速成型技术包括很多种工艺方法，其中比较成熟的有立体光固化（Stereo Lithography Appearance，SLA）、选择性激光烧结（Stereo Lithography Sintering，SLS）、分层实体制造（Laminated Object Manufacturing，LOM）、熔融沉积制造（Fused Deposition Modeling，FDM）和激光熔覆成型（Laser Cladding Forming，LCF）等工艺技术。

1. 立体光固化成型工艺

SLA 成型工艺是目前世界上研究最深入、技术最成熟、应用最广泛的一种快速成型方法。其原理是计算机控制激光束对光敏树脂为原料的表面进行逐点扫描，被扫描区域的树脂薄层（约十分之几毫米）产生光聚合反应而固化，形成零件的一个薄层。工作台下移一个层厚的距离，以便固化好的树脂表面再敷上一层新的液态树脂，进行下一层扫描加工，如此反复，直到整个原型制造完毕，如图 8-22 所示。由于光聚合反应是基于光的作用而不是基于热的作用，故在工作时只需功率较低的激光源。

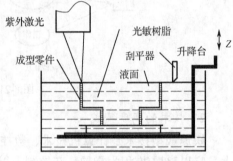

图 8-22　SLA 成型工艺原理图

1）SLA 成型工艺的优点

（1）加工精度高，可以达到±0.1mm。

（2）能制造形状复杂（如空心零件）、特别精细（如首饰、工艺品）等零件，适合做手机、收音机、对讲机、鼠标等精细零件和玩具，以及高科技电子工业机壳、家电外壳或模型、摩托车、汽车配件或模型、医疗器械等。

（3）制造零件速度快，可进行 0.1～0.15mm 分层扫描。

（4）表面质量好，表面粗糙度 $Ra<0.1\mu m$，能制作非常精细的细节薄壁结构，后处理容易。

（5）加工到位，很多 CNC 手段加工不到的细节部分都能加工出来，从而减轻后处理的工作量。

2）SLA 成型工艺的缺点

（1）尺寸的稳定性差。成型过程中伴随着物理和化学变化，导致软薄部分易产生翘曲变形，因而极大地影响成型件的整体尺寸精度。

（2）需要设计成型件的支撑结构，否则会引起成型件的变形。支撑结构需在成型件未完全固化时手工去除，容易破坏成型件。

（3）设备运转及维护成本高。由于液态树脂材料和激光器的价格较高，并且为了使光学元件处于理想的工作状态，需要进行定期的调整和维护，费用较高。

（4）可使用的材料种类较少。目前可使用的材料主要为感光性液态树脂材料，并且在大多情况下，不能对成型件进行抗力和热力的测试。

（5）液态树脂具有气味和毒性，且需要避光保护，以防止提前发生聚合反应，选择时有局限性。

（6）需要二次固化。在很多情况下，经过快速成型系统光固化后的原型树脂并未完全被激光固化，所以通常需要二次固化。

（7）液态树脂固化后的性能不如常用的工业塑料，一般较脆，易断裂，不便进行机械加工。SLA 成型工艺主要用于制作高精度塑料件、铸造用蜡模、样件或模型等。

2．选择性激光烧结成型工艺

SLS 成型工艺的原理是在工作台上均匀铺上一层很薄（100～200μm）的非金属（或金属）粉末，激光束在计算机控制下按照零件分层截面轮廓逐点地进行扫描、烧结，使粉末固化成截面形状。完成一个层面后工作台下降一个层厚，滚动铺粉机构在已烧结的表面再铺上一层粉末进行下一层烧结。未烧结的粉末保留在原位置起支撑作用，这个过程重复进行直至完成整个零件的扫描、烧结，去掉多余的粉末，再进行打磨、烘干等处理后便获得需要的零件，如图 8-23 所示。用金属粉或陶瓷粉进行直接烧结的工艺正在实验研究阶段，它可以直接制造工程材料的零件。

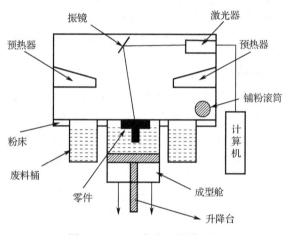

图 8-23　SLS 成型工艺原理图

1）SLS 成型工艺的优点

（1）成型过程与零件复杂程度无关，是真正的自由制造，这是传统方法无法比拟的。SLS 与其他 RP 不同，不需要预先制作支架，而以未烧结的松散粉末作为自然支架，SLS 可以成型几乎任意几何形状的零件，对具有复杂内部结构的零件特别有效。

（2）技术的高度集成。它是计算机技术、数控技术、激光技术与材料技术的综合集成。

（3）生产周期短。由于该技术是建立在高度集成的基础上的，从 CAD 设计到零件的加工完成只需几小时到几十小时，这一特点使其特别适合于新产品的开发。

（4）与传统工艺方法相结合，可实现快速铸造、快速模具制造、小批量零件制造等功能，为传统制造方法注入了新的活力。

（5）产品的单价几乎与批量无关，特别适合于新产品的开发或单件、小批量零件的生产。

（6）材料适应面广。不仅能制造塑料零件，还能制造陶瓷、蜡等材料的零件。特别是可以制造金属零件。这使 SLS 工艺颇具吸引力。成型材料是 SLS 技术发展和烧结成功的一个关键环节，它直接影响成型件的成型速度、精度和物理、化学性能，影响成型工艺和设备的选择及成型件的综合性能。因此，国内外有许多公司和研究单位加强了这一领域的研究工作，并且取得了重大进步。从理论上讲，任何受热黏结的粉末都有被用作 SLS 原材料的可能性。原则上这包括了塑料、陶瓷、金属粉末及它们的复合材料。目前，SLS 材料主要有塑料粉（PC、PS、ABS）、蜡粉、金属粉、表面覆有黏结剂的覆膜陶瓷粉、覆膜金属粉及覆膜砂等。

（7）应用面广。由于成型材料的多样化，使得 SLS 适合于多种应用领域，如原型设计验证、模具母模、精铸熔模、铸造型壳和型芯等。

（8）高精度。SLS 的加工精度依赖于使用的材料种类和粒径、产品的几何形状和复杂程度，该工艺一般能够达到工件整体范围内±（0.05～2.5）mm 的公差。当粉末粒径为 0.1mm 以下时，成型后的原型精度可达±1%。

2）SLS 成型工艺的缺点

（1）有激光损耗，需要专门的实验室环境，使用及维护费用高。

（2）需预热和冷却，后处理麻烦。

（3）成型表面粗糙多孔，并受粉末颗粒大小及激光光斑的限制。

（4）需要对加工室不断冲氮气以确保烧结过程的安全性，加工成本高。

（5）成型过程产生有毒气体和粉末，污染环境。

SLS 快速成型工艺主要用于塑料件、铸造用蜡模、样件或模型等的制作。

3．分层实体制造成型工艺

LOM 成型工艺的原理是将单面涂有热溶胶的纸片通过加热辊加热粘接在一起，位于上方的激光切割器按照 CAD 分层模型所获数据，用激光束将纸切割成所制零件的内外轮廓，然后新的一层纸再叠加在上面，通过热压装置和下面已切割层黏合在一起，激光束再次切割，如此反复逐层切割、黏合、切割直至整个模型制作完成，如图 8-24 所示。

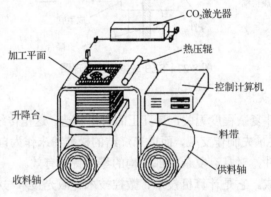

图 8-24　LOM 成型工艺原理图

1）LOM 成型工艺的优点

（1）成型速度较快。因只需要使用激光束沿物体的轮廓进行切割，无须扫描整个断面，所以成型速度很快，常用于加工内部结构简单的大型零件。

（2）原型精度高，翘曲变形小。

（3）原型能承受高达 200℃的温度，有较高的硬度和较好的力学性能。

（4）无须设计和制作支撑结构。

（5）可进行切削加工。

（6）废料易剥离，无须后固化处理。

（7）可制作尺寸大的原型。

（8）原材料价格便宜，原型制作成本低。

2）LOM 成型工艺的缺点

（1）不能直接制作塑料原型。

（2）原型的抗拉强度和弹性不够好。

（3）原型易吸湿膨胀，因此，成型后应尽快进行表面防潮处理。

（4）原型表面有台阶纹理，难以构建形状精细、多曲面的零件，因此，成型后需进行表面打磨。

LOM 成型工艺适于制作大中型、形状简单的实体类原型件，特别适于直接制作砂型铸造模。

4. 熔融沉积制造成型工艺

FDM 成型工艺的原理是通过将丝状材料（如热塑性塑料、蜡或金属熔丝）从加热的喷嘴挤出，按照零件每一层的预定轨迹，以固定的速率进行熔体沉积。每完成一层，工作台下降一个层厚进行叠加沉积新的一层，如此反复最终实现零件的沉积成型，如图 8-25 所示。

FDM 成型工艺的关键是保持半流动成型材料的温度刚好在熔点之上（比熔点高 1℃左右）。其每一层片的厚度由挤出丝的直径决定，通常是 0.25～0.50mm。

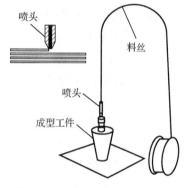

图 8-25　FDM 成型工艺原理图

1）FDM 成型工艺的优点

（1）成本低。熔融沉积造型技术用液化器代替了激光器，设备费用低；另外，原材料的利用效率高且没有毒气或化学物质的污染，使得成型成本大大降低。

（2）采用水溶性支撑材料，使得去除支架结构简单易行，可快速构建复杂的内腔、中空零件及一次成型的装配结构件。

（3）原材料以材料卷状形式提供，易于搬运和快速更换。

（4）可选用多种材料，如各种色彩的工程塑料 ABS、PC、PPS 及医用 ABS 等。

（5）原材料在成型过程中无化学变化，制件的翘曲变形小。

（6）用蜡成型的原型零件可以直接用于熔模铸造。

2）FDM 成型工艺的缺点

（1）原型的表面有较明显的条纹，成型精度低于 SLA 工艺，最高精度 0.127mm。

（2）沿着成型轴垂直方向的强度比较强。

（3）需要设计和制作支撑结构。

（4）需要对整个截面进行扫描涂覆，成型时间较长，成型速度比 SLA 工艺慢 7%左右。

（5）原材料价格昂贵。

FDM 成型工艺适合于产品的概念建模及形状和功能测试、中等复杂程度的中小原型，不适合制造大型零件。

5．激光熔覆成型工艺

LCF 成型工艺的原理与 SLS 成型工艺基本相同，也是通过工作台数控，实现激光束对粉末的扫描、熔覆，最终形成所需形状的零件，如图 8-26 所示。

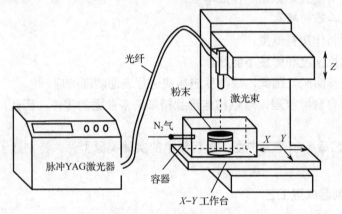

图 8-26　LCF 成型工艺原理图

LCF 成型工艺具有以下优点：

（1）具有高度的柔性。

（2）生产周期短、效率高。

（3）提高设计的灵活性。

（4）应用范围广。

（5）可加工材料广泛。

（6）组织性能好。

与其他快速成型技术的区别在于，LCF 成型工艺能制作非常致密的金属零件，其强度达到甚至超过常规铸造或锻造方法生产的零件，因而具有良好的应用前景。

表 8-6 所示为几种常见的快速成型方法的综合比较。

表 8-6　几种常见的快速成型方法的综合比较

指　标	SLA	LOM	SLS	FDM
成型速度	较快	快	较慢	较慢
原型精度	较高	较高	较低	较低
制造成本	较高	低	较低	较低
复杂程度	中等	简单或中等	复杂	中等
零件大小	中小件	大中件	中小件	中小件
常用材料	热固性光敏树脂等	纸、金属箔、塑料薄膜等	石蜡、塑料、金属、陶瓷等粉末	石蜡、尼龙、ABS、低熔点金属等

6．快速成型技术的应用

目前，快速成型技术已在工业造型、机械制造、航空航天、军事、建筑、影视、家电、轻工、医学、考古、文化艺术、雕刻、首饰等领域得到了广泛应用。并且随着这一技术本身的发展，其应用领域将不断拓展。

1）在新产品造型设计过程中的应用

快速成型技术为工业产品的设计开发人员建立了一种崭新的产品开发模式。运用 RP 技术能够快速、直接、精确地将设计思想转化为具有一定功能的实物模型（样件），这不仅缩短了开发周期，而且降低了开发费用，也使企业在激烈的市场竞争中占有先机。

2）在机械制造领域的应用

由于 RP 技术自身的特点，使得其在机械制造领域内获得广泛的应用，多用于单件、小批量金属零件的制造。有些特殊复杂制件，由于只需单件或少于 50 件的小批量生产，一般均可用 RP 技术直接进行成型，成本低，周期短。

3）快速模具制造

传统的模具生产时间长，成本高。将快速成型技术与传统的模具制造技术相结合，可以大大缩短模具制造的开发周期，提高生产率，是解决模具设计与制造薄弱环节的有效途径。快速成型技术在模具制造方面的应用可分为直接制模和间接制模两种。直接制模是指采用 RP 技术直接堆积制造出模具；间接制模是先制造出快速成型零件，再由零件复制得到所需要的模具。

4）在医学领域的应用

近几年来，人们对 RP 技术在医学领域的应用研究较多。以医学影像数据为基础，利用 RP 技术制作人体器官模型，对外科手术有极大的应用价值。

5）在文化艺术领域的应用

在文化艺术领域，快速成型制造技术多用于艺术创作、文物复制、数字雕塑等。

6）在航空航天技术领域的应用

在航空航天领域，空气动力学地面模拟实验（即风洞实验）是设计性能先进的天地往返系统（即航天飞机）所必不可少的重要环节。该实验中所用的模型形状复杂、精度要求高，且又具有流线型特性，采用 RP 技术，根据 CAD 模型，由 RP 设备自动完成实体模型，能够很好地保证模型质量。

7）在家电行业的应用

目前，快速成型系统在国内的家电行业得到了很大程度的普及与应用，使许多家电企业走在了国内前列。

快速成型技术的应用很广泛，可以相信，随着快速成型制造技术的不断成熟和完善，它将会在越来越多的领域得到推广和应用。

8.7.3　3D 打印技术

3D 打印（3D Print，3DP）即快速成型工艺技术的一种，它是一种以数字模型文件为基础，运用粉末状金属或塑料等可黏合材料，通过逐层打印的方式来构造物体的技术。

1．3D 打印技术原理

日常生活中使用的普通打印机可以打印计算机设计的平面物品，而 3D 打印机与普通打印机工作原理基本相同，只是打印材料有些不同。普通打印机的打印材料是墨水和纸张，而 3D

打印机内装有金属、陶瓷、塑料、砂等不同的"打印材料",是实实在在的原材料,打印机与计算机连接后,通过计算机控制可以把"打印材料"一层层叠加起来,最终把计算机上的蓝图变成实物,如图 8-27 所示。

通俗地说,3D 打印机是可以"打印"出真实的 3D 物体的一种设备,比如打印一个机器人、玩具车、各种模型,甚至是食物等。之所以通俗地称其为"打印机"是参照了普通打印机的技术原理,因为分层加工的过程与喷墨打印十分相似。这项打印技术称为 3D 立体打印技术。图 8-28 所示为 3D 打印技术的实现过程。

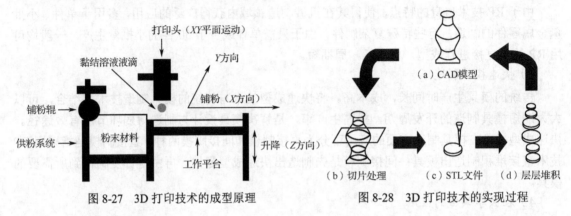

图 8-27　3D 打印技术的成型原理　　　　图 8-28　3D 打印技术的实现过程

2. 3D 打印技术的特点

(1)可以加工传统方法难以制造的零件。过去传统的制造方法就是一个毛坯,把不需要的地方切除掉,是多维加工的;或者采用模具,把金属和塑料熔化后灌进去得到这样的零件,这对复杂的零部件来说加工起来非常困难。立体打印技术对于复杂零部件而言具有极大的优势,可以打印非常复杂的零部件。

(2)实现首件的净形成型。这样后期辅助加工量大大减少,避免委外加工的数据泄密和时间跨度,尤其适合一些高保密性行业,如军工、核电领域。另外,由于制造准备和数据转换的时间大幅减少,使得单件试制、小批量生产的周期和成本降低,特别适合新产品开发和单件小批量零件的生产。

3. 3D 打印技术的应用

3D 打印技术可用于珠宝、鞋类、工业设计、建筑、工程和施工(AEC)、汽车、航空航天、牙科和医疗产业、教育、地理信息系统、土木工程和许多其他领域。常常在模具制造、工业设计等领域被用于制造模型或者一些产品的直接制造,意味着这项技术正在普及。通过3D 打印机也可以打印出实物,是 3D 打印机未来的发展方向。

(1)工业制造。产品概念设计(见图 8-29)、原型制作、产品评审、功能验证;制作模具原型或直接打印模具,直接打印产品。3D 打印的小型无人飞机、小型汽车等概念产品已问世。3D 打印的家用器具模型,也被用于企业的宣传、营销活动中。

(2)文化创意和数码娱乐 。用于形状和结构复杂、材料特殊的艺术表达载体。科幻类电影《阿凡达》运用 3D 打印塑造了部分角色和道具,3D 打印的小提琴接近手工艺的水平。

(3)航空航天、国防军工。用于复杂形状、尺寸微细、特殊性能的零部件及机构的直接制造，如图 8-30 所示。

（a）飞机模型　　　　　　　　　　　　（b）汽车模型

图 8-29　3D 打印的产品概念模型

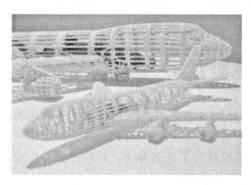

（a）美国F-22战机的钛合金整体式承力框　　　　　　（b）飞机喷气引擎

图 8-30　3D 打印制造的飞机零件

（4）生物医疗。打印人造骨骼、牙齿、助听器、假肢等，如图 8-31 所示。

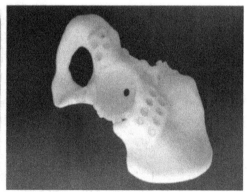

图 8-31　3D 打印的配义肢及髋关节

事实上，3D 打印技术要成为主流的生产制造技术还尚需时日。据统计，3D 打印机生产的产品中 80%依旧是产品原型，仅有 20%是最终产品。目前限制其应用的主要因素有：

1）材料限制

虽然高端工业印刷可以实现塑料、某些金属或者陶瓷的打印，但还无法实现对比较昂贵和稀缺材料的打印；打印机还没有达到成熟的水平，无法支持我们在日常生活中所接触到的各种各样的材料。

2）设备成本高

3D 打印适合制造个性化产品、定制化产品和小批量产品，若只为一件产品或少量产品投资大量时间和金钱生产一台使用频次很少的 3D 打印机有点不切实际，从经济角度看似乎是买椟还珠。

3）存在开裂

3D 打印的关键是保持材料的半流动性，需要精确控制非晶态材料的温度。原材料被加热至黏流态以保证其良好的成型性，但打印的实体产品中难免存在热应力，而热应力集中易引发开裂。

4）打印耗时

3D 打印的时间也远远超过传统制造方法，打印大尺寸零件通常要耗时几天，甚至一个小的螺母也要十几分钟，而传统方法一秒钟就可能完成。从长远来看，打印耗时是 3D 打印技术提高生产效率的关键，也是其在制造业中占据一席之地要解决的核心问题。

8.8　其他绿色加工工艺技术

随着生产的发展，人们日益认识到零件制造过程中的切削加工在使毛坯转化为零件的同时，也使大量宝贵的原材料变成了屑末，实在太可惜！通过一代又一代人的奋斗与探索，终于研究出滚压、滚轧和粉末冶金等少无切削的崭新加工工艺方法，以及诸如爆炸成型、液压成型、旋压成型和喷丸成型等多种新型的成型工艺方法。

8.8.1　直接成型技术

1. 爆炸成型

爆炸成型分半封闭式和封闭式两种。图 8-32（a）所示是半封闭式爆炸成型示意图。坯料钢板用压边圈压在模具上，并用黄油密封。将模具的型腔抽成真空，炸药放入介质中，介质多用普通的水。炸药爆炸，时间极短，功率极大，1kg 炸药的爆炸功率可达 450 万千瓦。坯料塑性变形移动的瞬时速度可达 300m/s，工件贴模压力可达 2 万个大气压。炸药爆炸后，可以获得与模具型腔轮廓形状相符的板壳零件。图 8-32（b）所示是封闭式爆炸成型示意图。坯料管料放入上、下模的型腔中，炸药放入管料内。炸药爆炸后即可获得与模具型腔轮廓形状相符的异形管状零件。

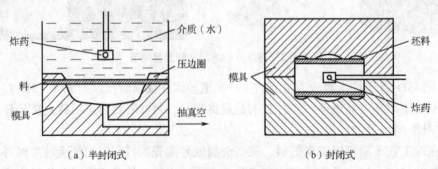

图 8-32　爆炸成型示意图

爆炸成型多用于单件小批生产中尺寸较大的厚板料的成型（见图 8-33（a）），或形状复杂的异形管子成型（见图 8-33（b））。爆炸成型多在室外进行。

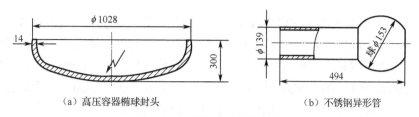

（a）高压容器椭球封头　　　　　（b）不锈钢异形管

图 8-33　爆炸成型应用实例

2. 液压成型

图 8-34 所示是液压成型示意图。坯料是一根通直光滑管子，油液注入管内。当上、下活塞同时推压油液时，高压油迫使原来的直管壁向模具的空腔处塑性变形，从而获得所需要的形状。零件液压成型多用于大批大量生产中的薄壁回转零件。

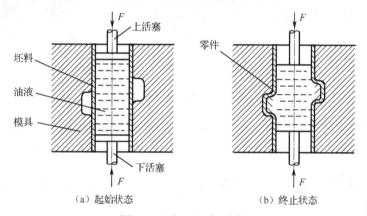

（a）起始状态　　　　　（b）终止状态

图 8-34　液压成型示意图

图 8-35（a）所示为自行车中接头零件，原来采用 5mm 厚的低碳钢钢板冲压、焊接而成，需要经过落料、冲 4 个孔、4 个孔口翻边、卷管、焊缝等 15 道工序。后改为用直径 $\phi41mm$、厚 2.2mm 的焊缝管液压成型，压出 4 个凸头，切去 4 个凸头端面的封闭部分，即成为图示的中接头零件，使生产率大为提高。图 8-35（b）所示为汽车发动机风扇三角带带轮。液压成型前的坯料是由钢板拉伸出来的。使用时，将三角带嵌入轮槽即可。这种带轮与切削加工的带轮相比，重量轻，体积小，节省金属材料。

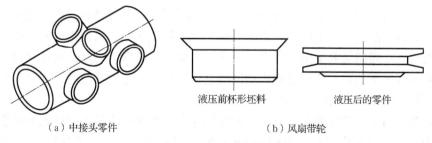

（a）中接头零件　　　　　（b）风扇带轮

图 8-35　液压成型应用实例

3. 旋压成型

图 8-36（a）所示是在卧式车床上旋压成型示意图。旋压模型安装在三爪卡盘上，板料坯料顶压在模型端部，旋压工具形似圆头车刀，安装在方刀架上。模型和工具的材料均要比工件材料软，多用木料或软金属制成。坯料旋转，工具从右端开始，沿模型母线方向缓慢向左移动，即可旋压出与模型外轮廓相符的壳状零件。图 8-36（b）所示是在专用设备上旋压成型示意图。坯料为管壁较厚的管子，旋压工具旋转，压头向下推压使坯料向下移动，从而获得薄壁管成品。此处的旋压工具材料应比工件材料硬，以提高旋压工具的使用寿命。旋压成型要求工件材料具有很好的塑性，否则成型困难。

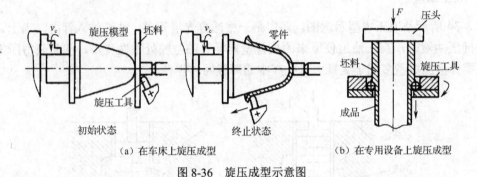

图 8-36　旋压成型示意图

旋压成型适用于壳状回转零件或管状零件，如日常生活中的铝锅、铝盆、金属头盔及各种弹头、航空薄管等，如图 8-37 所示。

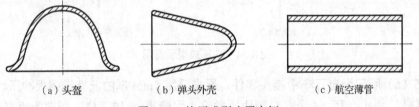

（a）头盔　　　（b）弹头外壳　　　（c）航空薄管

图 8-37　旋压成型应用实例

4. 喷丸成型

喷丸本来是一种表面强化的工艺方法。这里的喷丸成型是指利用高速金属弹丸流撞击金属板料的表面，使受喷表面的表层材料产生塑性变形，逐步使零件的外形曲率达到要求的一种成型方法，如图 8-38 所示。工件上某一处喷丸强度越大，此处塑性变形就越大，就越向上凸起。为什么向上凸起而不是向下凹陷呢？这是因为铁丸很小，只使工件表面塑性变形，使表层表面积增大，而四周未变形，所以铁丸撞击之处，只能向上凸起，而不会像一个大铁球砸在薄板上使其向下凹陷。通过计算机控制喷丸流的方向、速度和时间，即可得到工件上各处曲率不同的表面。与此同时，工件表面也得到强化。

喷丸成型适用于大型的曲率变化不大的板状零件。例如，飞机机翼外板及壁板零件，材料为铝合金，就可以采用直径为 0.6～0.9mm 的铸钢丸喷丸成型。图 8-39 所示为飞机机翼外板。

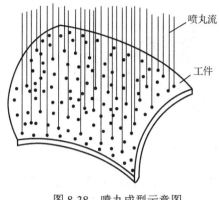

图 8-38　喷丸成型示意图

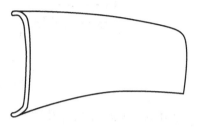

图 8-39　喷丸成型的飞机机翼外板

8.8.2　少（无）切削加工技术

1. 滚挤压加工

滚挤压加工既是一种表面强化的工艺方法，也是一种无切削加工的工艺方法，主要用来对工件进行表面光整加工，以获得较低的表面粗糙度，Ra 值可达 1.6～0.05μm。按照滚挤压工具与被加工表面接触时工具（钢球、滚轮和滚针等）是否能绕其轴线旋转，滚挤压加工可分为滚压和挤压两种。

（1）滚压加工。图 8-40（a）所示是在车床上滚压外圆的示意图，图 8-40（b）所示是滚压外圆所使用的滚轮式弹性滚压工具。使用时，将杆体安装在车床方刀架上，使滚轮与工件接触，通过横向进刀对工件施加一定压力。弹力大小通过拧动螺塞，调节弹簧的压缩量来实现。而弹簧力通过加压杆使滚轮对工件表面产生一定压力。为了有利于金属塑性变形，减小滚轮与工件的接触面积，提高单位面积滚压力，通常将滚轮轴线与工件轴线偏斜一定角度η。也可用钢球做滚压工具的工作头。

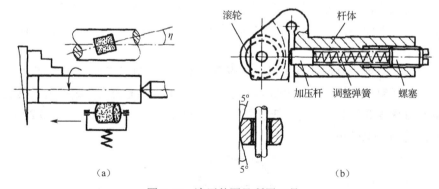

（a）　　　　　　　　　　　　　（b）

图 8-40　滚压外圆及所用工具

图 8-41（a）所示是在车床上滚压内圆的示意图，图 8-41（b）所示是滚压内圆所使用的多滚柱刚性可调式滚压头。锥滚柱被支承在滚道上，承受径向滚压力，要求转动灵活。轴向滚压力通过支承钉作用于止推轴承上。滚压头右端有支承柱，承受全部轴向力。由于滚道与滚柱接触面带有锥角，利用调节套可在一定范围内调节滚压头工作直径。

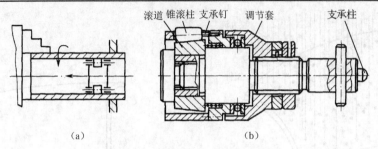

图 8-41　滚压内圆及所用工具

滚压不仅可以滚压内外圆柱面,也可以滚压内外锥面。既可滚压通孔,也可滚压台阶孔和盲孔。除了可在车床上进行外,也可在镗床、钻床、铣镗床等机床上进行。若用于对工件表面精加工,在一定范围内可取代并优于磨削、珩磨、研磨、精铰、精镗等常规工艺方法。

(2)挤压加工。图 8-42 所示是挤压加工的两种形式。挤压加工因挤压头通过内孔时表面被挤胀变大,故又称为胀孔。图 8-42(a)为推挤加工,一般在压力机上进行。图 8-42(b)是拉挤加工,通常在拉床上进行。用钢球挤压内孔时,因钢球本身不能导向,为获得较高的轴线直线度的孔,挤压前孔轴线应具有较高的直线度要求。此方法适用于加工较浅的孔。

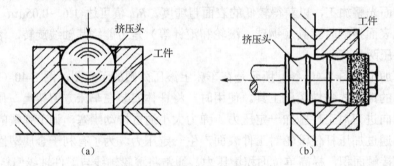

图 8-42　挤压加工的两种形式

当滚挤压的工件材料硬度小于 38HRC 时,常用 GCr15、W18Cr4V 或 T10A 等材料制造工具(主要指滚柱、钢球等)。对于热处理后硬度在 55HRC 以上的零件,可使用硬质合金或红宝石等材料做工具进行滚挤压。

滚挤压工艺广泛用于零件的表面强化和表面光整加工。其工艺特点主要有:

(1)降低表面粗糙度 Ra 值。如图 8-43 所示,工件被加工表面在滚挤压工具的压力作用下,表面微观凸蜂被挤压平,从而降低表面粗糙度 Ra 值。一般可从 Ra 6.3~3.2μm 减小至 Ra 1.6~0.05μm(甚至 0.025μm)。

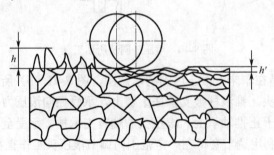

图 8-43　滚压前后的表面状态

（2）强化被加工表面。表面经滚挤压加工后产生残余压应力，减小切削加工时留下的刀纹痕迹等表面缺陷，从而降低应力集中程度，疲劳强度一般可提高 5%～30%。承受较大交变应力的轴类零件，其轴肩圆角经滚压后疲劳强度可提高 60% 以上。

从图 8-43 还可以看出，滚挤压时金属表面层晶粒沿受力方向变得细长而致密，表面形成冷硬层，其硬度可提高 5%～50%。此外，滚挤压后的表面易形成稳定的油膜，可改善润滑条件，可提高零件耐磨性。同时，由于基本消除了表面细微裂纹，致使腐蚀性介质不易进入零件表层，从而可提高工件的耐腐蚀性。

（3）生产率高。与其他光整加工相比，生产率可提高 3～10 倍。

滚压加工一般提高尺寸精度不明显，挤压加工若过盈量合适，则能提高尺寸精度，一般可达 IT7～IT6。对弹性变形较大的材料，滚挤压加工修正形状误差的能力较差，若材料的弹性变形较小，修正形状误差的能力较强。不论何种材料，滚挤压加工都不能修正位置误差。

2．滚轧成型加工

零件滚轧成型加工是一种无切削加工的新工艺。它是利用金属产生塑性变形而轧制出各种零件的方法。冷轧的方法很多，常见的搓螺纹和滚螺纹，其实质就是滚轧成型加工。此外，滚轧加工还可以滚轧花键等零件。

图 8-44 所示是用多轧轮同时冷轧汽车刹车凸轮轴花键示意图。工件在油压机锤头的驱动下通过装有一组轧轮的专用模具，使工件发生塑性变形而轧制出花键。图 8-45 是冷滚打花键示意图。工件的一端装夹在机床卡盘内，另一端支承在顶尖上。在工件两侧对称位置上各有一个轧头，每个轧头上各装有两个轧轮。轧制时，两轧头高速同步旋转，轧轮依靠轧制时与工件之间产生的摩擦力使其绕自身的轴线旋转。轧头旋转时，轧轮在极短的瞬间以高速、高能量打击工件表面，使其产生塑性变形，形成与轧轮截面形状相同的齿槽，故该冷轧方法得名为冷滚打花键，也称为滚轧花键。

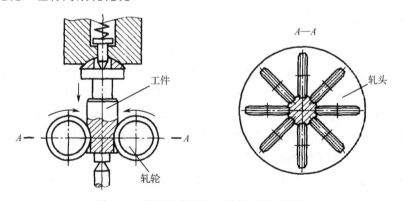

图 8-44　冷轧汽车刹车凸轮轴花键示意图

在轧制过程中，除上述轧头高速旋转运动外，还有轧头每转一周，工件要转过一个齿槽，此运动为分齿运动。分齿运动可以是间歇的，也可以是连续的。为了沿工件轴线方向加工出全部花键齿槽，轧轮在不断打击工件表面的同时，工件还需沿轴线方向做进给运动。

滚轧加工要求工件坯料力学性能均匀稳定，并具有一定的延伸率。由于轧制不改变工件体积，故坯料外径尺寸应严格控制，太大会造成轧轮崩齿，太小不能使工件形状完整饱满。精确的坯料外径尺寸应通过试验确定。

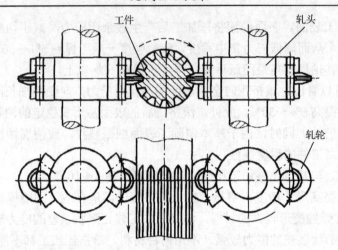

图 8-45 冷滚打花键示意图

滚轧加工具有如下特点：

（1）滚轧加工属成型法冷轧，其工件齿形精度取决于轧轮及其安装精度。表面粗糙度可达 Ra 1.6～0.8μm。

（2）提高工件的强度及耐磨性。因为金属材料的纤维未被切断，并使表面层产生变形硬化，其抗拉强度提高 30%左右，抗剪强度提高 5%，表面硬度提高 20%，硬化层深度可达 0.5～0.6mm，从而提高工件的使用寿命。

（3）生产率高。如冷轧丝杠比切削加工生产率提高 5 倍左右；冷轧汽车传动轴花键，生产率达 0.67～6.7mm/s；节约金属材料 20%左右。

冷轧花键适宜大批量生产中加工相当于模数 4mm 以下的渐开线花键和矩形花键，特别适宜加工长花键。

8.8.3 高压水射流切割技术

自 20 世纪 50 年代起，人们开始研究一种独特的冷切割新工艺，利用高聚能水射流对材料的破坏作用来切割材料。但由于当时技术水平的限制，无法将水的能量提得很高，压力只在 100MPa 以下。到 20 世纪 70 年代，研制出了高压泵和增压器，其水压可达 200MPa 以上，目前水压可达 1000MPa 以上。1971 年，首台高压水射流切割机在美国问世，可切割多种非金属软材料。1983 年，美国又发明磨料水射流切割机，其切割能力大幅度提高，可切割各种金属及非金属材料，从而有了新的突破。

高压水射流切割的原理、特点及应用参见 4.5 节水射流及磨料水射流加工技术。

复习思考题

1. 什么是绿色加工？试简述绿色加工的分类及研究内容。
2. 简述绿色加工发展战略及发展趋势。
3. 简述绿色加工基本特征及基本程序。
4. 简述绿色加工评价指标体系。

5．常见的绿色加工种类有哪些？

6．绿色切削有几种类型？试简述干式切削的难点及实现方法。

7．绿色磨削有几种类型？试简述干式磨削的难点及实现方法。

8．什么是 MQL 切削技术？试简述 MQL 切削技术的特点及应用。

9．简述快速成型技术的原理及特点。

10．快速成型技术的工艺方法有哪些？简述各种工艺方法的原理及特点。

11．简述 3D 打印技术的原理及特点。

12．直接成型技术的工艺方法有哪些？

13．少（无）切削加工技术的工艺方法有哪些？简述各种工艺方法的原理及特点。

第9章　难加工材料和难加工结构的加工技术

9.1　概　　述

在航空航天及国防装备制造领域，对所使用材料的性能要求非常高；同时，为了提高结构件的强度、刚度并减轻质量，常常采用整体复杂结构。这些材料和结构的特殊性使之被称为难加工材料和难加工结构，给加工制造带来极大困难。但从某种意义上来说，它们对加工的特殊要求起到了促进加工技术发展的作用。现在，人们已经掌握了很多有效的难加工材料和难加工结构的加工技术。

本章内容所涉及的难加工材料有钛合金、高温合金、不锈钢、高强度与超高强度钢、复合材料及硬脆性材料等；所涉及的难加工结构包括薄壁件、叶片、阵列孔及微孔等。

9.1.1　材料的切削加工性

1. 材料切削加工性的概念

材料的切削加工性是指在一定的切削条件下，材料切削加工的难易程度。通常良好的切削加工性是指刀具寿命长，或一定刀具寿命下允许的切削速度高；相同的切削条件下切削力小，切削温度低；容易获得良好的加工表面质量，切屑容易控制和处理等。

实际生产中，往往根据不同的要求，选用某一项指标来衡量材料切削加工性的一个侧面，通常用一定刀具寿命 T 下的切削速度 v_T 或相对加工性指标来衡量。v_T 是指当刀具寿命为 T 时，切削某种材料所允许的最大切削速度，通常取 $T=60\mathrm{min}$，则 v_T 可写作 v_{60}。显然，在一定刀具寿命 T 下所允许的切削速度 v_T 越高的材料，其切削加工性越好。

切削加工性的概念具有相对性，所谓某种材料切削加工性的好与坏是相对于另一种材料而言的，所以实际生产中判断材料加工性时，一般以正火状态 45 钢的 v_{60} 为基准，写作 $(v_{60})_\mathrm{j}$，而把其他材料的 v_{60} 与之相比，其比值 K_r 称为相对加工性，即

$$K_\mathrm{r} = v_{60} / (v_{60})_\mathrm{j} \tag{9-1}$$

常用工件材料的相对加工性 K_r 可分为八级，如表 9-1 所示。凡 $K_\mathrm{r}>1$ 的材料，其加工性比 45 钢好；$K_\mathrm{r}<1$ 者，加工性比 45 钢差。K_r 越大，表明材料的加工性能越好。K_r 实际上也反映了不同材料对刀具磨损和刀具寿命的影响。

表 9-1　材料切削加工性等级

等级	名称及种类		相对加工性 K_r	典 型 材 料
1	很容易切削材料	一般有色金属	>3.00	铜铅合金、铝铜合金、铝镁合金
2	容易切削材料	易切削钢	2.50～3.00	退火 15Cr、自动机钢
3		较易切削钢	1.60～2.50	正火 30 钢

等级	名称及种类		相对加工性 K_r	典型材料
4	普通切削材料	一般钢及铸铁	1.00～1.60	正火 45 钢、灰铸铁
5		稍难切削材料	0.65～1.00	2Cr13 调质、85 钢
6	难切削材料	较难切削材料	0.50～0.65	45Cr 调质、65Mn 调质
7		难切削材料	0.15～0.50	50CrV 调质、某些钛合金、Cr18Ni9Ti
8		很难切削材料	<0.15	镍基高温合金

2．影响材料切削加工性的因素

1）材料的物理力学性能的影响

材料的硬度和强度越高，切削力就越大，切削温度也越高，所以切削加工性也越差。特别是材料的高温硬度值越高，切削加工性越差，刀具磨损越严重。但是硬度低而塑性高也不利于切削加工，如低碳钢、纯铁和纯铜等。硬度适中（如 160～200HB）的钢才好加工。金属中常有的硬质夹杂物，如 SiO_2、Al_2O_3、TiC 等，它们的高显微硬度会使刀具产生严重的磨料磨损，从而降低材料的切削加工性。此外，切削加工中容易因材料的塑性变形而产生加工硬化，加工硬化会使材料的硬度比加工前显著提高而使刀具发生磨损。

材料的塑性（以延伸率 δ 表示）越大，刀具表面的黏着现象也越严重，造成黏结磨损并产生积屑瘤，不易得到良好的表面质量。同样，材料的韧性越大，切削消耗的能量越多，导致切削力和温度越高，使断屑困难，从而使切削加工性能变差。

材料的弹性模量越低，材料加工后的回弹量越大，使刀具后刀面与工件的磨损增大，而影响加工性能。材料导热系数越大，可使切屑带走更多的热量，改善切削性能。当材料的线膨胀系数大时，意味着其加工时热胀冷缩明显，工件的尺寸变化会使得精度不易控制。

2）材料的化学成分的影响

材料的化学成分是通过对材料的物理力学性能的影响而影响切削加工性的。如钢中的合金元素 Cr、Ni、V、Mo、Mn 都能提高钢的强度和硬度，Si 和 Al 容易形成氧化硅和氧化铝等硬质点，加剧刀具磨损。但这些合金元素含量低（一般以 0.3%为限）时，对钢的切削加工性影响不大；若超过 0.3%，则切削加工性降低。

3）材料金相组织的影响

成分相同的材料，若其金相组织不同，其切削加工性也不同。金相组织的形状和大小也影响加工性。如珠光体有球状、片状和针状之分。球状硬度较低，易于加工，切削加工性好；而针状硬度大，不易加工，即切削加工性差。如钢中铁素体与珠光体的比例关系不一样时，钢的切削加工性也就不一样。铁素体塑性大，而珠光体硬度较高，故珠光体的含量越少者，刀具使用寿命越长，切削加工性越好；马氏体比珠光体更硬，因而马氏体含量高者，加工性差。

9.1.2　难加工材料

难加工材料是指：①难以切削加工的材料，即切削加工性差的材料；②切削加工性等级代号 5 级以上的材料（见表 9-1）；③从材料的物理力学性能看，硬度>250HB、强度 σ_b>0.98GPa、延伸率 δ>30%、冲击值 α_k>0.98MJ/m²、导热系数 K<41.9W/（m·℃），均属于难切削材料；

④也可以用切削过程中的现象，如切削力、切削热、刀具磨损与刀具寿命、已加工表面质量和切屑控制等来衡量。

1．难加工材料的分类

难加工材料主要有钛合金、高温合金、不锈钢、高强度钢与超高强度钢、复合材料及硬脆性材料等。

1）钛合金

钛是同素异构体，熔点为 1720℃，在低于 882℃时呈密排六方晶格结构，称为α钛；在882℃以上呈体心立方晶格结构，称为β钛。利用钛的上述两种结构特点，添加适当的合金元素，使其相变温度及相分含量改变而得到不同类型的钛合金。室温下，钛合金有三种基体组织，因此分为三类：①α相钛合金（用 TA 表示）；②β相钛合金（用 TB 表示）；③α+β相钛合金（用 TC 表示）。其中最常用的是α钛合金和α+β钛合金，α钛合金切削加工性能最好，α+β钛合金次之，β钛合金最差。钛合金的性能特点如下：

（1）比强度高。钛合金的密度在 $4.5×10^3kg/cm^3$ 左右，仅为钢的 60%；纯钛的强度接近于普通钢的强度，一些高强度钛合金超过了许多合金结构钢的强度。因此钛合金的比强度（强度/密度）远大于其他金属结构材料，可制出单位强度高、刚性好、质量轻的零部件。

（2）热强度高。钛合金热稳定性好、高温强度高。在 300～500℃下，其强度约比铝合金高 10 倍。α钛合金和α+β钛合金在 150～500℃范围内仍有很高的比强度。

（3）抗蚀性好。钛合金在潮湿的大气和海水介质中工作，其抗蚀性优于不锈钢；对点蚀、酸蚀、应力腐蚀的抵抗力特别强；对碱、氯化物、氯的有机物、硝酸、硫酸等有优良的抗腐蚀能力；对具有还原性及铬盐介质的抗蚀性能差。

（4）低温性能好。钛合金在低温和超低温下能保持力学性能。

（5）化学活性大。钛的化学活性大，与大气中的 O_2、N_2、H_2、CO、CO_2、水蒸气、氢气等均产生剧烈的化学反应。与碳反应会在钛合金中形成硬质 TiC 层，与 N 作用会形成 TiN 硬质表层，H 含量上升时会形成脆化层。钛的化学亲和性大，容易与摩擦表面产生黏附现象。

（6）导热性差。钛的导热系数低，约为 Ni 的 1/4、Fe 的 1/5、Al 的 1/14；而各种钛合金的导热系数更低，一般约为钛的 50%。

（7）弹性模量小。钛的弹性模量为 107.8GPa，约为钢的 1/2。

2）高温合金

高温合金又称耐热合金或热强合金，它是多组元的复杂合金，以铁、镍、钴、钛等为基，能在 600～1000℃的高温氧化环境及燃气腐蚀条件下工作，而且还可以在一定应力作用下长期工作，具有优良的热强性能、热稳定性能和热疲劳性能。

高温合金按合金基体元素种类可分为铁基、镍基和钴基合金三类。目前使用的铁基合金含镍量高达 25%～60%，这类铁基合金有时又称为铁-镍基合金。根据合金强化类型不同，高温合金可分为固溶强化型合金和时效沉淀强化型合金。不同强化型的合金有不同的热处理制度。根据合金材料成型方式的不同，高温合金可分为变形合金、铸造合金和粉末冶金合金三类。此外，按使用特性，高温合金又可分为高强度合金、高屈服强度合金、抗松弛合金、低膨胀合金、抗热腐蚀合金等。

3）不锈钢

不锈钢是指在大气中或在某些腐蚀性介质中具有一定耐腐蚀能力的钢种。不锈钢种类很多，按其成分可分为铬不锈钢和铬镍不锈钢两大类。按其内部组织结构可分为以下几类：

（1）马氏体不锈钢。基本组织为马氏体，含铬量为12%～17%，含碳量为0.1%～0.5%（有时可达1%）。常用牌号有1Cr13、2Cr13、3Cr13、4Cr13等。

（2）铁素体不锈钢。基本组织为铁素体，含铬量为16%～30%。常用牌号有0Cr13、1Cr14S、1Cr17等。

（3）奥氏体不锈钢。基本组织为奥氏体，含铬量为12%～25%，含镍量为7%～20%或更高。常用牌号有1Cr18Ni9Ti、0Cr18Ni9、1Cr18Ni9，0Cr18Ni9Ti等。

（4）奥氏体-铁素体不锈钢。与奥氏体不锈钢相似，只是在组织中还含有一定量的铁素体及高硬度的金属间化合物析出，有弥散硬化倾向，其强度高于奥氏体不锈钢，但具有磁性。常用牌号有1Cr18Ni11Si4AlTi、0Cr21Ni5Ti、1Cr21Ni5Ti等。

（5）沉淀硬化型不锈钢。这类不锈钢含碳量低，含铬、镍量较高，具有更好的耐蚀性。含有起沉淀硬化作用的Ti、Al、Mo等元素，回火时（500℃）能时效析出，产生沉积硬化，具有很高的硬度和强度。常用牌号有0Cr17Ni4Cu4Nb、0Crl7Ni7Al、0Cr15Ni7Mo2Al等。

4）高强度钢与超高强度钢

高强度钢和超高强度钢为具有一定合金含量的结构钢。它们的原始强度、硬度并不太高，但经过调质处理（一般为淬火和中温回火），可获得较高或很高的强度。通常把调质后σ_b>1.2GPa，σ_s>1GPa的钢称为高强度钢；把调质后σ_b>1.5GPa、σ_s>1.3GPa的钢称为超高强度钢。它们的硬度在35～50HRC之间。加工这两种钢时，粗加工一般在调质前进行，而精加工、半精加工及部分粗加工则在调质后进行。

高强度钢一般为低合金钢，合金元素的总含量不超过60%，有Cr钢、Cr-Ni钢、Cr-Si钢、Cr-Mn钢、Cr-Mn-Si钢、Cr-Ni-Mo钢、Cr-Mo钢、Si-Mn钢等。超高强度钢视其合金量的不同，可分低合金超高强度钢、中合金超高强度钢和高合金超高强度钢。表9-2所示为常见难加工金属材料的物理机械性能。

表9-2　常见难加工金属材料的物理机械性能

类　别	材料种类	硬度/（HB、HRC）	σ_s/GPa	σ_b/GPa	δ/%	a_k/（MJ·m^{-2}）	K/（W·m^{-1}·℃$^{-1}$）
钛合金	TC4	HB320～360		0.95	10	0.5	7.95
高温合金	铁基GH36	HB275～310		0.94	16	0.35～0.5	17.17
	镍基GH33	HB255～310		0.95～1.1	15～30	0.4～1.0	13.82
不锈钢	马氏体2Cr13	HB197	0.441	0.648	16	0.0785	13.82
	铁素体1Cr17	HB183	0.206	0.451	22	0.4～1.0	13.82
	奥氏体1Cr18Ni9Ti	HB229		0.655	55	2.5	16.3
高强度钢	38CrNiMoVA（调质）	HRC35～40	1.04～10.6	1.10～1.14	14～15	0.70～0.90	29.31
超高强度钢	35CrMnSiA（调质）	HRC44～49	1.35		9	≥0.50	29.31
普通碳钢	45钢（正火）	HB≤229	0.36	0.61	16	0.50	50.2

5）复合材料

复合材料是由两种或两种以上的物理和化学性质不同的物质人工制成的多相组成固体材料，是由增强相和基体相复合而成的，并形成界面相。增强相主要是承载相，基体相主要是连接相，界面相的主要作用是传递载荷，三者的不同组分和不同复合工艺使复合材料具有不同的性能。

复合材料的种类很多，按其结构和功能，可把复合材料分为结构复合材料和功能复合材料。前者的研究和应用较多，发展很快。主要有两种：一是以聚合物为基体，其中以树脂（环氧树脂、酚醛树脂）为基体的居多；另一种是以金属或合金（铝及合金、高温合金、钛合金及镍基合金）或陶瓷为基体。后者近些年来发展也较快。按其增强相的性质和形态，可把复合材料分为层叠结构复合材料、连续纤维增强复合材料、颗粒增强复合材料、短纤维增强复合材料等，如图 9-1 所示。

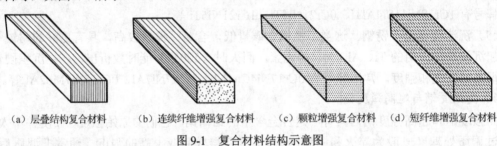

（a）层叠结构复合材料　　（b）连续纤维增强复合材料　　（c）颗粒增强复合材料　　（d）短纤维增强复合材料

图 9-1　复合材料结构示意图

纤维增强复合材料是靠增强纤维增强的。增强纤维的种类有：碳纤维、玻璃纤维、芳纶纤维、硼纤维、陶瓷纤维、难溶金属丝和单晶晶须等。玻璃纤维可用熔体抽丝法制取，碳和石墨纤维可用热分解法制取，硼纤维可用气相沉积法制取，金属丝可用拔丝法制取。在聚合物基纤维增强复合材料（Fiber Reinforced Plastics，FRP）中，玻璃纤维增强复合材料（Glass Fiber Reinforced Plastics，GFRP）的某些性能与钢相似，能代替钢使用。碳纤维增强复合材料（Carbon Fiber Reinforced Plastics，CFRP）是 20 世纪 60 年代迅速发展起来的无机材料。

金属基颗粒增强复合材料是以金属或合金为基体，以金属、非金属或陶瓷颗粒为增强相的非均质混合物。其显著特点是具有连续的金属基体，因而具有高比强度、高比模量、高耐磨、高耐蚀性及耐高温等优良性能，在航空航天和汽车制造等领域中具有广阔的应用前景。金属基颗粒增强复合材料按金属基体的不同，可分为黑色金属基和有色金属基颗粒增强复合材料两大类。

6）硬脆性材料

硬脆性材料具有高强度、高硬度、高脆性、耐磨损和腐蚀、隔热、低密度和膨胀系数及化学稳定性好等特点，是一般金属材料无法比拟的。硬脆性材料由于这些独特性能而广泛应用于光学、计算机、汽车、航空航天、化工、纺织、冶金、矿山、机械、能源和军事等领域。硬脆性材料根据来源可分为自然和人工硬脆性材料；根据是否为金属可分为金属和非金属硬脆性材料；根据能否导电可分为导电和非导电硬脆性材料；根据材料微观结构可分为晶体和非晶体硬脆性材料。陶瓷和石材是其代表性材料。陶瓷是以黏土、长石和石英等天然原料，经粉碎—成型—烧结而成的烧结体，其主要成分是硅酸盐。石材包括天然大理石、花岗石及人工合成的大理石、水磨石等。随着科学技术的不断发展，硬脆性材料如各种光学玻璃、单晶硅、微晶玻璃及陶瓷等在航空航天及军用设备中应用得越来越广泛，而且对零件表面质量要求极高。然而，硬脆性材料具有低塑性、易脆性破坏、微型纹及引起工件表面层组织易破坏等缺点，使得硬脆性材料的加工十分困难。

2．难加工材料的切削加工特点

（1）切削力大。难加工材料大都具有高的硬度和强度，原子密度和结合力大，抗断裂韧性和持久塑性高，在切削过程中切削力大。一般难加工材料的单位切削力是切削 45 钢时的 1.25～2.5 倍。

（2）切削温度高。多数难加工材料不但具有较高的常温硬度和强度，而且具有高的高温硬度和强度。因此，在切削过程中，消耗的切削变形功率大，加之材料本身的导热系数小，切削区集中了大量的切削热，形成很高的切削温度。图 9-2 所示为几种难切削材料的切削温度比较。

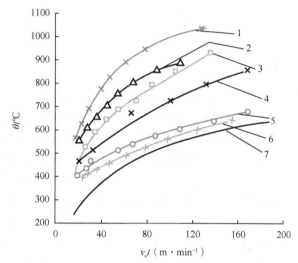

1—TC4/YG8；2—GH2132/YG8；3—GH2036/YG8；4—1Cr18Ni9Ti/YG8；

5—30CrMnSiA/YT15；6—40CrNiMoA/YT15；7—45 钢/YT15

图 9-2　几种难切削材料的切削温度比较

（3）加工硬化倾向大。一部分难加工材料，由于塑性、韧性高，强化系数高，在切削过程中切削力和切削热的作用下，产生巨大的塑性变形，造成加工硬化。无论是冷硬程度还是硬化层深度都比切削 45 钢时高几倍。加之在切削热的作用下，材料吸收周围介质中的氢、氧、氮等元素的原子，形成硬脆层，给切削带来很大的困难。如高温合金切削后表层硬化程度比基体大 50%～100%。

（4）刀具磨损严重，使用寿命短。凡是硬度高或有磨粒性质的硬质点多或加工硬化严重的材料，刀具的磨料磨损都很严重。另外，导热系数小或刀具材料易亲和、黏结也会造成切削温度高，从而使得黏结磨损和扩散磨损严重。因此，难加工材料切削过程中刀具的使用寿命较短。

（5）加工表面粗糙，不易达到精度要求。加工表面硬化严重、亲和力大、塑性和韧性大的材料，其加工表面粗糙度大，表面质量和精度均不易达到要求。

（6）切屑难于处理。强度高、塑性和韧性大的材料，切屑连绵不断、难以处理。

9.1.3　难加工结构

难加工结构是指在常规机床上加工时精度难以保证或必须采用多轴联动才能加工出的结构，如薄壁、深（长）径比大的结构、复杂曲面、微小微细结构及其他用常规方法难以加工的孔、槽等结构。

难加工结构一般分为外型面难加工结构和内型面难加工结构。外型面难加工结构主要有薄壁件、叶片、涡轮盘、微小微细零件外型面及其他特殊复杂的型面；内型面难加工结构主要有蜂窝结构、阵列孔、有特殊要求的小孔、窄缝及其他特殊复杂的型腔结构。

9.2　难加工材料的加工技术

9.2.1　钛合金加工

1. 钛合金的切削加工特点

钛合金是典型的难加工材料，其切削加工特性主要表现在以下几个方面：

（1）变形系数小。通常切削变形系数 ζ 在一定程度上反映切削过程的塑性变形程度，该值越大塑性变形越大。钛合金的切削变形系数 ζ 为 0.8～1.05，远低于中硬钢（2～3）、硬钢（1.3～1.5）和高温合金（1.5～2.5）的切削变形系数。钛合金的切削变形系数接近于 1 或小于 1。其原因可能有三：①钛合金的塑性小（尤其在加工中），切屑收缩也小；②导热系数小，在高温下引起钛的 $\alpha \rightarrow \beta$ 转变，而 β 钛体积大，引起切屑增长；③在高温下钛屑吸收了周围介质中的氧、氢、氮等气体而脆化，丧失塑性，切屑不再收缩，使得变形减小。

（2）切削温度高。钛合金的切削温度比钢的高 250～300℃，TA7 的切削温度还要高些，且温度最高处位于切削刃附近的狭小区域。原因主要是由于它的导热系数小，刀-屑接触长度短（仅为 45 钢的 50%～60%）。不同钛合金的切削温度表现出不同的特点，湿式切削试验中，TB 类钛合金的切削温度比 TC4 钛合金低 100℃左右，比 45 钢的高 150℃左右。

（3）切屑形态。钛合金切削时第一、二变形区域均不如一般钢的明显，第一变形区宽度较窄。其切屑呈节状，背面为锯齿形。切屑单元之间的集中剪切滑移区剪切角 ϕ 较大，一般 $\phi=$ 38°～44°。

钛合金的切屑形成过程大致可分为三个阶段：①因受到前刀面的挤压，被切材料会产生弹性变形，在切屑前上方有时也可能出现微小的破裂面；②进一步受到前刀面的挤压，于是在材料上方隆起一块材料；③这块隆起的材料在与切削速度呈 ϕ 角度很窄的区域产生应力集中剪切变形，局部或全部断裂，形成节状切屑流出。图 9-3 所示为钛合金切屑形成阶段模型。

（4）刀具磨损特性。切削钛合金时刀具以机械磨损、黏结磨损、氧化磨损及扩散磨损为主。扩散作用造成的前刀面磨损是其主要磨损形式。且由于钛合金的化学亲和性大，加之切屑的高温高压作用，切削时易产生严重的黏刀现象，从而造成刀具的黏结磨损。高温下钛合金化学性质活泼，容易与大气中的 O、N、H 等元素形成 TiO_2、TiN 和 TiH 等硬脆物质，加剧刀具磨损。钛合金弹性模量低，在切削力作用下，容易产生变形，同时由于已加工表面回弹，使刀具后刀面与已加工表面产生剧烈摩擦。

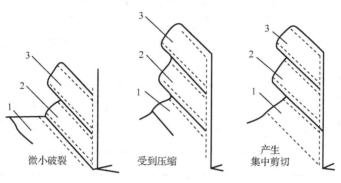

微小破裂　　　　　受到压缩　　　　产生集中剪切

图 9-3 钛合金切屑形成阶段模型

2. 钛合金的切削加工

1）刀具材料选择

钛合金车削时，切削力不大，加工硬化也不严重，容易获得较好的表面粗糙度，但因切削温度高，刀具磨损较大，刀具寿命低。钛合金铣削比车削困难，主要问题是切削刃区域容易与钛发生黏结，刀齿易崩刃，刀具寿命低。铣刀切削刃区域黏结的钛合金量与切屑厚度成正比，当刀齿再次切入工件表面时，黏结的钛合金剥落，从而使刀具出现磨损区。随着黏结量的增大，磨损区也增大，严重时甚至会使切削刃崩落而损坏铣刀。

切削钛合金必须选用耐热性好、抗弯强度高、导热性能好、抗黏结、抗扩散、抗氧化磨损性能好的刀具材料。车削钛合金多选用硬质合金刀具材料，以不含或少含 TiC 的 K 类硬质合金为宜，细晶粒和超细晶粒的 K 类更好。PVD 涂层比 CVD 涂层硬质合金性能更好。切削钛合金的复杂形状刀具（如拉刀、丝锥等）以用高钒、高钴和铝等高性能高速钢为宜。

常用切削钛合金的刀具材料如表 9-3 所示。资料显示，用金刚石和 CBN 车削钛合金的效果很好，Si_3N_4 的切削性能比 CBN 好。用天然金刚石刀具，采用乳化液冷却时，切削速度可达 $100\sim200\mathrm{m/min}$，但要在无振动情况下使用。

表 9-3 常用切削钛合金的刀具材料

刀 具 材 料	车 刀	铣 刀
高性能高速钢	W2MoCr4V4Co8、W12Mo3Cr4V3CoSi、W6Mo5Cr4V2Al	W12Cr4V4Mo、W2MoCr4V4Co8、W12Mo3Cr4V3CoSi、W6Mo5Cr4V2Al
硬质合金	YG6X、YG8、Y330、YG8W、YD051、YD101、YS2、YG813、Y310	Y330、Y330A、Y330B、Y330C、YG8、YG10H
涂层硬质合金	YBG102、YBG202	YBG302、KMG405

2）刀具几何参数选择

钛合金塑性小，刀-屑接触长度短，宜选较小的前角 γ_o；钛合金弹性模量小，应取较大后角 α_o，以减小摩擦，一般取 $\alpha_o \geqslant 15°$；为了增强刀尖的散热性能，主偏角 κ_r 宜取小些，以 $\kappa_r \leqslant 45°$ 为宜。切削钛合金一般不采用强化的刃口，应使刃口锋利、平滑、刀具表面粗糙度小。常用于切削钛合金的各类刀具几何参数如表 9-4 所示。

表 9-4　常用于切削钛合金的各类刀具几何参数

刀具材料	$\gamma_o/°$	$\alpha_o/°$	$\kappa_r/°$	$\kappa_r'/°$	$\lambda_s/°$	$\beta/°$	r_ε/mm	b_{r1}/mm	$\gamma_{o1}/°$
高速钢车刀	9~11	5~8	45	5~7	0~5				
硬质合金车刀	5~10	10~15	45~75	15	0~10		0.5~1.5	0.05~1.5	0~10
硬质合金镗刀	-3~-8	3~5	~90	~5	-3~-10				
盘铣刀	5~10	10~15				15			
立铣刀	0~5	10~20				25~35	0.5~1.0		
端铣刀	-8~8	12~15		45~60				1~2.5	-8~0

3）切削用量选择

切削温度高是切削钛合金的显著特点，必须优化切削用量降低切削温度，其中重要的是选择最佳的切削速度。钛合金的铣削速度不能太高，进给量和切削深度不能太小，加工过程中不能使用含氯的切削液，以免引起钛合金氢脆。可采用乳化液或极压添加剂的水溶性切削液。

钛合金铣削比车削困难，主要表现为铣刀易崩刃，刀具寿命低。这是因为铣削是断续切削，且切屑易与刀齿发生黏结，当黏结的刀齿再次切入时，黏屑被碰掉的同时带走了一小块刀具材料，形成崩刃。若采用顺铣，则会改善或减轻切屑黏结现象，有利于减缓刀齿磨损。

铣削速度过高将使切削温度升高，加剧铣刀磨损。一般为了提高生产率可增加铣削深度和宽度，或在增加工作齿数的同时，采用较低的切削速度，并使用大量的切削液。铣削深度选择取决于被加工工件的刚度、公差要求和铣削类型。在铣削带有锻造氧化皮的工件表面时，铣削深度应大于氧化皮的深度，以免氧化皮加剧刀具磨损。钛合金切削的常用切削用量如表 9-5 所示。

表 9-5　钛合金切削的常用切削用量

刀具材料	加工方式	切削速度 $v_c/(m \cdot min^{-1})$	进给量 $f_z/(mm \cdot r^{-1})$	切削深度 a_p/mm
高速钢	铣削	5~20	0.1~0.3	<5
硬质合金	粗车	25~60	0.05~0.20	<8
	精车	30~80	0.1~0.15	0.5~2
	铣削	25~60	0.05~0.20	<8

9.2.2　高温合金加工

1. 高温合金的切削加工特点

在切削加工中，高温合金的难加工性主要表现在以下几个方面：

（1）切削加工性差。高温合金的相对切削加工性均很差，K_r 在 0.2~0.5 之间，合金中的强化相越多，分散程度越大，热强性能越好，切削加工性越差。

（2）切削变形大。高温合金的塑性很大，有的延展率 $\delta \geq 40\%$，合金的奥氏体中固溶体晶格滑移系多，塑性变形大，故切屑变形系数大，是 45 钢的 1.5 倍以上。

（3）加工硬化倾向大。由于高温合金的塑性变形大，晶格会产生严重扭曲，在高温和高应力作用下不稳定的奥氏体将部分转变为马氏体，强化相也会从固溶体中分解出来呈弥散分布，加之化合物分散后的弥散分布，都将导致材料的表面强化和硬度提高。切削加工后，高温合金的硬化程度可达 200%～500%。

（4）切削力大。切削高温合金时，切削力为一般钢材的 1.5～2 倍，且切削力的波动大，极易引起振动。

（5）切削温度高。切削高温合金时，由于强度高、塑性变形大、切削力大、功率消耗多、产生的热量多，而其导热性差，切削温度可高达 750～1000℃。

（6）刀具磨损严重。切削高温合金时刀具磨损严重，这是由复合因素造成的。如严重的加工硬化、合金中的各种硬质化合物及 γ' 相构成的微硬质点等都极易造成磨料磨损；与刀具材料（硬质合金）中的组成成分相近，亲和作用易造成黏结磨损；切削温度高易造成扩散磨损；由于切削温度高，周围介质中的 H、O、N 等元素易与刀具表面生成相间脆性相使刀具表面产生裂纹，导致局部剥落、崩刃。磨损形式常为边界磨损和沟纹磨损。边界磨损由工件待加工表面上的冷硬层造成；沟纹磨损由加工表面刚形成的硬化层所致。

（7）表面质量和加工精度不易保证。由于切削温度高，导热性能差，工件极易产生热变形，所以加工精度不易保证。又因为切削高温合金时刀具前角 γ_o 较小，切削速度 v_c 较低，切屑常呈挤裂状，切削宽度方向也会有变形，会使表面粗糙度加大。

2．高温合金的切削加工

1）刀具材料的选择

切削高温合金时，除复杂结构采用高性能高速钢刀具外，其他应尽可能采用硬质合金刀具，也可选用 CBN 刀片。硬质合金常用 K 类，也可用含 TiC 的 P 类，但 TiC 的含量应小于3%。这两类刀具材料的抗弯强度、硬度等综合性能良好，热导率较高，可保证刀具刃口的锋利度和足够的刀刃强度。断续切削时，细晶粒和超细晶粒的硬质合金综合性能更佳，是切削高温合金的首选材料。目前常用 TiN、TiCN、TiAlN 和 AlTiN 等涂层以提高刀具的性能。表 9-6 所示为常用加工高温合金的刀具材料。

表 9-6　常用加工高温合金的刀具材料

刀 具 材 料	车　　刀	铣　　刀
硬质合金	YG8、Y330、YW2、Y310、YGRM、YG813、YD101	YG6X、Y330、Y230、Y330A、Y330B、Y330C、YD101
涂层硬质合金	YBG102、YBG202	YBG202
CBN	YCB102	

2）刀具几何参数的选择

前角的大小主要取决于高温合金的种类、工件的精度要求和毛坯类型。用于车削、铣削变形高温合金的各类刀具，粗切时前角 $\gamma_o=0°～15°$；精切时，为了保证加工精度和刀具寿命，前角 $\gamma_o=0°～5°$；铸造高温合金的塑性小，切削加工性更差，前角 $\gamma_o=0°～15°$。每种高温合金都有合理的前角范围，硬质合金刀具车削铸造铁基高温合金 K14 时，γ_o 最好取 0°，刀具相对磨损最小，刀具寿命最长。

对于塑性较大的高温合金的切削加工，适当增加刀具后角可减小刀具后刀面和已加工表面间的摩擦。车削、铣削变形高温合金时，粗切时后角 $\alpha_0=10°\sim15°$，精切时后角应选用较小值；切削铸造高温合金时，后角可更小。

主偏角 κ_r 对切削高温合金的影响较大，在机床刚度允许的条件下，应尽量选取较小的 κ_r 值，以保证刀尖的强度和散热性能，使刀尖尽可能大，提高刀尖的负荷能力。机床刚度不足时，κ_r 值可适当加大，常取 $\kappa_r=45°\sim75°$。

粗车及断续切削时，刃倾角取负值，如 $\lambda_s=-10°$。精车时，控制切屑流向待加工表面，可取 $\lambda_s=0°\sim3°$。圆柱铣刀和立铣刀，在刀具强度可靠的情况下取较大的螺旋角可使刃口锋利，有利于高温合金的切削加工。

高温合金在切削过程中易产生加工硬化，刀具刃口应锋利，刃口形式和参数应在刀刃强度和锋利性之间平衡，涂层刀具刃口强化带应较小，标准 V 形和 K 形断屑槽可取得较合适的卷屑和断屑效果。

3）切削用量的选择

切削高温合金的切削速度主要受刀具寿命制约，高温合金合理的切削速度范围很小。表 9-7 是 YD100、YG6X 和 YW2 硬质合金刀具车削铸造高温合金 K14 的最佳切削速度，表 9-8 为 PCBN 刀具切削高温合金的适宜切削速度。

表 9-7　硬质合金刀具车削铸造高温合金 K14 的最佳切削速度

刀 具 材 料	切 削 用 量		
	$v_c/(\mathrm{m\cdot min^{-1}})$	$f_z/(\mathrm{mm\cdot r^{-1}})$	a_p/mm
YD101	30		
YG6X	35	0.1	0.25
YW2	40		

表 9-8　PCBN 刀具切削高温合金的适宜切削速度

高温合金类型	切 削 用 量			备　　注
	$v_c/(\mathrm{m\cdot min^{-1}})$	$f_z/(\mathrm{mm\cdot r^{-1}})$	a_p/mm	
镍基高温合金	100～150	<0.2	<0.5	精加工、干式切削
钴基高温合金	50～100	<0.2	<0.5	

切削温度随着进给量的增大而上升，但上升幅度不大，因而进给量对刀具寿命的影响比切削速度的影响要小。进给量应尽可能取大值，因为如果进给量过小，切削刃在强化层内切削，反而会降低刀具寿命。一般进给量范围为 $f=0.1\sim0.5\mathrm{mm/r}$，粗车时取大值，精车时取小值。

切削高温合金时加工硬化现象较严重，为避免车刀在硬化层内车削，切削深度不宜太小，粗车时 $a_p=3\sim7\mathrm{mm}$，精车时 $a_p=0.2\sim0.5\mathrm{mm}$。

铣削高温合金的热冲击大，高速钢铣刀的切削速度一般为 $v_c=4\sim20\mathrm{m/min}$。硬质合金铣刀切削高温合金的切削速度接近或略高于车削时的切削速度，对于铸造高温合金，可取较低的切削速度；对于变形高温合金，可取较高的切削速度。精铣时切削速度可选得高些。铣削高温合金的每齿进给量 $f_z=0.03\sim0.2\mathrm{mm/z}$，粗铣时取较大值，精铣时取较小值。铣削深度 a_p 的大小主要受工艺系统刚度的限制，应尽可能取大些。

用圆柱铣刀铣削高温合金时可采用顺铣，也可采用逆铣，但是顺铣比逆铣更能提高加工表面质量和保证刀具寿命。应尽量减小铣刀切出时的切削厚度，使切屑不易黏结在刀齿上，从而避免再次切入时造成崩刃。另外，也可避免因刀齿切出时使切削层受压成为毛刺而造成的冲击力。为此应采用不对称顺铣，可使铣刀寿命提高 2～3 倍。

切削高温合金时，使用切削液的效果非常显著，与干式切削相比，切削速度可提高 25%。但必须使切削区得到连续不间断、充分可靠的冷却，以免间断冷却使硬质合金刀片产生裂纹。

9.2.3　不锈钢加工

1．不锈钢的切削加工特点

（1）切削变形大。不锈钢的塑性变形较大（奥氏体不锈钢延展率 $\delta \geqslant 40\%$），合金中奥氏体固溶体晶格滑移系多，切削变形系数大。

（2）加工硬化严重。除马氏体不锈钢外，切削加工时塑性变形大，晶格扭曲畸变剧烈，加工硬化严重，切削阻力大。

（3）切削力大。切削不锈钢时，切削力比切削碳钢时大 25%以上。切削温度越高，切削力越大，因高温下不锈钢的强度降低较少。

（4）切削温度高。切削不锈钢时由于塑性较大，切削力较大，功率消耗较多，产生的热量多，而其导热系数又小（只有 45 钢的 1/3），因而切削温度高。

（5）刀具易产生黏结磨损。由于奥氏体不锈钢的塑性和韧性均较大，化学亲和力大，在大的压力和高的温度作用下，容易熔着黏附，进而形成积屑瘤，造成刀具过快磨损。另外，切屑不易卷曲和折断，也容易引起刀具破损。

（6）加工精度和表面质量不易保证。奥氏体不锈钢的热膨胀系数 α 比 45 钢的大 60%，导热系数又小，切削热会使工件局部热膨胀，尺寸精度较难控制。而刀-屑、刀-工表面间的黏结和积屑瘤的产生，以及加工硬化，使得加工表面质量难以保证。

另外，在铣削过程中，因不锈钢的高塑性和与金属的亲和性，使得铣削过程中切屑易黏附刀齿，恶化切削条件，冲击振动使得切削刃易崩损或磨损，当逆铣时硬化趋势严重。

2．不锈钢的切削加工

1）刀具材料的选择

不锈钢切削加工要求刀具有足够的常温和高温硬度，以减小基体的塑性变形；耐磨性要高，刀具刃磨和使用中有利于刃口达到和保持锋利；刃口圆弧半径应尽量小，这就要求基体刀具材料晶粒粒度小，韧性良好；刀具材料要有较好的导热性，以降低切削温度；刀具材料还需与不锈钢黏附性小等。

用高速钢刀具切削不锈钢时宜采用高性能高速钢，特别是含钴高速钢和含铝高速钢，主要用于复杂形状的刀具，如拉刀、丝锥等。硬质合金刀具和涂层刀具已广泛用于切削不锈钢。生产中多用 K 类硬质合金加工不锈钢，特别是含钛不锈钢。K 类硬质合金具有较好的韧性，制成的刀具可以采用较大的前角和锋利的刃口；而 P 类硬质合金一般只用于加工条件平稳的精车刀，且不适宜加工含钛不锈钢。对于连续或断续切削加工，微细晶粒组织的硬质合金基体加上（Al、Ti）N 的 PVD 涂层，在切削奥氏体不锈钢时具有良好的耐边界沟槽磨损特性，是目前加工不锈钢较为理想的刀具材料。表 9-9 所示为切削不锈钢的硬质合金刀具材料。

表 9-9　切削不锈钢的硬质合金刀具材料

刀 具 材 料	车　刀	铣　刀
硬质合金	YG3X、YG6、YG8、YD101、Y330、Y310、YG8N、Y126、YW2、YG813	YG8、Y330、Y310、YG8N、Y126、YG813、Y130、Y330C
涂层硬质合金	YBG102、YBM150、YBM351、YBM253、YBG202、YBG205	

2）刀具几何参数的选择

在保证切削刃强度的前提下，应尽量选用大前角、大主偏角、大刃倾角和适宜的后角。后角的选取必须既能减轻后刀面与工件之间的摩擦，降低加工硬化，又能保证足够的刃口强度。卷屑槽能实现刀-屑接触区域外较长一段自由流动后强制卷曲，切屑的形成阻力小，切屑流动顺利，容易卷曲和折断。切削不锈钢车刀和铣刀的几何参数参考值如表 9-10 和表 9-11 所示。

表 9-10　车削不锈钢的车刀几何参数参考值

刀 具 材 料	γ_o /°	α_o /°	κ_r /°	κ_r' /°	λ_s /°	r_ε /mm
高速钢	20～30	8～12	45～75	8～15	连续切削-2～-6 断续切削-5～15	0.2～0.8
硬质合金	10～20	6～10				

表 9-11　铣削不锈钢的铣刀几何参数参考值

刀 具 材 料	γ_p /°	α_p /°	α_p' /°	κ_r /°	κ_r' /°	β /°
高速钢立铣	10～20	15～20	6～10		1～10	35～45
高速钢端铣		10～20		60～70		
硬质合金立铣	5～10	12～16	4～8		1～10	30
硬质合金端铣		5～10		60～70		

3）切削用量的选择

粗车不锈钢时，加工余量较大，一般应依次走刀来完成表面加工或选用较大的切削深度，以减少走刀次数。同时可以避免在前道工序所留下的加工硬化层或毛坯外皮切削，减轻刀具磨损。但切削深度加大会引起切削力增加和振动。当加工余量小于 6mm 时，粗车可一次车出；当加工余量大于 6mm 时，第一次可切去加工余量的 2/3～3/4，第二次切去剩余余量。半精车时，取切削深度 a_p=0.3～0.5mm，但必须使切削深度 a_p 大于加工硬化层深度。

粗加工不锈钢时，进给量不宜过大，以免切削负荷太重，同时由于残留面积高度和积屑瘤高度都是随进给量的增大而增大，所以进给量不能选得过大。为了提高加工表面质量，精车时应选较小的进给量。切削深度 a_p 选定后，在工艺系统刚度允许的条件下，粗加工时可取 f_z=0.8～1.2mm/r，半精加工时 f_z=0.4～0.8mm/r，精加工时 f_z<0.4mm/r。

用硬质合金刀具切削不锈钢时，切削速度不宜过高，以减小切削温度。当 a_p=4～8mm，f_z=0.15～0.6mm/r 时，合理的切削速度范围为 v_c=60～80m/min。同时，不同种类不锈钢的切削加工性不同，也会引起合理切削速度范围的相应变化。另外，钻孔和切断时，由于刀具刚性、散热条件、冷却润滑效果及排屑情况都比外圆车削差，所以切削速度应适当降低。

切削不锈钢时，切削温度高，容易发生黏刀。因此，与切削普通碳素钢相比，要求切削液具有良好的冷却、润滑和渗透作用，应选用含 S、Cl 等极压添加剂的乳化液，硫化油和四氯化碳、煤油和油酸混合液等切削液，并应使喷嘴对准切削区，最好采用高压冷却、喷雾冷却等冷却方式。

当端铣 2Cr13、1Cr18Ni9Ti、4Cr14Ni14W12Mo 等不锈钢时，应采用不对称顺铣方式，以便使刀齿从较大的切削厚度切入，从最小的切削厚度切出，从而提高刀具寿命。典型的不锈钢铣削用量如表 9-12 所示。

表 9-12　不锈钢铣削用量参考值

铣刀直径/mm	高速钢				硬质合金			
	立铣刀		端铣刀		立铣刀		端铣刀	
	v_c / (m·min^{-1})	f_z / (mm·r^{-1})	v_c / (m·min^{-1})	f_z / (mm·r^{-1})	v_c / (m·min^{-1})	f_z / (mm·r^{-1})	v_c / (m·min^{-1})	f_z / (mm·r^{-1})
1～3					25～60	0.03～0.06		
3～12	10～20	0.02～0.1			45～60	0.03～0.06		
12～25	10～20	0.03～0.1			50～60	0.03～0.06		
25～36	12～22	0.05～0.1						
36～50	15～24	0.15～0.1						
63～			12～25	0.1～0.5			60～130	0.05～0.5

9.2.4　高强度钢和超高强度钢加工

1. 高强度钢和超高强度钢的切削加工特点

高强度钢和超高强度钢切削加工难度大，主要表现在以下几个方面：

（1）切削力大。高强度钢和超高强度钢的剪切强度高，变形困难，切削力在同等的切削条件下，比切削 45 钢的单位切削力大 1.17～1.49 倍。

（2）切削温度高。高强度钢和超高强度钢的导热性差，切削时切屑集中于刃口附近很小的接触面内，使切削温度增高。如 45 钢的导热系数为 50.2W/（m·K），而 38CrNi3MoVA 的导热系数为 29.3W/（m·K），仅为 45 号钢的 60%，切削 38CrNi3MoVA 时的切削温度比切削 45 钢时的切削温度高 100℃左右。切削温度高，刀具磨损加剧。

（3）刀具磨损快，刀具寿命短。高强度钢和超高强度钢调质后硬度一般在 50HRC 以下，但抗拉强度高，韧性也好。在切削过程中，刀具与切屑接触长度小，切削区的应力和热量集中，易造成前刀面月牙洼磨损，增加后刀面磨损，导致刃口崩缺或烧伤，刀具寿命短。

（4）断屑困难。由于高强度钢和超高强度钢具有良好的塑性和韧性，所以切削时切屑不易卷曲和折断。切屑常缠绕在工件和刀具上，影响切削的顺利进行。

2. 高强度钢和超高强度钢的切削加工

高强度钢和超高强度钢在退火状态时其切削加工性较好，因此工艺设计时，除考虑热处理变形、半精加工和精加工余量等影响因素外，绝大部分余量都应在退火状态下加工去除。

1）刀具材料与涂层的选择

针对高强度钢和超高强度钢强度大、硬度高的特点，刀具材料应具有更高的硬度和更好的耐磨性，并应根据粗、精加工等条件使其具有较好的韧性和强度。

高强度钢和超高强度钢是铁基金属，不能用金刚石刀具进行切削加工。除金刚石外，其他各类先进刀具材料都能在加工高强度钢、超高强度钢中发挥作用。

高性能高速钢刀具主要用于铣削、钻削、拉削和螺纹加工等，硬质合金刀具主要用于粗加工与精加工，金属陶瓷、陶瓷和 CBN 刀具主要用于轻负载或精加工。

选用硬质合金刀具时，应尽量选择含 TaC 和 NbC 的硬质合金刀具，这样可以提高合金基体的高温强度、高温硬度、耐磨性能及韧性；并应尽量选择细晶粒度、超细晶粒度的硬质合金基体。该类合金中以 WC 为主要硬质相，具有良好的韧性、强度、硬度和耐磨性，对高强度钢进行车削、铣削或重载荷下的某些断续切削效果良好。精加工和半精加工时可选用耐磨性能较好的 TiC 基硬质合金刀具。涂层硬质合金刀具主要用于精加工、半精加工及负荷较轻的粗加工。

陶瓷刀具的硬度和耐热性高于硬质合金刀具，允许的切削速度比硬质合金高 1～2 倍。在高强度钢、超高强度钢的切削加工中，陶瓷刀具主要用于车削和平面铣削的精加工和半精加工，但不能用于粗加工或有冲击载荷的断续切削中。选择陶瓷刀具时宜采用 Al_3O_2 基陶瓷。

CBN 刀具适用于高强度钢和超高强度钢的车削和铣削，主要用于半精加工和精加工。采用 CBN 刀具进行精加工，切削效果明显优于硬质合金与陶瓷刀具。

表 9-13 所示为切削高强度钢和超高强度钢的刀具材料。

表 9-13　切削高强度钢和超高强度钢的刀具材料

刀 具 材 料	车　刀	铣　刀
硬质合金	YC10、YC40、YS8、YT05、YW3、YC30、Y105、Y310、Y126	YC10、YC30S、YD15、YW3、YS25、Y126、Y130、Y230、Y330A、Y330B、Y330C、YT798、YG813
涂层硬质合金	YBG102、YBM151、YBM253、YBG202、YBG205	
陶瓷	YNG151、YNG151C	YNG151
CBN	CA1000	

2）刀具几何参数的选择

加工高强度钢和超高强度钢时，刀具几何参数的选择原则与加工一般钢料基本相同。由于被加工钢料的强度大、硬度高，故必须加强刀具的切削刃和刀尖部分，以保证一定的刀具寿命。推荐加工高强度钢和超高强度钢的几何参数如表 9-14 所示。

表 9-14　加工高强度钢和超高强度钢的几何参数

刀 具 材 料	刀 具 类 型	$\gamma_0/°$	$\alpha_0/°$	$\lambda_s/°$	$\kappa_r/°$
高速钢	车刀	3～12	5～10	2～4	
	立铣刀		7～10		

续表

刀 具 材 料	刀 具 类 型	$\gamma_o/°$	$\alpha_o/°$	$\lambda_s/°$	$\kappa_r/°$
硬质合金	车刀	−10～10	6～12	−12～0	10～93
	立铣刀		4～10		
	端铣刀	−15～−6	8～12	−12～−3	30～75
陶瓷	车刀	−15～−4	4～10	−20～−2	
	铣刀刃	−20～−8	4～10	−12～−3	30～75
CBN		−8～−12			

硬质合金、陶瓷和 CBN 刀具的刃口一般应进行强化处理。粗车刀刃口倒棱强化 0.2mm×(−18°～−15°)；粗铣刀刃口倒棱强化(0.1～0.3mm)×(−10°)。各种可转位刀片采用倒圆强化和倒棱强化的复合强化，刃口均为圆弧状，这样有利于保证涂层质量，使工件精度和表面质量稳定。

3）切削用量的选择

高强度钢在热处理前加工并不困难。调质处理后，因强度大、硬度高、韧性好而使切削加工困难。此时切削深度和进给量已无大的选择余地，因此切削用量的选择主要是切削速度的优化问题。在用硬质合金刀具，且其他条件相同时，高强度钢的切削速度又主要取决于 σ_b 的大小，当 σ_b=1.5～1.7GPa 时，车削速度 v_c=40～45m/min 为宜；随着 σ_b 的增大，v_c 应相应降低。表 9-15 和表 9-16 所示为高强度钢和超高强度钢的车削和铣削速度。

表 9-15 高强度钢和超高强度钢的车削速度（硬质合金刀具）

抗拉强度 σ_b/MPa	v_c/(m·min^{-1})（未涂层）	v_c/(m·min^{-1})（涂层）
800～1000	40～120（f_z=0.15～0.6mm/r，a_p=0.2～1mm）	60～210
1000～1470	40～85	40～180（a_p=0.2～1mm）
1670	35～58	
1960	30～45	
2150	10～35	10～35（a_p=0.2～1mm）

表 9-16 高强度钢和超高强度钢的铣削速度

抗拉强度 σ_b/MPa	刀 具 材 料					
	高 速 钢		硬 质 合 金		复 合 陶 瓷	
	v_c/(m·min^{-1})	f_z/(mm·r^{-1})	v_c/(m·min^{-1})	f_z/(mm·r^{-1})	v_c/(m·min^{-1})	f_z/(mm·r^{-1})
800～1200	10～30	0.08～0.1	60～120	0.12～0.4	80～180	0.1～0.3
1200～1500	7～12		25～80			
1500～1800	3～8		8～42			
1800～2100	2～4		～8			

9.2.5 复合材料加工

1. 聚合物基复合材料的加工

聚合物基复合材料包括颗粒增强复合材料（Particle Reinforced Plastic，PRP）和纤维增强复合材料（Fibre Reinforced Plastics，FRP）两大类，其中颗粒增强类复合材料易在材料内部产生较大的应力集中，目前其制备技术仍处于研究阶段，应用较少。因此，以下着重讨论 FRP 的加工。

1）FRP 的切削加工特点

（1）切削温度高。FRP 切削层材料（纤维）有的在拉伸作用下切除，有的在剪切弯曲联合作用下切除。纤维的抗拉强度较高，要切断需要较大的切削功率，加上粗糙的纤维断面与刀具摩擦严重，生成大量的切削热，而 FRP 的导热系数比金属要低 1～2 个数量级，因而在切削区会形成高温。

（2）刀具磨损严重、刀具寿命低。切削区温度高，且集中于刀具切削刃附近很狭窄的区域内，纤维的弹性恢复及粉末状的切屑又剧烈地擦伤切削刃口和后刀面，故刀具磨损严重，刀具寿命低。

（3）产生沟状磨损。用烧结材料（硬质合金、陶瓷、金属、金属陶瓷）作为刀具切削 CFRP（碳纤维增强复合材料）时，后面有可能产生沟状磨损。

（4）产生残余应力。加工表面的尺寸精度和表面粗糙度不易达到要求，容易产生残余应力，原因在于切削温度较高，增强纤维和基体树脂的热膨胀系数差别太大。

（5）要控制切削温度。切削纤维增强复合材料时，温度高会使基体树脂烧焦、软化，有机纤维变质，因此必须严格限制切削速度，控制切削温度。同时使用切削液要慎重，以免材料吸入液体而影响其使用性能。

2）FRP 的孔加工

在纤维复合材料构件的连接中，机械连接占有重要的地位。因此，当复合材料构件装配时，需加工出成千上万个紧固件孔。紧固件孔不仅数量多、质量要求高，而且难度大，是复合材料加工中最难的加工工序之一。由于复合材料层合板的主要特点之一是层间剪切强度低，这使得钻孔中轴向力容易产生层间分层，如不加以防范，就会导致昂贵的复合材料构件报废。复合材料钻孔的另一个主要问题是碳纤维材料质点的硬度高，与高速钢的硬度相当，因此刀具磨损十分严重，刀具寿命很低。FRP 的孔加工具有如下特点：

（1）钻头的磨损形态。钻削实验表明，无论是高速钢钻头还是硬质合金钻头，不论加工哪种 FRP，钻头磨损都是从钻心向外缘加大，且多发生在后刀面和横刃处，尤其是后刀面磨损较大。

（2）钻削扭矩和轴向力。无论是高速钢钻头还是硬质合金钻头，对 GFRP（玻璃纤维增强复合材料）和 CFRP 钻孔时，扭矩均是随着钻孔数的增加而增大，并在钻孔数达到一定数量时扭矩增大趋于平缓，而轴向力则不同。钻 GFRP 时轴向力的变化规律与扭矩的变化规律相近，而钻 CFRP 时，轴向力一直随钻孔数的增加而急剧增大。切削速度和进给量也影响扭矩和轴向力，切削速度 v_c 增加时扭矩略有减小，轴向力基本不变；随着进给量的增大，扭矩是先减小再增大，而轴向力是一直增大。

（3）表面粗糙度。加工 CFRP 时，切削速度 v_c 对表面粗糙度的影响不大，原因在于碳纤维的导热系数比玻璃纤维大得多，又富于柔软性；进给量对表面粗糙度的影响也不大，除了前面的原因外还因为切削温度不高。加工 GFRP 时，v_c 增大时表面粗糙度显著增大，原因在于 v_c 高，切削温度高，树脂可能分解软化使玻璃纤维露出，使加工表面变得粗糙；进给量加大时，刀具与被切削材料之间的接触时间减少，切削热促使树脂分解的可能性减小，所以表面粗糙度减小。

孔的钻入、钻出处易产生层间剥离和毛刺，孔壁表面粗糙。强韧的碳纤维难于切断，就会在钻入时由钻头外缘转角部位向上拉出纤维，钻出时又把纤维向下拉，经拉伸变形的纤维不是靠主切削刃而是靠副切削刃切断，这样就有可能把纤维从材料层中剥离出来，这就是层间剥离现象，也是 FRP 应力集中、龟裂和吸湿的根源，必须设法解决。为提高 FRP 的钻削效果，可采用如下措施：

（1）应尽量采用硬质合金钻头。修磨钻心处螺旋沟槽表面，以增大该处前角，缩短横刃长度为原来的 1/2～1/4，降低钻尖高度，使钻头刃磨得越锋利越好；主切削刃修磨成双重顶角形式，以加大转角处的刀尖角，改善该处的散热条件；在副后面（棱带）的 3～5mm 处向后加磨副刃后角 3°～5°，以减小与孔壁间的摩擦；修磨成三尖两刃形式，以减小轴向力。

（2）在切削用量选择上，尽量提高切削速度（v_c=15～50m/min），减小进给量（f=0.02～0.07mm/r），特别是要控制出口处的进给量以防撕裂和分层，也可加金属或塑料支承垫板。

（3）钻 KFRP（芳纶纤维增强复合材料）时，用 Rocklinizing 耐磨涂层钻头，每个钻头钻孔数约为高速钢钻头的 35 倍，每孔费用仅为高速钢钻头的 0.6 倍。

（4）用钎焊或机械夹固烧结金刚石钻头，钻 CFRP 效果更好，只是刃磨困难。

（5）钻 FRP 时钻头常用粒度小于 1μm 的碳化钨制成，钻削速度 1.5～3m/s。快钻透时，压力要小。钻 KFRP 时最好用平头钻，可使孔边飞毛少；使用一般钻头时，背面一定要衬垫牢固，垫材可用胶木。也可在复合材料两面附有撕离层，如玻璃布、压敏胶带等，钻孔后再撕去。钻头转速为 2500～3500r/min，应加水润滑。钻 BFRP（硼纤维增强复合材料）最好用浸涂金刚砂的钻头，进给速度 0.14～0.08mm/s。钻 GFRP 用涂有二硼化钛的钻头，寿命可大大延长。钻 CFRP 最好使用金刚石钻头，背面需要垫板，也可在两表层各附一层玻璃布撕离层。钻削一定数目的孔后需要重新刃磨钻头。

（6）超声振动钻削 FRP 时可大大提高金刚石钻头的寿命。钻头嵌有（或烧结）金刚石，钻削时用水冷却。

3）FRP 的切割加工

FRP 零部件生产中切断也是主要加工工序。常用的切割方式有机械切割、高压水切割、超声波切割和激光切割等。机械切割工具包括砂轮片及各种锯等，其刀具转速和进刀量要根据板材厚度和切割方法来确定。高压水切割的特点是切口质量高、结构完整性好、速度快。激光切割的特点是切缝小、速度快、能节省原材料和可以加工形状复杂的工件。

机械切割纤维复合材料时易产生毛边或分层现象，故在操作过程中应特别注意。高压水切割、超声波切割或激光切割能保证切割精度，自动化程度高，但需要专门设计的大型设备，加工成本高。

2. 金属基复合材料的加工方法

金属基复合材料（Meta1-Matrix Composite，MMC）可分为颗粒增强复合材料、长纤维增强复合材料和短纤维（或晶须）增强复合材料。

1）MMC 的切削加工特点

金属基长纤维增强复合材料的切削加工特点与 FRP 相似。金属基短纤维增强复合材料的切削加工却有着很多独特的特点。实验表明，切削加工金属基短纤维增强复合材料时，在其加工面上会残存很多与增强纤维直径对应的孔沟。用金刚石单晶刀具切削 SiC 短纤维增强铝合金复合材料 SiC$_w$/6061 时，加工表面上的孔沟数与纤维含有率有关，纤维含有率越高，孔沟越多。这是金属基短纤维增强复合材料切削表面的基本特点之一，其加工表面形态有三种模型，如图 9-4 所示。

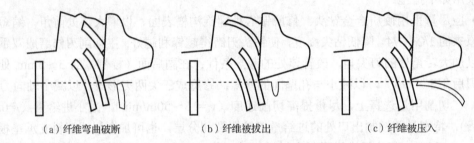

(a) 纤维弯曲破断　　　　　　(b) 纤维被拔出　　　　　　(c) 纤维被压入

图 9-4　金属基短纤维增强复合材料加工表面生成模型

（1）纤维破断面露出。这是当纤维尺寸较大较长时，切削刃直接接触纤维，纤维呈弯曲破断。

（2）纤维从基体中被拔出。用切削刃十分锋利的单晶金刚石刀具切削时，细短纤维沿切削方向被拔出。

（3）纤维被压入。用钝圆半径较大的硬质合金刀具切削时，细短纤维随着基体的塑性流动而被压入加工表面。

对金属基颗粒增强复合材料来说，由于增强颗粒的硬度一般都接近甚至超过普通机械加工刀具材料的硬度，所以加工时刀具的磨损严重。随着颗粒含量的增加、颗粒尺寸的增大，刀具的磨损加快，加工精度降低。高速钢刀具一般会在几秒内迅速磨损，即使刀具表面涂覆了硬质合金材料，这个过程也只能维持几分钟；硬质合金刀具可用于加工这类材料，但须采用较低的切削速度和合适的进给量；PCD 是目前最为有效的刀具材料，但 PCD 刀具不适用于螺孔、小尺寸的钻孔加工。

2）MMC 的孔加工

在 MMC 上钻孔时：

（1）高速钢钻头以后刀面磨损为主，且可见与切削速度方向一致的条痕，这与在 FRP 上钻孔相似，主要是磨料磨损所致，后刀面磨损宽度值 VB 随切削路程的增大而增加，随进给量的增大而减小，而 v_c（$v_c<40\text{m/min}$）对 VB 的影响不大。

（2）在用 K10、K20、高速钢及 TiN 涂层高速钢四种钻头的钻削试验中，K10 最耐磨。因 K10 钻头磨损小，故随着钻孔数的增加，轴向力几乎不变，扭矩略有增加，但 TiN 涂层高速钢钻头的扭矩增加较多。

（3）在孔即将钻透时，应减小进给量，以免损坏孔出口。

（4）在加工金属基颗粒增强复合材料上较大直径孔时，PCD 钻头的效果较好。试验表明，切削速度 v_c 为 50～200m/min，进给量为 0.05～0.2mm/r，当使用冷却液时，可以获得较高的钻孔质量。

3）MMC 的切割加工

前面介绍的激光、水射流等特种加工方法也可以用于金属基复合材料的切割。这里主要介绍用于金属基复合材料切割的电火花加工和电子束加工。

电火花加工主要用于金属基复合材料和其他具有良好导电性能复合材料的切割。与其他大多数切割方法相比，这种方法不会产生微裂纹，因而可减少疲劳损伤，加工表面粗糙度优于 Ra 0.25μm。电火花加工存在的主要问题是工具磨损太快，这无形中就增加了加工成本。

金属基纤维增强复合材料可以用各种能量的电子束加工，沿纤维轴向切割或短纤维复合材料切割，纤维无须断裂，故只需对基体切割、熔化或蒸发。当电子束能量足够大时，就能使长纤维复合材料中的纤维熔融、汽化，更确切地说，就是在电子束产生的机械和热应力作用下纤维发生了断裂。电子束切割的缺点是切割过程中会发生微结构损坏，会产生裂纹和界面脱黏。

9.2.6　硬脆性材料加工

1．脆性材料的超精密加工

1）抛光加工

抛光加工是超精密加工脆性光学材料的一种传统加工方法，它是通过在做相对运动的抛光模与工件间加入抛光磨粒，使其对工件进行刮擦、挤压，以及抛光液与被加工材料间发生的化学反应来实现的。因为工件材料是在很大的加工面积内用极小的磨粒以极低的速度去除的，所以尽管材料很脆，加工表面也是处于塑性域加工，其表面不会产生裂纹。

传统的抛光方法因为设备简单、费用低、工艺条件易于保证，仅依靠工人精湛的技艺就可以加工出优质的表面，所以目前应用仍十分广泛。传统的抛光加工方法有很多缺点，首先是生产效率低，加工过程主要依靠人的因素，不易精确控制，难以实现生产过程的自动化控制；其次，由于抛光液和材料表面的化学作用对材料表面产生腐蚀，造成表面污染，影响表面材料的物理特性。现在也有一种低温抛光方法。它是把工件放在-50～-30℃的环境中进行抛光加工，加工生产效率高，加工出的零件表面质量很好。

2）超精密车削加工

对脆性材料进行塑性域的超精密车削加工时，由于脆性材料硬度较大，金刚石刀具极易磨损。

3）微波和超声波加工

微波和超声波加工方法主要是对脆性材料表面进行孔类加工。微波加工是利用波导管中微波电磁能加工无机材料的一种高功率密度的加工方法。超声波加工是使工具做超声振动，振动频率为 15～30kHz、振幅为 10～150μm。当在工具与工件之间充以浆液，并以一定的静压力（加工压力）相接触时，工具端部的振动就可实现磨料对工件的冲击破碎，从而实现对脆性材料的加工。

4）离子束和激光加工

离子束加工是把惰性气体或其他元素的粒子在电场中加速，将这种高速的粒子束流射向工件表面，利用离子束的力学作用撞击材料待加工表面的原子或分子，对材料表面进行微量去除加工。离子束加工能获得质量非常高的加工表面，可实现纳米级加工。

激光加工中光功率密度非常高，经陶瓷吸收后，将光能转为热能，使焦点的温度急剧升高，使陶瓷熔解或汽化分解。但激光在加工陶瓷时存在着一个很严重的问题，即会产生微裂纹。又因为陶瓷是脆性材料，塑性很差，这些微裂纹的尖端所形成的应力难以释放，使微裂纹很容易扩展为大裂纹，甚至使激光加工出来的陶瓷工件失效。所以只有适当地控制好激光的功率密度和运行轨迹，才可以进行陶瓷工件的打孔、切割及焊接等加工操作。

5）超精密磨削加工

超精密磨削是近期发展起来的一种新的加工脆性材料的方法，它是在高刚度超精密磨床上，用金刚石砂轮对材料表面进行磨削加工。

6）在线电解修整（ELID）磨削（详见 3.2 节）

ELID 利用在线的电解作用对金属基砂轮进行修整，即在磨削过程中在砂轮和工具电极之间浇注电解磨削液并加上直流脉冲电源，使作为阳极的砂轮结合剂产生阳极溶解效应而逐渐去除，将不受电解影响的磨料颗粒突出砂轮表面，从而实现对砂轮的修整，在加工过程中能始终保持砂轮的锋利性。

7）电解电火花磨削（MEEC）加工（详见 5.10 节）

MEEC 具有高速、高精度的良好磨削加工效率，对陶瓷等硬脆性难加工材料具有很好的加工效果。这种加工方法能用于陶瓷等硬脆性材料的切割、成形磨削、平面磨削、圆柱磨削等。

2. 陶瓷材料的加工

工程陶瓷的切削加工特点如下：

（1）陶瓷材料具有很高的硬度，如 Al_2O_3 陶瓷、TiC 陶瓷的硬度可达 2250～3000HV，比硬质合金还要高，仅次于金刚石和立方氮化硼。工程陶瓷具有很高的耐磨性，除了易切陶瓷，一般工程陶瓷的切削只有超硬刀具材料（金刚石和立方氮化硼）才能胜任。

（2）陶瓷是典型的硬脆材料，其去除机理是刀具刃口附近的被切削材料产生脆性破坏，而不是像金属材料那样产生剪切滑移变形。加工后表面不会有由塑性变形引起的加工变质层，但切削时的脆性龟裂会残留在加工表面上，从而影响陶瓷零件的强度和工作可靠性。

（3）陶瓷材料的切削加工性，依其种类、制造方法的不同有很大差别。从机械加工的角度看，断裂韧性低的陶瓷材料容易切削加工。陶瓷材料的断裂韧性与结构组成和烧结情况有关，烧结温度和压力越高，材料越致密，硬度越高，切削加工性越差，刀具寿命越低。

（4）陶瓷材料常温下几乎无塑性。某些陶瓷只有在高温区才会软化呈塑性，产生剪切滑移变形。此时切削陶瓷材料也同切削金属一样，可以得到连续形切屑。SiO_2 玻璃的镜面加工就具有这种特点。

（5）切削陶瓷材料时的单位切削力比切削一般金属材料时大得多，刀具切入困难。应注意防止刀具破损，切削深度与进给量应小些。

（6）切削陶瓷材料时刀具磨损严重。可适当加大刀尖圆弧半径，增加刀尖强度和散热性。切削用量的选择也影响刀具磨损。切削速度高、切削深度和进给量大都会增加刀具磨损。

工程陶瓷的机械加工仍普遍使用传统的加工方法，用金刚石磨轮磨削、研磨和抛光。磨削特点有：①磨轮磨损大，磨削比小；②磨削力大，磨削效率低；③磨削后陶瓷零件强度降低。

目前，较为先进的磨削方法有：①采用新型金刚石磨轮磨削；②复合磨轮磨削；③超声波振动磨削。

3. 石材的加工

石材具有许多其他材料不能相比的优良特性，如耐磨性好、耐腐蚀、精度保持性好，其制品有美丽的光泽等。石材经过加工可以制成精密平板、高精度机器零件，如精密机床床身、导轨、立柱、主轴座，以及量块、角规、三坐标测量台、量仪工作台、钳工工作台等。石材可分为大理石和花岗石两大类。所谓大理石是指变质的或沉积的碳酸盐及某些含有少量碳酸盐的硅酸盐类岩石，如大理石、石灰石、白云石、蛇纹岩、砂岩、石英岩和石膏岩等。凡属于岩浆岩和变质岩浆岩的石材统称为花岗石。它包括花岗岩、正长岩、闪长岩、辉长岩、玄武岩和片麻岩等。花岗岩由于具有耐磨性好、成本低、不导电、不带磁、受温度影响小和精度稳定性好等特性，已从建筑装饰材料变为精密仪器和精密机床制造中的重要材料，因而引起国内外学者的重视。

石材的加工主要是锯切、磨削和抛光，它们占石材加工量的 95%。其中磨抛又是最复杂、最关键的工序，占工作量的一半左右。另外，还有电（电子束、线电极）、水力、离子束和激光切割。抛光的方法有两种：一种是毛毡盘加氧化铝粉抛光，抛光时先在板面上洒少量的水，然后再均匀地洒上抛光剂进行抛光；另一种是毛毡盘加草酸抛光，它是在板面上加适量的草酸然后加水抛光，供水量要大于 10L/min，以防止草酸烧坏板面。

9.3　难加工结构的加工技术

9.3.1　薄壁件的加工

1. 薄壁件机械加工的难点

薄壁结构零件广泛用于航空航天工业中，如图 9-5 所示为典型飞机结构件。这些零件主要由若干侧壁和腹板组成，结构形状一般较复杂，外形协调要求高，零件外廓尺寸相对较大，加工余量大，刚度较低，加工工艺性差，容易产生加工变形，且变形的形式多样、控制难度大，加工精度很难得到保证。影响加工精度的因素主要有：工件材料特性和结构特性、毛坯初始残余应力、切削力和切削热、安装因素及加工路径等。

2. 解决问题的途径

针对薄壁件的加工难点，可以从加工的不同过程来研究提高薄壁件制造精度的理论和工艺方法。减小或消除加工变形的措施有以下几个方面：

1）加工前预处理及加工后调整

（1）毛坯初始残余应力消除与均匀化技术。如果能显著降低和均匀化毛坯中的初始残余应力，必将大大降低工件的变形潜能。除传统的热处理消除毛坯残余应力方法外，已开发出许多行之有效的消除铝合金初始残余应力的方法，一些方法已在生产中获得成功应用，主要包括：①深冷处理消除模锻件毛坯残余应力的方法；②机械拉伸法消除板材残余应力的方法；③模冷压法消除复杂形状铝合金模锻件残余应力的方法等。

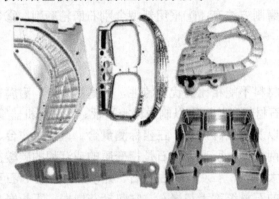

图9-5　典型飞机结构件

（2）加工变形的后期校正。当薄壁件的加工变形无法有效控制时，就必须对变形零件进行校正。目前主要有以下校正方法：①机械校正；②冷作校正；③加热校正。

2）优化调整加工工艺方案

薄壁件的常规加工方法是铣削，针对其加工难点，可以通过优化调整铣削加工的工艺方案来减小加工变形。

（1）优化安装方案。夹具系统对工件制造精度的影响受到国内外许多学者的关注。目前，国外对夹具的研究主要集中在夹紧力的作用顺序、大小和位置等对工件尺寸精度的影响，其目的是提高加工过程中的尺寸精度和定位精度。而国内的有关夹具文献基本是针对某种具体夹具的结构设计，目前还没有发现针对应力分布和应力情况对夹具进行优化选择的研究。从工装方面考虑，可以采用真空夹具、石膏填充法及低熔点合金填充法等工艺方法加强支撑，进而达到减小变形、提高加工精度的目的。

（2）切削用量和走刀路径的优化。对刀具切削用量及走刀路径进行优化，可以达到减小变形的目的。研究表明，不同的加工路径对加工过程中残余应力的产生和分布趋势会产生不同的作用效果。对于薄壁框类零件的加工，加工路径的选择应使被加工材料尽可能对称分布，以达到减小加工变形的效果。

（3）其他工艺措施。

① 精加工最后一次走刀后，无进给切削几次，并结合手工打磨。

② 增加变形校正工序。

③ 基于有限元技术的加工变形预测与控制技术研究。计算机技术的飞速发展使得利用数值模拟方法来研究薄壁件加工变形的预测与控制成为可能。将工件的初始残余应力、安装方案、加工路径等参数导入有限元模型，通过计算机进行模拟加工，根据获得的结果来推测实际可能产生的加工变形，并通过优化的安装方案及加工路径来指导实际生产。

3）采用高速加工技术

随着高速加工技术工程应用的逐渐成熟，薄壁件制造开始采用这一先进制造技术。高速加工的切削力比普通切削加工减小30%；工件的温升低，可减小工件的热变形和热膨胀。较小的切削力和较低的工件温升可显著降低切削加工过程中残余应力的产生。有文献表明，在切削速度603m/min、进给速度 9.6m/min、切削深度 20mm 条件下，已可加工出 0.22mm 厚的薄壁。配合数控技术是目前加工薄壁类零件的最常用方法。图 9-6 所示为高速铣削薄壁过程示意图。

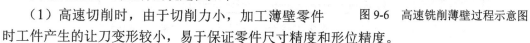

图 9-6　高速铣削薄壁过程示意图

高速切削加工薄壁件的优越性如下：

（1）高速切削时，由于切削力小，加工薄壁零件时工件产生的让刀变形较小，易于保证零件尺寸精度和形位精度。

（2）高速切削时，由于切削热绝大部分由切屑带走，工件温升不高，工件加工热变形很小，这对于减小薄壁件的热变形也非常有利。

（3）高速切削时，刀具的激振频率提高，所以在加工薄壁零件时可以在较宽的频率范围内选择主轴转速，使激振频率避开薄壁结构工艺系统的振动频率范围，从而避免切削振动，实现平稳切削。

（4）高速切削时，刀具悬伸长度短，刚性好，采用大径向切深、小轴向切深加工，切削轻快，效率高，适合于薄壁零件加工。

（5）同时，高速加工技术还具有生产效率高、工件表面质量高等特点，是制造技术的发展趋势。

4）考虑其他加工方法

（1）使用特殊的机床、刀具进行薄壁零件加工。如日本的岩部洋育采用双主轴机床分别从两侧进行侧壁的加工，从而抵消了薄壁件的变形（见图 9-7）。很多文献提出了采用刀杆较细的立铣刀进行侧壁加工，避免刀杆损坏已加工表面（见图 9-8）。

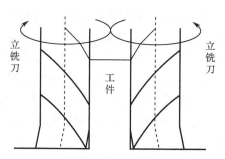

图 9-7　特殊的双主轴结构机床

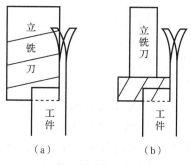

图 9-8　特殊的刀具结构

（2）化学铣削加工。化学铣削最适于加工形状复杂、厚度很小或材料韧性好、脆性大的工件，可以用来加工薄壁零件。它把工件表面不需要加工的部分用耐腐蚀涂层保护起来，然后将工件浸入适当成分的化学溶液中，露出的工件加工表面与化学溶液产生反应，材料不断地被溶解去除，如图 9-9 所示。工件材料溶解的速度一般为 0.02~0.03mm/min，经一定时间达到预定的深度后，取出工件，便获得所需要的形状。

化学铣削适于在薄板、薄壁零件表面上加工出浅的凹面和凹槽，如飞机的整体加强壁板、蜂窝结构面板、蒙皮和机翼前缘板等。化学铣削也可用于减小锻件、铸件和挤压件局部尺寸的厚度，以及蚀刻图案等，加工深度一般小于 13mm。

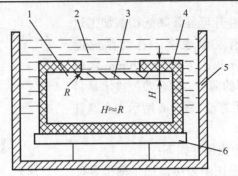

1—工件；2—化学溶液；3—化学腐蚀部分；4—保护层；5—溶液箱；6—工作台

图 9-9　化学铣削原理

3．加工效果比较

薄壁类零件由于其结构特点，容易在加工时产生加工变形，因而难以用常规的方法进行加工。上面所述的几种加工方法中，使用特殊机床、刀具进行加工对加工变形的控制较为理想，但由于要采用专用机床、刀具，增加制造成本，通用性也差。优化工装参数、加工路径等工艺参数只针对特定零件，需要较长时间摸索，对经验的依赖性较强。化学铣削加工薄壁零件消除了前几种方法引入附加残余应力（铣削残余应力、夹紧应力等）的影响，但表面质量不易控制。目前，国内外大都采用高速铣削的方式来加工薄壁件，但由工件原始残余应力及夹紧应力引起的加工变形仍然没有很好地解决。

9.3.2　叶片及涡轮盘的加工

1．叶片及涡轮盘加工中存在的问题

在航空燃气涡轮发动机中，涡轮部件的工作条件最为苛刻，特别是涡轮转子，要在高温、高压、高转速和高气流速度下工作，其工件材料难以机械切削，工件加工空间又十分有限，所以很难采用传统的机械方式进行加工。涡轮转子的工作能力直接影响发动机的基本性能和可靠性。叶片是航空发动机制造中最关键的零件，是喷气发动机和汽轮机设备中的重要零件，叶身型面形状复杂而且要求精度高，加工批量大。采用常规的机械加工方法进行加工时，必须先经精密铸造，然后加工，抛光后镶嵌至叶轮的榫槽中，再焊接而成，其劳动量占全机的30%以上，而且材料难于加工、形状复杂、薄壁易变形。

自 20 世纪 80 年代中期，西方发达国家在新型航空发动机设计中采用整体叶盘结构作为最新的结构和气动布局形式，它代表了第四代、第五代高推重比航空发动机技术的发展方向，已成为高推重比发动机的必选结构。国外著名的航空发动机制造公司（MTU）预测：在 21世纪，随着新材料、新结构应用水平的提高，未来各种航空发动机的风扇、压气机及涡轮将全面采用整体叶盘结构。

与传统装配部件相比整体叶盘具有以下优点：

（1）将叶片和轮盘设计为一体，省去传统连接的榫头和榫槽形式，简化航空发动机的结构，可使压气机重量减轻 30%，提高发动机的推重比，如图 9-10 所示。

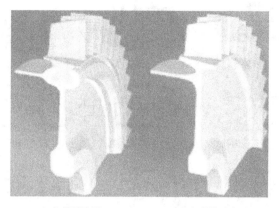

（a）榫槽连接　　　　（b）整体叶盘

图 9-10　压气机榫槽连接与整体叶盘结构对比

（2）提高结构的气动效率和发动机的工作效率。

（3）整体叶盘的刚性好，平衡精度高，有利于延长转子的使用寿命和提高发动机的工作可靠性。

整体叶盘的毛坯加工一般采用高强度难加工材料（如钛合金、镍基合金等），不允许有裂纹和缺陷，叶片薄、扭曲度大、叶展长、受力易变形，而且由于叶片的通道深而窄、开敞性很差，材料切除率很高，严重影响数控铣削的可加工性。图 9-11 所示为整体叶盘的三种典型结构。

（a）闭式整体叶盘　　　　（b）开式整体叶盘　　　　（c）大小叶片转子

图 9-11　整体叶盘的三种典型结构

2．整体叶盘加工技术

目前，整体叶盘的加工技术主要有：数控铣削加工技术、数控电解加工技术及电火花加工技术等。

1）数控铣削加工技术

五轴联动数控铣削加工由于其具有快速反应性、可靠性高、加工柔性好及生产准备周期短等优点，在整体叶盘制造领域得到广泛应用。美国 GE 和普惠公司、英国罗·罗公司等多采用五坐标数控铣削加工整体叶盘，如图 9-12 所示。

数控铣削加工技术存在的主要不足是对于窄、深且开敞性差的通道，必须使用细长刀具，加工时受径向力大，使刀具易产生振动，甚至出现断刀现象。侧铣后工件残余应力较大，加工余量难以控制，对后续精加工造成不良影响。

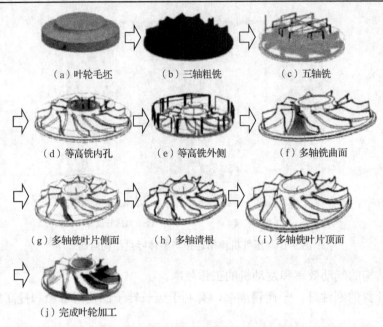

（a）叶轮毛坯   （b）三轴粗铣   （c）五轴铣

（d）等高铣内孔   （e）等高铣外侧   （f）多轴铣曲面

（g）多轴铣叶片侧面   （h）多轴清根   （i）多轴铣叶片顶面

（j）完成叶轮加工

图 9-12　整体叶盘的数控铣削加工过程

2）数控电解加工技术

电解加工是基于电化学阳极溶解的原理来去除金属材料的加工方法。电解加工与数控技术相结合的数控电解加工技术，作为一种补充技术，可以解决数控铣削、精密铸造不能加工的难题，为整体叶盘制造提供一种优质、高效、低成本的加工技术，且工具阴极无损耗，无宏观切削力，适宜加工各种难切削材料和长、薄叶片及狭窄通道的整体叶盘，加工效率高，表面质量好。同时，它又具有数控的优点，能以计算机数控方式实现型面三维运动，可用于加工各类复杂结构、多品种、小批量零件，甚至单件试制的生产中。因此这种工艺技术非常适合于加工用数控铣削、精密铸造难加工或不能加工的零件，如小直径、多叶片、小叶间通道（1.5～3mm 宽度）零件，难切削材料变截面扭曲叶片整体叶轮，以及数控铣无法加工的带冠整体叶轮等。

美国、英国等发达国家对整体叶盘数控电解加工技术进行了深入研究并得到应用。美国 GE 公司以五轴数控电解加工方法对先进发动机整体叶盘进行加工，其粗加工、半精加工、精加工工艺都采用电解加工方法，加工出的叶型厚度公差为 0.10mm，型面公差为 0.10mm。在带冠整体叶盘的加工中，俄罗斯采用机械仿形电火花与电解加工组合工艺，电解加工技术既提高了加工效率，又去除了电火花加工后的表面变质层，提高了表面质量。电解加工的优点突出，但也存在固有的缺陷与局限性。如加工精度及加工稳定性不易控制，对电源的要求高（加工时电压小，电流极大），电解液和电解产物需专门处理，环境污染严重。

3）电火花加工技术

电火花加工是通过浸在工作液中的两极间脉冲放电时产生的电蚀作用，来达到蚀除导电材料目的的一种特种加工方法。在整体叶盘加工过程中，与数控电解加工技术及数控铣削加工技术相比，电火花加工技术具有以下技术优势：

（1）加工范围广泛，可以对传统难切削材料，如高温合金、硬质合金、钛合金等进行加工。

（2）对于结构复杂、通道狭窄的整体叶盘件加工具有明显的优势，可以完成复杂的进给运动，有效避免电极与工件之间的干涉问题。

（3）加工过程中不存在宏观切削力，电极与工件均不会产生宏观变形，同时，不产生毛刺和刀痕沟纹等缺陷。

电火花加工存在的主要不足是加工后的工件表面会产生熔化后形成的再铸层，该层中存在着残余应力，给后续精加工带来困难。加工中电极损耗会影响成形精度，因此需要经常更换电极或采取其他措施，提高了加工成本，降低了加工效率。

4）表面抛光及表面处理技术

整体叶盘经过近成形及精确成形加工后，其表面质量尚无法满足技术要求，还需要经过表面抛光及处理工艺来降低表面粗糙度，提高型面精度，从而提高叶盘疲劳强度及使用寿命。目前，对整体叶盘表面抛光及处理技术主要有：磨粒流抛光技术、数控抛光技术、激光冲击处理技术、光饰及喷丸技术等。

（1）磨粒流抛光技术。磨粒流抛光技术是美国在 20 世纪 80 年代发展起来的一项光整新工艺，已广泛应用于航空航天、汽车、电子、模具制造业中的关键零件抛光工艺。磨粒流加工时通过软性磨料介质，一种载有磨料的黏弹体，在一定压力作用下往复流过零件被加工面而实现光整加工，对于一般工具难以接触的零件内腔，磨粒流光整技术的优越性尤为突出。

（2）数控抛光技术。国外在整体叶盘抛光技术方面已经取得了大量成果，日本较早地将机器人技术应用于整体叶盘的抛光中，成功地研制出了抛光加工机器人并投入使用，并且提出了通过 GC（Grinding Center）进行自由曲面抛光的新型工艺，经过技术研究和应用，最终在抛光试验中达到了较高的表面质量，在抛光过程解决了磨削中由于 NC 误差导致的抛光轨迹误差。

（3）激光冲击处理技术。激光冲击处理技术是利用高峰值功率密度的激光产生高压等离子体，等离子体受约束产生冲击波使金属材料表层产生塑性变形，获得表面残余压应力层。激光冲击强化技术于 20 世纪 70 年代已开始研究，由于其设备昂贵、效率较低，应用较少；直到 20 世纪 90 年代，激光冲击强化在航空发动机上应用；21 世纪后，激光冲击强化技术已在航空航天领域得到广泛应用，大幅度提高了部件的疲劳性能、抗应力腐蚀性能、抗冲击性能。

（4）光饰及喷丸技术。叶片表面光饰与喷丸技术都是叶片表面强化的工艺方法，其作用在于消除内部有害加工应力，提高叶片疲劳强度。目前，叶片光饰与喷丸技术已广泛应用于国内航空发动机整体叶盘与叶片制造中，振动光饰与喷丸技术从不同方面提高整体叶盘与叶片的抗疲劳强度，由于振动光饰后叶片表面质量及抗疲劳强度均易遭到破坏，因此，国内普遍采用喷丸工艺对整体叶盘叶片表面进行处理，其稳定性高，更有利于提高整体叶盘叶片的抗疲劳强度。

5）整体叶盘加工方法对比

电火花线切割技术、射流切割技术在整体叶盘粗加工中均有应用，具有独特的优势，但在叶盘通道加工过程中的二次余量去除无法实现，且设备成本昂贵，在实际生产中较少使用。

目前，开式钛合金整体叶盘常用的五坐标数控铣削技术已得到广泛的使用并将继续发挥作用；数控电解及电火花加工技术为数控铣削加工困难或无法加工的整体叶盘提供了新的有效的解决方法。表 9-17 所示为整体叶盘的主要加工方法比较。

表 9-17　整体叶盘的主要加工方法比较

方　法	加 工 特 点	局　限　性	适 用 范 围
铣削加工	加工质量好，精度高，稳定性与可靠性好，响应速度快	加工后存在残余应力，薄壁叶片受力易变形，机床精度要求极高，成本较高	可加工各种尺寸的开式及闭式整体叶盘
电解加工	工件无残余应力及变形，工具无损耗，加工效率较高	稳定性不高，电解液与电解产物易污染环境，需专门处理	用于加工难加工材料及带有长、薄叶片，狭窄通道的整体叶盘
电火花加工	工件无变形，精度与稳定性较高	加工中形成的再铸层会影响后续的精加工，电极需经常更换，加工效率较低	主要用于加工闭式整体涡轮叶盘

9.3.3　阵列孔及微孔的加工

在有些特殊的零件上，存在数以千计的孔，如果采用普通钻削方法，不但加工效率低，而且位置精度也难以保证，尤其是对于非直母线孔和微小孔，普通钻削方法更难以胜任。

1. 应用钻模板技术

直升机上舰是海军军事装备现代化的重要标志之一。直升机要安全、可靠地实现上舰，就必须实现直升机的快速系留。直升机的快速系留是通过着舰格栅面板上的 1000 多个系留孔来实现的。因此，高效、准确地加工出数以千计的系留孔是着舰格栅面板的加工难点。主要难点包括：

（1）目前常规的加工步骤为划线、钻导向孔、扩孔等工序，加工耗时长，效率低。

（2）工件上划线数量多，在钻孔过程中容易发生误操作，可能导致工件超差，甚至整个工件报废。

（3）系留孔的孔壁为弧形面，由两种尺寸的圆弧面组成，于是每加工一个系留孔都要换一次刀。操作人员的劳动强度很大。

对于以上问题已提出了若干工艺改进措施。其中一项重要措施就是设计一个专门用于着舰格栅面板系留孔加工的钻模板。钻模板与工件的装配方式如图 9-13 所示。采用钻模板技术进行钻孔，不仅可以减少划线工序，而且可以提高加工过程中的可靠度，在一定程度上避免误操作，从而大大提高生产效率和成品率。钻模板技术在大直径阵列孔的加工中十分有效。

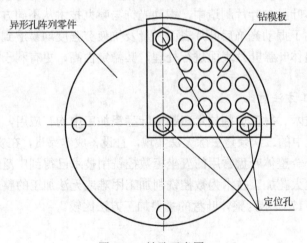

图 9-13　钻孔示意图

2．采用照相电解加工

随着航空发动机性能的不断改进，航空发动机上有小孔的零件种类和数量越来越多，各种小孔数量急剧增加。据粗略统计，当今世界上正在使用的某先进航空发动机，各种小孔总计已达数十万之多。由于这些零件多在高温、重载下工作，零件材料都是机械加工性能很差的高温合金、钛合金或不锈钢。因此，数以万计的各种小孔的加工是当今航空发动机制造技术的一个关键。

照相电解加工是一种特种加工方法。它由化学铣削、照相化学铣削等特种加工方法发展而成。其工艺过程如下：

（1）清洗。目的是将毛坯表面清洗干净，以保证防蚀层的黏附力均匀一致，腐蚀速度均匀不变。

（2）涂防蚀层。目的是保护那些不需要加工的表面。

（3）刻划防蚀层图形。采用照相技术，限定毛坯上要切除部位的尺寸与形状。

（4）腐蚀加工。采用电化学腐蚀技术，按图纸要求把毛坯上不需要的材料去除掉。

（5）清除防油层。从加工完的半成品上把防蚀层去除掉。

3．用激光加工密集群孔

北京航空制造工程研究所的巴瑞璋等人在一台脉冲激光加工机上进行了直升机发动机火焰筒上薄壁零件密集群孔的加工研究。该零件用不到 1mm 厚的高温合金板材制造，其上密布着数千个小孔，小孔共有 23 排，孔径为 $\phi 0.6mm$。图 9-14 所示为在零件母线上各排之间的距离和每一排孔的中心线方向。该零件上小孔的情况具有以下特点：①每一排孔的方向各不相同；②孔数量多；③不同方向的孔造成不同排孔的实际深度各不相同，而孔径大小相等，对孔加工工艺提出了较高要求。

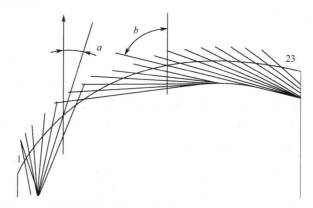

图 9-14 零件母线上各排孔之间的距离及孔中心线方向示意图

零件安装要解决三个问题：①保证零件不变形。利用三爪卡盘直接安装时，零件产生变形，激光斑点打在零件上的位置高低呈波浪分布。必须采用孔加工专用夹具，先将零件安装在夹具上，再与三爪卡盘连接。②零件的中心和夹具的中心重合。③夹具及零件与转台同轴。

零件安装好以后，转台旋转时孔加工喷嘴与零件表面的距离保持不变，从而保证加工过程中工艺参数不变，加工后的孔径一致。加工前应使光束对准转台的旋转中心，加工过程中要保持 Y 轴坐标不变，以保证所有孔轴线都是对准零件的旋转中心。

4．电铸加工非直母线孔

电铸加工具有极高的复制精度和重复精度，可用于形状复杂、精度要求很高的空心零件；厚度仅几十微米的薄壁零件；高尺寸精度且表面粗糙度低于 $Ra\ 0.1\mu m$ 的精密零件；唱片模、邮票、纸币、证券等印刷版之类具有微细表面轮廓或花纹的金属制品，以及各种具有复杂曲面轮廓或微细尺寸的注塑模具，电火花型腔用电极等金属零件的制造和复制。近年来，电铸加工在航空、仪器仪表、塑料、精密机械、微型机械研究等方面为微小、精密零部件的制造发挥了重要作用，并作为一项先进制造工艺技术日益受到国内外的重视。

1）精密微细喷嘴的电铸加工

精密喷嘴内孔直径为 $\phi 0.2 \sim 0.5mm$，内孔表面要求镀铬。采用传统加工方法比较困难，用电铸加工则比较容易，如图 9-15 所示。

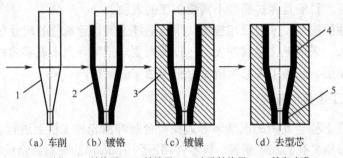

（a）车削　（b）镀铬　（c）镀镍　（d）去型芯

1—型芯；2—镀铬层；3—镀镍层；4—内孔镀铬层；5—精密喷嘴

图 9-15　精密喷嘴内孔镀铬工艺过程

首先加工精密黄铜型芯，其次用硬质铬酸进行电沉积，再电铸一层金属镍，最后用硝酸类活性溶液溶解型芯。由于硝酸类溶液对黄铜溶解速度快，且不侵蚀镀铬层，所以可以得到光洁内孔表面镀铬层的精密微细喷嘴。

2）微孔的电铸

加工如图 9-16 所示的剖面具有一定斜度、最大孔径几十微米、孔深数毫米的孔。采用电铸加工效果较好。先根据加工孔的要求制造型芯，然后用电镀的方法在型芯周围制备电铸金属，并对电铸金属的外圆进行加工，最后抽出或溶解掉型芯，即可得到所需的微孔。微孔的形状、尺寸精度、表面粗糙度完全取决于型芯的质量和材料，就当今机械加工和材料科学的水平而言，型芯的质量和材料是不难保证的。

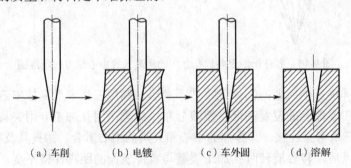

（a）车削　（b）电镀　（c）车外圆　（d）溶解

图 9-16　微孔电铸加工过程示意图

3）薄壁多孔的电铸

例如，圆板直径 ϕ100mm、板厚 0.15mm，板上分布 24 个 ϕ14mm 的孔，用电铸加工比较方便。阳极选用厚 1mm、直径 ϕ50mm，含碳量为 0.77% 的工业纯铁；阴极为 3mm 厚的 Q235 钢。电铸时，可在较高的温度和较大的电流密度下操作，并可缓慢移动阴极，同时注意铸件尺寸，脱模要轻、慢。铸件经检测，几何尺寸符合要求，表面粗糙度为 Ra 0.1μm，表面残余应力为-9.80MPa。

目前，电子束也经常应用于微小孔加工，具有打孔直径小、深径比大、生产效率高等特点，在磁场控制下还可以加工出螺旋孔。

复习思考题

1. 什么是材料切削加工性？影响材料切削加工性的因素有哪些？

2. 什么是难加工材料？简述难加工材料的主要种类。

3. 什么是难加工结构？简述难加工结构的分类。

4. 试简述钛合金的分类及性能特点。

5. 钛合金切削过程的特点有哪些？简述车削钛合金时常用的刀具材料。

6. 什么是高温合金？简述高温合金的分类。

7. 试简述高温合金的切削加工特点及常用刀具材料。

8. 什么是不锈钢？简述不锈钢的分类。

9. 试简述不锈钢的切削加工特点及常用刀具材料。

10. 什么是高强度和超高强度钢？简述其分类及切削加工特点。

11. 什么是复合材料？简述复合材料的分类及切削加工特点。

12. 试简述 FPR 孔加工和切割加工的特点及方法。

13. 试简述脆性材料的分类及超精密加工方法。

14. 试简述陶瓷材料的加工特点。

15. 试简述薄壁结构零件的加工难点及解决途径。

16. 叶片及涡轮盘加工中的难点是什么？有哪些典型加工方法？

17. 试简述阵列孔和微孔加工中采取的工艺措施。

参 考 文 献

[1] 左敦稳，黎向锋. 现代加工技术（第三版）. 北京：航空航天大学出版社，2013.

[2] 张辽远. 现代加工技术. 北京：机械工业出版社，2002.

[3] 张幼帧. 金属切削理论. 北京：航空工业出版社，1988.

[4] 张幼帧. 金属切削原理及刀具. 北京：国防工业出版社，1990.

[5] 张伯霖. 高速切削技术及应用. 北京：机械工业出版社，2002.

[6] 艾兴. 高速切削加工技术. 北京：国防工业出版社，2003.

[7] 袁哲俊，王先逵. 精密和超精密加工技术. 北京：机械工业出版社，2002.

[8] 刘贺云，柳世传. 精密加工技术. 武汉：华中理工大学出版社，1991.

[9] 张建华. 精密与特种加工技术. 北京：机械工业出版社，2003.

[10] 王世清. 深孔加工技术. 西安：西北工业大学出版社，2003.

[11] 王俊. 现代深孔加工技术. 哈尔滨：哈尔滨工业大学出版社，2005.

[12] 李伯民，赵波. 现代磨削技术. 北京：机械工业出版社，2003.

[13] 黄云，黄智. 现代砂带磨削技术及工程应用. 重庆：重庆大学出版社，2009.

[14] 韩荣第，王杨，张文生. 现代机械加工新技术. 北京：电子工业出版社，2003.

[15] 王贵成，王振龙. 精密与特种加工. 北京：机械工业出版社，2013.

[16] 刘勇，刘康. 特种加工技术. 重庆：重庆大学出版社，2013.

[17] [日]畏部淳一郎. 精密加工——振动切削（基础与应用）. 北京：机械工业出版社，1985.

[18] 李祥林，薛万夫，张日昇. 振动切削及其在机械加工中的应用. 北京：北京科学技术出版社，1985.

[19] 刘明. 微细加工技术. 北京：化学工业出版社，2004.

[20] 朱荻，云乃彰，汪炜. 微机电系统与微细加工技术. 哈尔滨：哈尔滨工程大学出版社，2008.

[21] 王先逵. 精密加工和纳米加工 高速切削 难加工材料的切削加工. 北京：机械工业出版社，2008.

[22] 刘志峰，张崇高，任家隆. 干切削加工技术及应用. 北京：机械工业出版社，2005.

[23] 朱林泉，白培康，朱江淼. 快速成型与快速制造技术. 北京：国防工业出版社，2003.

[24] 王广春，赵国群. 快速成型与快速模具制造技术及其应用. 北京：机械工业出版社，2004.

[25] 傅水根. 机械制造工艺基础（第三版）. 北京：清华大学出版社，2010.

[26] 傅玉灿. 难加工材料高效加工技术（第二版）. 西安：西北工业大学出版社，2016.

反侵权盗版声明

电子工业出版社依法对本作品享有专有出版权。任何未经权利人书面许可，复制、销售或通过信息网络传播本作品的行为，歪曲、篡改、剽窃本作品的行为，均违反《中华人民共和国著作权法》，其行为人应承担相应的民事责任和行政责任，构成犯罪的，将被依法追究刑事责任。

为了维护市场秩序，保护权利人的合法权益，我社将依法查处和打击侵权盗版的单位和个人。欢迎社会各界人士积极举报侵权盗版行为，本社将奖励举报有功人员，并保证举报人的信息不被泄露。

举报电话：（010）88254396；（010）88258888

传　　真：（010）88254397

E-mail：　dbqq@phei.com.cn

通信地址：北京市海淀区万寿路 173 信箱
　　　　　电子工业出版社总编办公室

邮　　编：100036